Nanoscale colloid chemistry

# 나노콜로이드 화학

Nanoscale colloid chemistry

# 나노콜로이드 화학

유연태 지음

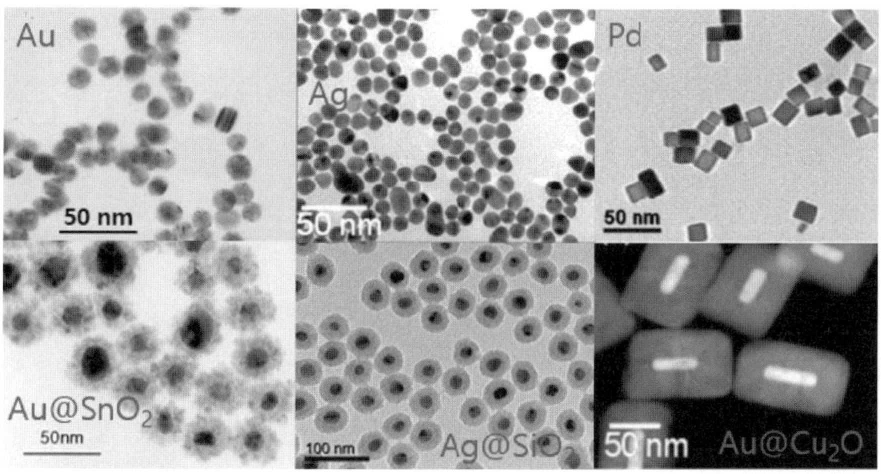


나노사이언스 또는 나노테크놀러지의 시대가 열리면서 나노콜로이드란 용어도 탄생하게 되었고, 그 중요성이 점점 더 크게 부각되면서 이용도 많아지고 있다. 나노콜로이드는 통상적으로 분산질인 콜로이드 입자의 크기가 100 nm 이하인 것을 의미한다. 본서의 이름을 나노콜로이드 화학이라고 칭한 것은 많은 나노콜로이드가 화학적 방법에 의해 합성, 분산 및 형상 제어가 이루어지기 때문이다.

전북대학교출판문화원

Nanoscale colloid chemistry

# 나노콜로이드 화학

# 서 언

천문학자인 칼 에드워드 세이건의 저서 "The pale blue dot (창백한 푸른 점)"은 보이저 1호가 지구와의 61억 km 떨어진 거리에서 촬영한 지구의 모습을 보고 감명을 받아 저술한 것이다. 그는 저서 코스모스에서 "지구도 우주에 떠 있는 창백한 푸른 점 하나"라고 했다. 이 말은 우주도 하나의 거대한 콜로이드 상태라는 것이다. 콜로이드란 하나의 상 (기체, 액체, 고체) 물질이 다른 상의 물질에 분산되어 있는 분산계의 명칭이다. 그래서 우주가 거대한 기체 상의 공간이고 이 안에 존재하는 고체 상의 작은 점처럼 보이는 행성들을 콜로이드 입자로 말할 수 있다. 우리의 주변에는 천연적인 또는 인위적인 많은 콜로이드 상태의 분산계가 존재하고 이들을 이용하기도 한다. 천연의 콜로이드 분산계에는 안개, 연기, 먼지, 오팔, 루비 등이 해당되고, 인위적인 콜로이드 분산계로는 우유, 마요네즈, 생크림, 먹물, 페인트 등이 있다. 나노사이언스 또는 나노테크놀러지의 시대가 열리면서 나노콜로이드란 용어도 탄생하게 되었고, 그 중요성이 점점 더 크게 부각되면서 이용도 많아지고 있다. 나노콜로이드는 통상적으로 분산질인 콜로이드 입자의 크기가 100 nm 이하인 것을 의미한다. 본서의 이름을 나노콜로이드 화학이라고 칭한 것은 많은 나노콜로이드가 화학적 방법에 의해 합성, 분산 및 형상 제어가 이루어지기 때문이다.

본서는 나노콜로이드에 관심이 있거나 응용하고자 하는 연구자, 대학원생 및 학생들에게 기본적인 정보를 제공하는 것을 목적으로 하였다. 나노콜로이드를 이용한 새로운 창작은 나노콜로이드에 대한 이해가 우선되어야 하기 때문에 본서는 나노콜로이드의 기본적 지식 전달에 충실하려고 노력하였고, 전문 용어도 이해도를 높이기 위해 가급적 국문과 영문을 혼용하여 기술하였다. 또한 독자가 필요한 내용을 쉽게 찾을 수 있도록 목차를 세분화하여 작성하였고, 본서를 전자책(e-Book)으로도 발간하여 독자에게 편의성과 시인성 높은 자료 화면을 제공하고자 하였다.

본서의 내용은 나노콜로이드의 정의 및 유래, 나노콜로이드의 이해에 필요한 배경지식, 분산과 응집, 합성법, 분석 방법으로 구성되었고, 마지막으로 나노콜로이드의 이해를 높이고 적극적 활용을 기대하여 다수의 산업적 응용 예를 제공하고 있다. 아무쪼록 나노콜로이드에 대해 알고 싶거나, 직접 합성과 응용을 시작하려고 하는 연구자 및 학생들에게 많은 도움이 되기를 바란다.

2023년 1월 1일

저자 유연태

# 목 차 [Contents]




**제1장 나노콜로이드의 정의와 유래** ······ 25

1.1. 나노콜로이드의 정의 ······ 25

1.2 콜로이드 용액이란? ······ 26

1.2.1. 졸과 겔 ······ 27

1.2.2. 에어로졸 ······ 29

1.3. 다양한 콜로이드 용액 ······ 31

1.4. 나노콜로이드의 유래 ······ 35

1.4.1. 개요 ······ 35

1.4.2. 무기 나노콜로이드 합성 역사 ······ 42

1.5. 나노콜로이드의 특성 ······ 46

1.5.1. 계면의 중요성 ······ 47

1.5.2. 계면과 나노콜로이드 물성 ······ 49

**제2장 나노콜로이드의 이해를 위한 배경지식** ······ 53

2.1. 표면장력 ······ 53

2.1.1. 표면장력의 측정 ······ 53

2.1.2. 표면장력의 크기 ······ 55

2.2. 계면활성제 ······ 57

2.2.1. 계면활성제의 분류 ······ 58

2.2.2. 계면활성제의 응용 예 ······ 60

2.3. 계면전하 ······ 62

2.3.1. 표면 관능기의 플로톤화, 탈플로톤화에 의한 계면 전하 발생 ······ 63

2.3.2. 난용성 콜로이드 표면에 이온 석출 및 흡착에 의한 표면 전하 발생 ··· 64

2.4. 전기이중층 ······ 65

2.5. 전기영동현상 ······ 69

2.6. 흡착 ······ 72

2.6.1. 흡착제의 특성(활성탄과 실리카겔) ······ 72

2.6.2. 랭뮤어와 흡착 ······ 75

2.6.3. 흡착 거동의 측정법 ······ 77

2.6.4. 흡착의 응용 ······ 78

2.7. 미셀과 역미셀 ··· 81
2.7.1. 미셀의 생성 및 특성 ··· 81
2.7.2. 역미셀의 생성과 특성 ··· 88
2.7.3. 미셀과 역미셀의 응용 ··· 93
2.8. 표면플라즈몬 공명 ··· 96
2.8.1. 표면플라즈몬(SP) 분극 ··· 96
2.8.2. 국부 표면플라즈몬(LSP) ··· 97
2.8.3. 금속 나노콜로이드의 국부 표면프라즈몬 공명 ··· 100

제3장 나노콜로이드의 분산과 응집 ··· 107
3.1. 나노콜로이드 간에 작용하는 인력과 척력 ··· 107
3.1.1. 나노콜로이드 사이에 작용하는 인력 ··· 107
3.1.2. 나노콜로이드 사이에 작용하는 척력 ··· 110
3.2. 대전 콜로이드 사이의 상호작용(DLVO 이론) ··· 111
3.3. 대전 콜로이드의 응집속도와 전해질 효과 ··· 113
3.4. 이종 나노콜로이드 사이의 응집 ··· 116

제4장 나노콜로이드의 합성법 ··· 119
4.1. 나노콜로이드의 입경제어 ··· 119
4.1.1. 핵생성과 성장 ··· 120
4.1.2. 입경이 일정한 나노콜로이드의 합성과 안정화 ··· 124
4.1.3. 나노콜로이드의 입경제어 ··· 128
4.1.4. 합성 나노콜로이드의 단분산화 ··· 133
4.2. 나노콜로이드의 형상제어 ··· 139
4.2.1. 결정성장의 이방성 제어 ··· 140
4.2.2. 나노콜로이드 합성공간의 제어에 의한 이방성 형상 제어 ··· 152
4.3. 나노콜로이드의 결정구조 및 상분리 구조 ··· 154
4.3.1. 결정계와 결정격자 ··· 155
4.3.2. 금속 나노콜로이드의 결정구조 ··· 159
4.3.3. 합금 나노콜로이드의 결정구조 ··· 161
4.3.4. 이온결정 나노콜로이드의 결정구조 ··· 163

4.3.5. 나노콜로이드의 상분리 구조 ······ 167
4.4. 나노콜로이드(클러스터)의 원자수 제어 ······ 172
4.4.1. 원자수 제어의 의미 ······ 173
4.4.2. 액상합성에 의한 클러스터의 원자수 제어 ······ 174
4.4.3. 싸이올레이트 보호 금 클러스터 ······ 176
4.4.4. 기타 클러스터 ······ 177
4.5. 코어-쉘 구조 나노콜로이드와 중공 나노콜로이드 ······ 178
4.5.1. 금속-금속 코어-쉘 나노콜로이드 ······ 178
4.5.2. 금속-금속산화물 코어-쉘 나노콜로이드 ······ 181
4.5.3. 중공 나노콜로이드 ······ 188

**제5장 나노콜로이드의 규칙적 배열 제어** ······ 193
5.1. 나노콜로이드의 자기집적 ······ 193
5.2. 나노콜로이드 1차원 초격자 ······ 195
5.3. 나노콜로이드 2차원 초격자 ······ 198
5.4. 나노콜로이드 3차원 초격자 ······ 202

**제6장 나노콜로이드의 분석법** ······ 205
6.1. 형상학적 해석 ······ 205
6.1.1. 투과전자현미경(TEM) ······ 205
6.1.2. 주사전자현미경 ······ 208
6.1.3. 주사프로브 현미경(SPM) ······ 209
6.1.4. 동적광산란법(DLS) ······ 212
6.2. 미세결정구조 해석 ······ 214
6.2.1. 분말 X선 회절 ······ 214
6.2.2. 전자선 회절 ······ 216
6.2.3. X선 흡수 미세구조 해석(EXAFS, XANES) ······ 217
6.3. 조성분석 및 화학상태 해석 ······ 224
6.3.1. 형광X선분석・에너지분산형 X선분석・파장분산형 X선분석 ······ 224
6.3.2. X선광전자분광법(XPS) ······ 226
6.3.3. 고주파유도결합 플라즈마 발광 분광분석법 ······ 232

6.4. 광학적 특성분석 ··· 233
6.4.1. 자외-가시광선(UV-Vis.) 분광법 ··· 233
6.4.2. 광발광(PL) 분광법 ··· 237

**제7장 나노콜로이드의 산업적 응용** ··· 245
7.1. 금속 나노콜로이드의 촉매적 이용 ··· 245
7.1.1. 금속 나노콜로이드의 입경·형상에 의존하는 촉매특성 ··· 247
7.1.2. 다원금속 나노콜로이드의 촉매 특성 ··· 258
7.1.3. 다공질 쉘 형성에 의한 나노콜로이드의 안정성과 촉매활성의 향상 ··· 265
7.2. 금속 나노콜로이드의 국부 표면플라즈몬 이용 ··· 269
7.2.1. 화학 센싱기술에 응용 ··· 270
7.2.2. 플라즈몬 증강전장에 의한 고효율 광여기와 광에너지 변환재료에 응용 ··· 274
7.2.3. 표면플라즈몬 공명여기에 의한 금속-반도체의 직접 전자이동 ··· 280
7.3. 반도체 양자점 나노콜로이드의 광학적 이용 ··· 282
7.3.1. 반도체 양자점 나노콜로이드의 형태학적 구조 ··· 285
7.3.2. 입경에 의존하여 변화하는 반도체 나노콜로이드의 전자 에너지 구조 ··· 288
7.3.3. 반도체 나노콜로이드의 발광파장 제어 ··· 294
7.3.4. 발광재료로 반도체 양자점 나노콜로이드의 이용 ··· 301
7.3.5. 광에너지 변환시스템에 응용(양자점 태양전지) ··· 308
7.4. 나노일렉트로닉스를 선도하는 나노콜로이드 ··· 315
7.4.1. 나노콜로이드와 나노일렉트로닉스의 연결 ··· 315
7.4.2. 나노콜로이드를 이용한 SET의 기초 ··· 317
7.4.3. 단전자 터널링 ··· 318
7.4.4. 나노콜로이드를 이용한 SET 동작원리 ··· 322
7.4.5. Au 나노콜로이드를 이용한 단전자 터널링 ··· 324
7.4.6. 나노콜로이드를 이용한 반도체식 가스센서 ··· 325

**[참고문헌]** ··· 345

**[색인]** ··· 359

# 표 목 차

나노콜로이드 화학 [Nanoscale colloid chemistry]


**제1장** 〈표 1.2.1〉 콜로이드 분산계의 분류 ······ 27

**제2장** 〈표 2.1.1〉 여러 가지 액체의 표면장력 ······ 56
〈표 2.2.1〉 계면활성제의 종류 ······ 59
〈표 2.2.2〉 비누와 합성세제의 특성 비교 ······ 62
〈표 2.7.1〉 임계미셀농도(CMC) 값 ······ 88
〈표 2.7.2〉 Aerosol OT 역미셀의 분자량 및 회합수 ······ 89

**제3장** 〈표 3.3.1〉 나노콜로이드의 임계응집농도 ······ 116

**제4장** 〈표 4.3.1〉 7종류의 결정계와 공간격자 ······ 156
〈표 4.3.2〉 순수 금속의 결정구조 ······ 159
〈표 4.5.1〉 Ag@$SiO_2$ 코어-쉘 나노입자 합성을 위한 원료물질 및 그 역할 ······ 183

**제7장** 〈표 7.1.1〉 금속나노콜로이드에 의한 촉매반응 예 ······ 246
〈표 7.1.2〉 Au, Pd 및 crown jewel(CJ) 구조 AuPd 클라스터의 글루코스 산화반응에 대한 촉매활성 ······ 262
〈표 7.1.3〉 메조포러스 카본 쉘 피복 Pt 나노콜로이드(Pt@hmC), PVP 안정화 Pt 나노콜로이드(Pt-PVP) 및 Pt 나노콜로이드 담지 활성탄(Pt/AC)에 의한 알켄 수소화 반응 ······ 266
〈표 7.3.1〉 반도체의 엑시톤의 유효 보어반경(aB) ······ 289
〈표 7.4.1〉 n-type 및 p-type 반도체 물질 ······ 327

# 그림목차



**제1장**

〈그림 1.1.1〉 콜로이드 입자의 크기 ······ 25
〈그림 1.2.1〉 졸의 구조 모식도 ······ 28
〈그림 1.2.2〉 에어로졸에 의한 광 산란(일출)과 Au 콜로이드의 광 산란(Tyndall scattering 현상) ······ 30
〈그림 1.3.1〉 콜로이드 상태의 먹물 ······ 31
〈그림 1.3.2〉 Pt 나노 콜로이드의 전자현미경 사진 ······ 32
〈그림 1.3.3〉 천연 계면활성제의 egg lecithin의 구조 ······ 33
〈그림 1.3.4〉 마요네즈 내의 유적(油滴) 콜로이드(O/W 에멀션)의 모델 그림 ····· 33
〈그림 1.3.5〉 W/O/W 다상 에멀션의 모델 그림 ······ 34
〈그림 1.4.1〉 대영 박물관 소장 라이커거스 컵(Lycurgus cup)의 사진 ······ 35
〈그림 1.4.2〉 Graham에 의한 투석 실험의 간이 모델 ······ 37
〈그림 1.4.3〉 Zsigmondy가 금 나노콜로이드의 브라운 운동을 관찰한 장치의 개략도 ······ 38
〈그림 1.4.4〉 Au 나노콜로이드의 전기이중층 모델 ······ 42
〈그림 1.4.5〉 (a) Octanethiol 보호 Au 나노콜로이드의 투과전자현미경 사진과 (b) 톨루엔 분산액의 사진 ······ 45
〈그림 1.5.1〉 한 변의 길이가 ℓ인 입방체 분자로 이루어진 한 변의 길이가 L(L〉ℓ)인 입방체 콜로이드의 모델 ······ 48
〈그림 1.5.2〉 표면원자와 내부원자에 작용하는 힘(F는 총힘) ······ 49
〈그림 1.5.3〉 고체 상에서 액적의 형상과 접촉각 $\theta$ ······ 50
〈그림 1.5.4〉 Au 나노콜로이드의 입경과 융점의 관계 ······ 51

**제2장**

〈그림 2.1.1〉 표면장력 비교용 간단 테스트 장치 ······ 54
〈그림 2.1.2〉 표면장력 측정원리 ······ 55
〈그림 2.1.3〉 계면활성제 수용액의 표면장력 변화 ······ 56
〈그림 2.2.1〉 계면활성제의 분자 구조 ······ 57
〈그림 2.2.2〉 합성세제의 일반적인 분자구조 ······ 60
〈그림 2.2.3〉 합성세제의 분자 구조식 ······ 61
〈그림 2.3.1〉 산화물 나노콜로이드의 표면 관능기의 플로톤화 또는 탈플로톤화에 의한 계면 전하의 발생기구 ······ 64

〈그림 2.3.2〉 물속에 있는 AgI 나노콜로이드의 계면 전하 발생기구 ·················· 65
〈그림 2.4.1〉 Helmholtz의 확산전기이중층과 계면의 전위 변화 ························ 66
〈그림 2.4.2〉 Gouy-Chapman의 확산전기이중층 모델과 계면의 전위 변화 ······ 67
〈그림 2.4.3〉 Stern의 전기이중층 모델과 계면으로부터 전위변화 ····················· 69
〈그림 2.6.1〉 고체표면에 기체 분자의 흡착 ························································ 72
〈그림 2.6.2〉 활성탄과 실리카겔의 흡착 특성 차이 ············································ 73
〈그림 2.6.3〉 (a) 단분자층 흡착과 (b) 다분자층 흡착 ········································ 76
〈그림 2.6.4〉 흡착등온선의 예 ············································································ 77
〈그림 2.6.5〉 천연가스의 gas chromatography 분석 예 ··································· 79
〈그림 2.6.6〉 니켈 촉매에 흡착한 수소분자의 느슨한 결합 상태 ······················· 80
〈그림 2.7.1〉 물에 용해된 계면활성제의 모습 ······················································ 82
〈그림 2.7.2〉 이온성 계면활성제 수용액의 비전도도와 계면활성제 농도의 관계 ··· 83
〈그림 2.7.3〉 증기압식 삼투압측정기의 구성도 ···················································· 83
〈그림 2.7.4〉 광산란 광도계의 작동 원리도 ························································ 85
〈그림 2.7.5〉 콜로이드 농도에 따른 광산란 강도 변화 ········································ 85
〈그림 2.7.6〉 벤젠의 최대 용해량과 계면활성제의 농도의 관계 ························ 86
〈그림 2.7.7〉 벤젠의 가용화 모델 ········································································ 87
〈그림 2.7.8〉 Aerosol OT 계면활성제의 분자식 ················································ 89
〈그림 2.7.9〉 기름 중에서 계면활성제의 응집 거동 ············································ 90
〈그림 2.7.10〉 역미셀 중에 물 분자의 가용화 모식도 ········································ 90
〈그림 2.7.11〉 레시틴(lecithin) 계면활성제의 분자식 ········································ 91
〈그림 2.7.12〉 리포좀과 미셀의 구조 비교 ·························································· 92
〈그림 2.7.13〉 Didodecyldimethyl ammonium bromide 계면활성제의 분자식 ··· 92
〈그림 2.7.14〉 (a) CTAB 및 (b) SDS 계면활성제의 분자식 ······························ 94
〈그림 2.8.1〉 (a) 금속-유전체 계면에서 표면 플라즈몬 분극 및 (b) 전파 방향에 수직인 전기장 $E_Z$의 지수적 감쇠 그래프 ······································ 97
〈그림 2.8.2〉 광의 전기장에 의해 유도되는 구형 금속 나노콜로이드 내의 자유전자의 플라즈몬 진동의 모식도 ················································ 98
〈그림 2.8.3〉 (a) 표면플라즈몬(SP)와 (b) 국부 표면플라즈몬(LSP)의 차이 ········ 99

〈그림 2.8.4〉 입경이 5~6 nm인 구형 Au 및 Ag 나노콜로이드의 흡수스펙트럼 ······ 100
〈그림 2.8.5〉 여러 가지 입경을 갖는 구형 Au 나노콜로이드의 흡수스펙트럼 ··· 100
〈그림 2.8.6〉 (a) 전자선 리소그라피에 의해 제조된 Au 나노로드 구조체의 SEM 사진과, (b) 얻어진 Au 나노로드의 크기 변화에 따른 흡수스펙트럼 ······ 102
〈그림 2.8.7〉 (a,b) 여러 가지 Sn 도핑 $In_2O_3$(ITO) 나노콜로이드의 흡수스펙트럼. 그림 내의 숫자는 Sn 도핑량, (c) ITO 나노콜로이드의 LSPR 피크 파장과 Sn 도핑량의 관계, (d) 용매의 굴절률에 의해 변화하는 ITO 나노콜로이드의 LSPR 피크 ······ 103
〈그림 2.8.8〉 (a) Ag 나노콜로이드 단일 입자 및 (b, c) Ag 나노콜로이드 이량체에 대한 광전기장 증강의 이론계산 결과 ······ 106

**제3장**
〈그림 3.1.1〉 두 개의 나노콜로이드 A, B 사이에 작용하는 일반적인 인력 ······ 108
〈그림 3.1.2〉 두 개의 나노콜로이드 A, B 사이에 작용하는 정전기적 반발력 ··· 109
〈그림 3.2.1〉 나노콜로이드 사이 거리와 포텐셜에너지의 관계 ······ 111
〈그림 3.2.2〉 주요 포텐셜 곡선 ······ 112
〈그림 3.4.1〉 헤테로 응집의 거동 ······ 117

**제4장**
〈그림 4.1.1〉 구상 결정핵의 생성에 의한 자유에너지 변화($\Delta G(r)$)와 핵 크기의 관계 ······ 121
〈그림 4.1.2〉 시간에 대한 용질의 농도변화와 핵생성 및 핵 성장기와의 관계(LaMer diagram) ······ 122
〈그림 4.1.3〉 나노콜로이드의 대표적인 안정화법 ······ 126
〈그림 4.1.4〉 Hot injection 법에 의한 반도체 나노콜로이드의 합성 ······ 129
〈그림 4.1.5〉 Seed 매개 성장법에 의해 합성된 입경이 다른 Au 나노콜로이드의 TEM 사진 ······ 130
〈그림 4.1.6〉 여러 가지 matrix 중에서 나노콜로이드 합성 예 ······ 131
〈그림 4.1.7〉 (a) 전기영동장치의 모식도, (b) 전기영동법에 의해 분리된 CdS 나노콜로이드의 영동 거리와 입경의 관계 ······ 134
〈그림 4.1.8〉 사이즈 선택적침전법에 의한 입경 분리의 모식도(왼쪽)와 이 방법에 의해 정밀 입경 분리한 TOPO 흡착 CdSe 나노콜로이드 (평균입경 : 약 3.7 nm)의 흡수 스펙트럼(오른쪽) ······ 135

〈그림 4.1.9〉 (a) CdS 입자의 광산화 용해반응 모식도, (b) 양자 사이즈 효과에 기초한 입경별 밴드 갭 변화, (c) 사이즈 선택적 광에칭 원리 ····· 136

〈그림 4.1.10〉 (a) 사이즈 선택적 광에칭에 의한 CdS 나노콜로이드의 흡수 스펙트럼 변화(그림 중의 숫자는 조사 단색광 파장), (b) 광에칭에 사용한 단색광 파장과 얻어진 CdS 나노콜로이드의 입경과의 관계 ···· 137

〈그림 4.2.1〉 결정핵종과 결정성장의 차이에 의해 변화하는 금속 나노콜로이드의 이방성 형상 ···· 141

〈그림 4.2.2〉 (a) 고분자 보호제(PVP)의 결정면 특이 흡착에 의한 Ag 나노콜로이드의 이방적 결정성장 메카니즘과, (b) 생성한 Ag 나노콜로이드의 SEM 사진 ···· 143

〈그림 4.2.3〉 (a) Ag 나노와이어의 SEM 사진과, (b) 십면체형 다중 쌍정입자의 결정면 선택적 성장에 의한 Ag 나노와이어의 성장 메카니즘 ······ 143

〈그림 4.2.4〉 정이십면체 형상 Pd 나노콜로이드의 (a) SEM 사진과, (b) TEM 사진 ···· 144

〈그림 4.2.5〉 결정핵의 결정구조에 의존하여 변화하는 II-VI족 반도체 나노콜로이드의 이방성 형상 ···· 145

〈그림 4.2.6〉 (a) 로드 형상 CdS 나노콜로이드의 TEM 상과, (b) 헥사데실아민의 결정면 특이 흡착에 의한 이방 결정성장 메카니즘 ···· 147

〈그림 4.2.7〉 Tetrapod형 CdTe 나노콜로이드의 SEM 사진 ···· 149

〈그림 4.2.8〉 Tetrapod형 CdTe 나노콜로이드의 결정구조 모식도 ···· 150

〈그림 4.2.9〉 헤테로 접합 나노콜로이드 합성의 모식도 ···· 151

〈그림 4.2.10〉 양극산화 알루미나를 템플레이트로 한 로드형 복합 나노콜로이드의 합성 ···· 153

〈그림 4.3.1〉 공간격자와 단위격자 ···· 155

〈그림 4.3.2〉 격자 방향의 표시방법 ···· 157

〈그림 4.3.3〉 격자면의 밀러지수에 의한 표시방법 ···· 158

〈그림 4.3.4〉 2층 구조로 된 구의 조밀충진구조 ···· 158

〈그림 4.3.5〉 (a) 입방조밀충진구조와 (b) 육방조밀충진구조 ···· 160

〈그림 4.3.6〉 입방조밀구조를 갖는 여러 가지 형태의 금속 나노콜로이드 ········ 161

〈그림 4.3.7〉 fcc 격자를 기초로 하는 금속간화합물의 결정구조 ···· 162

〈그림 4.3.8〉 (a) fcc 합금구조로부터 (b) $L1_0$ 규칙화 구조로 결정구조 변화 ··· 163

〈그림 4.3.9〉 (a) 6배위 팔면체 구조와 (b) 팔면체형 배치의 이온반경의 비($r^-/r^+$)의 한계치 ··· 163
〈그림 4.3.10〉 염화나트륨형 결정구조 ··· 164
〈그림 4.3.11〉 섬아연광형 결정구조 ··· 164
〈그림 4.3.12〉 우르자이트광형 결정구조 ··· 165
〈그림 4.3.13〉 루타일형 결정구조 ··· 165
〈그림 4.3.14〉 페로브스카이트형 결정구조 ··· 167
〈그림 4.3.15〉 스피넬형 결정구조 ··· 167
〈그림 4.3.16〉 두 화학종으로 된 나노콜로이드의 상분리 구조 ··· 168
〈그림 4.3.17〉 (a,b) Au@Ag 코어-쉘 나노콜로이드의 TEM 및 SEM 사진, (c,d) Au@Pt 코어-쉘 나노콜로이드의 TEM 및 SEM 사진 ··· 170
〈그림 4.3.18〉 헤테로 접합 나노콜로이드의 대표적인 구조 특이기능 ··· 170
〈그림 4.3.19〉 헤테로 접합 나노콜로이드의 주요 합성경로 ··· 172
〈그림 4.3.20〉 (a) 5 nm Pd 나노콜로이드와, (b) Pd/$\gamma$-$Fe_2O_3$ 나노콜로이드의 TEM 사진 ··· 172
〈그림 4.4.1〉 입방조밀충전 구조를 갖는 금속 클러스터의 예상 안정구조와 총 원자수 ··· 174
〈그림 4.4.2〉 $Au_{20}$ 클러스터와 $Au_{34}^-$ 클러스터의 예상 안정 기하구조 ··· 174
〈그림 4.4.3〉 폴리아크릴아미드 젤 전기영동법으로 분리된 9종류의 $Au_n(SG)_m$ 클러스터 ··· 175
〈그림 4.4.4〉 $[Au_{23}(SR)_{18}]^-$ 클러스터의 결정구조 ··· 177
〈그림 4.4.5〉 덴드리머를 이용한 금속 클러스터의 합성 ··· 177
〈그림 4.5.1〉 Pd 나노입자 및 Pd@Au 코어-쉘 구조 나노입자의 형상 ··· 180
〈그림 4.5.2〉 Pd@Au 코어-쉘 나노입자의 UV-visible 흡수스텍트럼 ··· 181
〈그림 4.5.3〉 (a) 졸-겔법을 이용하는 Au 나노콜로이드 표면의 $SiO_2$ 쉘 형성 모식도와, (b) 합성한 $SiO_2$ 피복 Au 나노콜로이드의 TEM 사진 ··· 182
〈그림 4.5.4〉 TEOS 첨가 후 반응시간에 따라 형성된 Ag@$SiO_2$ 코어-쉘 나노입자의 TEM 사진 ··· 184
〈그림 4.5.5〉 TEOS 첨가 후 반응시간에 따른 Ag@$SiO_2$ 코어-쉘 나노입자의 Ag 코어 입경과 $SiO_2$ 쉘 층 두께의 변화 ··· 185

〈그림 4.5.6〉 합성 반응시간에 따른 Ag@$SiO_2$ 코어-쉘 나노입자의 (a) UV-visible 흡수스텍트럼의 변화 및 (b) 흡수피크 위치 변화 ······ 186

〈그림 4.5.7〉 합성 반응시간에 따른 Ag@$SiO_2$ 코어-쉘 나노입자의 (a) X선 회절패턴 및 (b) $SiO_2$/Ag(111) 회절피크 강도비 변화 ······ 187

〈그림 4.5.8〉 코어-쉘 구조 나노콜로이드를 전구체로 한 중공구조 및 징글벨형 구조 나노콜로이드 합성 ······ 188

〈그림 4.5.9〉 쉘 두께가 다른 Au 코어-고분자 쉘 형 나노콜로이드의 TEM 사진 ······ 190

제5장

〈그림 5.1.1〉 용액 증발에 의한 나노콜로이드의 자기집적 모델 ······ 194

〈그림 5.1.2〉 육방조밀충진된 나노콜로이드의 2차원 초격자 모델 ······ 194

〈그림 5.2.1〉 (a) NaCl 고랑이랑 구조 기판의 AFM 상, (b) 고랑 상에 1차원 배열한 Au 나노콜로이드 ······ 195

〈그림 5.2.2〉 (a) 정방형형 RNA 일차원 골격을 템플레이트로한 Au 나노콜로이드의 일차원 초격자 형성법과 (b) SEM 상 ······ 196

〈그림 5.2.3〉 트리페닐렌싸이올(triphenylenetiol) 유도체로 보호된 Au 나노콜로이드의 개략도와 트리페닐렌 일차원 컬럼구조 형성으로 유발된 Au 나노콜로이드 일차원 초격자 모델 ······ 196

〈그림 5.2.4〉 트리페닐렌싸이올 유도체로 보호된 Au 나노콜로이드 자기집적 막의 TEM 사진 ······ 197

〈그림 5.3.1〉 입경이 다른 도데케인싸이올 보호 Au 나노콜로이드로부터 형성하는 2차원 초격자의 모식도 ······ 199

〈그림 5.3.2〉 (a) Ag 나노콜로이드(평균입경 4.4 nm), (b) Cu 나노콜로이드(평균입경 6.2 nm), (c) Co 나노콜로이드(평균입경 5.1 nm), (d) $Ag_2S$ 나노콜로이드(평균입경 5.8 nm)의 희박 헥산용액에서 생성된 마이크로 링 ······ 199

〈그림 5.3.3〉 (a) 2.4 nm 싸이올 유도체(삽입그림) 보호 Au 나노콜로이드 자기집적막의 hcp 2차원 초격자, (b) 4회 대칭 2차원 초격자, (c) 유사 하니컴 구조 초격자의 TEM 상, (d) 유사 하니컴 구조의 배열 모델 ······ 199

〈그림 5.3.4〉 Langmuir-Blodgett 법의 조작 원리(Top view) ······ 201

〈그림 5.3.5〉 (a) SEM 프로브에 의한 폴리비닐 톨루엔 콜로이드 입자의 부착과 (b,c) 이를 이용해 제작한 초격자 구조 ······ 201

〈그림 5.4.1〉 카르복실기를 끝단에 갖는 싸이올 유도체의 화학구조 ………………… 203
〈그림 5.4.2〉 N-아세틸글루타치온 환원형 보호 Au 나노콜로이드의 3차원 초격자 3종의 SEM 사진 ………………… 204
〈그림 5.4.3〉 ( i ) 수중, ( ii ) 무질서 결정, ( iii ) 규칙배열 초격자에 대한 N-아세틸글루타치온 환원형 보호 Au 나노콜로이드의 UV-visible 흡수스펙트럼 ………………… 204

**제6장**

〈그림 6.1.1〉 투과전자현미경(TEM) 장치의 외관(좌) 및 결상원리(우) ………………… 206
〈그림 6.1.2〉 HRTEM으로 관찰한 Ag-loaded $CeO_2$ 나노입자의 격자면 거리 ………………… 207
〈그림 6.1.3〉 CdS/CdTe 나노콜로이드의 HAADF-STEM 상 ………………… 208
〈그림 6.1.4〉 주사전자현미경(SEM)의 장치 전체도 ………………… 209
〈그림 6.1.5〉 (a) Cube 형 $In_2O_3$ 및 (b) 카본 상 Pt 나노입자의 SEM 상 ………………… 209
〈그림 6.1.6〉 주사터널현미경(STM)의 측정원리 ………………… 210
〈그림 6.1.7〉 싸이올 분자로 표면을 보호한 Au 나노콜로이드의 STM 상 ………………… 211
〈그림 6.1.8〉 원자간력현미경(AFM)의 측정원리 ………………… 211
〈그림 6.1.9〉 태핑 모드로 얻어진 Au 나노콜로이드 박막의 AFM 상 ………………… 212
〈그림 6.2.1〉 분말 X선 회절의 원리 ………………… 215
〈그림 6.2.2〉 여러 가지 입경을 갖는 Au 나노콜로이드의 XRD 패턴 ………………… 216
〈그림 6.2.3〉 Au 나노콜로이드의 전자선 회절패턴 ………………… 217
〈그림 6.2.4〉 X선 파장에 따른 질량흡수계수의 변화 ………………… 219
〈그림 6.2.5〉 Ni 필름의 X선 흡수스펙트럼 ………………… 220
〈그림 6.2.6〉 X선 흡수스펙트럼 XANES 및 EXAFS 영역 ………………… 222
〈그림 6.2.7〉 Pt, Ni single atom(SA) clusters 및 Pt-$Ni_{alloy}$ 나노입자를 담지한 N-doped carbon(NDC) 복합촉매 ………………… 222
〈그림 6.2.8〉 SA(Pt, Ni)-Pt-$Ni_{alloy}$-NDC 복합촉매의 Pt L3-edge에 대한 X선 흡수스펙트럼 ………………… 223
〈그림 6.3.1〉 Ag@$SiO_2$ 코어-쉘 구조 나노입자의 EDX 분석에 의한 원소 mapping ………………… 225
〈그림 6.3.2〉 (a) XPS 외관 사진 및 (b) XPS 장치 구성도 ………………… 225
〈그림 6.3.3〉 XPS 내부의 주요부품 구성도 ………………… 226
〈그림 6.3.4〉 X-ray($h\nu$) 조사 전후의 시편 원소의 에너지 변화 ………………… 227

〈그림 6.3.5〉 XPS의 구동원리 및 $E_b$ 계산법 ······ 228
〈그림 6.3.6〉 XPS의 측정 spectrum의 종류 및 원자 내 전자들의 관측 위치 ······ 229
〈그림 6.3.7〉 $CuInS_2$ 결정의 XPS의 측정 결과 ······ 230
〈그림 6.3.8〉 Subshell 별 전자의 L-S coupling 값 및 XPS 피크 표기법 ······ 231
〈그림 6.3.9〉 (a) metal Ti 및 (b) $TiO_2$의 2p subshell에 대한 XPS 스펙트럼 ······ 231
〈그림 6.4.1〉 용액의 분자(또는 원자)의 농도에 따른 흡광도 변화 ······ 233
〈그림 6.4.2〉 농도와 투과도의 관계 ······ 234
〈그림 6.4.3〉 UV-visible spectrophotometer의 구조 ······ 236
〈그림 6.4.4〉 Au 및 Au@$SnO_2$ core-shell 나노입자 콜로이드의 (A) TEM 이미지 및 (B) UV-visible 흡수스펙트럼 예 ······ 236
〈그림 6.4.5〉 Luminescence(Fluoresence)와 phosphorescence의 차이 ······ 237
〈그림 6.4.6〉 Fluorescence spectrometer와 UV-visible spectrometer의 차이 ······ 238
〈그림 6.4.7〉 형광분광광도계로부터 얻어지는 흡광 및 발광 스펙트럼 ······ 239
〈그림 6.4.8〉 일반적인 발광 소멸 곡선 ······ 240
〈그림 6.4.9〉 Planner LED, nonohole LED 및 NP-coated nonohole LED의 TRPL decay 곡선 ······ 241
〈그림 6.4.10〉 Reference에서 발생한 excitation light spectrum 및 시료에서 발생한 excitation과 photoluminescence spectrum ······ 242

**제7장**

〈그림 7.1.1〉 입방팔면체 형상 fcc 구조 금속 나노콜로이드의 표면구조 ······ 247
〈그림 7.1.2〉 (a) Pt 나노콜로이드를 혼합한 메조포러스 실리카(SBA-15)의 합성법, (b) Pt/SBA-15를 촉매로 하는 에틸렌의 수소화 반응의 턴오버 빈도(TOF)와 활성화에너지 ······ 248
〈그림 7.1.3〉 (a) pyrrole($C_4H_5N$)의 수소화 반응, (b) Pt 나노콜로이드 담지 SBA-15에 의한 pyrrole의 수소화 반응의 선택성에 미치는 Pt 입경의 영향 ······ 249
〈그림 7.1.4〉 형상이 다른 Pt 나노콜로이드에 의한 pyrrole의 수소화 반응의 선택성 ······ 250
〈그림 7.1.5〉 $TiO_2$ 상에 담지된 Au 나노콜로이드 촉매에 의한 CO 산화반응 메카니즘 ······ 252

〈그림 7.1.6〉 CO 산화반응의 촉매 활성에 미치는 금속 나노콜로이드의 입경 영향 ······ 252
〈그림 7.1.7〉 p-hydroxybenzyl alcohol 산화반응속도에 미치는 PVP 안정화 Au 나노콜로이드의 입경 영향 ······ 256
〈그림 7.1.8〉 PVP 안정화 Au 나노콜로이드을 이용한 p-benzyl alcohol의 공기산화에 있어서 산소분자의 활성화 모식도 ······ 256
〈그림 7.1.9〉 사이크로헥산 산화반응속도에 미치는 Au 클러스터 구성원자 수의 영향 ······ 257
〈그림 7.1.10〉 합금 나노콜로이드의 촉매활성에 미치는 금속 A와 금속 B의 복합화 영향의 모식도 ······ 258
〈그림 7.1.11〉 이원합금 나노콜로이드의 촉매활성에 미치는 나노콜로이드 조성의 영향 ······ 259
〈그림 7.1.12〉 Crown jewel 구조를 갖는 AuPd 클러스터의 합성 모식도 ······ 261
〈그림 7.1.13〉 AuPd 나노콜로이드를 담지한 HOPG 전극의 AFM 사진 ······ 263
〈그림 7.1.14〉 (a) 60% Au를 포함한 AuPd 나노클러스터를 담지한 HOPG 전극의 에탄올 수용액 중에서의 cyclic voltamogram, (b) 에탄올 산화전류피크에 미치는 AuPd 나노콜로이드의 조성 영향 ······ 264
〈그림 7.1.15〉 (a) 메조포러스 카본 쉘로 피복된 Pt 나노콜로이드(Pt@hmC) 합성 메카니즘, (b) PVP 안정화 Pt 나노콜로이드와 (c) Pt@hmC의 TEM 사진 ······ 265
〈그림 7.1.16〉 코어-쉘 구조 Rh@$Cr_2O_3$를 조촉매로서 담지시킨 GaN:ZnO 광촉매에 의한 수소의 완전 광분해반응 ······ 267
〈그림 7.1.17〉 (a) Rh(1.5 nm)@$Cr_2O_3$를 담지한 GaN:ZnO 광촉매에 가시광선을 조사하여 $H_2$ 및 $O_2$ 발생의 시간적 변화, (b) GaN:ZnO 광촉매에 담지한 Rh 나노콜로이드의 입경과 $H_2$ 및 $O_2$ 발생 초기속도의 관계 ······ 269
〈그림 7.2.1〉 Nano-Sphere Lithography(NSR)를 이용한 SERS 기판 작성법의 모식도 ······ 271
〈그림 7.2.2〉 (a) NSL법을 이용하여 18°의 증착 각도로 제작한 Ag 나노콜로이드 이량체 규칙배열 구조체의 AFM 상과, (b) 이것을 SERS 기판으로 이용한 4,4'-bipyridine(BPy)의 라만 스펙트럼 ······ 272
〈그림 7.2.3〉 (a) 타겟 DNA에 의한 Au 나노콜로이드 가교의 모식도, (b) 타겟 DNA의 첨가에 의한 Au 나노콜로이드의 흡수스펙트럼 변화 ······ 273

〈그림 7.2.4〉 (a,b) Au 나노콜로이드 근처에 존재하는 색소분자의 광여기 확률의 증강율($\gamma_{exc}/\gamma^0_{exc}$), 색소의 형광양자효율($q_a$), 및 형광강도의 증강율($\gamma_{em}/\gamma^0_{em}$)에 미치는 색소분자-Au 나노콜로이드 간 거리(z)의 영향(이론계산), 그림 (b)안의 숫자는 Au 나노콜로이드의 입경(nm), (c) 색소분자-Au 나노콜로이드 간의 상호작용에 대한 거리 의존성의 모식도 ··· 276

〈그림 7.2.5〉 Nile blue 분자의 발광강도에 미치는 분자-금속 나노콜로이드 간 거리의 영향 ··· 277

〈그림 7.2.6〉 포르피린 유도체를 고정한 Au 나노콜로이드 집적 전극에 의한 광전류의 생성 메카니즘 ··· 278

〈그림 7.2.7〉 CdS 및 CdS/Au@$SiO_2$의 광촉매 반응성 ··· 279

〈그림 7.2.8〉 (a) Au 나노콜로이드 담지 $TiO_2$ 전극을 이용한 샌드위치 형 태양전지의 광전류-전압곡선과 (b) 이 광전류의 작용 스펙트럼 ··· 280

〈그림 7.2.9〉 Au 나노콜로이드 담지 $TiO_2$ 전극의 광전류 생성 메카니즘 ··· 281

〈그림 7.3.1〉 양자사이즈 효과에 의한 반도체 나노콜로이드의 전자 에너지 구조의 변화의 모식도 ··· 283

〈그림 7.3.2〉 (a) 섬아연광형 구조를 갖는 구상 CdS 나노콜로이드의 입경(직경)과 나노콜로이드 한 개 입자를 구성하는 원자 수, (b) 표면에 노출한 원자 수, (c) 전구성 원자 수에 대한 표면원자수의 비율 ··· 284

〈그림 7.3.3〉 양자점 나노콜로이드의 형태학적 구조 ··· 285

〈그림 7.3.4〉 양자점의 에너지 밴드갭 구조 ··· 286

〈그림 7.3.5〉 QD 구조에 따른 전자와 정공의 분포 ··· 287

〈그림 7.3.6〉 Multi core-shell type 양자점의 에너지 밴드 갭 구조 ··· 287

〈그림 7.3.7〉 구형 반도체 나노콜로이드의 입경과 밴드 갭($E_g$)의 관계 ··· 289

〈그림 7.3.8〉 CdTe 나노콜로이드의 전자 에너지 구조와 입경과의 관계 ··· 291

〈그림 7.3.9〉 CdS 나노콜로이드 담지 Au 전극에 광조사에 의해 흐르는 아노드 광전류와 인가한 전극전위의 관계 ··· 291

〈그림 7.3.10〉 CdS 나노콜로이드 담지 Au 전극의 광전기화학 측정으로 구한 CdS의 $E_{CB}$(○) 및 $E_{VB}$(△)의 입경 의존성 ··· 293

〈그림 7.3.11〉 (a,b) 반도체 나노콜로이드의 광여기에 의한 포토 루미네슨스의 모식도 ··· 294

〈그림 7.3.12〉 ZnS 피복에 의한 CdSe 나노콜로이드의 발광 증대 ……………… 296
〈그림 7.3.13〉 대표적인 반도체 나노콜로이드에 대한 발광파장의 제어가능 범위 …… 298
〈그림 7.3.14〉 (a) $AgInS_2$-ZnS 고용체(ZAIS) 나노콜로이드의 흡수스펙트럼과 (b) 발광스펙트럼 …… 298
〈그림 7.3.15〉 나노콜로이드와 생체분자의 결합방법의 모식도 …… 301
〈그림 7.3.16〉 반도체 나노콜로이드를 이용한 유전자 진단을 위한 센서 프로브의 모식도 …… 303
〈그림 7.3.17〉 자외선 조사 하에서 발광하는 (a) 다양한 색상의 CdTe 나노콜로이드와 (b) PL 스펙트럼 …… 305
〈그림 7.3.18〉 유리 기판에 고정한 CdSe@$SiO_2$ 박막의 확산반사 스펙트럼 …… 306
〈그림 7.3.19〉 (a) 정공 수송층(spiro TPD)과 전자 수송층(TPBi) 사이에 반도체 나노콜로이드 층을 끼운 소자의 구조 모식도, (b) 종류가 다른 반도체 나노콜로이드를 이용하여 제작한 소자의 electroluminescence(EL) 스펙트럼(실선)과 사용된 반도체 나노콜로이드 단입자 막의 photoluminescence(PL) 스펙트럼(점선) …… 307
〈그림 7.3.20〉 화학합성한 반도체 나노콜로이드를 광흡수층으로 하는 양자점 태양전지의 구조와 광전류 생성메카니즘(단락 시)의 모식도 …… 309
〈그림 7.3.21〉 태양전지에 광조사에 의해 얻어지는 전류-전압 곡선 …… 310
〈그림 7.3.22〉 (a) FTO/다공질 $TiO_2$/PbS 나노콜로이드/Au 디바이스 구조를 갖는 양자점 태양전지의 전류-전압 곡선, (b) 태양전지의 광전류($J_{SC}$)의 작용 스펙트럼과 PbS 나노콜로이드의 흡수스펙트럼 …… 312
〈그림 7.3.23〉 반도체 나노콜로이드(CdSe) / 도전성 폴리머(P3HT) 하이브리드 태양전지의 구조 모식도 …… 314
〈그림 7.4.1〉 Moore's law에 따른 트랜지스터 크기의 감소 …… 316
〈그림 7.4.2〉 Au(111) 기판 상의에 형성한 싸이올 자기집적 단분자막 상에 고정화된 1.8 nm Au 나노콜로이드의 STS 측정도 …… 317
〈그림 7.4.3〉 단전자 섬으로서 금속 나노콜로이드를 경유하는 두 전극 사이에서의 단전자 터널링 …… 319
〈그림 7.4.4〉 금속 나노콜로이드를 단분자 섬으로 사용한 단전자 디바이스의 기본 구조 …… 321
〈그림 7.4.5〉 2중 터널접합으로 구성된 단전자 트랜지스터의 등가회로 …… 321

〈그림 7.4.6〉 $V/V_g$ 전압평면에서 이상적인 Coulomb blockade 영역의 마름모꼴 반복(쿨롱 다이아몬드) ······ 323
〈그림 7.4.7〉 2.1 nm $C_6S$-Au 나노콜로이드 및 2.4 nm $C_8S$-Au 나노콜로이드의 STS 측정과 해석결과 ······ 323
〈그림 7.4.8〉 (a) 1.5±0.2 nm, (b) 1.6±0.2 nm Au 나노콜로이드의 TEM 사진 ······ 325
〈그림 7.4.9〉 후막형 가스센서 소자 및 모듈 구조 ······ 326
〈그림 7.4.10〉 n-형 반도체식 가스센서의 $C_2H_5OH$ 가스 감지 원리 ······ 327
〈그림 7.4.11〉 p-형 반도체식 가스센서의 $C_2H_5OH$ 가스 감지 원리 ······ 328
〈그림 7.4.12〉 Metal@oxide 코어-쉘 구조 나노입자의 단면 ······ 329
〈그림 7.4.13〉 열처리에 의한 MOS 상 금속 나노촉매의 입경 변화 모식도 ······ 329
〈그림 7.4.14〉 Metal@MOS 코어-쉘 나노입자의 열처리 후 금속 나노촉매 코어의 입경 성장 억제 효과 모식도 ······ 330
〈그림 7.4.15〉 Metal@n-MOS 코어-쉘 나노입자의 가스반응 시 전기저항 변화 모델 ······ 331
〈그림 7.4.16〉 (a) Au@$SnO_2$ core-shell 나노입자의 TEM 사진, (b) $SnO_2$와 Au@$SnO_2$(core-shell) 나노입자의 1,000 ppm CO가스에 대한 저항변화 ······ 332
〈그림 7.4.17〉 Au@$SnO_2$ 코어-쉘 나노입자의 CO가스 감지 메카니즘 모델 ······ 333
〈그림 7.4.18〉 Ag-$Au_{alloy}$@ZnO 코어-쉘 나노입자의 TEM과 EDX 맵핑 이미지 ······ 334
〈그림 7.4.19〉 (a) Au@ZnO, $Au_xAg_y$(alloy)@ZnO, Ag@ZnO 코어-쉘 나노입자 및 순수한 ZnO 나노입자의 100 ppm 에탄올 가스에 대한 온도별 반응성과 (b) 전기저항 변화 ······ 335
〈그림 7.4.20〉 ZnO, Au@ZnO, Ag@ZnO 및 Ag-$Au_{alloy}$@ZnO 나노입자의 여러 가지 가스에 대한 반응성 ······ 336
〈그림 7.4.21〉 Au-$Ag_{alloy}$@ZnO 코어-쉘 나노입자의 에탄올($C_2H_5OH$) 가스감지 메카니즘 ······ 337
〈그림 7.4.22〉 p-MOS 및 M@p-MOS 코어-쉘 나노입자의 대상 가스와 접촉 전후의 전기저항 변화 모델 ······ 339
〈그림 7.4.23〉 (a) Au@$Cu_2O$ 코어-쉘 나노입자의 TEM 사진, (b) $Cu_2O$와 Au@$Cu_2O$ 코어-쉘 나노입자의 CO가스에 대한 저항변화 ······ 339

〈그림 7.4.24〉 (a, b, d) Au@NiO 코어-쉘 나노입자, (c) pure NiO 나노입자의 TEM 이미지, (e) Au 코어와 NiO 쉘의 lattice distance 및 (f) Au@NiO 나노입자의 diffraction pattern ······ 341
〈그림 7.4.25〉 Au@NiO 코어-쉘 나노입자의 (a) 에탄올 가스 농도별 전기저항변화와 (b) 여러 가지 가스에 대한 반응성 ······ 341
〈그림 7.4.26〉 Au@NiO 코어-쉘 나노입자의 에탄올($C_2H_5OH$) 반응 메카니즘 ······ 342

Chapter 01

제1장

# 나노콜로이드의 정의와 유래

본장에서는 콜로이드를 포함하여 나노콜로이드가 무엇인지 정의하고, 나노콜로이드의 유래 및 특성에 대해서 기술한다.

## 1.1. 나노콜로이드의 정의

하나의 상(기체, 액체, 고체)의 물질이 다른 상의 물질에 분산되어 있을 때에 콜로이드 상태(colloid state)에 있다고 말하고, 분산되어 있는 입자를 콜로이드 입자(colloid particle)라고 한다. 콜로이드는 분산매질을 포함한 분산계의 명칭이지만, 최근 나노사이언스 또는 나노테크놀러지의 기본재료로서 주목받게 되어 구성입자 자신을 콜로이드라고 부르는 경우가 많다.

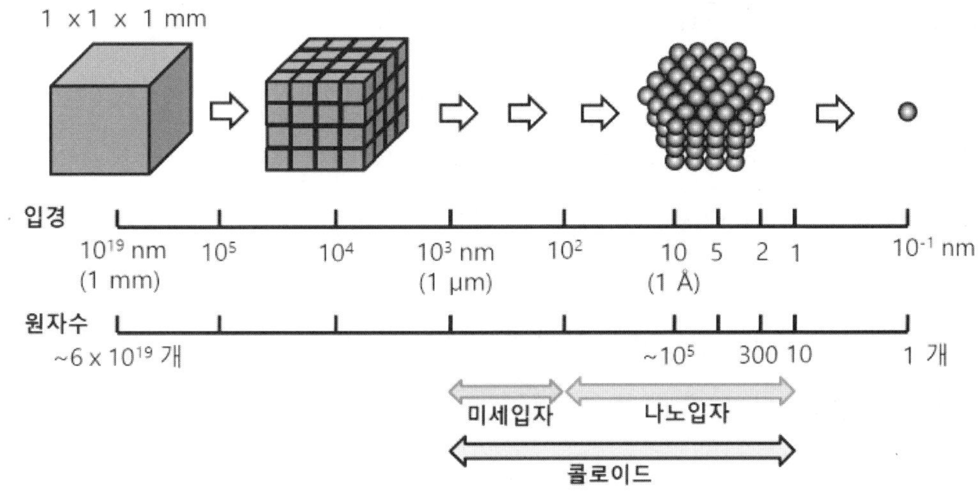


〈그림 1.1.1〉 콜로이드 입자의 크기

콜로이드를 열역학적 관점에서 분류하면, 미셀(micelle) 또는 고분자가 액상에 용해된 열역학적으로 안정한 계(친수콜로이드, hydrophilic colloid)와 고체 입자・액적・기포가 매질에 분산된 열역학적으로 불안정한 계(소수콜로이드, hydrophobic colloid)로 대별할 수 있다. 여기서 후자는 두 상 간에 명확한 경계가 존재하는 특징이 있다. 콜로이드 중의 입자는 어떠한 형태든 가질 수 있으며, 단지 그 크기가 결정되어 있을 뿐이다. 〈그림 1.1.1〉에 IUPAC(International Union of Pure and Applied Chemistry; 국제순수응용화학연합)에서 정의하고 있는 여러 가지 입자의 크기를 나타내었다. 형상에 관계없이 입경 1 ~ 100 nm의 입자를 나노입자(nanoparticle, nanocrystal), 100 nm ~ 1 μm 입자를 미립자(fine particle)로 정의하고, 나노입자와 미립자를 합하여 콜로이드 입자라고 부르는데, 특히 100 nm 이하의 나노입자가 분산되어 있는 계를 나노콜로이드라고 부른다. 본서에서는 나노콜로이드 입자로서 여러 가지의 무기입자(금속, 금속산화물, 금속황화물)를 다루게 된다.

## 1.2 콜로이드 용액이란?

원자수가 $10^2 \sim 10^{10}$개로 구성된 크기가 1 nm ~ 1 μm의 물질이 주로 콜로이드로서 정의된다. 물질은 3상(기체, 액체, 고체) 중 어느 하나의 상태에 있는 매질 물질(분산매 disperse medium) 중에 이것과는 다른 상태의 물질(분산질 dispersoid)이 미세하게 분산되어 있는 상태가 콜로이드 상태이고 여기서 말한 분산질이 콜로이드이다. 콜로이드 분산계는 분산질 및 분산매의 조합에 따라 여러 가지의 명칭으로 불리운다(〈표 1.2.1〉). 이와 같이 우리의 주변에는 다양한 상태의 콜로이드가 많이 존재하고 있다.

〈표 1.2.1〉 콜로이드 분산계의 분류

| | | 분산매(分散媒) | | |
|---|---|---|---|---|
| | | 기체 | 액체 | 고체 |
| 분산질(分散質) | 기체 | – | **폼(거품)**<br>생크림, 헤어 폼 | **폼**<br>발포스티로올, 빵, 쿠키 |
| | 액체 | **에어로 졸**<br>안개 | **에멀션**<br>우유, 마요네즈, 비눗물 | **솔리드 졸**<br>오팔 |
| | 고체 | **에어로 졸**<br>연기, 먼지 | **서스펜션**<br>먹물, 페인트, 흙탕물 | **솔리드 졸**<br>루비 유리, 스테인드글라스 |
| | | | **콜로이드 용액** | |

※ 저점도의 것을 졸(또는 솔), 고점도의 것을 겔(또는 젤)이라고 부른다.

분산매가 액체인 콜로이드 분산계를 일반적으로 콜로이드 용액(colloid solution)이라고 한다. 분산질이 고체의 경우를 서스펜션(suspension), 액체의 경우를 에멀션(유탁액 emulsion), 기체의 경우를 폼(form) 이라고 부른다. 일반적으로는 전자의 두 개가 콜로이드 용액이라고 널리 인식되어 있으며, 폼은 생크림이나 헤어 폼과 같은 소위 "거품"이다.

### 1.2.1. 졸과 겔

콜로이드 용액은 계 전체의 점성(viscosity)에 의해 졸(sol)과 겔(gel)이라는 명칭으로 구별된다(〈표 1.2.1〉). 졸이라 함은 일반적으로 분산계의 점도가 낮은 상태의 것을 지칭하고, 주변의 콜로이드 용액 중에서 마요네즈, 버터, 마아가린 이외는 졸로 분류된다. 이것과 비교하여 겔이라 함은 분산질이 가교 구조를 형성함으로써 점성이 높아져 전체적으로 고체 또는 고체 상이 되는 것을 지칭한다(〈그림 1.2.1〉). 가교 방법의 차이에 의해 화학 겔(chemical gel)과 물리 겔(physical gel)로 분류된다.

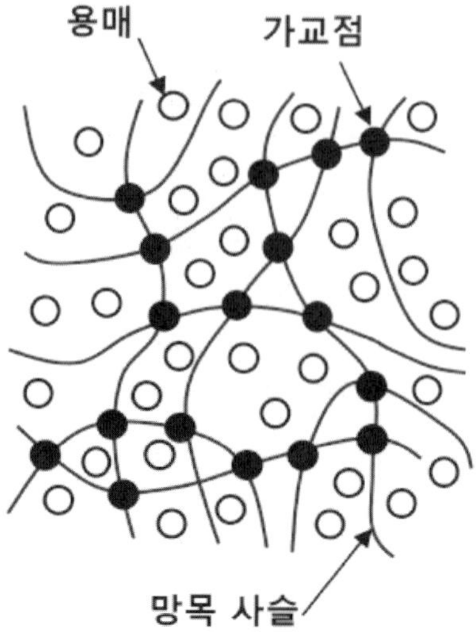


〈그림 1.2.1〉 졸의 구조 모식도

화학 겔은 결합력이 큰 공유결합에 의해 가교 구조가 구축되고 있기 때문에 매우 안정한 점성을 갖지만, 물리 겔은 결합력이 비교적 작은 수소결합이나 이온결합, 배위결합 등에 의해 가교가 이루어지며, 온도나 압력 등의 외부 자극에 의해 겔과 졸의 사이에서 변화하고 불안정한 구조를 취하는 것이 많다. 분산매가 물인 경우를 하이드로겔(hydrogel), 유기용매인 경우를 오가노겔(organogel)이라고 부르고, 우리 주변에 많은 겔이 하이드로겔에 해당한다.

오래전부터 알려져 있는 겔로서는 젤라틴(gelatin)의 콜로이드 겔이 있다. 젤라틴은 주성분이 단백질 물질이며, 동물의 결합조직인 콜라겐에 열을 가하여 추출한다. 가열 상태에서는 단백질 분자의 상태로 물(액체)에 용해되지만, 냉각하면 수소결합에 의해 나선 상태의 2차원적 구조로 분자 간에 가교되어 네트워크가 형성되는 물리 겔의 일종이다. 젤리, 마시멜로 등의 과자, 요구르트, 햄, 소세지 등 식품의 겔화제, 약품・미술재료, 공예품의 접착제, 의약품의 캡슐, 정제, 지혈제, 보습제(화장품) 등 폭넓은 분야에서 활용되고 있다. 또한, 젤라틴 콜로이드 용액에 할로겐화 은을 현탁시키면 사진 감광제가 되는데, 이것을 기판(종이, 필름, 금속, 유리)의 표면에 도포한 것이 사진 필름이다.

대두(콩) 단백질에 응고제(마그네슘 등)를 첨가하고 망목구조로 만든 겔이 두부이다. 삶은 계란, 어묵도 일종의 단백질 겔이다. 곤약은 D-만노오스를 주성분으로 하는 다당류의 겔이다. 일반적으로 다당류를 물에 녹이면 겔을 형성하기 쉽다. 증발에 의해 내부의 용매를 잃고 공극을 갖는 망목구조가 된 것을 크세로겔(xerogel) 이라고 한다. 건조제로서 잘 쓰이는 실리카겔은 크세로겔의 대표이고, 규산 하이드로겔($SiO_2 \cdot nH_2O$)을 탈수 건조시킨 것이다. 원래 하이드로겔이기 때문에 흡수성이 뛰어나 건조제로 사용되고 있다. 이외에 천연에 존재하는 겔로서는 해조류, 식물의 알로에, 점토질 광물을 들 수 있다.

이상의 예로부터 겔이라고 하는 것은 일반적으로 촉감적으로 미끈하다는 느낌이 있으며, 수분을 다량 함유하고 있어 탄력성이 있는 물질이라고 하는 것을 알 수 있다. 상태가 고체에 가깝기 때문에 콜로이드 용액이라고 부르기에는 위화감이 있지만, 넓은 의미에서는 콜로이드 용액에 분류된다.

### 1.2.2. 에어로졸

분산매가 기체이고 분산질이 고체 또는 액체의 콜로이드 계를 에어로졸(aerosol)이라고 한다. 소위 대기 중에 부유하는 입자상 물질도 그 하나이다. 지표 약 2 km 대기층에서는 평균농도 $10^8 \sim 10^9$ 개/$m^3$, 지표층에서는 $10^9 \sim 10^{11}$개/$m^3$ 정도이다. 대기 중에 부유하는 입자상 물질은 고형물의 물리적 분쇄, 연마, 폭파, 용접에 의한 증발 등에 의해서 구상, 침상, 박편상 등의 다양한 형태로 생성되고, 이들은 분진(dust) 또는 흄(fume)이라고 부른다. 또한, 물질의 연소에 의해서 생성되는 연기(smoke)는 불완전 연소물과 수분 등을 함유하는 유색성 입자로 구상에 가깝고 이들이 집합 상태로 부유해 있는 경우가 많다. 이러한 인공물질 이외에도 화분이나 포자 등 다양한 생물계 입자도 에어로졸로서 존재한다.

분산질이 액체인 경우는 미스트(mist)라고 부르며, 액적의 증발 응집이나 액체의 분무에 의해서 분산한 것 모두가 포함된다. 기상학 분야에서는 안개(fog)나 미스트(mist)에 해당하는데, 수평시정(물체를 육안으로 식별할 수 있는 최대 수평 거리)이 1 km 미만은 안개, 1 km 이상을 미스트라고 정의하고 있다. 아침 안개가 낀 날, 빛이 통과하는 경로가 반짝여 보이는 일이 있는데, 이것을 친달 현상(Tyndall effect)이라고 부르며, 에어로졸의 특이한 미에 산란(Mie scattering)에 의한 광산란 현상이다(〈그림 1.2.2〉).

〈그림 1.2.2〉 에어로졸에 의한 광 산란(일출)과 Au 콜로이드의 광 산란(Tyndall scattering 현상)

화산재, 황사, 먼지 등도 에어로졸이며, 특히 대기 오염물질로 에어로졸은 상기 물질의 혼합물이고, 스모그(smog = smoke + fog)라고 하는 명칭에서도 그 의미를 알 수 있다. 주로 석유계 연료의 연소 시 발생되는 불완전 연소물질(매연)을 대량으로 품고 있는 더러워진 안개이다. 황산화물 또는 질소산화물, 기타 유해물질(카드뮴, 불화수소, 염소, 염화수소 등)로 구성되어 있다. 최근 화제가 되고 있는 PM2.5(PM; Particulate Matter)는 입경 2.5 $\mu$m 이하의 미소 입자상 물질이며 유해한 에어로졸이다. 유용한 에어로졸로는 안개상 흡입 의약, 스프레이 · 분무 의약, 분무 도료 등을 들 수 있다. 특히 화학 반응을 포함하는 에어로졸화와 기판 상 석출 프로세스는 CVD(Chemical Vapor Deposition) 법으로, 콜로이드 소재의 제조 및 디바이스 제작에 응용되고 있다. 분산매가 액체인 경우와 크게 다른 점은 기체 중 콜로이드의 확산이 액체와 비교하여 훨씬 빠르다는 것이다. 따라서 목적하는 부분에 신속히 균일하게 콜로이드를 도달시키는 점이 유리하다. 콜로이드의 성질은 입자의 형태, 크기, 입자수 밀도 등의 물리적 인자와 그 화학 조성에 지배되지만, 에어로졸의 경우는 입자의 형태에 의한 영향은 무시할 수 있으며 구형으로서 취급하는 것이 일반적이다.

## 1.3. 다양한 콜로이드 용액

서스펜션은 현탁액(현탁 콜로이드)이며, 대표적인 것이 먹물이다(〈그림 1.3.1〉 참조). 먹물은 비정질 카본의 입자와 접착제로서 이용되는 아교를 혼합하여 물에 분산시킨 용액이다. 아교는 동물의 결합 조직인 콜라겐에 열을 가하여 추출한 것으로 주성분이 단백질이다. 일반적으로 탄소 입자와 물을 혼합해도 혼합되지 않지만, 수용성 단백질이 주성분인 아교를 더하면 안정화되어 혼합되게 된다. 여기서 아교는 소수 콜로이드인 탄소 입자의 표면을 피복하고 친수성으로 변화시키는 보호 콜로이드(protective colloid)로서의 역할을 담당한다.

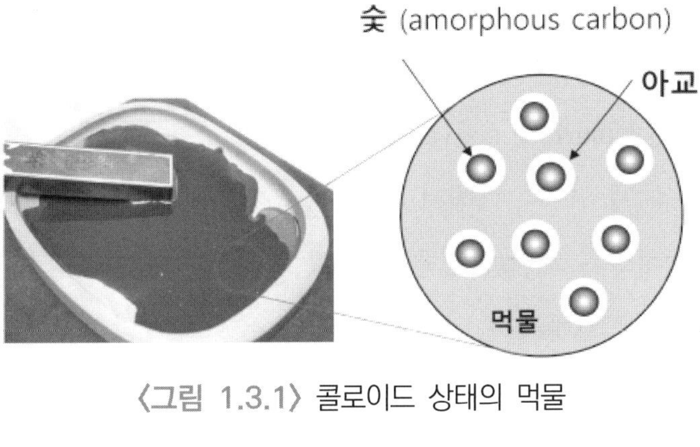


〈그림 1.3.1〉 콜로이드 상태의 먹물

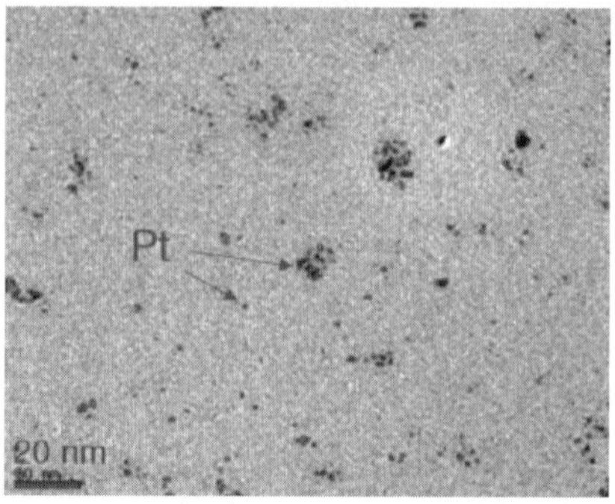


〈그림 1.3.2〉 Pt 나노 콜로이드의 전자현미경 사진

그 외에 물에 모래가 현탁된 흙탕물, 도료입자가 분산되어 있는 페인트나 물감, 밀가루나 초코렛 가루를 녹인 물도 서스펜션이다. 물질 간에 통전시키기 위해서 공업적으로 이용되고 있는 도전성 페이스트는 금속콜로이드입자(Ag 입자 등)를 유기용제에 분산시키고 있으므로 역시 서스펜션이다. 최근에 건강식품이나 화장품에 적용되고 있는 백금(Pt) 나노콜로이드도 서스펜션의 하나이다(〈그림 1.3.2〉 참조) [(1)]. 10 nm 이하의 Pt 나노콜로이드 표면에 친수성(카르보닐산, 술폰산 등)의 유기분자를 피복하는 것으로 안정한 친수성 콜로이드를 형성한다.

에멀션(emulsion)은 "유탁액(乳濁液)"이며, 대표적인 것으로 마요네즈가 있다. 마요네즈의 원료는 식용유, 계란, 식초이고, 미세한 유적(油滴)(식용유 액적)이 액상(계란이나 식초)에 분산하고 있는 oil in water(O/W) 에멀션을 형성한다. 기름과 물은 보통 상태에서는 상분리를 일으켜 섞이지 않지만, 친수기와 소수기를 갖는 계면활성제(surface active agent, surfactant, 2.2절 참조)를 첨가하면 혼합된다. 에멀션을 제조하기 위해서 사용하는 계면활성제를 유화제(emulsifier)라고 부른다. 마요네즈는 계란에 함유되어 있는 인산지질인 난황(계란 노른자) 레시틴(lecithin)이 계면활성제가 되어 유화제의 역할을 담당한다(〈그림 1.3.3〉). 좀 더 상세히 설명하면, 인산지질의 소수기로 둘러쌓인 기름 방울 둘레가 계란에서 공급되는 친수성 단백질로 다시 둘러 쌓이는 구조를 취하고, 안정하게 물에 분산되어 있는 것이다(〈그림 1.3.4〉). 식품 중에는 인산지질과 단백질의 상호작용에 의해 안정하게 콜로이드를 형성하고 있는 것이 많다. 인산지질인 카제인과 유단백에 의해 지방 성분이 물에 안정화된 우유나, 우유에서 지방 성분을 농축한 생크림도 O/W 에멀션이다.

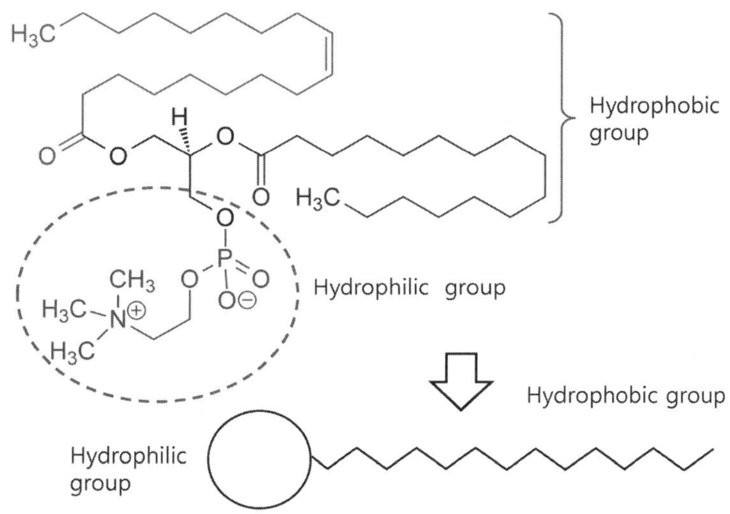


〈그림 1.3.3〉 천연 계면활성제의 egg lecithin의 구조

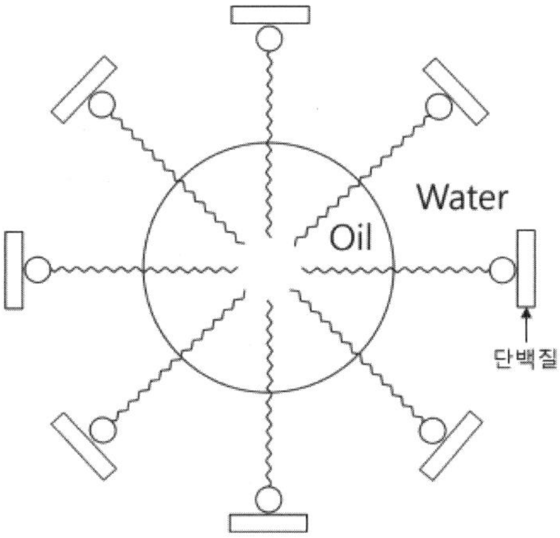


〈그림 1.3.4〉 마요네즈 내의 유적(油滴) 콜로이드(O/W 에멀션)의 모델 그림

비눗물, 세제, 샴푸 등 세정제에는 일반적으로 화학 합성된 계면활성제가 함유되어 있다(2.2.2항 참조). 기름때가 계면활성제에 둘러싸여 물에 분산되어 있는 비눗물은 전형적인 O/W 에멀션이다. 기타 우리 주변의 에멀션으로는 도료, 화장품(유액, 크림), 헤어린스 등이 있다.

O/W 에멀션에 비교하여, 매우 작은 수적(물의 액적)이 기름 상에 분산된 W/O 에멀션도 존재한다. 그 대표적인 예로서 버터, 마아가린, 공업용 윤활유, 에멀션 연료(연소효율이 높아 환경부하가 적은 연료)를 들 수 있다. 화장품의 유액이나 헤어크림은 성분배합에 의해 O/W 또는 W/O형이 있을 수 있다. 또한, 친수성의 액상 약품을 W/O형으로 나노콜로이드로 만들고, 이것을 모아서 친수성 유리로 둘러 싼 캡슐 제형은 W/O/W 에멀션이 되며, 이중유화기술에 의한 다상 에멀션이다(〈그림 1.3.5〉). 약품 나노콜로이드의 집적 캡슐화에 의해 약품이 환자의 환부에 도달하는 도중에 분해·흡수되지 않고 환부에 약품 도달 효율을 높일 수가 있으며, 약물전달시스템(drug delivery system; DDS)의 하나로 이용되고 있다. O와 W를 교환한 O/W/O형도 포함한 다상 에멀션은 의약품, 화장품, 식품에 응용되고 있다.

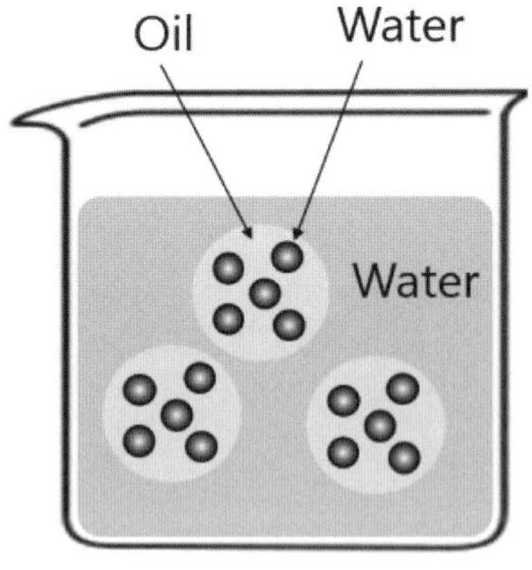

〈그림 1.3.5〉 W/O/W 다상 에멀션의 모델 그림

# 1.4. 나노콜로이드의 유래

## 1.4.1. 개요

무기 콜로이드로서 세계에서 가장 오래된 응용 예로 인식되고 있는 것은 대영박물관 소장의 “The Lycurgus Cup”이다(〈그림 1.4.1〉 참조) [(2)]. 이것은 4세기 로마 시대 후기에 만들어진 것으로 소다석회 실리카 유리에 약 70 nm의 금(Au) 나노콜로이드 입자 및 은(Ag) 나노입자가 각각 40 ppm, 300 ppm 들어있기 때문에, 반사광으로 녹색, 투과광으로 루비색으로 보이는 것이다. 16세기에는 스위스의 의사 Paracelsus에 의해 Aurum Potabile(식용금)을 만들었고, 17세기에는 J. Kunckel 및 Cassius에 의해 Au 콜로이드를 이용한 적색 발색법의 개량이 이루어졌다. 이때부터 Au 콜로이드에 의한 적색 발색이 스테인드글라스와 도자기에 사용되게 되었다. Au 콜로이드의 과학적 연구의 시작은 영국 화학자이자 물리학자인 M. Faraday의 등장을 기다리지 않으면 안 된다. 1857년 Faraday는 Paracelsus의 식용금의 제작법에 따라 $Au^{+3}$ 이온을 인(P)으로 환원하여 Au 콜로이드 수용액을 얻는데 성공하였고, 이 발색 원리를 해명하였다.

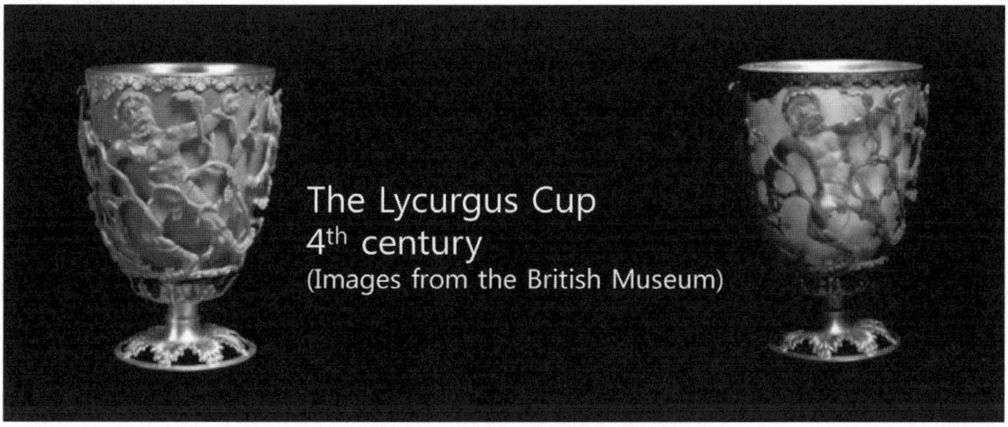


〈그림 1.4.1〉 대영 박물관 소장 라이커거스 컵(Lycurgus cup)의 사진(좌: 반사광, 우: 투과광)

무기 나노콜로이드의 역사에 대하여 가장 오래되고 중요한 소재는 "금(Au)"일 것이다. 금 나노콜로이드는 약 400년 정도 동안 과학자를 강력하게 매료해 왔다. 오래전에는 착색제나 약제로서 금 나노콜로이드는 관심을 모아왔다. 1600년대에는 식물로부터 만들어진 알콜계 추출물에 의해 염화금(III)을 환원해서 금 나노콜로이드를 제조하였으며, "금 오일"이라고 하는 명칭으로 약유(藥油)의 일종으로 인식되어 있었다. 제조된 금 나노콜로이드는 선명한 적색을 띠고, 알콜계 추출물이 금 콜로이드의 표면 보호제로도 작용하기 때문에 침전물이 없이 안정한 농축물로 얻어질 수 있다. 최초로 인공합성된 약제의 하나로서 중국이나 인도에서 널리 알려져 있던 물질이 금 나노콜로이드이다. 당시 금 나노콜로이드의 선명한 적색이 피를 연상시켜 그 약으로서의 가치를 의심할 여지는 없었다고 한다. 어떤 종류의 병을 치료하고, 연명 또는 젊음을 되돌리는 만병통치의 기능이 믿어졌던 것이다. 그러나 18세기가 되면서, 연금술사나 수도사에 의해 금 콜로이드는 기름에 떠있는 금가루이고 그 이상도 이하도 아니며, 치료 효능이 높은 약제로서의 가치는 없다는 결론에 이른다.

F. Selmi는 콜로이드를 체계적으로 연구한 최초의 화학자이다. 그는 1843년에 유황, 카세인(Kasein, 단백질의 일종) 등의 콜로이드 용액에 대한 다수의 실험으로부터, 콜로이드 용액이 진짜의 용액이 아니고, 물에 작은 입자가 떠 있는 현탁액(suspension)이라는 결론을 내렸다. 넓은 의미의 콜로이드는 분산매와 다른 상의 분산질이 안정하게 분산되어 있는 상태를 나타낸다는 것은 앞서 언급한 대로이다. 콜로이드(colloid)는 그리스어의 glue(접착제, 풀)를 의미하는 "kolla = 아교"에서 유래하고 있다. 이 콜로이드라는 명칭은 스코트랜드의 화학자 Thomas Graham에 의해 1861년에 제안되었고, 그는 고전적 콜로이드 화학의 창시자로 인식되고 있다. 그의 최초의 논문 제목은 "Liquid Diffusion Applied to Analysis(물질 분리에 응용된 액체 확산)"이고, 여기서 그는 수산화칼륨 또는

황산마그네슘의 이온이나 분자는 수용액 중에서 비정상적으로 빠르게 확산하는 것에 반해서, 난백알부민, 헤로글로빈, 알부민의 확산은 늦다는 사실을 발표하였다. 그는 전자를 crystalloid, 후자를 colloid로 정의하고, 물질확산속도에 의해 모든 물질을 이 두 가지로 분류하였다. 또한, Graham은 반투과성 막을 crystalloid는 쉽게 통과하지만, colloid는 막 내부의 용액 중에 걸려 있는 소위 투석(dialysis)을 실증하고, 반투과성 막의 활용에 의해 콜로이드의 정제가 가능하다는 사실을 보였다(〈그림 1.4.2〉). 게다가 그는 졸(sol)과 겔(gel)이라고 하는 지금의 콜로이드 화학에서도 널리 쓰이고 있는 용어도 제안했다.

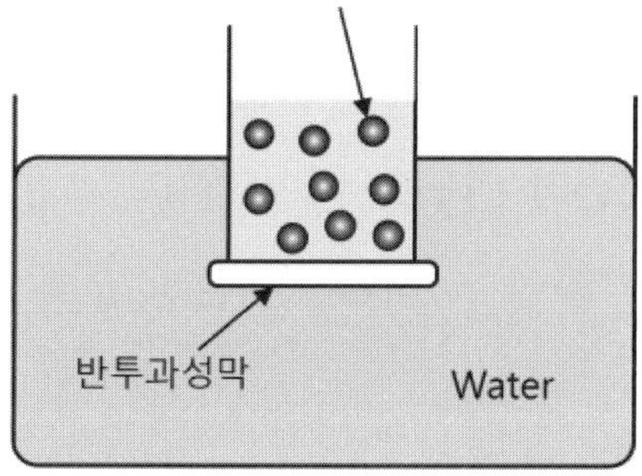


〈그림 1.4.2〉 Graham에 의한 투석 실험의 간이 모델

금 콜로이드의 합성과 물성에 관한 과학적 연구는 1857년에 M. Faraday에 의해 세계 최초로 보고되었다. 그는 금 나노콜로이드의 안정성이 전해질에 의존하는 현상을 발견하고, 젤라틴이나 다양한 고분자가 금 콜로이드에 대하여 강한 표면 보호 효과를 발휘하는 것을 밝혔다. 예를 들면 할로겐화합물 이온의 존재 하에서는, $Cl^- > Br^- > I^-$의 순서로 금 콜로이드의 안정성이 감소하는 것을 규명하였다. 그러나 이 발견은 동시에 조건만 맞출 수 있다면 금 콜로이드는 매우 장기간 안정하게 존재할 수 있다는 증명이기도 하였다. 실제 그가 합성한 금 콜로이드는 150년 가까이 경과한 지금에도 런던 왕립연구소에 보관되어 있

다. 후에 Faraday와 함께 영국 국립연구소에 재직한 J. M. Thomas가 그 입경을 조사하여, 3 nm에서 30 nm의 넓은 범위로 분포되어 있음을 밝혔다. 또한 염 첨가에 의해 금 콜로이드가 불안정하게 되어 침전물이 생성되는 현상, 즉 응집(flocculation)은 1883년에 H. J. Schulze의 상세한 연구에 의해 밝혀졌다.

콜로이드에 관한 Faraday의 또 하나의 저명한 업적은 금 콜로이드의 광학적 성질을 밝힌 것이다. 그는 금 콜로이드의 발색원리를 해명함과 동시에 금 클로이드에 의한 광산란 현상을 알아낸 것이다. 이 광산란 현상은 콜로이드 입자를 함유하고 있지 않은 용액에서는 일어나지 않는다. 이 현상은 1869년에 J. Tyndall에 의해서 상세히 해석되고, 콜로이드 입자에 의해 산란된 광은 편광 된다는 사실이 알려지게 되었다. 현재는 Tyndall(친달) 현상이라고 명칭되어 널리 사용되고 있다. 그 후 광의 파장보다 아주 작은 미립자에 의한 광의 산란 현상은 1871년의 Rayleigh(레일리)경의 이론적 연구로 이어진다.

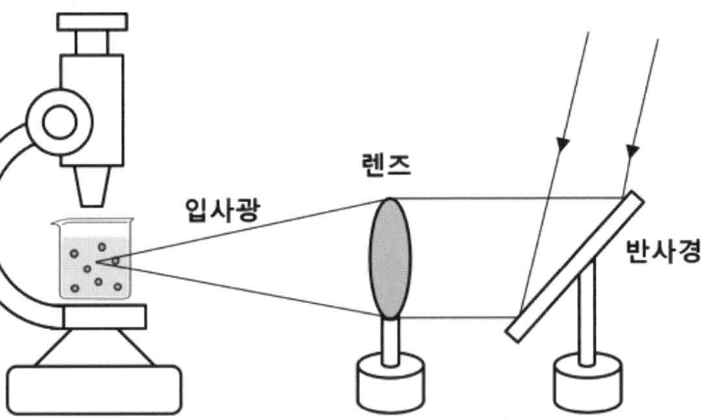


〈그림 1.4.3〉 Zsigmondy가 금 나노콜로이드의 브라운 운동을 관찰한 장치의 개략도, S: 햇빛을 받는 반사경, L: 렌즈, b: 입사광의 초점, 현미경의 배율 약 100배

1900년이 되면 지금까지 불명확했던 콜로이드의 실태에 대하여 큰 발견이 시작된다. 1800년대 Francesco Selmi에 의해 콜로이드는 물에 작은 미립자가

떠있는 현탁액(suspension)이라는 것이 예상되어 있었지만, 실험적으로 증명한 것은 R. Zsigmondy이다. 1889년에 그는 콜로이드 용액의 Tyndall 현상을 현미경(〈그림 1.4.3〉)으로 관찰한 바, 다수의 반짝이는 입자가 운동하는 소위 브라운 운동(Brownian motion)을 하고 있는 입자를 발견하였다 [3]. 이 현상에 의해 콜로이드 용액이 불균일한 상태인 것을 직접적으로 증명했다. 또한, 콜로이드의 브라운 운동이 분자의 열진동과 본질적으로 같은 성질에 의한 것이라고 하는 이론은 1908년에 A. Einstein, J. Perrin, H. Freundlich에 의해 전개되고, 1911년에는 T. Svedberg의 실험에 의해 이론의 정당성이 검증되었다. 이들의 업적은 물질의 불연속적 구조를 규명했다는 점에서 이제까지의 물질 역사에 큰 변혁을 불러일으켰다. 물질의 구조는 원자, 분자, 콜로이드 입자에 이르기까지 불연속적이기는 하지만, 열운동의 법칙은 어느 물질구조에도 공통적이어서 콜로이드 입자를 1개의 큰 분자로 간주할 수 있다는 사실이 명확하게 되었다.

콜로이드의 물질구조에 관련하여 동시기에 P. P. von Weimarn와 W. Ostwald는 Graham이 "크리스탈로이드"로 정의한 물질이라도, 적당한 방법으로 미립자로서 용액 중에 분산시키면, 용액 중에서 콜로이드의 특성을 나타낸다는 사실을 200종 이상의 물질 예로 보였다. 즉 콜로이드는 어떤 특정 물질을 나타내는 말이 아니라, 콜로이드 특성의 많은 부분은 물질이 어떤 크기의 미립자로서 분산되었을 때의 상태를 나타낸다고 언급하였다. 즉 "분산계"라는 개념을 도입한 것이다. 그들의 실험에서 Graham의 조합어인 콜로이드의 개념을 완전히 새롭게 하였고 콜로이드 화학은 물질론이 아니라 상태론이라는 인식이 이루어지게 된다.

물질의 불연속성 이론 중에서 Freundlich는 콜로이드 입자의 경우, 입자표면, 즉 계면에 의해서 물성이 지배되는 요소가 크다고 시사하였다. 이러한 지적을 받아 1910년대에는 콜로이드 계면 물리화학이 발전하기 시작하였다. 2상의 계면에 존재하는 특유한 물리량은 계면장력(interface tension)과 계면전위

(interface potential)인데, 이들의 고전물리학적인 연구 역사는 오래되었다. 이 계면 물리량은 19세기 후반 J. W. Gibbs에 의해서 계면장력과 계면자유에너지(표면에너지)로서 간주되는 방법이 제안되었다. 또한, 동시기에 H. Helmholtz는 계면전기현상을 전기이중층(electric double layer, 2.4절 참조)의 개념으로 정립하는데 성공하여, 이들을 기반으로 1910년대에 A. Langnuir에 의해 단분자 흡착, L. G. Gouy 및 D. Chapman에 의한 확산전기이중층(diffuse electric double layer)의 개념이 도입되어 계면 부근에서 일어나는 현상을 분자 레벨로 해석하는 방법인 "계면화학(interface chemistry)"이라고 하는 새로운 학문 분야가 탄생되었다.

Langmuir는 "액체의 계면에너지는 흡착분자의 배향에 의해 지배된다"라고 하여, 수면 상의 단분자 막의 물성 거동을 설명하였다. 이 흡착분자의 배향이라는 생각은 많은 계면현상의 설명에 적용되어 콜로이드 분산계에 대해서 특히 에멀션의 안정화를 매우 잘 설명할 수 있게 되었다. 또한 Gouy-Chapman의 확산전기이중층은 인접한 입자간의 전기이중층 사이의 상호작용으로부터 소수 콜로이드의 안정성을 정량적으로 설명하였다. 계면자유에너지 개념을 도입한 계면화학의 발전에 의해 콜로이드 분산계의 안정성이나 물성을 체계적으로 논의할 수 있게 되었다.

1920년대가 되면 분석장치의 발전에 의해 X선 회절분석이나 전자선 회절법이 콜로이드 입자에 사용되어 콜로이드 입자의 구조가 상세하게 해명되었다. Weimarn와 Ostwald에 의해 콜로이드 입자는 크기만으로 규정되어 "액체 또는 결정성 고체 입자", "거대 초분자 · 고분자", "분자 집합체(미셀, micelle)"의 3종류가 콜로이드 입자의 본질인 것으로 생각되었다. 이 구조가 명확해지면서 물질 모델이 쉽게 정립되었고, 1930년대에 콜로이드 화학의 이론이 개화되었다. 이 시대는 E. Schrödinger의 양자역학에 의해 화학의 이론이 현대화되었던 시대이기도 하였다. 이러한 시대적 배경 하에서 구소련의 B. Dergaguin과 L. Landau, 네덜란드의 E. J. W. Verwey와 J. Th. G. Overbeek의 독립된 두 그룹에서 소수 콜로이드의 안정성에 관한 이론이 보고되었다. 이 이론에서는 수용액계에서 입자 간에 작용하는 상호작용(potential 곡선)이 van der Waals 입자간 인력과 입자 부근의 확산전기이중층의 적용으로 생성되는 정전기적 척력의 합으로 계산되고 있다. 이 이론은 제안한 그들의 이름의 첫 자를 따서 DLVO 이론(3.2절 참조)이라고 불리우며, 현재의 콜로이드 화학 중에서 가장 널리 알려져 있는 이론 중 하나이다. DLVO 이론은 1940년대 이후가 되면서 이종 입자의 응집현상, 콜로이드 입자의 규칙배열화 구조나 유기 용매계로의 확산, DLVO 이론의 실험적 검증으로 진전하게 되었다.

다음으로 미셀 용액의 구조이다. 미셀 용액 형성에 중요한 것은 친수기와 소수기를 가지고 있는 계면활성제의 존재이다. 계면활성제의 특징은 용액 중에서 여러 가지 배향질서계를 만드는 데 있으며, 1950년 이후는 계면활성제가 계면·콜로이드 화학의 연구에 필수불가결한 위치를 점유하게 되었다. 이 계면활성제의 연구는 지질(脂質), 즉 생물으로부터 분리되는 물에 녹지 않는 물질의 연구에 반영된다. 지질은 계면활성제와 같이 양친매성(amphiphile)이며, 두 물질은 공통의 성질을 갖는다. 이 공통된 성질에 기초를 두고 이들 계면활성제와 지질은 분자막, 미셀, 액정 및 각종 중간상(mesophase) 등의 배향질서계를 만든다는 사실이 밝혀졌다. 이 배향질서계의 특성과 생체막 기능의 관계로부터 현재의 분자생물학이 발전하게 된다.

1960년 이후에는 계면활성제 또는 콜로이드 입자의 조성, 구조(입자의 크기와 형상) 제어로 대표되는 합성의 다양화, 이들의 물성 해석과 응용(자성, 광학, 전자, 촉매 등)이 전자현미경 및 프로브 현미경이라고 하는 각종 현미경, 레이저 라만 분광법, 전자스펙트럼, 전자선 회절이라고 하는 분광 분석법의 발전과 함께 크게 발전한 시대라고 할 수 있다. Graham의 콜로이드 정의로부터 시작하여 150년의 역사를 지나 콜로이드 화학은 새로운 발전 단계에 들어 지금까지 학문적, 응용적 진화를 계속하고 있다.

### 1.4.2. 무기 나노콜로이드 합성 역사

무기 나노콜로이드 중에서 가장 역사가 오래되고 많은 과학자를 매료시킨 것은 Au 나노콜로이드라고 해도 과언은 아니다. 19세기 초 콜로이드의 전하 반발, 핵생성, 응집에 대해서 Au 콜로이드를 전형적인 모델 물질로 하여 미립자 과학 분야에 대한 연구가 발전했다. 그 결과 Au 나노콜로이드의 다양한 합성법이 개발되었다. 예를 들어, 금 이온 환원제의 연구(포름알데이드, 과산화수소, 인, 일산화탄소, 수소, 산화질소, 아세칠렌 등), 각종 표면보호제의 도입(탄닌 산 등), 또는 아크 방전법 등의 물리적 방법의 연구를 들 수 있다. 분석법의 발달로 Au 콜로이드의 구조로서 Au 원자의 집합체인 미세 결정를 코어로 하고 그 표면에 $[AuCl_2]^-$ 이온이 흡착된 확산전기이중층 모델이 제안 되었다(〈그림 1.4.4〉) [(4)].

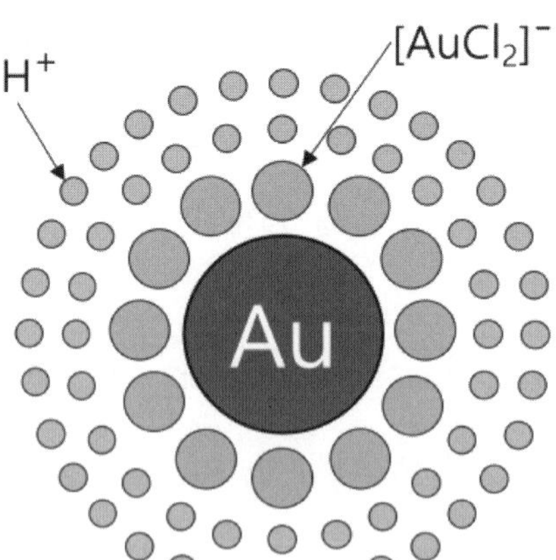


〈그림 1.4.4〉 Au 나노콜로이드의 전기이중층 모델

당시 Au 나노콜로이드를 실생활에 응용한 예는 매우 적고, 생지, 스테인드 글래스, 도자기의 적색 채색에 활용되는데 지나지 않았기 때문에, Au 나노콜로이드에 대한 흥미는 서서히 일어났다. 그러나 20세기 후반에, J. Turkevich 및 G. Frens가 구연산을 환원제인 동시에 표면보호제로서 이용하여 물에 안정하게 분산한 Au 나노콜로이드의 합성법을 개발해 상황은 상당히 전환된다. 소위 "구연산 환원법(citrate reduction)"의 탄생이지만, 이 합성법으로 생성된 Au 나노콜로이드는 매우 입경 분산 폭이 좁고, 입경 제어도 간단하여 종래의 합성법과는 다른 획기적인 방법이었다. 입경이 일정한 동시에 합성의 번잡함도 없고, 우수한 수분산 특성을 가지고 있는 Au 나노콜로이드의 합성은 정밀한 물성 연구나 응용에는 필수적인 것이다.

가장 많이 이용되는 Au 나노콜로이드의 합성법으로는, Frens에 의한 구연산 환원법 외에, 1958년 E. C. Stathis 등에 의한 염화금(Ⅲ)산의 L-아스코빈산 환원법(L-ascorbic acid reduction), 1971년에 발표된 G. M. Taylor 등에 의한 백인(white phosphorus) 환원법이 있다. 이들의 합성법에 의해 각종 입경 14 ~ 150 nm, 13 nm, 5.2 nm의 매우 입경 분포가 좁은 Au 나노콜로이드가 얻어졌다. 환원제로서 포름알데하이드, 에탄올, 탄닌산을 이용한 합성법도 유명하다. 더욱이 입경을 감소시키기 위한 합성법이 연구되어 1 nm 이하의 Au 나노콜로이드(Au cluster)가 합성되게 되었다. 입경의 단일성은 정이십면체 구조(icosahedral structure)를 갖는 핵의 생성속도에 의해 지배된다는 사실이 모든 합성법에서 입증되었다. 다양한 환원 합성법에 의해 단일 입경 Au 나노콜로이드 합성도 가능하게 되었다.

이러한 입경이 균일한 나노콜로이드의 합성의 획기적인 방법이 보고가 된 이래, Au 나노콜로이드에 관한 논문 수는 70년대부터 지수 함수적으로 급격히 증가하였다. 합성법과 함께 응용 연구도 시작되어 특히 생물학적 응용이 적극적으로 검토되기 시작하였다. 어떤 특정 세포에 활성이 있는 항체를 표면 라벨한 Au 콜로이드를 전자현미경 관찰용 마커로서 활용한 실험은 생물학적 응용 예의 선구적인 것이다. 이후 특정 peptide의 검출이나 세포내 효소, 세포 소기관의 구조용 라벨 등에 적용되었고, Au 콜로이드가 세포 생물학의 연구에 있어서 매우 유용한 활용 수단이 되었다.

동일한 시기에 행해진 Au 나노콜로이드의 물성 연구로서, 표면증강라만산란(surface-enhanced Raman scattering; SERS) 현상이 출현한 것도 Au 나노콜로이드의 응용 연구에 커다란 영향을 주었다. SERS 현상은 금속의 자유전자의 집단진동에 유래한 국부표면 플라즈몬공명(localized surface plasmon resonance; LSPR)에 기초를 둔 전자기장증강효과(elctromagnetic field enhancement effect)에 의해 일어나는 현상이고, 나노콜로이드에서는 벌크 금속과 비교하여 효과적으로 발현된다. SERS 현상의 Au 나노콜로이드 형상 의존성 또는 이론적 해석이 활발하게 연구되었고, Au 나노콜로이드의 광학적 특성에 대한 기초연구에 중요한 정보를 주었다. SERS 현상의 발견으로 인해 광학 재료로서 금속 나노콜로이드의 연구가 80년대부터 활발하게 되었다.

나노콜로이드의 전자물성 연구로 유명한 A. Henglein가 언급한 “원자 또는 분자와 벌크 물질의 중간에 위치한 무시되어 왔던 영역”이라는 사실에 많은 연구그룹이 흥미를 갖기 시작하였고, 반도체 나노콜로이드(semiconductor nano-colloid)의 전형적인 양자사이즈 효과(quantum size effect; QSE)도 보고된다. 반도체 나노콜로이드는 입경에 의존한 전도대(conduction band)와 가전자대(valance band) 간에 밴드갭(band gap) $E_g$를 가지고, $E_g$에 대응하는 빛을 흡수・발광하는 것으로, 무기 콜로이드의 발광재료로서의 가능성을 개척하였다. 또한 광촉매, 합성촉매, 자성, 전자디바이스로의 응용도 검토되어, 나노콜로이드의 특이한 특성이 차근차근 규명되었고 이런 과정에서 “원자 수 몇 개 이하에서 벌크 금속으로서의 성질을 잃어버리게 될까?"라는 근본적인 문제가 논의되었다. 합성법도 더욱 정밀하고 다양해져 안정한 동시에 단일 성분 금속 클러스터의 분리 및 구조, 표면 보호제로서 고분자 도입, Au 이외의 다양한 무기성분의 나노콜로이드화가 연구되었다[5,6].

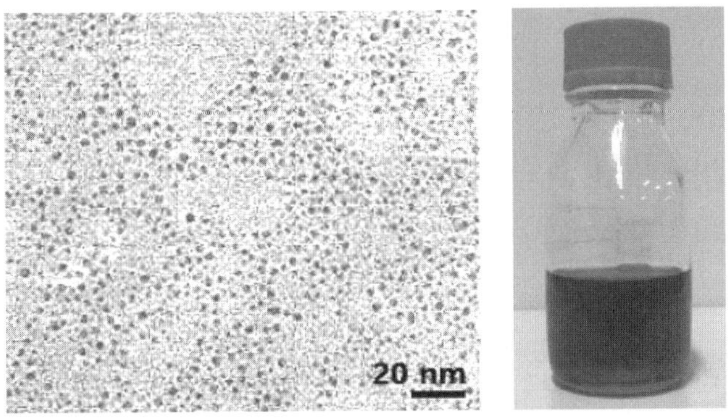


(a) (b)

〈그림 1.4.5〉 (a) Octanethiol 보호 Au 나노콜로이드의 투과전자현미경 사진과 (b) 톨루엔 분산액의 사진

90년대에 들어, 미세한 지용성 Au 나노콜로이드의 획기적인 합성법이 보고되었다. 1994년, M. Brust 등은 톨루엔 / 물 2상계에 의한 염화금(Ⅲ)산을 수소화붕산나트륨 환원(sodium borohydride reduction)에 의해 긴사슬 알킬싸이올(long chain alkyl thiol)을 표면 보호제로 한 2 ~ 3 nm 정도의 Au 나노콜로이드의 대량 합성을 가능하게 하였다(〈그림 1.4.5〉 (a)). Au-S 간의 배위 결합에 의해 합성된 나노콜로이드는 공기 중에서 매우 안정하고, 분말 상으로 분리도 가능하다. 이 이전의 나노콜로이드는 주로 친수성이며, 수분산 액 중에서 평가가 이루어졌지만, 이 합성법에 의해 소수성 Au 나노콜로이드가 얻어졌고, 고농도 유기용매 분산액이 제조되게 되었다(〈그림 1.4.5〉 (b)). 이 결과 나노콜로이드의 기판 상 고정화나 막 제조 기술이 향상되고 전자, 광학 디바이스의 모듈로 활용

이 현실화 되기 시작하였고, 80년대에 나오기 시작한 나노콜로이드의 장래성이 확실히 가시화 되었다. 특히 Au 콜로이드에는 입경에 따라 몇 개의 전자를 담아 두는 기능이 있어, 정전용량(capacitance)이 애토 패럿 [aF] 단위로 매우 작은 나노콜로이드의 경우 한 개의 전자를 담아 둘 수가 있기 때문에, 단전자 디바이스의 응용 연구가 급진전 되었다. Brust의 연구를 선두로 하여 긴 사슬 아킬 배위자로 보호된 소수성 금속콜로이드의 합성법이 활발히 연구되게 되었다. 대표적인 예로서 가열에 의한 금속 카르보닐 착체의 열분해법과, 금속 착체의 다가(多價) 알콜 환원에 의한 폴리욜법(polyol method)이 있다. 이상의 합성법을 기초로 하여 다양한 금속 성분(합금, 산화물을 포함하는) 및 형상이 다양한 나노콜로이드가 합성되게 되었다. 또한 물성에 대한 흥미는 한 개의 금속 나노콜로이드 뿐만 아니라 2차원, 3차원으로 규칙 배열시킨 나노콜로이드 사이의 상호작용을 가미한 집합 물성으로 전개되었고, 그 기능성은 점점 더 다양화를 보이고 있다.

Brust 법을 공동 개발한 영국의 유기합성 화학자 D. Bethell은 개발 뒷이야기로서 "획기적인 인공지능을 만들기 위해서는 어떻게 하면 될까? 신경 네트워크 접합부로서 자유롭게 전자가 출입할 수 있는 유니트를 만들고 싶었다"고 말하고 있다. 실제 Brust 법으로 합성한 Au 나노콜로이드에서 단전자 터널(Single Electron Tunnelling; SET) 현상이 나타나, Au 나노콜로이드의 대전현상, 즉 전위를 변화시키는 것으로 원리적으로는 신경전달(전자이동)의 방향을 자유롭게 제어할 수 있게 되었다. 그들의 목적은 이미 꿈속의 이야기는 아닌 것이다.

## 1.5. 나노콜로이드의 특성

물질은 일반적으로 고체, 액체, 기체의 어느 하나의 상태로 존재하고 있으며, 각각 고상, 액상, 기상을 이루고 있다. 이들의 상은 반드시 다른 상과 접하고 있으며, 두 상이 접하고 있는 경계면을 계면(界面, interface)라고 한다. 3종류의 상의 조합에 의해 기상-기상 계면을 제외하고 5종류의 계면이 있다. 계면은 나노콜로이드의 물성을 결정하는 매우 중요한 개념이고, 본 절에서는 나노콜로이드와 계면의 관계에 대하여 설명한다.

### 1.5.1. 계면의 중요성

나노콜로이드는 그 분산매인 기체, 액체 또는 고체와의 경계에 반드시 계면을 갖게 된다. 기상과의 경계면을 표면(surface)이라고 호칭하며, 계면과 표면을 본질적으로 구별할 필요는 없다. 물질계에 있어서, 전 체적에 대한 표면의 면적이 차지하는 비율이 큰 경우는, 표면의 물성이 물질계 전체의 성질을 지배한다. 특히 물질계가 나노 스케일이 되면, 표면적은 우리들의 예상을 훌쩍 뛰어넘을 정도로 크게 된다. 예를 들면, 한 변의 길이가 1 mm인 정육면체의 표면적은 6 $mm^2$($6\times10^{-6}$ $m^2$)이지만, 각 변을 10등분하여 한 변의 길이가 0.1 mm의 정육면체 1,000개로 분할되면 그 표면적의 합은 $6\times10^{-5}$ $m^2$가 되어 원래의 10배가 된다. 더욱이 한 변을 $10^{-9}$ m(1 nm)까지 미분화하면 전표면적은 6 $m^2$이 되어 원래의 표면적의 100만 배에 이른다.

물질의 단위 질량당의 표면적을 비표면적(比表面的, specific surface area)라고 한다(단위로는 $m^2/g$을 사용). 나노콜로이드를 같은 크기의 구라고 한다면, 나노콜로이드의 직경 L(m)과 비표면적 S 사이에는 (1.1)식의 관계가 있다.

$$S = 6 / L\rho \tag{1.1}$$

여기서 $\rho$는 나노콜로이드의 밀도($g/cm^3$)를 나타내고, 위에서 언급한 것처럼 정육면체의 경우에는 한 변의 길이를 L이라고 하면 동일한 식으로 기술할 수 있다. 즉, $\rho = 6\times10^3$ kg/m$^3$(6 g/cm$^3$)이고 L = 10 nm의 경우, S = 100 m$^2$/g이 된다. 이와 같이 비표면적이 매우 큰 것이 나노콜로이드의 특징 중 하나이다.

나노콜로이드에 대한 표면의 중요성을 나타내는 계산을 또 하나 들어본다. 한 변이 L인 정육면체의 콜로이드는, 한 변의 길이가 $\ell$(L>$\ell$)인 정육면체 원자로 이루어져 있는 단순한 콜로이드 모델에 대하여, 표면에 존재하는 정육면체 원자의 비율을 생각해 보자(〈그림 1.5.1〉). 콜로이드 중 구성원자의 총 갯수 N은$(L/\ell)^3$개이고, 표면에 존재하는 구성원자의 총 개수 n은 $(L/\ell)^2 \times 6$개가 되기 때문에 표면에 존재하는 구성원자의 비율 f는 (1.2)식과 같이 된다.

$$f = n/N = (6\ell)/L \tag{1.2}$$

예를 들면, 구성원자 1개의 체적을 8 Å$^3$($\ell$ = 0.2 nm)라고 하면, L = 10 nm의 콜로이드에서는 f = 0.12, L = 5 nm인 콜로이드에서는 f = 0.24가 된다. 단위격자 중의 원자의 충진율을 고려해 보면 각종 나노콜로이드의 표면원자의 비율을 산출할 수 있다.

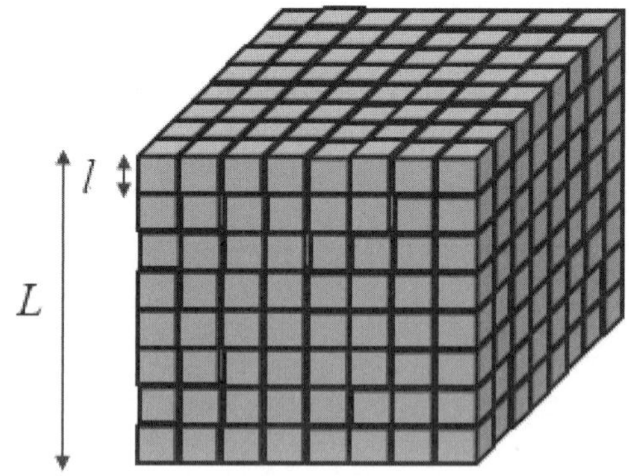


〈그림 1.5.1〉 한 변의 길이가 $\ell$인 입방체 분자로 이루어진 한 변의 길이가 L(L〉$\ell$)인 입방체 콜로이드의 모델

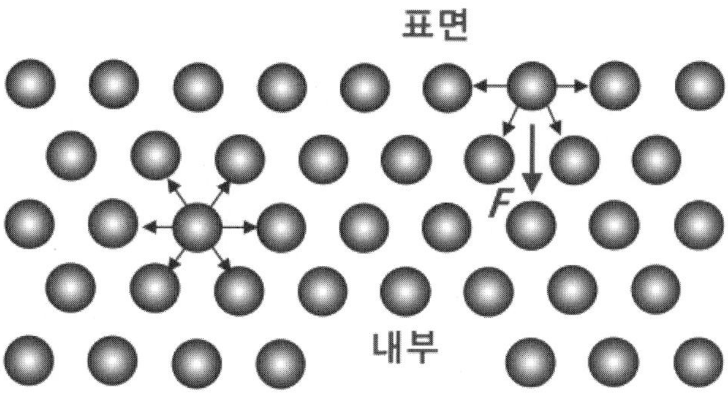


〈그림 1.5.2〉 표면원자와 내부원자에 작용하는 힘(F는 총힘)

구성 원자에 작용하는 힘을 고려해 보면, 표면과 내부(벌크)의 원자는 다른 경계면에 놓여 있다. 〈그림 1.5.2〉에 나타낸 것처럼 내부원자에는 균등한 힘이 작용되고 있지만, 표면 원자에는 불균등한 힘이 작용하고 있으며 결과적으로 내부에 향하는 합력 F가 발생한다. 이 내부로 향하는 미시적인 힘이 거시적인 표면장력을 낳게 되고, 또한 인접한 기상 또는 액상의 분자나 이온의 흡착(adsorption)의 원인이 된다. 계면에 이온이 흡착하면 계면전하(interface charge)가 발생한다. 이들 표면장력, 흡착, 계면전하는 물질의 표면적에 크게 영향을 받는 현상이기 때문에, 비표면적이 큰 나노콜로이드에서는 현저하게 나타나고, 그 물성을 지배하게 된다. 거시적인 계면 현상을 다루는 표면화학이 콜로이드 화학과 밀접하게 관계하고 있다는 사실을 잘 알 수 있다.

### 1.5.2. 계면과 나노콜로이드 물성

무기물질은 "단단하다"라는 이미지가 있지만, 미분화하게 되면 역학적 성질에도 변화가 나타나게 된다. 금속 콜로이드의 표면장력(표면적을 작게 하려는 힘)은 5 mm 이하가 되면 입경의 감소와 함께 크게 감소한다. 이 표면장력의 변화는 기판 상에서 나노콜로이드의 입경과 접촉각(contact angle) $\theta$의 관계에도 나타난다. 액체와 고체와의 접촉각은 고체표면의 젖음성(wetting)을 평가하는 척도로서 이용되고 있다. 접촉각이 90° 이상이면 "젖지 않음"이고, 90° 이하이면 "젖음"이라고 표현한다(〈그림 1.5.2〉). 접촉각 $\theta$는 일반적으로 다음과 같은 (1.3)식으로 표현한다.

$$\gamma_{\ell g} \cos \theta = \gamma_{sg} - \gamma_{s\ell} \tag{1.3}$$

$\gamma_{\ell g}$, $\gamma_{sg}$, $\gamma_{s\ell}$는 액상-기상 계면, 고상-기상 계면, 고상-액상 계면에 작용하는 표면장력이다(〈그림 1.5.3〉). 식의 균형적 작용에 의해, $\gamma_{\ell g}$가 입경에 의존하여 변화하면 $\theta$가 동시에 변화한다. 실제 측정값에서는 표면장력의 감소에 따라 양쪽의 접촉각도 입경이 10 nm 이하가 되면 현저히 감소하기 시작하여 젖기 쉬워진다.

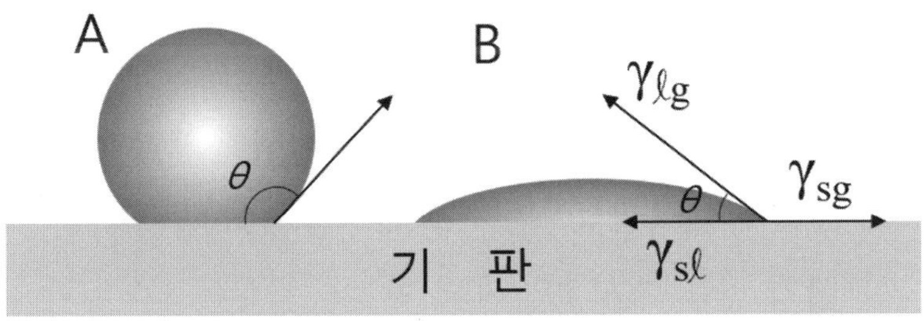


〈그림 1.5.3〉 고체 상에서 액적의 형상과 접촉각 $\theta$(A: $\theta$ 〉 90°, B: $\theta$ 〈 90°)

1.5.1 항에서 기술한 바와 같이, 금속을 미세화하면 표면원자의 비율이 증가한다. 표면원자에는 자유도가 있으며, 내부의 금속결합의 속박이 약하게 작용하기 때문에 벌크 금속과 비교하여 융점이 낮아진다. 소위 융점강하(melting point depression) 현상이 나타난다(〈그림 1.5.4〉). 입경 d를 갖는 나노콜로이드의 융점 $T_d$는 아래의 (1.4)식으로 표현한다[(7)].

$$\frac{T_d}{T_\infty} - 1 = -\frac{4}{\rho_s} Ld\left[\gamma_s - \gamma_\ell\left(\frac{\rho_s}{\rho_\ell}\right)^{\frac{2}{3}}\right] \qquad (1.4)$$

여기서 $T_\infty$는 벌크 금속의 융점, $\rho_s$ 및 $\rho_\ell$은 물질의 고상과 액상의 밀도, $\gamma_s$ 및 $\gamma_\ell$은 고상 및 액상의 표면장력, L은 잠열이다. 예를 들면, 벌크 상 금의 융점은 1,064℃이지만, 나노콜로이드에서는 300℃ 이하 정도까지 융점이 낮아지고 저온 소결성이 나타난다.

산화물(세라믹)에서는 결정의 크기가 수백 nm 이하가 되면 융점의 50% 이상의 고온상태에서 응력이 대폭적으로 감소하고, 수배에서 수십 배로 늘어나는 초소성(superplastisity) 현상이 나타난다. 세라믹은 일반적으로 경도가 높고 성형 과정이 어렵지만, 입경을 나노콜로이드화 하여 초소성 현상을 부여하면 보다 편리한 성형이 가능하게 된다.

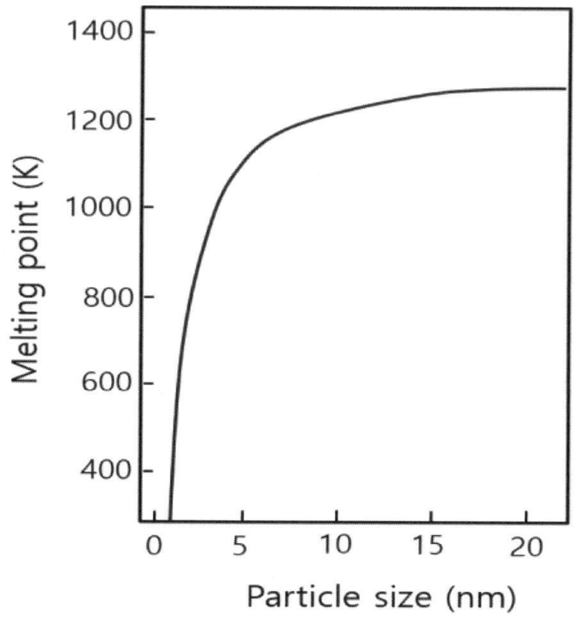


〈그림 1.5.4〉 Au 나노콜로이드의 입경과 융점의 관계

Nanoscale colloid chemistry

# 나노콜로이드 화학

Chapter

# 02 제2장 나노콜로이드의 이해를 위한 배경지식

본 장에서는 나노콜로이드의 물리적, 화학적 성질을 이해하는데 필요한 배경지식으로서 표면장력, 계면활성제, 계면전하, 전기이중층, 계면동전현상, 흡착, 미셀과 역미셀, 표면플라즈몬 공명에 대한 기초적 지식에 대해서 기술한다.

## 2.1. 표면장력

비누도 합성세제도 계면활성제의 일종이다. 그렇다면 계면활성제란 무엇일까? 이것을 알기 위해서는 먼저 표면장력부터 이해할 필요가 있다.

### 2.1.1. 표면장력의 측정

물과 에탄올을 각각의 용기에 담아 이 중에 유리 모세관을 세워 보자. 모세관의 내부는 비눗물을 여러 번 통과시켜 오염물질을 제거하고 증류수로 세척해 둘 필요가 있다. 모세관 속을 올라가는 높이가 에탄올 보다 물이 더 높다는 사실을 쉽게 발견할 수 있다.

**〈그림 2.1.1〉**과 같이 철사로 사각 틀을 만들고, AB 철사는 움직일 수 있도록 만들어서 P점에 고정해 둔다. 사각 틀 내부를 물 또는 에탄올에 적셔서 ABCD 사이에 막을 만들고, P의 고리를 살며시 놔두면 AB가 CD 방향으로 움직이게 된다. 이때 AB가 CD 방향으로 이동하는 범위가 물의 막이 에탄올 막 보다 더 크게 된다.

위의 두 가지 예 모두 물의 표면장력이 에탄올의 표면장력보다도 크기 때문이다. 수영장에서 다이빙할 때 잘 못하게 되면 배가 물에 부딪쳐 상당한 통증을 느끼게 되는데, 만일 에탄올을 채운 수영장이라면 통증이 훨씬 약해질 것이다.

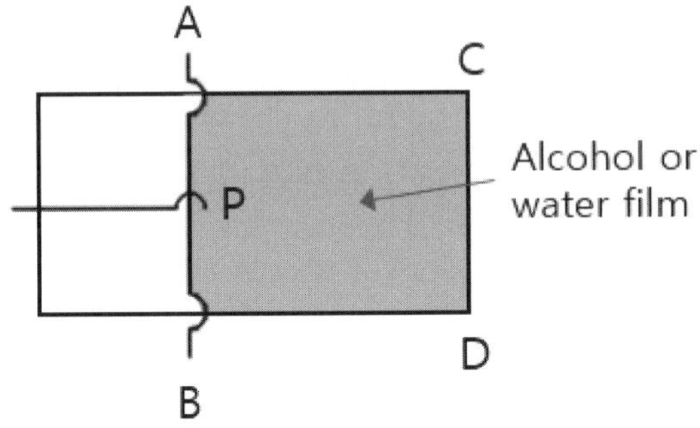


**〈그림 2.1.1〉** 표면장력 비교용 간단 테스트 장치

액체의 표면장력은 일반적으로 액체의 표면을 줄이려고 하는 힘이다. 표면장력의 실제 측정은 모세관을 이용하는 것이 좋은데, 액체가 모세관의 벽면을 잘 적셔야 한다는 조건이 필요하다(모세관의 벽면이 친수성의 성질을 가져야 한다). 모세관의 반경을 R, 액체 표면의 상승 높이를 h라고 한다면(**〈그림 2.1.2〉**), 표면장력 $\gamma$는 액체를 끌어 올리도록 하는 단위 길이에 작용하는 힘이기 때문에, 끌어올리는 힘(좌변)과 끌려 올라가는 액체(량)에 작용하는 중력(우변)이 균형을 이루고 있는 상태로 다음과 같이 나타낼 수 있다.

$$2\pi R\gamma = \pi R^2 h\rho g \qquad (2.1)$$

여기서 $\rho$는 액체의 밀도, g는 중력가속도이다.

$$\gamma = 1/2Rh\rho g \qquad (2.2)$$

(2.1)식으로부터 다음 (2.2)식을 유도할 수 있으며, 표면장력 $\gamma$는 h에 비례함을 알 수 있다.

이렇게 표면장력을 측정할 수 있지만, 유리 모세관으로 수은이나 탄화수소 액체(벤젠, 펜테인 등)의 표면장력은 측정할 수 없다. 이들은 유리에 젖지 않기 때문이다(유리 표면에 젖음성이 매우 낮음). 유리 이외의 모세관을 사용하든가 다른 방법을 이용한다. 표면장력을 측정하는 데는 여러 가지 방법이 있다. 예를 들면 **〈그림 2.1.1〉**에 나타낸 것처럼, 액체의 표면에 매달은 고리를 끌어당기는 데 필요한 힘을 측정하여 표면장력을 구할 수 있다.

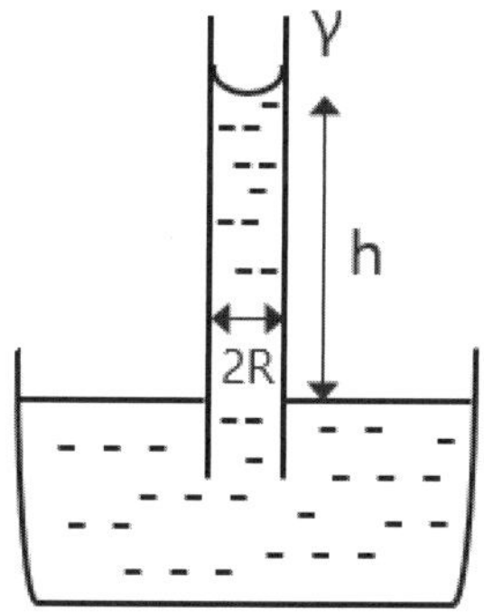


**〈그림 2.1.2〉** 표면장력 측정원리

## 2.1.2. 표면장력의 크기

표면장력을 측정한 결과를 여러 가지 액체에 대하여 비교해 보면, 물은 수은을 제외하고 모든 액체 중에서 표면장력이 가장 크다. 물의 표면장력은 실온에서 72 dyn/cm 이다. 몇 가지 대표적인 물질의 표면장력을 **〈표 2.1.1〉**에 나타내었다.

표면장력이 크다는 것은 기포나 에멀션을 만들기 어렵다든가 미세한 기공에 침투하기 어렵다는 의미를 갖는다. 그런데 표면장력 값이 높은 물에 계면활성제를 소량 혼합한 후 표면장력을 측정해 보면 그 값이 크게 변화한다. **〈그림**

2.1.3〉은 계면활성제의 농도에 따른 표면장력의 변화를 나타내고 있다. 이 결과를 보면 계면활성제를 매우 소량(약 0.01 wt% 이하, $10^{-5} \sim 10^{-3}$ mol/L 정도의 농도) 첨가한 것만으로도 크게 감소하고 있다. 이와 같이 물에 소량 첨가하는 것만으로 그 표면장력을 크게 떨어뜨리는 물질을 계면활성제라고 한다.

**〈표 2.1.1〉** 여러 가지 액체의 표면장력 [1]

(단위: dyn/cm, 20℃)

| 물질 | 표면장력 |
|---|---|
| 수은(Mercury) | 470 |
| 물(Water) | 72.8 |
| 벤젠(Benzene) | 28.9 |
| 초산(Actate acid) | 27.7 |
| 클로로포름(Chloroform) | 27.2 |
| 사염화탄소(Carbon tetrachloride) | 26.8 |
| 에탄올(Ethanol) | 22.6 |
| 펜테인(Pentane) | 20.3 |
| 에틸에테르(Ethyl ether) | 17.0 |

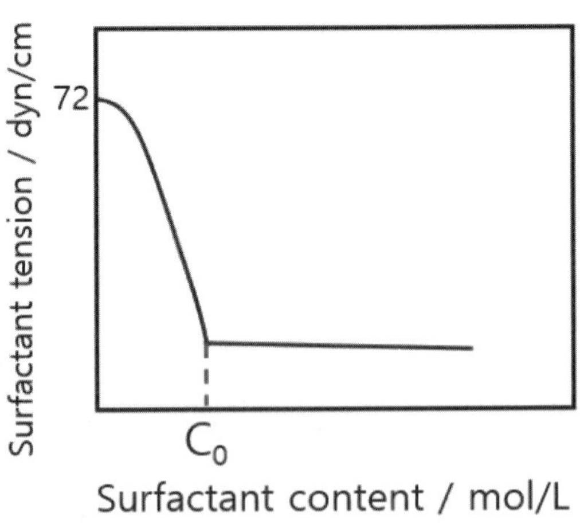


**〈그림 2.1.3〉** 계면활성제 수용액의 표면장력 변화

## 2.2. 계면활성제

계면활성제의 분자의 구조를 관찰해 보면, 분자는 긴 탄화수소 부분(A)과 물에 친화력이 좋은 부분(B)으로 구분되어 있다. 계면활성제의 분자 구조는 모델적으로 **〈그림 2.2.1〉**과 같이 나타낸다. A 부분을 소수성기(疏水性基, hydrophobic group)(또는 친유성기(親油性基, lipophilic group)), B 부분은 친수성기(親水性基, hydrophilic group)라고 한다.

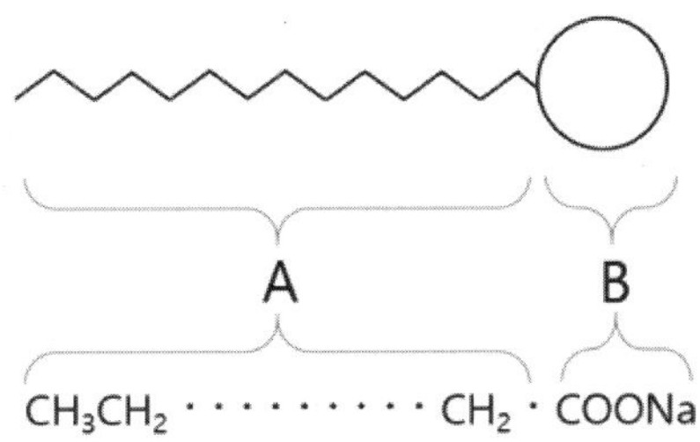


**〈그림 2.2.1〉** 계면활성제의 분자 구조

소수성기에는 대표적으로 다음과 같이 C의 개수가 8 ~ 18인 알킬기(alkyl group)나 알킬벤젠기가 있다.

$CH_3CH_2$······$CH_2$- ; alkyl group(이 부분을 R-로 줄여서 표기할 수 있음)

Benzene – $CH_2CH_2$······$CH_2$- ; alkyl benzene group

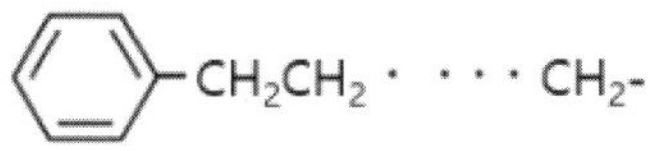

친수성기에는 다음과 같이 음이온을 만드는 그룹, 양이온을 만드는 그룹, 비이온성 그룹이 있다.

-COONa, -$SO_4$Na, -$SO_3$Na ; 음이온을 만드는 기(基, group)

-$NH_3$Cl ; 양이온을 만드는 기(基, group)

-$(CH_2CH_2O)_nH$ (n = 4 ~ 50) ; 비이온 기(基, group)

### 2.2.1. 계면활성제의 분류

계면활성제의 분자는 이렇게 소수성기와 친수성기로 되어 있는데, 친수성기의 성질에 따라 다음과 같이 크게 3가지로 분류된다.

1) 음이온 계면활성제(anionic surfactant);
   친수성기로서 음이온기($-COO^-$ $-SO_4^-$, $-SO_3^-$ 등)을 가지고 있음.
2) 양이온 계면활성제(cationic surfactant);
   친수성기로서 양이온기($-NH_3^+$ 등)을 가지고 있음.
3) 비이온 계면활성제(nonionic surfactant);
   친수성기로서 비이온기($-(CH_2CH_2O)_nH$))를 가지고 있음.

계면활성제에는 동물이나 식물로부터 얻어지는 천연 계면활성제와 화학 합성으로 얻어지는 합성 계면활성제가 있다(**〈표 2.2.1〉** 참조). 천연 계면활성제에는 전술한 인산지질(카제인, 레시틴) 이외에 밀, 콩, 쌀 등에 함유되어 있는 식물성 사포닌이 있다. 쌀뜨물이 식기나 섬유 기름때를 제거하는데 효과적이라는 것은 예전부터 알려져 있지만, 이것도 천연 계면활성제인 사포닌이 함유되어 있기 때문이다.

합성 계면활성제는 친수성기의 음이온(anion)성, 양이온(cation)성, 비이온성, 양쪽성으로 화학적으로 분류된다(**〈표 2.2.1〉**). 음이온성 계면활성제(anionic surfactant)는 세정효과가 높고, 비누, 세제, 샴푸 등의 세정제에 주로 이용되고 있으며, 양이온성 계면활성제(cationic surfactant)는 음으로 대전되어 있는 고체표면에 흡착하기 쉽고, 유화제, 대전방지제, 린스 등에 사용되고 있다. 양쪽성 계면활성제(Zwitterionic surfactant)는 아니온 및 캐타이온 부위를 포함하여 양쪽 성질을 발휘하기 때문에, 예를 들면 린스 인 샴푸(rinse in shampoo, 세정과 유화)에 이용되고 있다. 비이온성 계면활성제(nonionic surfactant)는 이온성과 비교하여 수(水) 중 전해질의 영향을 받지 않아 사용이 쉽기 때문에 최근 그 이용이 증가하고 있다. 특히 다가(多價) 알콜과 지방산이 에스테르와 결합한 구조(예, $RCOOCH_2CH(OH)CH_2OH$)를 갖는 에스테르 계는 식품 및 화장품, 폴리옥시에틸렌 고리($(CH_2CH_2O)_n$)를 갖는 에스테르 계는 세정제에 주로 사용되고 있다.

〈표 2.2.1〉 계면활성제의 종류

| 분류 | | | 계면 활성제 | ions |
|---|---|---|---|---|
| 천연 계면활성제 | | | 인산지질(카제인, 레시틴) | |
| | | | 사포닌(밀, 콩, 쌀) | |
| 합성 계면 활성제 | anionic (음이온) | hydrophilic head  hydrophobic tail | Ammonium lauryl sulfate(ALS), Dioctyl sodium sulfosuccinate(DOSS) | Sulfates($SO_4^{2-}$), Sulfonates($R-SO_3^-$), Carboxylate($RCOO^-$), Gluconates($C_6H_{11}O_7^-$) |
| | cationic (양이온) |  | Trimethylammonium chloride($C_3H_{10}ClN$), Cetyltrimethylammonium bromide(CTAB), Cetyltrimethylammonium chloride(CTAC). | Trimethyl ammonium($C_3H_{10}N^+$), Cetyltrimethylammonium($C_{19}H_{42}N^+$) |
| | nonionic (비이온성) |  | Polyoxyethylene octyl phenyl ether(Triton X-100), Sorbitan monostearate ester(Spans 60, $C_{24}H_{46}O_6$) | O<br>‖<br>-C-R-OR′ |
| | Zwitterionic (Amphoteric, 양쪽성) | 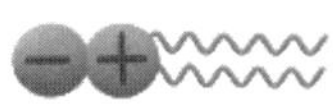 | Phosphatidylcholine, Amine carboxylic acid | $-RN^+(CH_2)_2CH_2COO^-$ |

이와 같이 계면활성제는 특성에 따라서 다양하게 분류되지만, 세제의 뒷면 상표에는 계면활성제가 통칭으로 기재되어 있는 경우가 많다. 예를 들면, 비누계(라우린산 나트륨), 석유계(직쇄 알킬벤젠술폰산 나트륨), 고급 알콜계(폴리옥시에틸렌 라우리루에테르 유산염)는 음이온성 계면활성제이고, 지방산 에스테르계는 비이온성 계면활성제이다. 아미노산을 일부 골격으로 포함하는 아미노산계 계면활성제는 음이온성, 양이온성, 비이온성, 양쪽성의 모든 종류가 있

으며 가장 많은 종류가 있다.

### 2.2.2. 계면활성제의 응용 예

비누는 음이온 계면활성제에 속하고, RCOONa라고 하는 구조를 가기고 있다. 합성세제에는 여러 가지 종류가 있지만, 다음과 같은 구조를 가지는 것이 주류이다(**〈그림 2.2.2〉**).

$R \cdot SO_4Na$

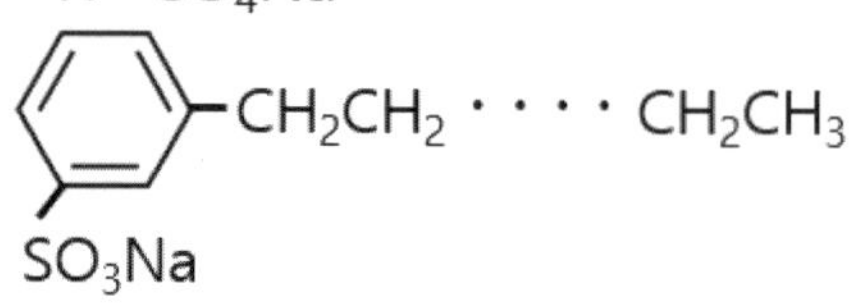

**〈그림 2.2.2〉** 합성세제의 일반적인 분자구조

(1) 비누

비누의 소수성기를 만들고 있는 R(알킬기)은 직선 쇄상 탄화수소기로, 비누는 다음과 같은 천연 유지(油脂, 기름)의 알칼리에 의한 분해(비누화 반응, saponification reaction)로 만들어진다.

R-COO-R' + MOH → R-COO-M+ + R'OH
유지(기름) 비누
(M은 Na, K, Ca, Li 등 알칼리 금속이 될 수 있음)

**〈비누화 반응 예〉**

$$\begin{array}{lcll} RCOO \cdot CH_2 & & & CH_2OH \\ \quad\quad\;\; | & & & \;\;| \\ RCOO \cdot CH + 3NaOH & \xrightarrow{\text{Saponication reaction(비누화 반응)}} & 3RCOONa + & CHOH \\ \quad\quad\;\; | & & & \;\;| \\ RCOO \cdot CH_2 & & & CH_2OH \\ \text{Fat (or oil)} & & \text{Soap} & \text{Glycerin} \end{array}$$

(2) 합성세제

합성세제의 소수성기로는 비누와 같은 직선 쇄상 탄화수소 R 외에 알킬벤젠기가 있다. 이것은 석유화학제품으로 가격이 저렴하다. 그러나 ABS(Alkylbenzene Sulfonate)를 주성분으로 하는 합성세제는 가정에서 세탁에 사용되고 배출된 후 미생물에 의해 분해되기 어렵고, 하천을 거품으로 오염시키고 있어 환경적 문제를 야기하고 있다. 이것은 벤젠의 측쇄에서 분기하여 나뉘어지는 탄화수소로 이 부분이 미생물에 의해 분해되기 어렵기 때문이다. 이 분기된 알킬벤젠형을 하드(hard)형 합성세제라고 한다.

이 미생물에 잘 분해되지 않는 성질을 개선하기 위하여, 연구자들은 직선 쇄상 탄화수소를 석유화학 생산물질로부터 경제적으로 추출하는 방법을 고안하였고, 이것을 벤젠에 결합시켜 선형 알킬벤젠술폰산나트륨을 개발하였다. 이것을 소프트(soft)형 합성세제 또는 LAS(Linear Alkylbenzene Sulfonate)라고 한

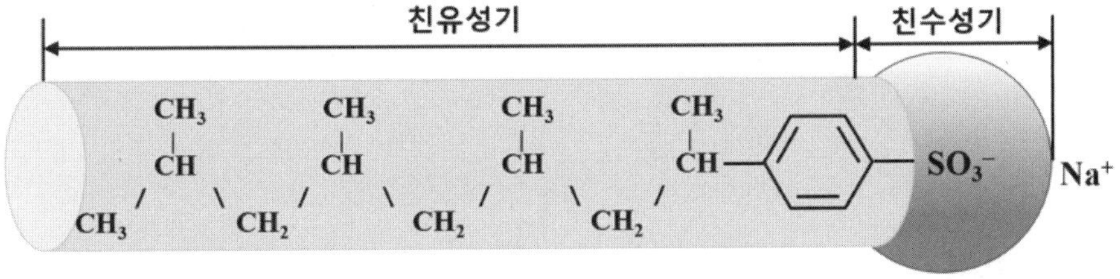


(a) 알킬벤젠술폰산나트륨 (Alkylbenzene Sulfonate; ABS)

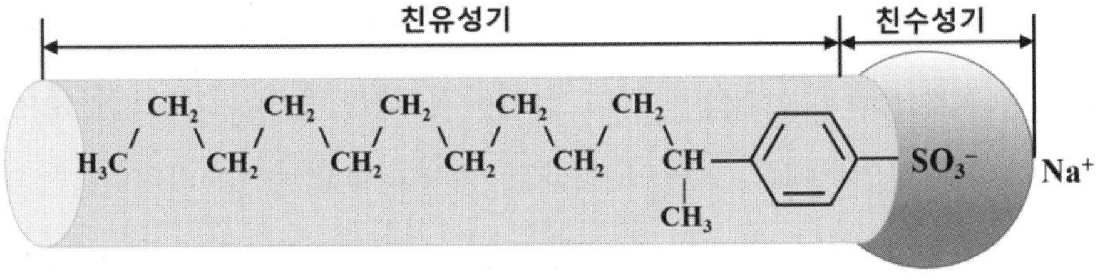


(b) 선형 알킬벤젠술폰산나트륨 (Linear Alkylbenzene Sulfonate; LAS)

〈그림 2.2.3〉 합성세제의 분자 구조식

다. 이것은 미생물 분해가 가능하다. 현재 사용되고 있는 거의 모든 합성세제는 소프트형이다(**〈그림 2.2.3〉** 참조).

비누와 합성세제의 특성을 **〈표 2.2.2〉**에 비교하여 나타내었다.

**〈표 2.2.2〉** 비누와 합성세제의 특성 비교

| 비누 | 합성세제 |
|---|---|
| - 수용액은 약한 알칼리<br>- 차가운 물에 녹기 어려움 | - 수용액은 중성(중성세제) 또는 약 알칼리성 (합성세제)<br>- 차가운 물에 잘 녹음 |
| - 가수분해하여 불용성 지방산을 생성(세탁물에 부착하여 황변 부패할 수 있음) | - 가수분해하지 않음 |
| - 순수한 비누에는 첨가제가 없지만, 가루 비누에는 일반적으로 탄산나트륨이 들어 있음 | - 세정성을 향상시키기 위해 빌더를 첨가함<br>- 빌더로서 현재 가장 좋은 것은 트리폴리인산나트륨(sodium tripolyphosphate)임. 그러나 부영양화로 인해 하천을 오염시킬 수 있음<br>- 현재 무인산 세제가 시판되고 있고, 빌더로서 제오라이트가 사용되고 있음. |

## 2.3. 계면전하

장기간 방치한 나노콜로이드 용액을 관찰하면 브라운 운동을 하고 있는 나노콜로이드들이 빈번하게 접근하고 있음에도 불구하고 응집(agglomeration, aggregation)과 침전(precipitation)이 거의 일어나지 않을 수 있고, 나노콜로이드의 응집을 방해하는 무엇인가의 요인이 있다고 생각하지 않을 수 없다. 일반적으로 고상-물 계면에는 전하가 발생한다(고상-기름 계면에서도 고상-물 계면에서의 이론이 그대로 들어맞는다). 고상 표면이 전하를 띠고 있는 원인은 이온에 의한 것이다. 즉 나노콜로이드의 표면 관능기의 플로톤(proton, 물리학에서 양자를 의

미함)화, 탈플로톤화, 그리고 물속에서 이온의 나노콜로이드 표면으로의 석출 및 흡착에 의해 계면 전하가 생성되는 것이다. 당연한 일이지만, 전기적 중성을 유지하기 위해 계면 전하의 상대 이온이 계면 근처의 액중에 어느 정도 존재한다. 여기서 계면 전하의 발생에 대해서 발생원인 들에 대하여 설명하고자 한다.

### 2.3.1. 표면 관능기의 플로톤화, 탈플로톤화에 의한 계면 전하 발생

표면 관능기의 플로톤화(protonation), 탈플로톤화(deprotonation)에 의해 표면 전하가 발생하는 나노콜로이드로는 표면에 하이드록시기(hydroxy group)를 갖는 실리카($SiO_2$) 등의 산화물을 우선 들 수 있다. 산화물로는 용매 중 또는 대기 중의 수분과 반응하여 표면에 하이드록시 그룹이 생성한다. **〈그림 2.3.1〉**에 나타낸 것처럼, 저 pH 영역에서는 하이드록시 그룹은 플로톤화하고, 양의 계면 전하를 갖는다. 한편, 고 pH 영역에서는 하이드록시 그룹은 플로톤을 방출(탈플로톤화)하고, 음의 계면 전하를 갖는다. 즉 pH를 서서히 올려 가면 산화물의 계면 전하가 양에서 음으로 변화하게 된다. 계면 전하가 정확히 0이 되는 pH를 등전점(等電點, iso-electric point; IEP)이라고 한다. 산하물의 산성 혹은 염기성을 고려할 때 중요한 물성 값이다. 산성 산화물(acidic oxide)은 플로톤을 쉽게 내놓는 산화물이고, 어느 정도 낮은 pH 영역에서 탈플로톤화하기 시작하기 때문에, 낮은 등전점을 갖는 특징이 있다. 대표적인 산성 산화물로서 실리카($SiO_2$, IEP = 1.5 ~ 3.7) 또는 티타니아($TiO_2$, IEP = 6.0 ~ 6.7)가 있다. 이들에 반하여 염기성 산화물(basic oxide)은 높은 pH 영역에서 탈플로톤화하는 산화물이고, 등전점이 높은 알루미나($\gamma$-$Al_2O_3$, IEP = 7.4 ~ 8.6; $\alpha$-$Al_2O_3$, IEP = 9.1 ~ 9.5) 또는 산화아연(ZnO, IEP = 9.1 ~ 10.3)이 그 예이다.

그 외에 표면 관능기의 탈플로톤화에 의해 계면 전하가 발생하는 콜로이드로서 카르복실기(carboxyl group)나 페놀성 수산기(phenolic hydroxyl group)를 갖는 카본블랙 등이 있다. 약산성 그룹인 카르복실기 또는 페놀성 수산기가 수중에서 해리하게 되면 계면 음전하가 발생한다. 또한, 나노콜로이드는 일반적으로 표면을 계면활성제 분자에 의해 피복되어 액상에 분산되어 있기 때문에, 음이온성 계면활성제는 해리해서 계면 음전하를 제공하고, 양이온성 계면활성제는 해리해서 계면 양전하를 제공한다.

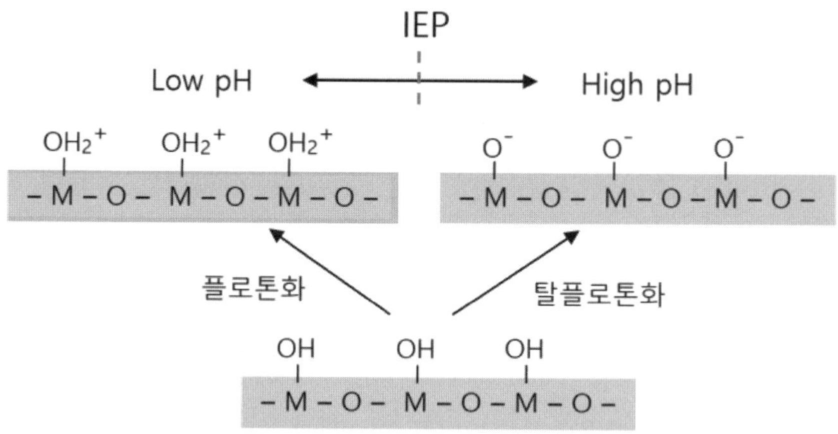


〈그림 2.3.1〉 산화물 나노콜로이드의 표면 관능기의 플로톤화 또는 탈플로톤화에 의한 계면 전하의 발생기구

## 2.3.2. 난용성 콜로이드 표면에 이온 석출 및 흡착에 의한 표면 전하 발생

두 종류의 화합물이 성분을 교환하여 새로운 두 종류의 화합물을 생성하는 복분해 반응 등을 이용하면, 물에 난용성(구성 이온이 수화하기 어려운)인 이온결정(ionic crystal) 나노콜로이드를 만들 수 있다. AgI 또는 CdS 등이 대표적인 예에 해당한다. 이온결정 나노콜로이드 생성 전후 어느 경우에도 구성 이온의 어느 쪽인가(AgI인 경우, $Ag^+$ 또는 $I^-$)가 용액 중에 과잉으로 존재하면, 이온결정의 표면에 이온 결합하여 표면 전하를 부여하게 된다. 이 계면 전하를 발생하는 원인이 되는 이온을 전위결정이온(potential-determining ion)이라고 부른다. $AgNO_3$와 KI 로부터 AgI 나노콜로이드를 만드는 경우, $AgNO_3$가 KI에 대하여

용액 속에 과잉으로 존재하면, $Ag^+$ 이온이 AgI 나노콜로이드 표면의 $I^-$ 이온과 결합하여 계면 양전하를 공급한다. 한편, KI가 과잉인 경우에는, $I^-$ 이온이 AgI 나노콜로이드 표면의 $Ag^+$ 이온과 결합하여 계면 음전하를 발생한다(**〈그림 2.3.2〉**). 나노콜로이드의 계면 전하가 0이 되는 것은 $[Ag^+] = [I^-]$ 일 때만 이며, 이것을 전하 제로점(zero-point of charge; ZPC)이라고 한다. 이온결정 나노콜로이드의 계면 전하는 전위결정이온으로 인위적으로 제어할 수 있다.

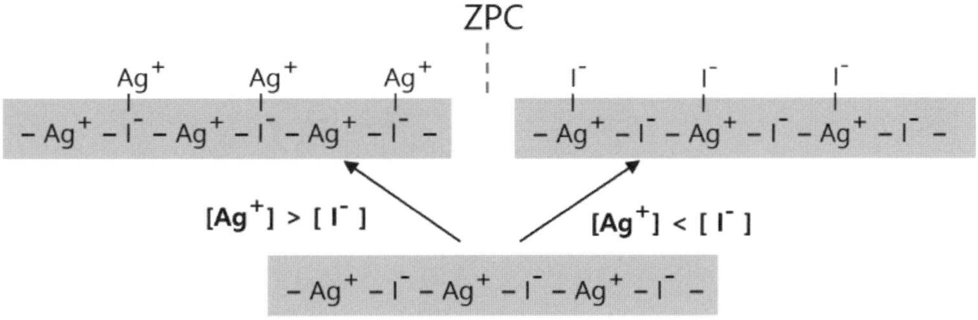


**〈그림 2.3.2〉** 물속에 있는 AgI 나노콜로이드의 계면 전하 발생기구

## 2.4. 전기이중층

나노콜로이드가 계면 전하를 가지면 전기적 중성을 유지하기 위하여 계면 전하의 대전(對電) 이온이 계면 근처의 액중에 존재하고, 콜로이드 계면에는 계면 전하와 대전이온에 의해 전기이중층이 형성된다. 전기이중층의 개념은 H. Helmholtz에 의해 도입되었다. **〈그림 2.4.1〉**에 표시한 것처럼 Helmholtz는 계면 전하의 대전이온이 계면에서 어떤 거리 $\delta$로 고정해 있다고 하고, 전기이중층을 일종의 평행 평판 콘덴서로 생각하였다. 이 때문에 콜로이드의 계면 전위 $\varphi_0$는 계면에서 직선적으로 감소하고, 고정층의 두께 $\delta$에서 "0"이 된다. 그러나 현실적으로 이온은 용액 중에서 열진동하고 있으며, 콜로이드의 계면 전하에 정전

기적으로 끌리고 있는 동시에, 열진동에 의해 용액 중에 균일하게 분포하려고 한다. 따라서 전기이중층은 결코 고정되어 있는 것이 아니라 용액 중에 보다 넓게 펼쳐져 있는 층(확산층)으로 생각할 필요가 있다(확산전기이중층).

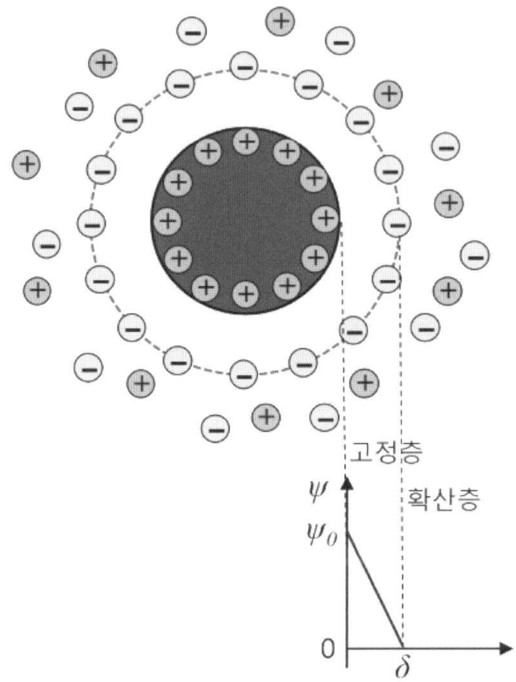


**〈그림 2.4.1〉** Helmholtz의 확산전기이중층과 계면의 전위 변화

확산전기이중층의 개념은 L. G. Gouy와 D. Chapman에 의해 독립적으로 제시되었다. **〈그림 2.4.2〉**에 Gouy-Chapman의 확산전기이중층의 모델을 나타낸다. 대전이온의 농도는 나노콜로이드 계면 근처에서 짙고 계면에서 멀어질수록 열어지도록 분포되어 있으며, 이중층의 전위도 대전이온 분포를 반영한 감쇄곡선이 된다. 나노콜로이드는 액 중에서는 계면 근처의 대전이온을 동반하여 작용하기 때문에 계면전위 $\varphi_0$는 일반적으로 측정하기 곤란하고, 액상에 대하여 나노콜로이드가 대전이온을 동반하여 상대적으로 작용하는 경계면(슬립면, slipping plane)의 전위(제타전위, zeta potential; $\xi$)가 계면전위 값과 근사하다.

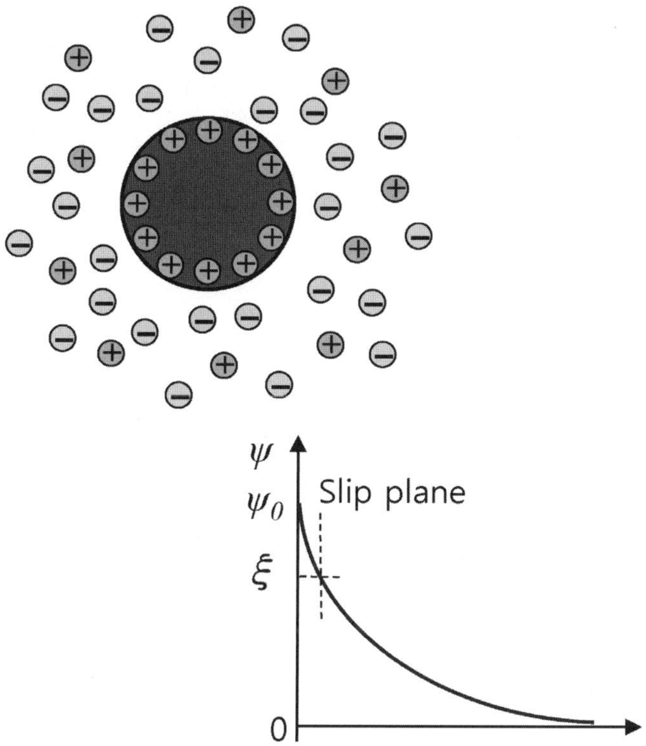


〈그림 2.4.2〉 Gouy-Chapman의 확산전기이중층 모델과 계면의 전위 변화

대전이온의 분포에 대응하는 전기이중층 전위 $\varphi$의 계면부터 거리 x에 의한 변화는 다음 (2.3)식으로 표시할 수 있다.

$$\varphi = \varphi_0 \ e^{-\kappa x} \qquad (2.3)$$

여기서

$$\kappa = \left( \frac{2000 e^2 N_A c z^2}{\varepsilon k_B T} \right)^{\frac{1}{2}} \qquad (2.4)$$

이며, e는 전하량, $N_A$는 아보가드로 수 [$mol^{-1}$], c는 전해질 농도 [$mol \cdot dm^{-1}$], z는 전해질의 이온의 원자가, $\varepsilon$는 분산매의 유전율, $k_B$는 볼쯔만 상수이다. $\kappa$는 전기이중층 전위가 나노콜로이드 계면에서 어떻게 변화하는지를 결정하는 양이고, $1/\kappa$가 전기이중층의 두께(계면으로부터 대전이온의 평균거리)를 나타낸다. 예를 들면, 20℃의 물속에서 전기이중층의 두께는,

$$\frac{1}{\kappa} = \frac{0.3}{z\sqrt{c}}\,[nm] \tag{2.5}$$

로 주어진다. 여기서 주목해야 하는 점은 전기이중충의 두께가 전해질 농도와 원자가의 증가에 따라 감소한다는 것이다. 특히 이온의 원자가가 전기이중층의 두께의 변화에 크게 영향을 준다.

그렇다면, 용액 중의 이온의 원자가가 같은 경우에는, 전기이중층의 두께는 모두 같게 되고 이온의 종류에 의한 차이는 나타나지 않는 걸까? 실제는 용액 중에 흡착성 이온(예를 들면 계면활성제 이온이나 고분자 이온 등)이 존재하면 나노콜로이드 계면으로 흡착이 일어난다. 그 결과, 콜로이드 계면에는 흡착이온의 크기에 상응하는 고정층이 형성되고, 그 외측에 나머지 이온이 퍼져 확산층을 형성한다(**〈그림 2.4.3〉**). 이 모델은 O. Stern에 의해 제안되어, Helmholtz model과 Gouy-Chapman model을 합친 모델이 되었다. 흡착층 외측의 전위를 Stern 전위(Stern potential) $\varphi_\delta$라고 호칭하고, 콜로이드 계면에서 평판 콘덴서와 같이 변화한다. 확산전기이중층 전위 $\varphi$는 $\varphi_0$로부터가 아니라 $\varphi_\delta$에서 시작한다.

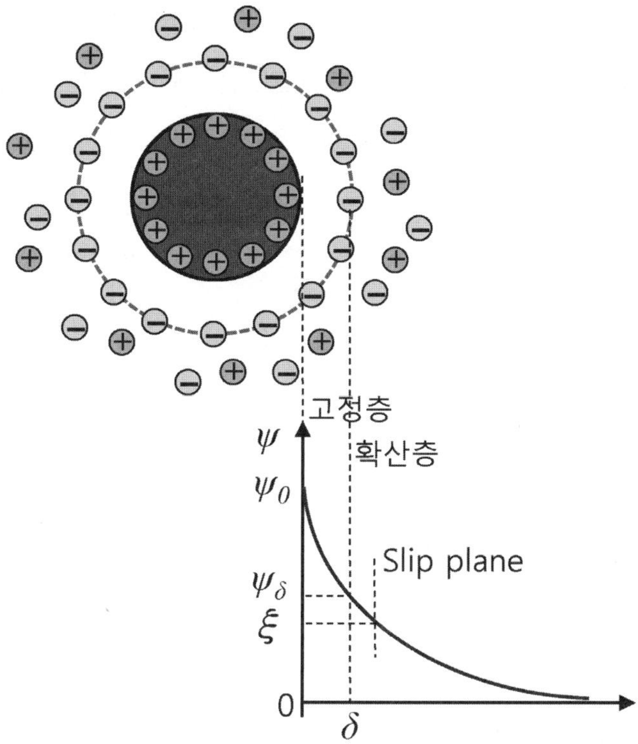


〈그림 2.4.3〉 Stern의 전기이중층 모델과 계면으로부터 전위변화

## 2.5. 전기영동현상

확산전기이중층과 밀접하게 관계하는 나노콜로이드 현상으로서 계면동전현상(electrokinetic phenomenon, 界面動電現像)이 있다. 이것은 계면을 형성하고 있는 두 개의 상(나노콜로이드와 용액)의 어느 쪽인가가 전위 차에 의해 상대 운동하는 혹은 상대 운동에 의해 전위 차를 발생하게 하는 현상을 말한다. 계면동전현상으로서는 전기영동(electrophoresis), 전기침투(electro-osmosis), 유동전위(streaming potential), 침강전위(sedimentation potential)라고 하는 4가지가 알려져 있으며, 제타전위를 구할 수 있다는 의미에서 전기영동이 가장 중요한 현상이다.

전기영동현상은 나노콜로이드 용액에 전위 차를 주어 콜로이드가 일정 속도로 전극 쪽으로 이동하는 현상이다. 반경 r인 나노콜로이드 외부의 대전이온은 콜로이드 계면에서 $1/\kappa$의 거리에 집중적으로 분포되어 있다고 가정할 수 있다. 여기에 전위 차 E [V/m]를 부여하고 전하 Q를 갖는 나노콜로이드에 작용하는 정전인력과 용매의 마찰저항이 균형을 이루면, 나노콜로이드는 등속 운동을 한다. 정전인력은 QE로 표시되고 마찰저항은 Stokes의 법칙에 따라서 $6\pi\eta rv$($\eta$는 용매의 점도)로 나타낼 수 있기 때문에 다음 (2.6)식이 성립한다.

$$QE = 6\pi\eta rv \tag{2.6}$$

전기영동이동도(電氣泳動移動度, electrophoretic mobility)는 u = v/E로 정의되기 때문에, (2.6)식으로부터,

$$u = \frac{Q}{6\pi\eta r} \tag{2.7}$$

로 주어진다.

다음으로 전기영동이동도 u와 제타전위 $\xi$와의 관계에 대해서 설명한다. 위에서 기술한 가정에 있어서, 반경 r의 구면(나노콜로이드는 슬립면에서 이동하고 있기 때문에 계면 전위는 $\xi$이다)과 계면에서 $1/\kappa$의 거리에 있는 동심 구면과의 전위 차가 제타전위 $\xi$이기 때문에 다음 식이 성립한다.

$$\xi = \frac{Q}{4\pi\epsilon r} - \frac{Q}{4\pi\epsilon(r + 1/\kappa)} = \frac{Q}{4\pi\epsilon r(1+\kappa r)} \tag{2.8}$$

여기서 나노콜로이드 반경 r과 확산전기이중층의 두께 $1/\kappa$의 관계로부터, 다음과 같은 3개의 경우로 나누어 생각할 수 있다.

(i) $\kappa r \ll 1 (r \ll 1/\kappa)$의 경우

$$\xi = \frac{Q}{4\pi\epsilon r} \tag{2.9}$$

(2.7)식과 (2.9)식으로부터

$$\xi = \frac{1.5\eta u}{\epsilon} \tag{2.10}$$

가 유도된다. 이것을 Hückel 식(Hückel equation) 이라고 한다.

(ii) $\kappa r \gg 1 (r \gg 1/\kappa)$의 경우

$$\xi = \frac{\eta u}{\epsilon} \tag{2.11}$$

가 유도된다. 이것을 Smoluchowski 식이라고 한다.

(iii) 그 이외의 경우

상세한 부분은 생략하지만, 콜로이드의 존재에 의한 전기장의 변형을 $\kappa r$의 관수로 취급한 헨리(Henry) 식을 이용하면, 전기영동이동도 u와 제타전위 $\xi$를 관계지울 수 있다.

## 2.6. 흡착

### 2.6.1. 흡착제의 특성(활성탄과 실리카겔)

가정에서 공기정화 및 탈취를 위해 숯을 비치하는 경우를 흔히 볼 수 있다. 또한 우리가 먹는 알약의 용기 안에 또는 식품 포장지 안에도 습기 제거제인 실리카겔이 들어 있는 모습을 쉽게 발견할 수 있다. 이들 모두 숯과 실리카 겔의 흡착특성을 이용하는 것이다. 이 절에서는 흡착제의 가장 대표적인 두 가지 물질인 활성탄과 실리카겔의 제조방법과 특성을 통하여 기체 및 액체의 흡착 거동에 대한 일반적 이해를 구하고자 한다.

왜 활성탄은 냄새를 실리카겔은 습기를 제거해 주는 것일까? 이 원리는 흡착이라는 현상 때문이다. 어느 분자가 고체의 표면에 이끌리어 붙는 현상을 흡착이라고 한다(**〈그림 2.6.1〉** 참조). 흡착은 고체 표면에서만 일어나는 것은 아니고, 액체/기체, 액체/액체의 계면에서도 일어날 수 있다. 흡착은 모든 계면에서 일어날 수 있는 계면 현상인데, 이 장에서는 주로 고체/기체와 고체/액체 계면의 흡착에 대하여 취급한다.

실제로 냄새는 공기 중에 있는 유기화합물의 분자가 코를 자극하여 느끼는 것이다. 활성탄은 유기화합물의 분자를 잘 흡착하는 성질을 갖고 있다. 실리카겔은 물 분자(수증기)를 흡착하는 능력이 우수하여 흡습방지에 사용되고 있다.

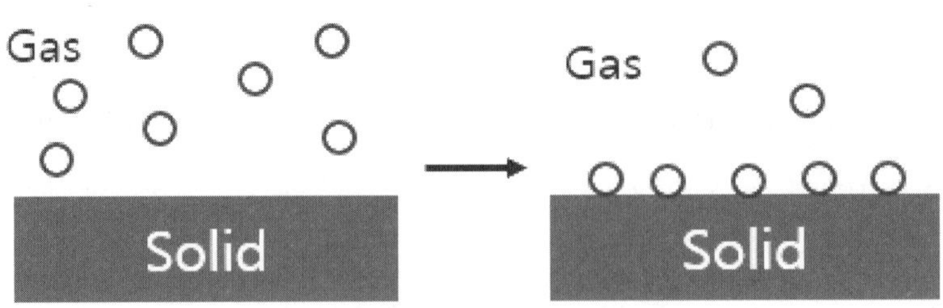


**〈그림 2.6.1〉** 고체표면에 기체 분자의 흡착

(1) 공통점과 차이점

활성탄과 실리카겔의 공통점은 모두 표면에 미세한 많은 기공을 가지고 있고, 비표면적이 매우 크다는 것이다. 이 비표면적 값은 제조방법 및 보관 방법에 따라 달라지지만, 활성탄은 700 ~ 1,500 $m^2/g$이고, 실리카겔은 500 ~ 750 $m^2/g$ 정도이다. 흡착은 고체 표면에서 일어나기 때문에 비표면적이 크면 클수록 단위 무게 당 고체의 흡착 능력은 커지게 된다.

활성탄과 실리카겔의 차이는 흡착되기 쉬운 물질이 다르다. 활성탄은 탄소로 되어 있기 때문에 유기화합물에 대한 친화력이 커서(친유성 또는 소수성) 유기화합물에 대한 흡착능이 크다. 물을 착색시키는 성분에는 유기화합물이 많은데, 활성탄은 물의 탈색제로도 많이 쓰이고 있다. 한편, 실리카겔의 주성분은 산화규소($SiO_2$)로 물에 대한 친화력이 커서(친수성) 물을 잘 흡착한다(**〈그림 2.6.2〉** 참조). 예를 들어, 홍차 속에 활성탄이나 실리카겔을 넣고 저어주면 어떻게 될까? 홍차의 색소는 유기화합물이기 때문에 활성탄은 홍차의 색을 없애든지 옅게 만들지만(탈색), 실리카겔은 크게 변화를 주지 못 한다.

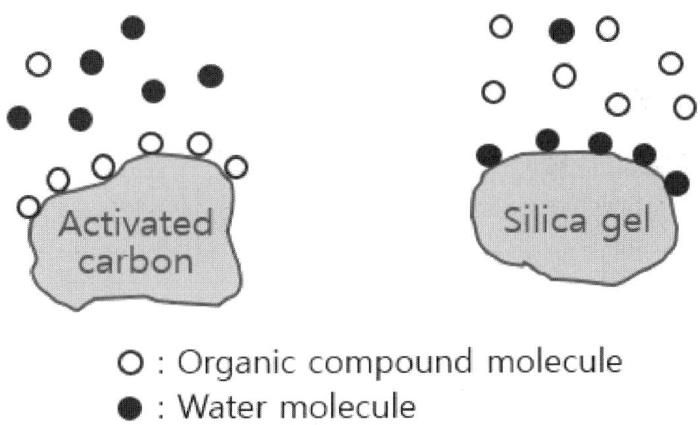


**〈그림 2.6.2〉** 활성탄과 실리카겔의 흡착 특성 차이

(2) 제조방법

여기서는 활성탄과 실리카겔의 공업적 제법을 간단한 공정도를 이용하여 소개한다. 활성탄은 다음과 같은 두 개의 대표적 제조법(수증기법, 염화아연법)이 있다.

**〈활성탄 제조공정 I〉**

**목탄** → 분쇄 → 수증기 중 소성(활성화) → 산세 → 수세 → 알칼리 세척 → 수세 → 건조 → 제품(활성탄)

**〈활성탄 제조공정 II〉**

**톱밥, 염화아연** → 혼합 → 소성(활성화) → 산세 → 수세 → 알칼리 세척 → 수세 → 건조 → 분쇄 → 제품(활성탄)

실리카겔의 대표적 제조공정은 다음과 같다.

**〈실리카겔 제조공정〉**

**규산나트륨(물유리) 수용액** → 황산(또는 염산) 혼합 → 분해반응 → 실리카 졸 → 겔화 → 실리카 겔 → 수세 → 건조 → 소성 → 제품(무수 실리카 겔)

이 공정에서 실리카 졸은 실리카($SiO_2$)의 미분말이 물속에 균일하게 분산되어 있는 것으로 유동성이 매우 높다. 졸을 냉각하거나 약품을 넣게 되면 유동성을 잃어버리게 되는데 이것을 겔화라고 한다. 마치 도토리 가루를 물에 넣어 죽처럼 만든 후 장시간 방치하게 되면 도토리묵이 생성되는 것과 마찬가지이다.

### 2.6.2. 랭뮤어와 흡착

흡착현상의 근대적 연구의 원조는 미국의 Irving Langmuir 이지만, 영국의 Ida Frances Homfray도 흡착현상을 규명하는데 크게 기여한 바 있다. 여기서는 두 과학자의 흡착현상에 대한 연구내용을 소개한다.

(1) Homfray 연구

고체표면에 기체의 흡착 또는 액체 중 용질의 고체표면 흡착에 대해서 19세기 후반에서 20세기 초에 걸쳐서 다수의 연구가 수행된 바 있다. 특히 1907~1910년 사이에 목탄에 의한 헬륨, 네온, 아르곤, 질소, 산소, 일산화탄소, 이산화탄소, 메탄 등 각종 기체의 흡착에 대해 영국의 Homfray는 체계적인 연구를 수행하였다. 이 연구에서는 기체의 압력과 흡착량의 관계(흡착등온선)를 실험적으로 구했다는 점이 중요하다. 그러나 흡착의 본질에 기초한 포괄적인 이론을 정립하지는 못 했다.

(2) Langmuir의 연구

랭뮤어는 미국의 전기회사인 GE(General Electric Co.) 연구소에서 1909년 이후 객원연구원으로 근무하고 있었다. 그는 텅스텐 전구 내의 필라멘트의 취성에 관심을 가지고, 기체의 탈착(흡착과 반대, 흡착한 분자가 떨어지는 현상), 저압기체와 금속의 반응을 연구하여 소량의 불활성가스(아르곤)을 전구 내에 봉입하여 텅스텐 필라멘트의 취성을 개선하였다. 이 연구로 미국 전체로 하루 밤에 수백만 달러의 전기사용료를 절약하는 성과를 올린 것으로 알려져 있다.

랭뮤어는 컬럼비아 대학의 교수로 복귀하는 것을 포기하고, GE에 머무르면서 금속 표면에 기체의 흡착에 관한 연구에 더욱 박차를 가했고, 전면적으로 흡착의 이론을 정립해가기 시작하였다. 산소가 금속에 흡착하여 한 번 붙으면 다시 떨어지지 않는 것으로부터, 그는 흡착에 대한 화학설을 제안하고 지금까지도 사용하고 있는 단분자층 흡착 이론을 발표하였다(〈그림 2.6.3〉 (a)). 이것은 1916년의 일이다. 그는 이 이론을 만드는데 Bragg 부자(父子)(X선 결정구조 연구로 부자가 노벨 물리학상 수상)의 결정구조 강연에 크게 영향을 받았다고 한다.

랭뮤어는 고체표면의 연구에서 액체표면의 흡착 연구(1917년 발표)로 확대할 즈음에, 당시 제안되었던 Rayleigh(레일리)의 단분자막 설을 알게 되었고, 이것에 크게 감명을 받았다고 한다. 약 16년간 잠들어 있던 Rayleigh 이론과 실험은 랭뮤어에 의해 랭뮤어 천칭이라는 장치로 부활하였고, 물 위의 단순한 기름 분자 막의 아이디어가 여기서 완성되었다. 더욱이 랭뮤어에 의해 단순히 구(sphere)라고만 생각되었던 분자에 분자 작용기(作用基, functional group)라는 개념이 도입되어 분자는 서로 다른 부분, 즉 친수성기와 소수성기가 있으며, 분자는 수면 상 또는 고체표면 상에 배향(配向)한다고 하는 현재의 흡착의 기초개념이 여기서 확립되었다.

이것은 당시 확립되기 시작한 분자 개념에 대하여 큰 공헌을 한 것이다. 더욱이 1916 ~ 1917년의 그의 논문(Journal of American Chemical Society vol. 38, p. 2221 ~ 2295, vol. 39, p. 1849 ~ 1906)은 프랜클린(Franklin) 이후 150년에 걸쳐서 떠오르고 있던 계면화학의 새로운 장을 열었다. 랭뮤어는 1932년에 노벨 화학상을 수상했다.

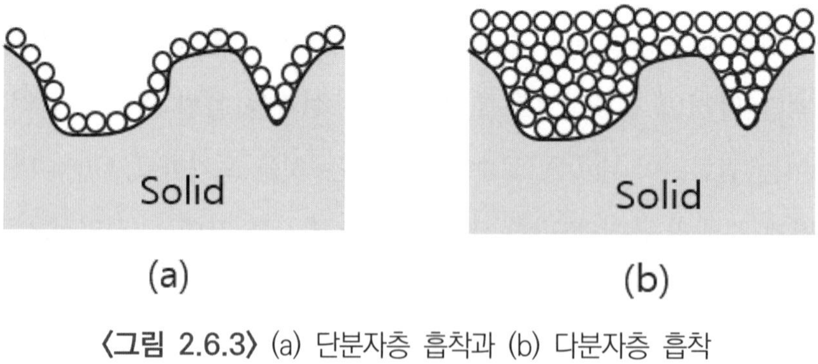


〈그림 2.6.3〉 (a) 단분자층 흡착과 (b) 다분자층 흡착

### 2.6.3. 흡착 거동의 측정법

고체 표면의 기체 흡착량을 측정하기 위해서는, 흡착 전 기체의 압력($P_0$)의 측정과 고체를 넣고 기체를 흡착시킨 후의 압력(P) 측정이 필요하다. $P_0$-P은 기체의 흡착에 의한 압력 감소이니까, 흡착한 기체의 몰 수를 n이라고 하면 다음 관계가 성립한다. 이 식에서 V(체적)와 T(온도)를 알면 n을 구할 수 있다.

$$(P_0-P)V = nRT$$

고체 표면에 용액 중 용질의 흡착을 측정하기 위해서는, 기체의 경우 압력을 측정하는 것과는 다르게 용질의 농도를 측정하면 된다. 즉, 흡착 전 용질의 농도를 $C_0$로 하고, 흡착 후 용질의 농도 C를 측정한다. 흡착한 용질의 몰 수 n은 다음식으로 표시할 수 있다. 여기서 V는 용액의 체적이다.

$$n = (C_0-C)V$$

다음으로, 여러 가지 압력(P)과 농도(C)에서 흡착량(고체 1g 당 흡착한 기체 또는 용질의 몰수)을 구하여, 흡착량을 y축으로 압력 또는 농도를 x축으로 그래프를 그린다. 이 그래프를 흡착등온선(〈그림 2.6.4〉)이라고 한다. 흡착동온선의

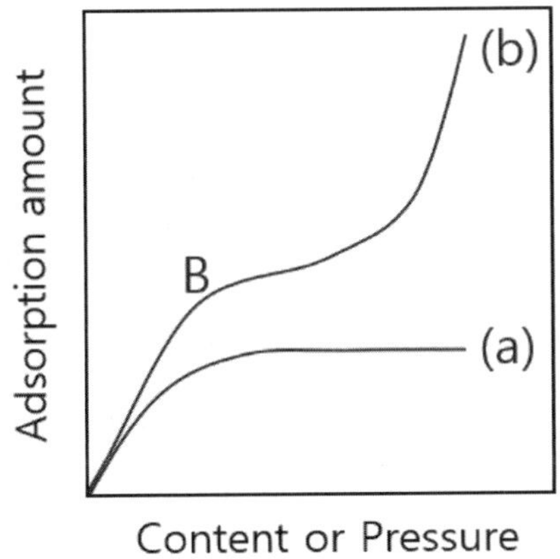


〈그림 2.6.4〉 흡착등온선의 예

형태에 따라 흡착의 형태를 추정할 수 있다.

흡착등온선에는 여러 가지 형태가 있다. **〈그림 2.6.4〉** (a)는 랭뮤어 형이라고 부르고, 압력을 가해도 어느 값 이상에서는 흡착량이 일정해 진다. **〈그림 2.6.4〉** (a)는 단분자층 흡착이 일어나는 경우이다. **〈그림 2.6.4〉** (b)는 BET형이라고 한다. BET는 미국의 3명의 연구자(Brunauer, Emmett, Teller)의 이름 앞 글자를 취하여 만든 명칭이다. 이 경우는 압력을 증가하면 흡착량이 B점에서 일정해지다가 그 후에 점점 증가한다. 이것은 **〈그림 2.6.3〉** (a)와 같이 처음에서는 단분자층이 형성되지만, 기체가 액체로 응축하듯이 단분자층 위에 기체 분자가 여러 층으로 흡착해 가는 것을 표시한다. 이것을 다분자층 흡착이라고 한다(**〈그림 2.6.3〉** (b)). 다분자층 흡착은 촉매 등 분말의 비표면적 측정에 사용된다는 점에서 매우 중요하다.

## 2.6.4. 흡착의 응용

흡착은 여러 분야에 응용되고 있어서 우리 생활에 중요한 의미를 가지고 있다. 탈취, 탈색, 건조 등에 대해서는 앞서 언급한 바 있고, 여기서는 또 다른 몇 가지의 흡착 응용예를 소개한다.

### (1) 크로마토그래피(Chromatography)

어느 고체 상에 분자가 흡착할 때, 그 흡착의 강도는 분자의 종류에 따라 다르다. 이것을 이용하여 분자의 종류를 분리할 수 있다. 이것을 흡착 크로마토그래피라고 한다. 여기에는 페이퍼 크로마토그래피, 기체 크로마토그래피, 액체 크로마토그래피가 있다. 페이퍼 크로마토그래피는 여과지를 이용하여 물질을 분리한다. 페이퍼(여과지)는 셀룰로스(cellulose)로 이루어져 있어서 극성을 띤다. 따라서 무극성을 띠는 용질이 여과지를 타고 더 잘 올라가게 된다. 극성을 세게 띠는 물질은 셀룰로스와 더욱 더 잘 결합하게 되므로, 잘 올라가지 못하게 된다. 이러한 원리를 이용하여 물질을 분리하게 된다. 일반적으로 기체 및 액체 크로마토그래피의 경우, 시료는 이동상에 의해 이동하는데, 이런 이동상은 관속에 고정되어 있는 용해되지 않는 고정상을 통과하여 지나간다. 시료 성분 중에 고정상에 세게 흡착하는 성분은 이동상의 흐름에 따라 천천히 움직이는 한편 고정상에 약하게 흡착하는 성분은 빠르게 운반된다. 이러한 이동 속도의 차이가 시료 성분들을 분리하게 만든다. **〈그림 2.6.5〉**는 천연가스를 가스 크로마토그래피로 분리했을 때 얻어지는 성분 분석 그래프의 예이다. 시간에 따라 서로 다른 여러 가지 성분이 검출되고 있다. 검출 피크의 위치로 성분의 종류를, 피크의 면적으로 성분의 량을 측정할 수 있다.

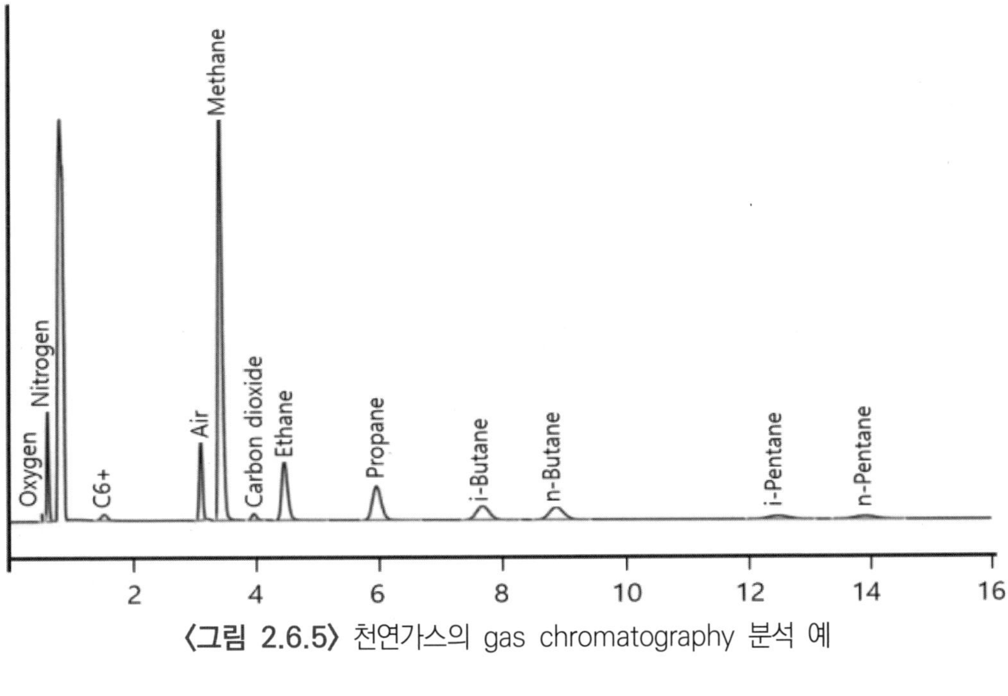


**〈그림 2.6.5〉** 천연가스의 gas chromatography 분석 예

(2) 폐수처리

하수 및 공장폐수를 처리하여 물로 재생할 때에, 활성오니처리(생물학적 방법), 응집제에 의한 처리(화학적 처리), 여과 등에 의해 세균, 콜로이드 입자 등

을 제거하고 투명한 물을 얻을 수 있지만, 여전히 용해되어 있는 불순물이 남아 있다. 이것을 제거하기 위해서 활성탄에 의한 흡착을 이용한다.

한편, 원자로의 폐수에는 방사성 물질이 함유되어 있는데, 이것을 제거하는 데도 활성탄이 사용된다.

(3) 촉매

촉매는 반응에서 자신은 소비되지 않고 단지 반응속도를 촉진하는 물질이다. 일반적인 촉매는 고체상의 과립으로 사용되는 것이 대부분이지만, 반응물과의 접촉을 향상시키기 위하여 미세한 입자상으로 사용되는 것도 있다. 예를 들어, 암모니아 합성 반응의 촉매에는 철(Fe)이, 에틸렌의 수소화 반응이나 불포화 유지의 이중결합의 수소화 반응에는 니켈(Ni) 촉매가, 석유를 분해해서 가솔린 성분의 함량을 올리는 반응에는 실리카/알루미나($SiO_2/Al_2O_3$) 촉매가 미세한 분말 형태로 이용된다.

화학반응을 공업적으로 이용할 때에는 대부분이라고 해도 과언이 아닐 정도로 촉매가 사용된다. 제품을 생산하는데 있어서 단위시간에 어느 정도 제조할 수 있는가 하는 생산량은 공업적인 대규모 생산에서 매우 중요한 요소이기 때문이다. 촉매 작용의 제1단계는 반응하는 물질과 촉매 표면의 접촉(흡착)이다. 흡착에 의해 반응 분자의 원자간 결합이 느슨해지거나(**〈그림 2.6.6〉**), 분자의 구조가 부분적으로 왜곡(변형)하게 되어 다른 분자와의 반응을 쉽게 하는 것이다.

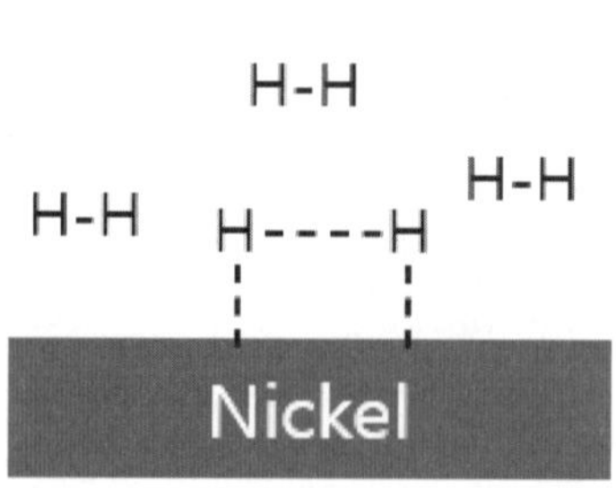


**〈그림 2.6.6〉** 니켈 촉매에 흡착한 수소분자의 느슨한 결합 상태

(4) 계면활성제(또는 콜로이드 합성)

앞서 언급한 바와 같이, 흡착은 여러 가지 계면에서 일어날 수 있는 현상으로, 계면활성제는 여러 표면에 흡착하여 다양한 역할을 하게 된다. 예를 들면, 공기와 물의 표면에 흡착하여 기포를 만들고, 기름과 물의 계면에 흡착하여 에멀션을 만들며, 액체와 고체의 표면에 흡착하여 액체의 젖음성을 바꾸기도 한다.

또한, 계면활성제는 콜로이드 합성에 있어서도 중요한 역할을 한다. 콜로이드의 합성 때에 계면활성제는 콜로이드의 입경 및 형태를 제어하는데 사용되고, 콜로이드의 장기 안정성에도 영향을 준다.

이와 같이 흡착은 콜로이드 화학에서 계면화학에 이르기까지 여러 가지 표면 반응에 관여하는 중요한 현상이다.

## 2.7. 미셀과 역미셀

### 2.7.1. 미셀의 생성 및 특성

계면활성제에는 크게 두 가지의 성질이 있다고 할 수 있다. 하나는 계면의 흡착성이다. 이것은 물질 표면의 젖음성이나 계면전하에 영향을 준다. 이들 계면에서 흡착이라고 하는 현상의 주역은 계면활성제의 분자 또는 이온이다. 다른 하나는 수용액 중에서 계면활성제의 분자 또는 이온(모노머)이 집합하여 집단을 만드는 성질이다. 이 집단을 미셀(micelle)이라고 한다.

그러나 미셀은 언제나 만들어지는 것은 아니다. **〈그림 2.1.3〉**을 다시 한 번 보도록 하자. $C_0$라고 하는 농도보다 높은 농도에서 밖에 미셀은 만들어지지 않는다. 계면활성제의 농도가 적을 때($C_0$ 이하)와 높을 때($C_0$ 이상)에 물에서 어떠한 용해 거동을 나타내는지 **〈그림 2.7.1〉**에 나타내었다. $C_0$ 이하에서는 분자가 하나씩 따로따로 떨어져 녹아 있으며, 표면에 형성되어 있는 가용성 분자막도 틈이 많아서 기체막으로 되어 있다. 그러나 $C_0$ 이상이 되면 표면의 단분자막은 꽉 차버리기 때문에, 분자의 소수성기가 서로 모여서 바깥쪽은 친수성기로 보호되는 가장 이상적인 상태(미셀)가 만들어진다.

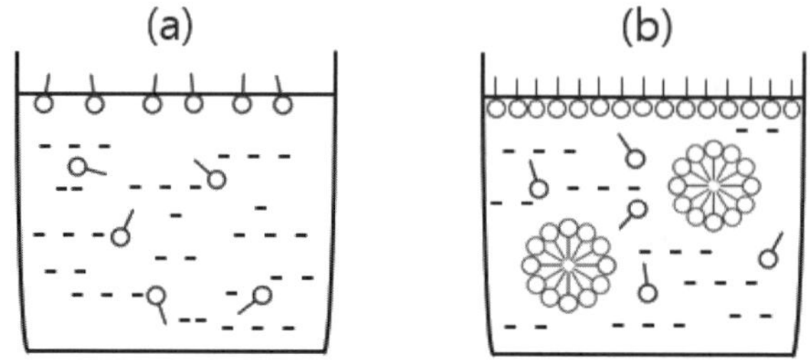


**〈그림 2.7.1〉** 물에 용해된 계면활성제의 모습, (a) $C_0$ 이하, (b) $C_0$ 이상

이 미셀의 크기는 **〈그림 2.7.1〉** (b)에서 알 수 있듯이, 직경은 분자 길이의 약 2배(수 nm)의 구상(spherical shape)으로 콜로이드 입자의 크기 범위에 들어간다. 따라서 $C_0$ 이상의 농도에서는 계면활성제 수용액은 콜로이드에 해당한다. 이것을 "미셀 콜로이드"라고 부른다. 즉, $C_0$ 이하에서는 콜로이드가 아니지만, $C_0$ 이상의 계면활성제 수용액은 콜로이드라고 할 수 있다는 것이다. 또한, 이 미셀은 $C_0$ 이상의 농도에서 자연적으로 콜로이드를 생성하고, $C_0$ 이하로 농도가 낮아지면 자연적으로 콜로이드가 없어진다.

미셀 콜로이드는 콜로이드 입자가 작기 때문에 육안으로는 투명해서 $C_0$ 이하와 구별하기 어렵다. $C_0$라고 하는 농도는 콜로이드인지 아닌지를 구별하는 중요한 값이기 때문에 임계미셀농도 또는 CMC(Critical Micellar Concentration)라고 부른다. 다음은 CMC를 측정하는 5가지 방법인 도전율 측정법, 분자량 측정법, 광산란법, 표면장력법, 가용화법에 대해서 알아보자.

(1) 도전율 측정법

계면활성제가 이온성인 경우, 수용액은 전리하기 때문에 전도성이 향상된다. 수용액의 전기 통전성을 도전율이라고 말하며, 이것은 전기저항의 역수가 되기 때문에 도전율을 구하는 실험에서는 전기저항을 측정하면 된다. 그리고 수용액 1 $cm^3$ 당의 값으로 바꾸어 비전도율이라고 한다. 계면활성제의 농도를 바꾸면서 비전도율을 측정하고, 이 관계를 그래프로 나타내면 **〈그림 2.7.2〉**와 같이 직선이 되지만, 어느 농도에서 직선의 기울기가 감소하게 된다. 이 비전도도가 감소하는 현상은 용액 중에 이온 집단(미셀)의 형성을 의미하는 것이다.

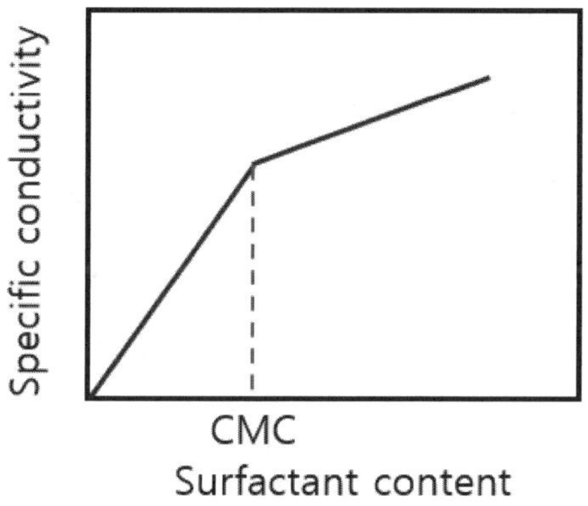


**〈그림 2.7.2〉** 이온성 계면활성제 수용액의 비전도도와 계면활성제 농도의 관계

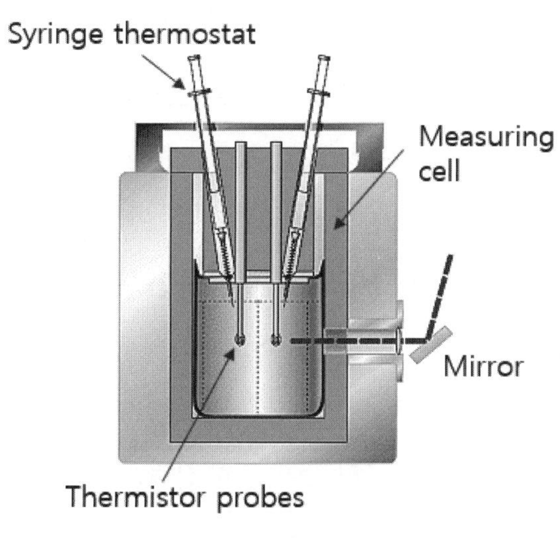


**〈그림 2.7.3〉** 증기압식 삼투압측정기의 구성도[(2)]

(2) 분자량 측정법

분자량 측정법은 계면활성제가 이온성이 아닐 때 사용할 수 있는 측정법이다. 용액 중에 녹아있는 물질의 분자량을 측정해 보자. 만일 미셀과 같은 계면활성제 분자 집단이 형성되어 있다면 큰 분자량의 값이 얻어지게 된다. 용질의 분자량 측정법으로는 증기압강하법, 비점상승법, 응고점강하법, 침투압법 등 여러 가지가 있다. 만일 분자 집단이 큰 경우(수용액 중의 미셀은 수십에서 백 정도의 분자가 모여있는 것으로 알려져 있지만)는 어떤 방법이 적합할까? 바로 증기압강하법이 그중 하나이다. 최근에는 써미스트라고 하는 금속산화물 반도체를 이용하여 극소 온도차($10^{-3} \sim 10^{-4}$ ℃)를 측정할 수 있게 되었다. 이것을 이용하여 증기압강하법으로 1,000 ~ 30,000 정도의 분자량을 측정할 수 있다. 이 장치를 증기압식 삼투압측정기(vapor pressure osmometer, **〈그림 2.7.3〉**)라고 부른다. 여러 가지 농도에서 분자량을 측정하면 어느 농도에서 미셀이 형성되는가를 알 수 있다.

(3) 광산란법

콜로이드가 혼탁하게 보이는 것은 콜로이드 입자가 광을 산란하기 때문이다. 육안으로는 투명하게 보이지만 옆에서 강한 빛을 비추어 보면(방을 어둡게 하면 더욱 보기 쉽다) 광의 통로가 보인다. 이 현상을 친달 현상(Tydall effect)이라고 한다. 콜로이드가 아닌 일반적인 분자나 이온 용액에서는 친달 현상이 일어나지 않는다. 그렇다면 콜로이드와 일반적인 용액을 구별하기 위해 친달 현상이 나타나는지 아닌지를 측정하면 된다.

이 친달 현상에 의한 광(산란광)의 강도는 콜로이드 입자 반경의 제곱에 비례하기 때문에, 큰 입자일수록 산란광이 강해진다. 이러한 원리로 산란광의 강도로부터 입자의 크기를 계산할 수 있다. 이러한 장치를 광산란 광도계라고 한다. 이 원리를 **〈그림 2.7.4〉**에 나타내었다. 계면활성제의 농도를 바꾸면서 광산란(예로서 90° 방향) 강도를 광전계로 측정하여 농도와 산란광의 강도를 도식화하면 **〈그림 2.7.5〉**이 된다. 산란광의 강도가 어떤 농도에서부터 증가하고 있는데, 이것이 콜로이드 입자가 형성되는 시작하였음을 나타내는 것이고, 이 농도는 CMC가 된다. 또한 광산란 강도로부터 콜로이드의 크기와 형상을 측정할 수가 있다.

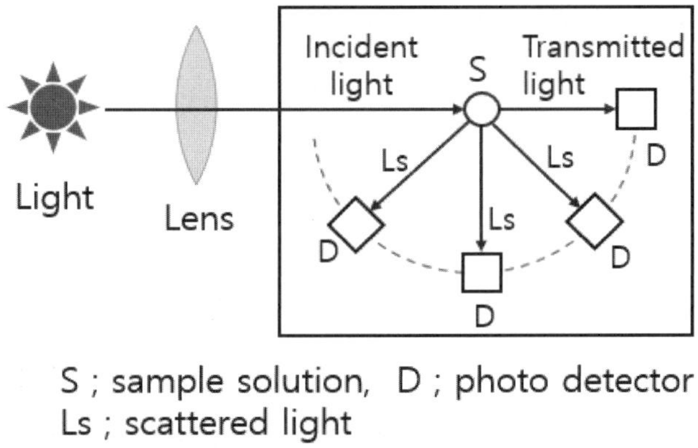


〈그림 2.7.4〉 광산란 광도계의 작동 원리도

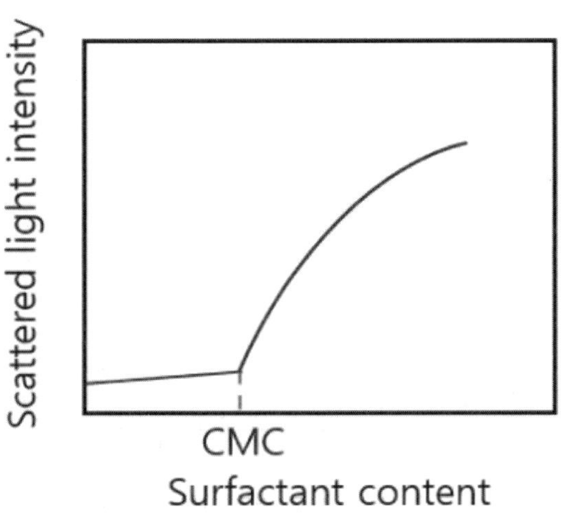


〈그림 2.7.5〉 콜로이드 농도에 따른 광산란 강도 변화

(4) 표면장력법

이 방법은 **〈그림 2.1.3〉**에서 설명한 것으로, 계면활성제 수용액의 표면장력을 농도변화에 따라 표시한 곡선에서 표면장력이 갑자기 변화하는 점이 미셀이 형성되는 CMC가 된다.

(5) 가용화법(可溶化法)

물에 녹기 어려운 기름이나 색소를 계면활성제의 수용액에 첨가하고 잘 저으면서 녹는지 안 녹는지를 관찰해 보자. 예를 들어 소량의 벤젠을 첨가하여 균질하게 혼합한 후에 수용액이 투명한 채로 있는지를 보자. 투명하다면 녹은 것으로 조금 더 소량을 첨가하여 수용액이 혼탁해 보이기 시작하면 멈춘다. 이 직전이 용해할 수 있는 최대량이 된다. 이렇게 벤젠의 최대 용해량과 계면활성제의 농도를 그래프로 나타내주면, **〈그림 2.7.6〉**와 같이 된다. 어느 농도 이상에서 용해량이 급격히 증가하는 것을 알 수 있다. 이것은 **〈그림 2.7.7〉**에 도식적으로 나타낸 것처럼, 미셀이 되면 이 미셀 중의 계면활성제의 탄화수소 부분에 벤젠의 분자가 녹아 들어가기 때문이다. 따라서 벤젠의 용해량이 증가하기 시

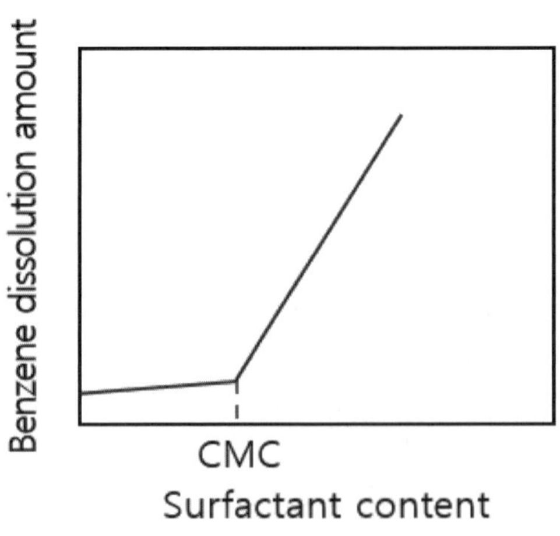


**〈그림 2.7.6〉** 벤젠의 최대 용해량과 계면활성제의 농도의 관계

작하는 농도가 CMC가 된다. **〈그림 2.7.7〉**과 같이 미셀이 있기 때문에 용매에 용해하기 어려운 물질이 용해되는 현상을 가용화(可溶化)라고 하고, 의약품 등에 실용적으로 적용되고 있다.

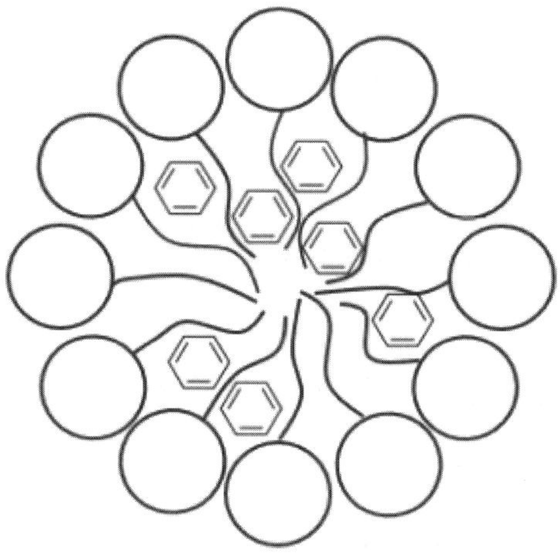

**〈그림 2.7.7〉** 벤젠의 가용화 모델

이상에서 CMC를 구하는 5가지 방법에 대해서 기술하였는데, 이외에도 CMC를 구하는 방법이 있다. 이렇게 다른 여러 가지 방법으로 CMC를 측정하더라도 구해지는 값은 거의 일치한다. 또한, 위에서 설명한 분자량 측정법, 광산란법, 표면장력법, 가용화법은 비이온성뿐만 아니라 이온성 계면활성제에도 적용할 수 있는 방법이다. 몇 가지 계면활성제의 CMC 값을 **〈표 2.7.1〉**에 나타내었다. 이 표에서 알 수 있듯이, CMC는 계면활성제의 종류에 따라 상당히 다르지만, 전체적으로 낮은 농도이고 비이온성 계면활성제의 경우는 더 낮다. 계면활성제의 구조와 CMC 사이에는 규칙성이 있다. 그 하나는 소수성기의 탄소 수가 두 개씩 증가하는 반면 CMC는 1/4씩 감소한다는 것을 표에서 알 수 있다.

〈표 2.7.1〉 임계미셀농도(CMC) 값(mol/L, 25℃)

| Surfactants | CMC value | 기타 |
|---|---|---|
| $C_{11}H_{23}COONa$ | 0.026 | 비누 성분 |
| $C_{12}H_{25}SO_4Na$ | 0.008 | 합성세제 성분 |
| $C_{14}H_{29}SO_4Na$ | 0.0022 | |
| $C_{16}H_{33}SO_4Na$ | 0.0004 | |
| $C_{12}H_{25}NH_3Cl$ | 0.014 | 양이온성 |
| $C_{12}H_{25}O(CH_2CH_2O)_{12}H$ | 0.00009 | 비이온성 |

## 2.7.2. 역미셀(reverse micelle)의 생성과 특성

지금까지는 계면활성제가 수용액 상태에서의 용해되는 거동에 대해서 알아보았다. 그러나 탄화수소(벤젠, 헥산 등) 또는 할로겐화 탄화수소(사염화탄소, 클로로포름 등)에 용해되는 계면활성제도 존재한다. 이들 유기용제를 일괄적으로 기름(oil)이라고 부른다. 계면활성제가 기름에 용해될 때 용액 중에서 어떠한 방법으로 녹는 걸까? 이 절에서는 계면활성제가 기름에 용해되는 거동에 대해서 알아본다.

### (1) 역미셀의 생성

기름 중에서 계면활성제의 용해 거동을 알아보기 위해서, 수용액에서 사용한 방법을 우선 생각해 보자. 도전율 측정법은 기름 중에서 이온성 계면활성제는 이온으로 전리되기 어렵기 때문에 사용하기가 어렵다. 표면장력 측정법도 적용할 수 없다. 〈표 2.1.1〉에 나타낸 것처럼, 기름의 표면장력은 상당히 낮고, 기름 표면에서의 흡착은 거의 일어나지 않기 때문이다. 분자량 측정법, 광산란법, 가용화법으로 계면활성제가 분자의 집단을 형성하는지를 관찰하는 연구가 수행된 바 있다. 예를 들면, 다음 식으로 표현되는 Aerosol OT 라고 하는 계면활성제가 있다(〈그림 2.7.8〉).

$CH_2 \cdot COOC_8H_{17}$
|
$CH_2 \cdot COOC_8H_{17}$
|
$SO_3Na$

$C_8H_{17}$ ; $-CH_2-CH-(CH_2)_3-CH_3$ (2-ethyl hexane group)
|
$C_2H_5$

〈그림 2.7.8〉 Aerosol OT 계면활성제의 분자식

이 Aerosol OT는 여러 가지 용액에 용해된다. 증기압 오스모메터를 이용하여 각 용매 중에서 Aerosol OT의 분자량을 구해보면, 〈표 2.7.2〉와 같이 된다. 또한 분자 집단을 형성하고 있는 분자 수를 회합수(會合數)라고 하고, 이것은 〈표 2.7.2〉의 두 번째 칸의 분자량 측정값을 Aerosol OT 모노머의 분자량(444)으로 나눈 값이다.

〈표 2.7.2〉에서 알 수 있듯이, 기름 중에서도 계면활성제는 집단을 만든다는 것을 알 수 있었다. 단 분자 집단의 크기는 용매의 종류에 따라 다소 다르고, 물 속의 미셀에 비교하면 작다는 것을 알 수 있다.

〈표 2.7.2〉 Aerosol OT 역미셀의 분자량 및 회합수

| 용매 | 분자량 | 회합수 |
|---|---|---|
| 벤젠 | 5800 | 13 |
| 사염화탄소 | 8900 | 20 |
| 사이클로헥산 | 8000 | 18 |
| 헵탄 | 9300 | 21 |

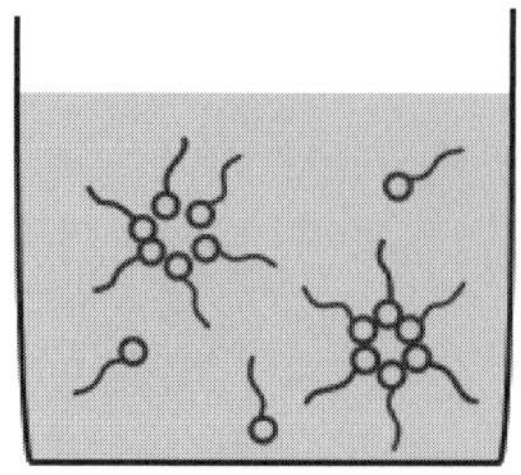

**〈그림 2.7.9〉** 기름 중에서 계면활성제의 응집 거동

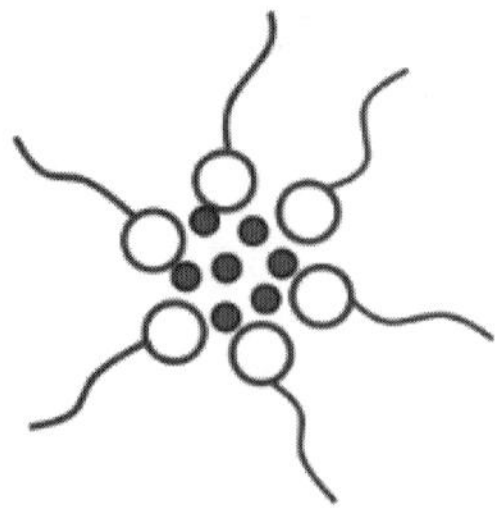

**〈그림 2.7.10〉** 역미셀 중에 물 분자의 가용화 모식도

(2) 역미셀의 성질

계면활성제가 기름 중에서는 어떻게 분자집단을 형성하는 것일까? 물 속에서 계면활성제는 소수성기를 안쪽으로 하고 친수성기를 바깥쪽(용매인 물의 방향)으로 향하게 하는 응집 거동을 보였다. 그렇다면 기름 중에서는 용매가 물대신 기름이기 때문에 계면활성제는 역방향으로 응집할 것이다. 즉 **〈그림 2.7.9〉**에 나타낸 바와 같이 계면활성제는 친수성기를 안쪽으로 하고 소수성(친유성)기를 바깥쪽으로 향하게 하는 방법으로 응집하게 된다. 이러한 방법으로 계면활성제의 분자집단이 형성된다고 하면, 계면활성제가 존재하는 기름 용매에 물을 첨가하고 균일하게 혼합하게 되면, **〈그림 2.7.10〉**과 같이 물이 가용화하게 된다. 실험을 해보면 확실히 물이 가용화된다는 사실을 확인할 수 있는데, 계면활성제의 농도가 증가하면 증가할수록 물의 가용화 정도도 증가하게 된다. 기름 용액 중에 이러한 계면활성제의 분자집단을 역미셀이라고 한다.

미셀과 역미셀은 정확히 분자의 응집 배열이 역의 관계에 있고, 여러 가지 성질도 역으로 나타난다. 연구자들은 기름에 용해되는 계면활성제가 존재한다는 사실을 알았을 때, 세상에는 대칭성이 존재한다든지 겉이 있으면 속이 있다고 하는 생각에 기초하여 역미셀도 존재할 수 있다는 발상에 도달하게 되었고, 이것을 실험을 통하여 확인하게 되었을 것이다. 발명과 발견의 원리의 하나로

"어떤 현상이 있다면 그 역의 현상도 생각해 보자"는 사고방식이 있는데, 역미셀의 착상도 이 하나의 예라고 생각할 수 있다.

(3) 리포좀(Liposome)과 베시클(Vesicle)

계면활성제 중에서 물에 용해되기 어려운 물질(이것은 일반적으로 기름에는 녹음)을 물에 혼합하려고 한다면 어떠한 일이 일어날까? 예를 들면, 레시틴(lecithin)이라고 하는 물질이 있다(**〈그림 2.7.11〉**). 이것은 계란이나 대두에서 추출할 수 있는데, 사람의 신체에도 많이 포함되어 있다. 이 구조는 다소 복잡하고, 다음 분자식으로 표시된다. 유지(oil and fat)와 유사한 구조를 가지고 있다.

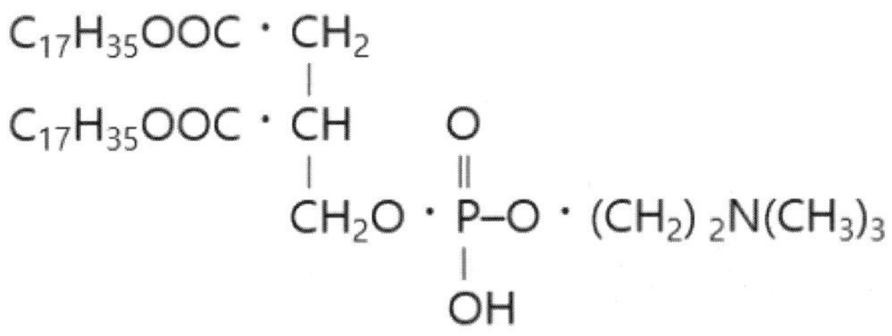

**〈그림 2.7.11〉** 레시틴(lecithin) 계면활성제의 분자식

이 물질은 생물 체내의 세포막을 구성하고 있는 중요한 물질로 알려져 있다. 최근 레시틴을 추출하여 물에 넣고 초음파를 쪼이면 레시틴의 2 분자가 겹쳐진 막(膜)(2분자 막이라고 함)이 형성되고, 이것이 구상으로 모여(**〈그림 2.7.12〉**에 2차원 및 3차원 단면구조를 나타냄) 마치 세포막과 같이 된다는 사실이 밝혀져 주목을 받았다. 이 레시틴의 분자집단을 리포좀(liposome)이라고 한다. 이 리포좀은 인공세포로서 매우 주목되고 있다.

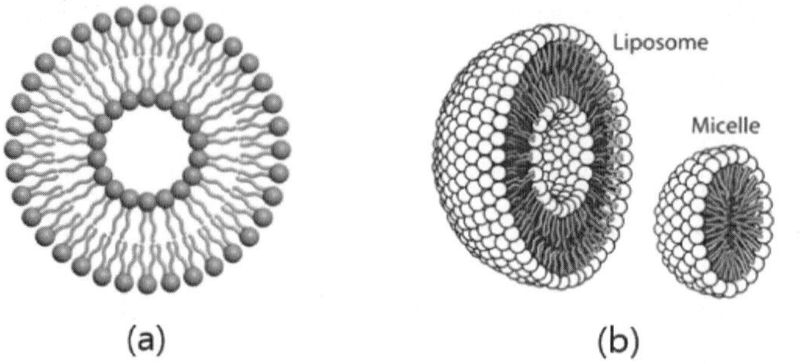


〈그림 2.7.12〉 리포좀과 미셀의 구조 비교
(a) 리포좀의 2차원 구조, (b) 리포좀과 미셀의 3차원 구조 비교[3]

레시틴은 기름에 용해되지만 물에 용해되기 어려운 물질로, 친수성기와 소수성기를 가지고 있으며 더욱이 긴 소수성기의 가지가 친수성기로부터 2개 존재한다. **〈그림 2.7.12〉** (a)는 이러한 것을 그림으로 나타내주고 있다. 레시틴 이외에도 이러한 형태를 가지는 기름에는 녹고 물에는 녹지 않는 계면활성제가 있다면 물속에서 리포좀을 형성시킬 수 있다.

리포좀과 같이 2분자 막을 만들어, 이 리포좀 내부에 물을 집어넣은 것을 일반적으로 베시클(vesicle)이라고 한다. 현재는 베시클을 만들 수 있는 여러 가지 물질이 알려져 있다. 이 중에서 초기에 알려진 베시클을 만드는 계면활성제로는 didodecyldimethyl ammonium bromide가 있는데 다음과 같은 분자식을 가진 물질이다(**〈그림 2.7.13〉**).

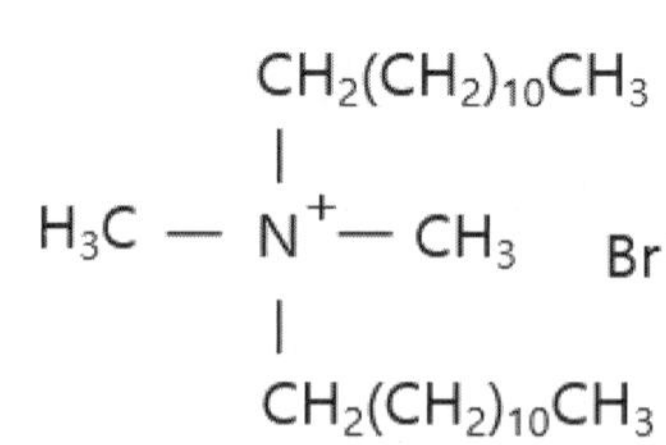

〈그림 2.7.13〉 Didodecyldimethyl ammonium bromide 계면활성제의 분자식

베시클과 리포좀은 세포 모델로 그 내부의 물과 외부의 물의 조성을 따로따로 바꿀 수 있다. 또한 2분자 막을 통해서 물질의 이동이나 교환 거동을 조사하여 그 특성을 알 수 있다. 베시클은 계면활성제의 분자가 수 천에서 수 만 정도까지 모인 거대한 집단으로 거대 미셀로 볼 수도 있다.

### 2.7.3. 미셀과 역미셀의 응용

미셀 및 역미셀은 계면활성제의 분자가 어느 규칙을 가지고 배열한 것이므로, 미셀에서는 수 십에서 백 수십 정도의 분자가 바깥쪽에 친수성기를 정렬시키고 안쪽에 소수성기를 품어 안고 있으며, 역미셀은 십에서 이십 정도의 분자가 바깥쪽에 소수성기를 배향시키고 안쪽에 친수성기를 품어 안고 있는 형상을 하고 있다고 말할 수 있다. 또한 미셀과 역미셀은 콜로이드 입자로서의 여러 가지 성질을 갖추고 있기 때문에, 여러 분야로의 응용을 생각할 수 있다. 이 중에 몇 가지를 다음에 소개한다.

(1) 가용화 응용

미셀이 물속에 존재하면 가용화라고 하는 현상을 이용하여 물에 녹기 어려운 물질을 물에 녹게 할 수 있다. 가용화되는 양은 계면활성제의 종류, 농도, 용해되는 물질의 종류 등에 의해 다르지만 수 wt% 정도이며, 용해 조건을 잘 맞추면 더 많은 양을 용해할 수도 있다. 가용화된 것도 용액이기 때문에 안정하고 시간이 지나도 분리되거나 석출되는 일은 없다. 이러한 점은 분리의 가능성이 있는 에멀젼과의 차이점이다.

예를 들어, 물에 녹기 어려운 약을 생체에 안전한 계면활성제(비이온 계면활성제 등)를 사용하여 가용화하고, 수용성 상태로 사용할 수 있다. 물에 불용성 염료(수용성이라면 물에 빨면 색이 지워짐)로 섬유를 염색하려면, 계면활성제 미셀에 염료를 가용화시켜 섬유를 염색하게 되면 세탁해도 염료가 빠지지 않는다.

(2) 촉매 작용

일반적으로 촉매는 고체 상태로 사용된다. 그러나 1959년 미국의 화학자 Grunwald는 다음과 같은 실험을 수행하였다.

Crystal violet라고 하는 청자색 색소가 있는데, 이것은 물에 잘 녹지만 알칼리성에서는 색이 소멸된다(또는 퇴색된다). 여기서 물에 CTAB(Cetyltrimethyl Ammonium Bromide)이라고 하는 양이온 계면활성제 약 0.01 mol/L를 첨가하면 퇴색되는 속도가 17배 빨라진다. 그런데, SDS(Sodium Dodecyl Sulfate)라고 하는 음이온 계면활성제 약 0.01 mol/L를 첨가하면 반대로 퇴색 속도는 1/10로 감소한다(분자식 **〈그림 2.7.14〉** 참조).

계면활성제는 반응의 전후에 소비되지 않기 때문에 이것은 미셀이 촉매적 거동을 보인 것이다.

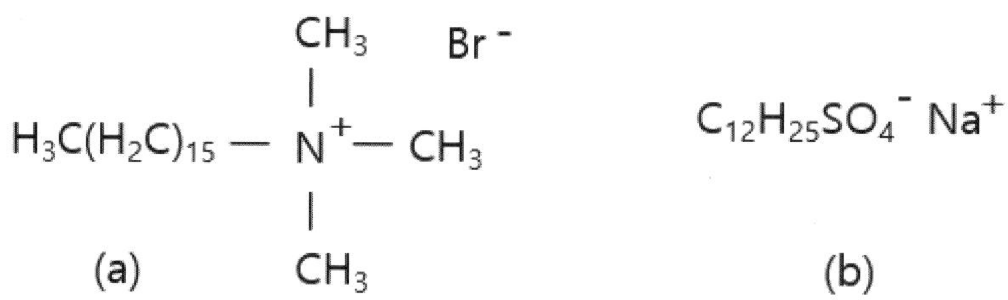


**〈그림 2.7.14〉** (a) CTAB 및 (b) SDS 계면활성제의 분자식

이 미셀촉매의 발견은 새로운 촉매로서 주목을 받아, 이후에 미셀 촉매작용에 대한 다수의 연구가 수행되었다. 미셀 촉매가 주목을 받고 있는 것은 고온 고압이 아니면 반응이 늦은 경우에 미셀 촉매를 사용하면 상온 상압에서도 반응을 촉진시킬 수 있기 때문에 에너지도 절약할 수 있다. 미셀과 역미셀이 효소

하고도 닮아 있기 때문에 효소에 유사한 작용을 하게 할 수도 있다. 역미셀도 다수의 촉매작용이 보고되어 있다.

생물의 체내에는 인간을 포함하여 상온 상압에서 여러 가지 화학반응이 일어나고 있으며, 생물체에 유용한 물질을 만들어 내고 에너지를 발생시키기도 하여 생물의 생명을 유지해 간다. 이러한 화학반응의 촉매가 되고 있는 것이 효소이다. 효소는 1,000종 이상의 종류가 있지만, 한 가지 효소는 한 반응의 촉매밖에 되지 않는다는 선택성이 있다.

효소 등 생물체 내부의 물질이 행하는 작용을 사람이 합성한 물질로 행하게 하는 것이 된다면, 상온 상압에서 여러 가지 화학반응을 일으킬 수 있게 된다. 생물체 내의 물질을 생체물질이라고 하는데, 현재는 생체물질의 작용을 합성물질로 따라하게 하는 많은 연구가 진행되고 있다. 이것을 생체모사화학(biomimetic chemistry)이라고 한다. 미셀이나 역미셀의 촉매화학이나 베시클의 작용에 대한 연구는 이 사례가 된다. 이러한 연구는 앞으로 크게 발전할 것으로 전망된다.

(3) 자성유체

액체상 자석이 있다면 여러 가지 흥미로운 응용이 가능하다. 약품을 액체자석에 흡착시켜 체내의 원하는 장소에 외부의 자석을 이용하여 운반할 수 있고, 결과적으로 국부적 치료가 가능해 진다. 또한 구동기계의 미세한 구동 틈에 자성유체를 주입하여 윤활유 역할을 하게할 수 있다. 또한 모터 등 구동 부품이 연결된 진공 반응기의 구동축에 자성유체를 주입하면 외부와의 차폐제(sealing agent) 역할을 수행한다.

역미셀을 이용하면 용이하게 자성유체를 합성할 수 있다. 다음은 그 예를 소개한다. 수중에서 다음 반응으로 사산화삼철($Fe_3O_4$, magnetite)이라고 하는 자성을 갖는 산화철 나노입자를 합성할 수 있다.

$$Fe^{2+} + 2Fe^{3}+ + 8OH- \rightarrow Fe_3O_4 + 4H_2O$$

역미셀을 형성하는 계면활성제로는 Aerosol OT와 비이온성 계면활성제를 사이클로헥산에 용해시켜서 사용한다. 이 $Fe_3O_4$ 콜로이드는 역미셀의 안쪽 친수성기 속에 위의 반응을 일어나게 하여 나노콜로이드 입자를 생성시키고, 역미셀 구조를 하고 있는 계면활성제의 보호를 받아 안정한 콜로이드가 된다. 이 콜로이드는 약 3년이 지나도 안정한 상태를 유지할 수 있다.

## 2.8. 표면플라즈몬 공명

금속 나노콜로이드의 광학적 특성은 벌크 재료와는 크게 다르다. 특히 입경이 광의 파장보다도 작게 되면 금속 나노콜로이드 중의 자유전자의 집단진동이 광(전자파)과 공명하게 되고, 이 파장은 나노콜로이드의 조성, 입경 및 형상에 의존하여 크게 변화한다. 이러한 현상을 국부적 표면플라즈몬 공명(localized surface plasmon resonance; LSPR)이라고 부른다. 금속 나노콜로이드의 LSPR 현상은 광학, 광화학, 화학센서, 에너지변환 분야에 활발히 응용되고 있기 때문에 그 이해가 매우 중요하다. 이 장에서는 일반적인 SPR 현상을 포함하여 LSPR에 대해서 설명하고, LSPR 현상의 응용에 대해서는 본서의 7장에서 다루도록 한다.

### 2.8.1. 표면플라즈몬(SP) 분극

**〈그림 2.8.1〉** (a)에 나타낸 것처럼, 금속과 유전체가 계면을 이루고 있는 표면에 광을 입사시키면, 금속 표면에 존재하는 자유전자가 광의 전기장 성분에 의해 집단 진동이 일어나는데, 이로 인하여 금속 표면에는 전기적인 분극이 발

생되고 쌍극자(dipole)을 형성한다. 이러한 현상을 표면 플라즈몬 분극(Surface Plasmon Polarization; SPP)이라고 한다. 이때 금속과 계면을 이루는 유전체 물질은 진공, 공기, 액체가 될 수 있다. **〈그림 2.8.1〉** (b)는 전파 방향에 대한 수직인 전기장 $E_Z$의 변화를 나타내고 있는데, 유전층에서 $E_Z$의 감쇠는 지수 함수적으로 급격히 감소한다는 사실을 보여주고 있다. 이것은 전자의 집단적 진동에 의해서 발생한 전자파가 수직 방향으로 에너지 손실이 거의 없이 표면 방향(X축 방향)으로만 진행하는 표면파(surface wave)임을 나타내는 것이다.

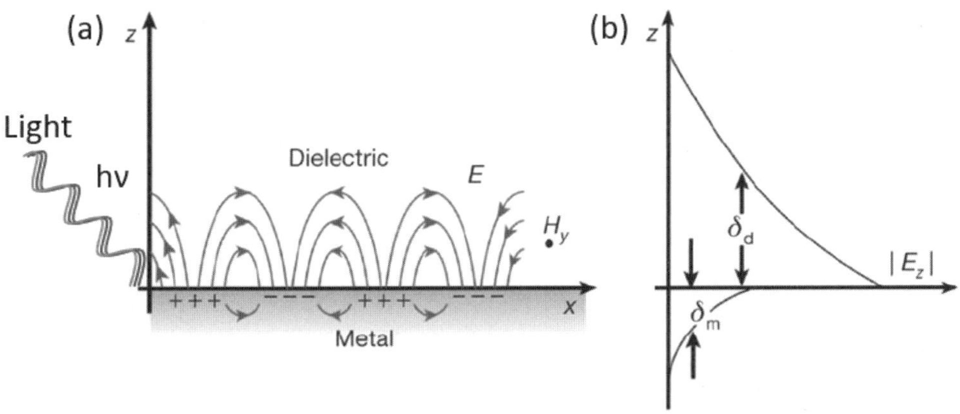


**〈그림 2.8.1〉** (a) 금속-유전체 계면에서 표면 플라즈몬 분극 및 (b) 전파 방향에 수직인 전기장 $E_Z$의 지수적 감쇠 그래프(여기서, $\delta_m$과 $\delta_d$는 각각 금속과 유전체의 감쇠거리)

## 2.8.2. 국부 표면플라즈몬(LSP)

표면플라즈몬 현상은 금속 나노콜로이드에서도 일어난다. **〈그림 2.8.2〉**와 같이, 입경이 광의 파장보다도 작고 유전체로 둘러싸인 금속 나노콜로이드에 광을 입사하면, 나노콜로이드 내에 존재하는 자유전자는 광의 전기장 성분(전자파)에 의해 집단 진동하게 된다. 이 진동에 의해 금속 나노콜로이드 표면에 전기적인 분극이 발생되어 쌍극자(dipole)가 형성된다. 이와 같은 전자의 집단 진동을 "국부적 또는 국소적 표면플라즈몬(Localized Surface Plasmon; LSP)"

이라고 부르며, 이 주파수(파장)는 전자밀도, 실제적인 전자의 질량, 또는 나노 콜로이드의 종류 및 형상에 의존하여 변화한다.

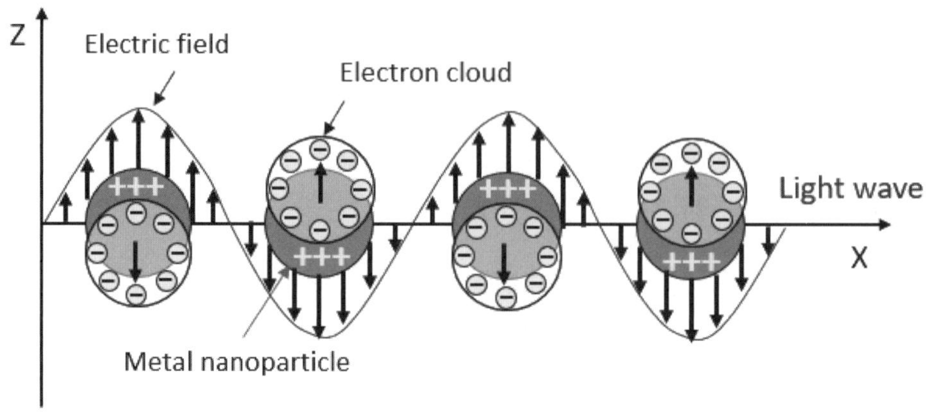


**〈그림 2.8.2〉** 광의 전기장에 의해 유도되는 구형 금속 나노콜로이드 내의 자유전자의 플라즈몬 진동의 모식도

다음에서는 LSPR을 좀더 정확히 이해하기 위해 SPR과 비교하여 설명하고자 한다. 일반 SPR과 달리 LSPR은 연속적인 금막을 사용하는 대신 금속 나노입자, 일반적으로 금과 은을 사용하여 관찰한다. SPR과 마찬가지로 LSPR은 귀금속 표면(나노 입자)과 외부 매체(액체) 사이의 계면을 따라 전파되는 표면 전자기파(surface electromagnetic wave)이다. 그러나 LSPR은 빛과 입사 파장보다 작은 크기의 전도성 나노입자가 상호작용하여 생기는 광학적 현상이다. LSPR의 많은 장점 중 하나는 표준 SPR 기술에서 볼 수 있는 각도 대신 흡광도 위치의 파장 변화에 대한 높은 감도이다. 따라서 LSPR은 가시광선 영역에서 생성되는 공명 피크를 갖는다.

감쇠 플라즈몬 필드는 에너지가 소스 부근에 공간적으로 집중되어 있는 진동 자기장을 나타낸다(**〈그림 2.8.3〉**). LSPR의 감쇠 플라즈몬 필드는 **〈그림 2.8.3〉**(b)에 나타낸 것처럼, SPR보다 훨씬 짧다. 따라서 LSPR은 수십 나노미터의 거리에서 감지하는 반면 SPR은 최대 마이크로론의 거리까지 감지된다.

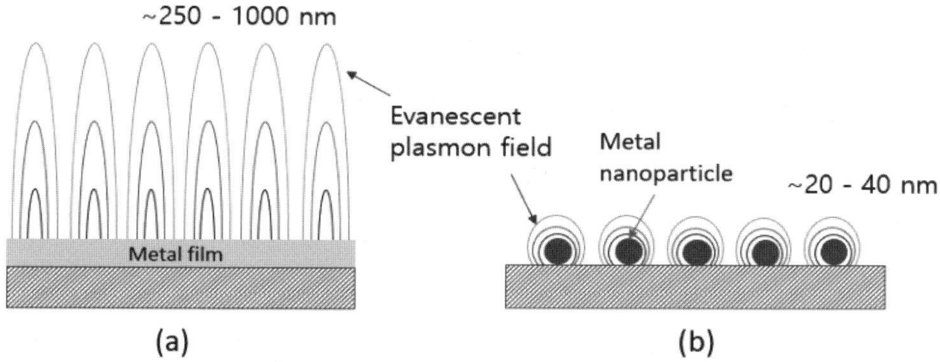


**〈그림 2.8.3〉** (a) 표면플라즈몬(SP)와 (b) 국부 표면플라즈몬(LSP)의 차이

감쇠 플라즈몬 필드와 관련하여 벌크효과는 해당 플라즈몬의 감지 부피의 차이를 나타낸다. 예를 들어, SPR은 250 ~ 1,000 nm의 더 큰 플라즈마 필드를 가지고 있다. 따라서 이는 센서 표면에 결합되지 않은 원치 않는 분자가 SPR에서 감지될 수 있다. 결과적으로 벌크효과 또는 잘못된 판독이 발생한다. 반면에, LSPR은 20 ~ 40 nm의 더 작은 플라즈마 필드를 가지고 있다. 결과적으로 표면에 결합된 분자만 LSPR에 포착되고 나머지 분자는 센서에 보이지 않고 신호에 기여하지 않는다. 따라서 벌크효과를 무시할 수 있다.

일반적인 SPR 장치에서는 빛의 입사각을 0.001도 이내로 유지하기 위해 온도를 정밀하게 제어할 필요가 있다. 반사광 강도를 측정하려면 정밀하게 정렬된 검출기도 필요하다. 그러나, LSPR의 공명 조건은 입사광이 시편에 직접 연결될 수 있어 감지 시스템이 더 단순해진다. 즉, 광학 하드웨어는 프리즘이 필요 없기 때문에 덜 복잡하여 장비를 더 간단하고 저렴하게 만들 수 있다. LSPR 장치의 광원으로는 실내 조명이나 백색 LED와 같은 백색광으로 구성될 수도 있으며 열 제어에 대한 의무가 필요하지 않다.

### 2.8.3. 금속 나노콜로이드의 국부 표면프라즈몬 공명

**〈그림 2.8.2〉**에 나타낸 것처럼, 금속 나노콜로이드는 입사광에 의해 국부 표면플라즈몬 현상을 나타내고 전자의 집단적 진동은 특정한 파장을 가지게 된다. 이때 외부에서 전자의 진동 파장과 동일한 전자기파를 조사하게 되면 공명(resonance) 현상을 일으키는데, 이러한 현상을 "국부 표면플라즈몬 공명(localized surface plasmon resonance; LSPR)"이라고 한다.

Au 또는 Ag 나노콜로이드는 이 국부 표면플라즈몬에 의한 전자의 집단적 진동 파장이 가시광선에서 근적외선 영역에 있기 때문에, 강한 LSPR 피크가 이 파장영역에서 관측된다. **〈그림 2.8.4〉**에는 입경이 5 ~ 6 nm로 동일한 구형의 Au 및 Ag 나노콜로이드의 흡수스펙트럼을 나타내었다. 어느 쪽의 경우에도 하나의 LSPR 피크가 관측되지만, 이 피크의 위치는 크게 달라, Ag 나노콜로이드는 피크 파장은 400 nm 근처이고, Au 나노콜로이드는 520 nm 부근이다.

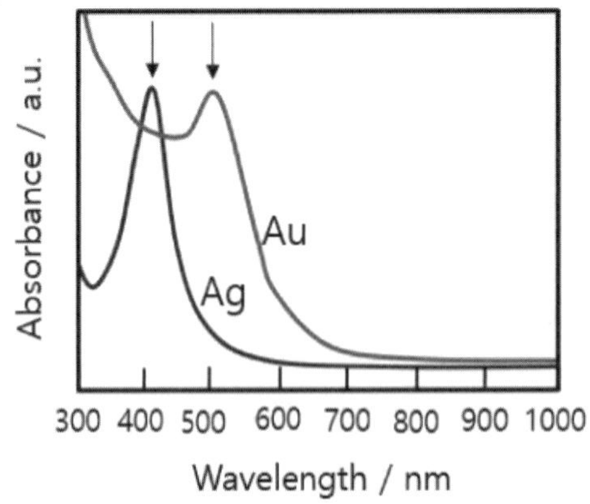


**〈그림 2.8.4〉** 입경이 5 ~ 6 nm 인 구형 Au 및 Ag 나노콜로이드의 흡수스펙트럼

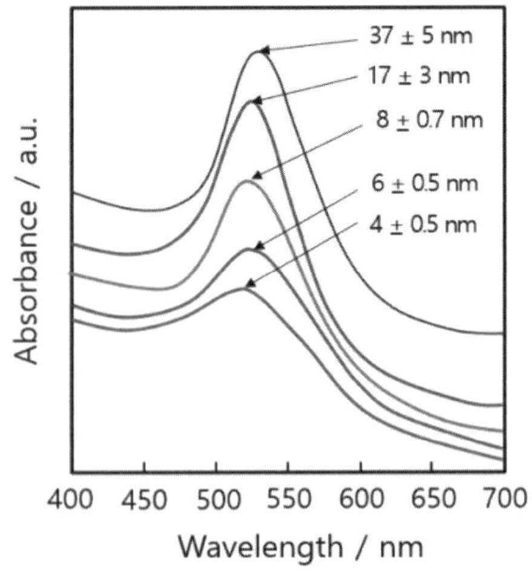


**〈그림 2.8.5〉** 여러 가지 입경을 갖는 구형 Au 나노콜로이드의 흡수스펙트럼 (Au 농도는 모두 $10^{-4}$ mol/$dm^3$)

금속 나노콜로이드의 흡수스펙트럼은 입경에 따라 변화할 수 있고 다음과 같이 이론적으로 설명이 가능하다. 작은 나노콜로이드에 광이 조사되었을 때의 광산란을 생각하자. 나노콜로이드의 입경이 파장에 비교하여 충분히 작은 경우, 나노콜로이드 전체에 공간적으로 일정한 전자기장이 걸린다고 하면 레일리(Rayleigh) 산란의 근사식을 이용할 수 있게 되어, 금속 나노콜로이드의 산란단면적(scattering cross section; $C_{sca}$)은 다음 식으로 표현된다.

$$C_{sca} = \frac{k^4}{6\pi}\left|\alpha^2\right| \tag{2.12}$$

$$\alpha = 4\pi r^3 \frac{\varepsilon - \varepsilon_m}{\varepsilon + 2\varepsilon_m} \tag{2.13}$$

여기서, 주변 매질 중에 있는 광의 파수 k, 분극율 $\alpha$, 주변 매질의 유전율 $\varepsilon_m$, 금속 나노콜로이드 물질의 유전율 $\varepsilon$, 금속 나노콜로이드의 반경 r이다. 금속 등의 음의 유전율을 갖는 미립자에 대해서는, $\varepsilon = -2\varepsilon_m$이 될 때에 (2.13)식은 발산한다. 이것이 나노콜로이드의 국부 표면플라즈몬과 광의 공명 조건이고, 광산란 및 광흡수의 파장 의존성을 나타내는 흡수스펙트럼에서 피크로 주어진다. 또한 이들 식으로부터 예상되는 것처럼, 광의 산란단면적은 금속 나노콜로이드의 입경에 의존하여 변화하고, 입경이 증가함에 따라(반경 r의 6승에 비례해서) $C_{sca}$가 급격히 증가한다. **<그림 2.8.5>**에 여러 가지 입경을 갖는 구상 Au 나노콜로이드의 흡수스펙트럼의 변화를 나타낸다. 520 nm 부근에 하나의 LSPR 피크가 관측되고, 그 강도는 입경의 증가와 함께 커진다. 이러한 거동은 위의 단순한 근사식에 의해 얻어지는 결과와 잘 일치한다. 또한, 입경의 증가와 함께 LSPR 피크 형상이 보다 좁아지고, 피크 파장이 520에서 530 nm로 약간 장파장으로 이동한다. 이러한 피크 이동은, 미에(Mie) 산란이론에 의해 설명된다.

국부 표면플라즈몬 피크의 위치와 그 형상은 나노콜로이드의 형상에 의해 크게 변화한다. 막대(rod) 형상을 갖은 Au 나노콜로이드는 두 개의 표면플라즈몬 피크가 관찰되고, 막대의 단축 및 장축에 평행한 방향의 표면플라즈몬 공명에 해당한다. **〈그림 2.8.6〉**에는, 전자선 리쏘그라피에 의해 제작한 다양한 종회비(aspect ratio; R, 막대의 단축에 대한 장축의 길이 비)를 갖는 Au 나노로드(로드 폭: 40 nm)의 흡수스펙트럼을 나타낸다. 여기에는 나타나있지 않지만, 액상 화학 합성법에 의해 제조된 Au 나노로드도 비슷한 스펙트럼을 나타내고, 그 로드 폭이나 종횡비에 의해 스펙트럼의 형상 및 피크 위치가 변화한다[(4)]. 종회비가 1 이외의 나노로드에 대해서는 어느 것도 두 개의 피크를 나타낸다. 로드의 장축 방향(L 모드)의 국부 표면플라즈몬 공명에 해당되는 피크는 근적외광 영역인 900~1,500 nm 부근에 나타나고, 종횡비가 크면 장파장 쪽으로 이동한다. 이것에 반하여 500~600 nm의 가시광 영역에서 나타나는 피크는 로드의 단축 방향(T 모드)의 국부 표면플라즈몬 공명에 해당되고, 종횡비의 증가에 의해 반대로 단파장 쪽으로 이동한다. 이러한 이방성 형상을 갖는 금속 나노구조체 입자의 광학적 성질은 이산쌍극자근사법(Discrete Dipole Approximation; DDA)이나 유한차분

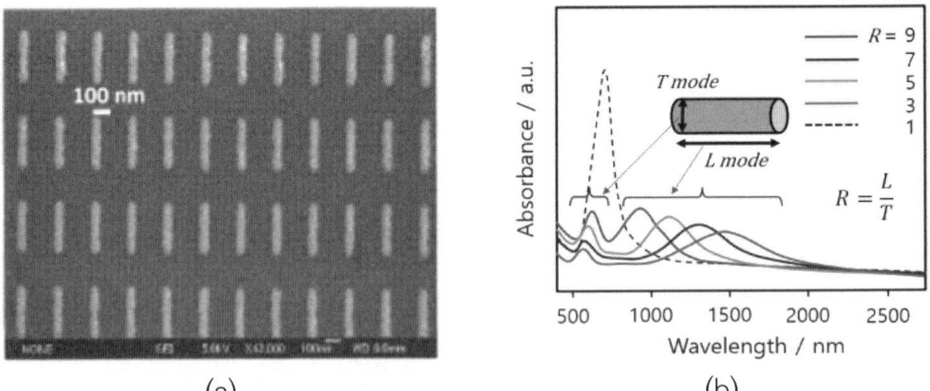


**〈그림 2.8.6〉** (a) 전자선 리쏘그라피에 의해 제조된 Au 나노로드 구조체의 SEM 사진과, (b) 얻어진 Au 나노로드의 크기 변화에 따른 흡수스펙트럼

시간영역법(Finite Difference Time Domain Method; FDTD) 등에 의해 이론적으로 다루어진다.

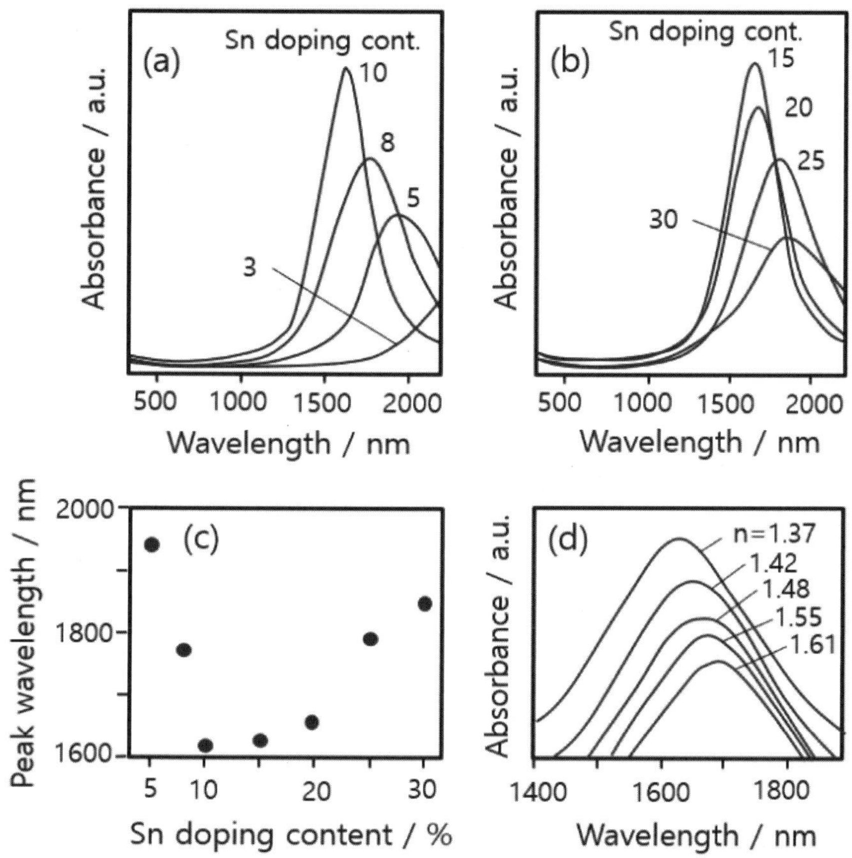


**<그림 2.8.7>** (a, b) 여러 가지 Sn 도핑 $In_2O_3$(ITO) 나노콜로이드의 흡수스펙트럼. 그림 내의 숫자는 Sn 도핑량, (c) ITO 나노콜로이드의 LSPR 피크 파장과 Sn 도핑량의 관계, (d) 용매의 굴절률에 의해 변화하는 ITO 나노콜로이드의 LSPR 피크(Sn의 도핑량 8%)

같은 입경의 금속 나노콜로이드에 대해서도, 유리 속에서나 수중에서는 그 LSPR 피크가 다른 파장으로 나타난다. 이것은 나노콜로이드를 쌓고 있는 매체의 굴절률이 LSPR 피크에 영향을 주기 때문이다. 구상 Au 나노콜로이드에서는 분산시키는 용매의 굴절률을 1.3에서 1.6으로 증가시키면, LSPR 피크 위치가 520 nm에서 545 nm로 장파장 쪽으로 이동한다. 이러한 LSPR 피크의 파장($\lambda_{LSPR}$)은 다음 식에 의해 예측될 수 있다.

$$\lambda_{LSPR}^2 = \lambda_P^2(\varepsilon^\infty + 2\varepsilon_m) \qquad (2.14)$$

여기서, $\lambda_P = 2\pi c/\omega_P$, $\omega_P = (Ne^2/\varepsilon_0 m)^{1/2}$이고, c는 진공 중에서 빛의 속도, $\varepsilon^\infty$는 물질의 고주파 유전율, N은 자유전자 밀도, m은 자유전자의 유효질량, $\varepsilon_0$는 진공 유전율이다. $\omega_P$는 벌크 재료의 플라즈몬 주파수(plasmon frequency)라고 부른다. 굴절률(n)은 $\sqrt{\varepsilon/\varepsilon_0}$의 관계식으로 구할 수 있다.

나노콜로이드에 자유전자가 존재하면 금속이 아니더라도 국부 표면플라즈몬 공명이 일어난다. 전구체인 금속이온을 고온 유기용매 중에서 가수분해시켜서, 금속의 전도특성을 나타내는 주석($Sn^{4+}$) 도핑 산화인듐($In_2O_3$) 나노콜로이드(입경: 약 11 nm)를 합성할 수 있다. **〈그림 2.8.7〉**에 이 흡수스펙트럼을 나타내었다[(5)]. 500 nm 이하의 파장으로 보이는 밴드 간 천이에 의한 흡수와 더불어 1,000 nm 이상의 근적외광 영역에 있어서 국부 표면플라즈몬 공명에 의한 피크가 관찰된다. 이 LSPR 피크 파장은, **〈그림 2.8.7〉** (a)에 나타낸 것처럼, $Sn^{4+}$의 도핑량에 의해 변화하고, 전금속원자에 대한 $Sn^{4+}$의 비율로 나타낸 $Sn^{4+}$ 도핑량이 3%에서 10%로 증가하면 LSPR 피크가 2,000 nm 이상에서 약 1,600 nm 가까이까지 단파장 이동한다는 사실을 알 수 있다. 이것은 (2.14)식으로부터 예측할 수 있듯이, 나노콜로이드 내에 존재하는 자유전자 밀도가 증가함에 따라(즉 N의 1/2 승에 반비례해서), LSPR 피크 파장이 단파장 이동했기 때문이다. 한편, 더욱 $Sn^{4+}$ 도핑량을 10%에서 30%로 증가시키면, 결정 내에 파고 든 $Sn^{4+}$에 의해 전자 트랩 준위가 형성되기 때문에 LSPR 피크가 역으로 약 1,800 nm에 까지 장파장 이동했다(**〈그림 2.8.7〉** (b)). ITO 나노콜로이드에 대한

LSPR 피크 파장도 분산되는 용매의 굴절률에 의존하여 변화하고, 용매의 굴절률을 1.37에서 1.55로 증가시키면, 동일한 ITO 나노콜로이드의 LSPR 피크가 약 1,600 nm에서 약 1,700 nm까지 장파장 이동한다. 유사하게 자유전자 밀도의 변화에 의한 LSPR 피크 이동은 Au 나노콜로이드를 전기화학적으로 대전시켜도 관측된다.

광과 금속 나노콜로이드의 상호작용에 의해 국부 표면플라즈몬이 여기되면 나노콜로이드 표면에 국소 전기장이 발생한다. **〈그림 2.8.8〉** (a)에 입경 90 nm인 단일 Ag 나노콜로이드에 514.5 nm의 단색광을 조사했을 때에 생기는 나노콜로이드 주변의 전기장 증강인자를 나타낸다. 국부 표면플라즈몬 여기에 의해 발생하는 전기장 강도는 입사광이 갖는 전기장보다도 훨씬 커진다. 이러한 현상은 광전기장 증강이라고 불리며, 이 크기와 공간분포는 나노콜로이드의 입경 및 형상에 의해서 크게 달라진다. 광전기장 증강은 복수의 금속 나노콜로이드를 수 nm 정도까지 근접시키면 대폭 증가한다. 이러한 나노콜로이드 응집계에서는 국부 표면플라즈몬 여기에 의해 나노콜로이드 내에 형성된 쌍극자 들이 서로 상호작용하기 때문에 나노콜로이드 간에 보다 강한 광증강 전기장이 형성된다.

**〈그림 2.8.8〉**의 (b) 및 (c)는, Ag 나노콜로이드가 이량체(dimer)를 형성한 구조체에 대한 전기장 증강인자의 공간분포이다. 고립된 단일 Ag 나노콜로이드에서는 입사광의 전기장 방향과 동일한 방향으로 나노콜로이드의 중심으로부터 균등하게 국부 전기장이 형성되지만, Ag 나노콜로이드 이량체에서는 두 개의 나노콜로이드 간극에 의해 보다 강한 국부 전기장이 형성된다. 더욱이 이러한 강도는 나노콜로이드 간 거리에 의존하여 크게 변화하고, 나노콜로이드 간 거리가 5.5 nm에서 1 nm로 작아지면, 형성되는 전기장이 나노콜로이드 사이의 매우 좁은 공간에 갇히게 되면서 그 최대강도가 매우 높아진다[(6)].

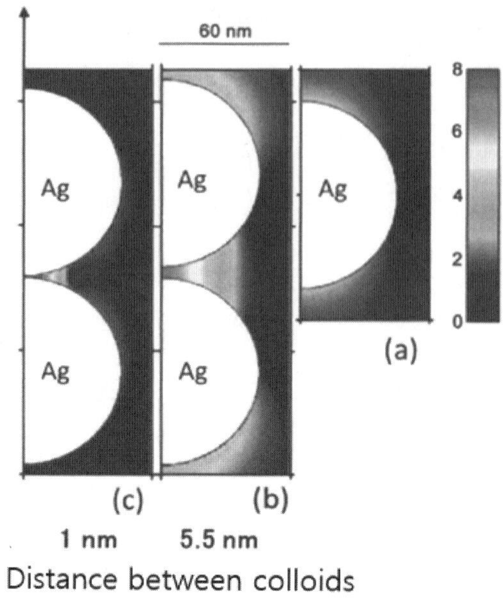


**〈그림 2.8.8〉** (a) Ag 나노콜로이드 단일 입자 및 (b, c) Ag 나노콜로이드 이량체에 대한 광전기장 증강의 이론계산 결과. 입사광 파장: 5.145 nm, 색좌표는 지수 표시한 전기장 증강인자(범위: $10^0$ ~ $10^8$)

이러한 나노콜로이드 표면 또는 이 나노콜로이드 간에 국부적으로 존재하는 표면플라즈몬 증강 전기장에 분자가 놓이게 되면, 이 분자는 벌크 용액 중에 존재할 때 보다도 훨씬 큰 전기장을 감지하게 되고, 형광증강, 라만산란신호증대, 이광자(二光子) 화학반응 등 특이한 광물리화학적 현상이 발현된다.

Chapter 03

# 제3장 나노콜로이드의 분산과 응집

나노콜로이드 용액에서는 브라운 운동에 의한 나노콜로이드들의 빈번한 충돌에도 불구하고 응집 또는 침전은 거의 일어나지 않는다. 나노콜로이드가 응집하지 않는 주요 원인은 전 장에서 설명한 나노콜로이드 표면에 존재하는 전기이중층 때문이다. 나노콜로이드 표면에 흡착한 계면활성제 분자에 의한 용매화(溶媒和, solvation)에 의해서도 나노콜로이드는 용매 중에 분산되지만, 정전기적 반발력을 이용하는 것이 보다 큰 나노콜로이드를 분산시킬 수 있다. 이 장에서는 나노콜로이드의 안정성이라고 하는 관점으로부터 두 개의 나노콜로이드 간에 작용하는 상호작용을 기술하고, 그 분산과 응집에 대한 기초적 이론에 대해 기술한다.

## 3.1. 나노콜로이드 간에 작용하는 인력과 척력

나노콜로이드의 안정성은 나노콜로이드 간의 인력과 척력의 포텐셜 곡선으로부터 평가되고, 인력 및 척력은 각각 Hamaker 정수(Hamaker constant)와 제타전위(Zeta potential)로부터 도출될 수 있다.

### 3.1.1. 나노콜로이드 사이에 작용하는 인력 [1~5]

나노콜로이드 간에 작용하는 일반적인 인력의 근원은 나노콜로이드를 구성하고 있는 원자(또는 분자) 간의 van der Waals 인력으로, H. C. Hamaker에 의해 이론이 정립되었다. 두 개의 콜로이드 간에는 각각의 구성 원자(분자) 간에 작용하는 van der Waals 인력 포텐셜에너지를 합한 포텐셜에너지로서 작용한다. 〈그림 3.1.1〉에 나타낸 i원자로 이루어진 콜로이드 A와 j원자로 이루어진 콜로이드 B사이에 작용하는 인력 포텐셜에너지 $V_A$(이하 A는 attractive force를 나타냄)는 원자(또는 분자) 사이에 작용하는 van der Waals 인력 포텐셜에너지가 원자(분자) 간 거리의 6승에 반비례하기 때문에,

$$V_A = \sum\left(-\frac{\beta}{r_{ij}^6}\right) \tag{3.1}$$

로 나타낼 수 있다. $r_{ij}$는 원자 i와 j사이의 거리, $\beta$는 힘의 정수이다.

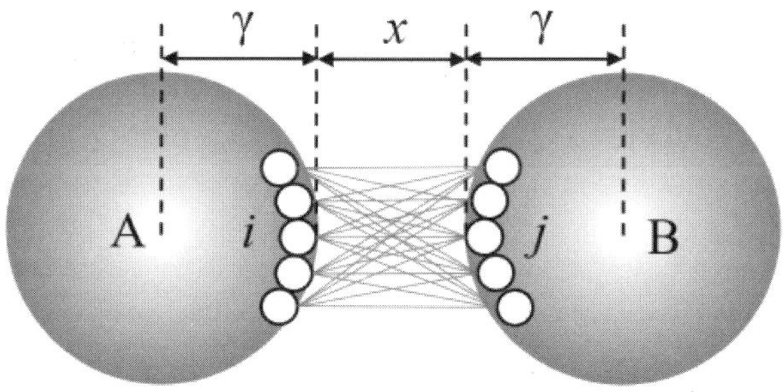


〈그림 3.1.1〉 두 개의 나노콜로이드 A, B 사이에 작용하는 일반적인 인력

나노콜로이드의 반경을 r, 콜로이드 사이의 거리를 $x$라고 하면, Hamaker는 (3.1)식으로부터 (3.2)식을 유도하였다.

$$V_A = -\frac{A}{6}\left\{\frac{2}{s^2-4} + \frac{2}{s^2} + \ln\left(\frac{s^2-4}{s^2}\right)\right\} \tag{3.2}$$

여기서, s는 나노콜로이드의 중심 사이의 거리(s = 2r + $x$)이다. 나노콜로이드

사이의 인력은 분자간 인력과 같이 원거리에서는 거의 무시할 수 있기 때문에, r ≫ $x$로 하면 (3.2)식은 다음과 같이 간략화될 수 있다.

$$V_A = -\frac{Ar}{12x} \tag{3.3}$$

다른 반경($r_1$, $r_2$를 가지고 있는 콜로이드 사이에서는 다음과 같다.

$$V_A = -\frac{Ar_1 r_2}{6x(r_1 + r_2)} \tag{3.4}$$

A는 나노콜로이드의 종류와 용매에 의존하는 정수로 Hamaker 상수라고 부르며, 에너지 차원을 가지고 있다. 나노콜로이드 표면과 용매의 친화성이 높을수록 전(全) Hamaker 상수 A는 커지게 된다. 예를 들면 rutile 형 $TiO_2$ 콜로이드의 수중에서의 Hamaker 상수는 $1.9 \times 10^{-20}$ J이지만, 클로로벤젠 중에서는 $5.8 \times 10^{-21}$ J이다. 중요한 점은 나노콜로이드 사이의 인력은 콜로이드 사이의 거리에 반비례한다는 것과 분자 간 인력과 비교해서 먼거리까지 작용한다는 것이다.

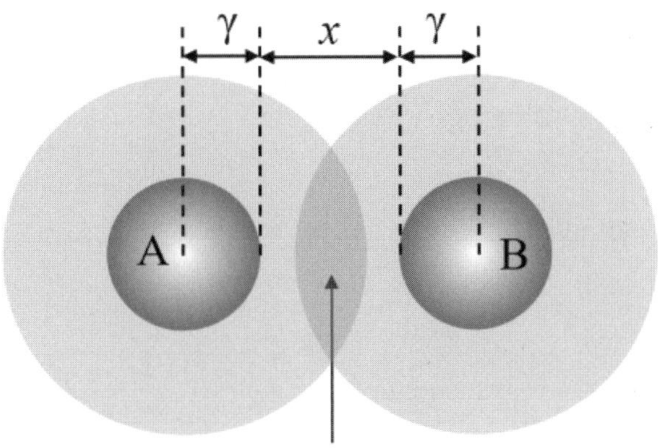


〈그림 3.1.2〉 두 개의 나노콜로이드 A, B 사이에 작용하는 정전기적 반발력

### 3.1.2. 나노콜로이드 사이에 작용하는 척력

물속에서 대전한 나노콜로이드가 접근하면 나노콜로이드 사이에 van der Waals 인력이 작용함과 동시에 척력이 작용한다. 이 척력의 원인은 나노콜로이드의 전기이중층 외부에 대전이온 사이의 반발이다(〈그림 3.1.2〉). 두 개의 나노콜로이드의 근처에 동반되는 전기이중층 외부에 대전이온의 중첩이 일어나면, 대전이온 농도가 증가하여 침투압이 증가한다. 침투압 증가에 의한 계의 자유에너지 증가를 감소시키기 때문에, 나노콜로이드 사이의 정전기적 반발력(척력) $V_R$이 작용하게 된다. 반발력 $V_R$에 대해서는 구소련의 B. Derjaguin과 L. Landau, 그리고 네덜란드의 E. J. W. Verway와 J. Th. G. Overbeek에 의해 독립적으로 계산되어 콜로이드 반경 r과 이중층 두께 $1/\kappa$의 대소 관계로 아래와 같이 표시된다.

(i) $r \gg 1/\kappa$ 일 때

$$V_R = 2\pi\varepsilon r\psi_0^2 \ln\left(1 + e^{-\kappa x}\right) \tag{3.5}$$

$e^{-\kappa x} \ll 1$에서는 다음과 같은 식으로 간략화 된다.

$$V_R = 2\pi\varepsilon\psi_0^2 e^{-\kappa x} \tag{3.6}$$

(ii) $r \ll 1/\kappa$ 일 때

$$V_R = \frac{4\pi\varepsilon r^2\psi_0^2}{2r + x} e^{-\kappa x} \tag{3.7}$$

이들의 식으로부터 알 수 있듯이, 반발력 $V_R$은 $\varphi_0^2\ e^{-\kappa x}$에 비례하고, 이것의 역지수 함수의 확산은 $\kappa$에 의해 결정된다. $\varphi_0$($x=0$일 때 전기이중층전위)는 근사적으로 $\xi$(제타전위)로 치환해도 된다.

## 3.2. 대전 콜로이드 사이의 상호작용(DLVO 이론) (6,7)

수중에서 대전된 나노콜로이드 사이에 작용하는 전 포텐셜에너지 V는, van der Waals 인력 $V_A$와 정전기적 척력 $V_R$의 합이 된다.

$$V = V_A + V_R \tag{3.8}$$

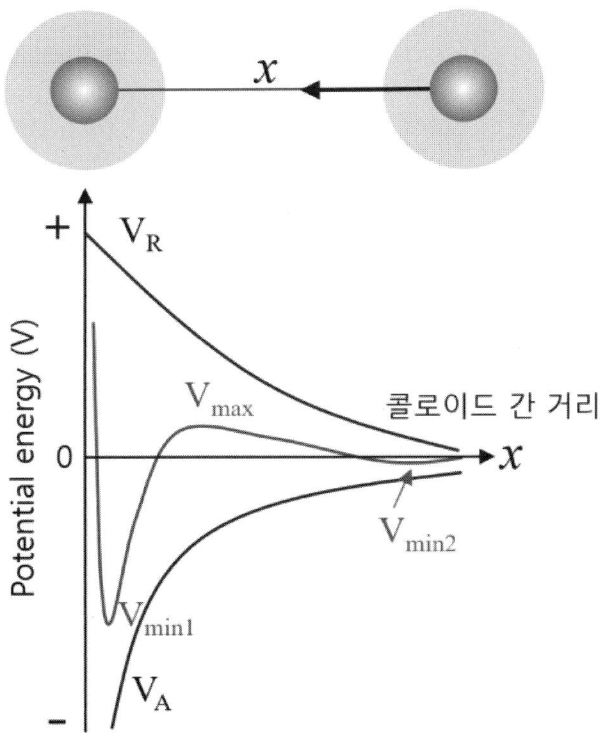


〈그림 3.2.1〉 나노콜로이드 사이 거리와 포텐셜에너지의 관계

이것을 그림으로 나타내면 〈그림 3.2.1〉과 같이 되고, 이 곡선을 포텐셜(에너

지) 곡선(potential curve)이라고 부른다. van der Waals 인력 $V_A$는 나노콜로이드의 접근에 따라 큰 음의 값(큰 인력)이 되기 때문에, 포텐셜에너지도 $x \to 0$에서 반드시 큰 음의 값이 된다고 생각되지만, 실제로는 나노콜로이드가 너무 접근하게 되면 전자간 반발(Born 반발)이 일어나기 때문에 포텐셜 곡선에는 반드시 극소 $V_{min1}$이 나타난다. 한편 $V_A$와 $V_R$의 균형에 의해 포텐셜 곡선에는 극대 $V_{max}$가 나타나는 경우가 있다. 이 $V_{max}$의 유무나 크기로 나노콜로이드가 안정하게 분산하느냐 응집하느냐가 결정된다. 두 개의 나노콜로이드 사이에 작용하는 van der Waals 인력 $V_A$는, 나노콜로이드의 종류에 따라 그렇게 크게 변화하지 않기 때문에, 포텐셜 곡선의 형상에 영향을 미치는 것은 정전기적 척력 $V_R$이 된다. $V_R$에는 $\xi$(또는 $\varphi_0$)와 $\kappa$가 포함되어 있으며, $\xi$가 크면 혹은 $\kappa$가 작으면(전기이중층의 두께 $1/\kappa$이 크면) 작을수록 $V_R$이 커지며, $V_{max}$가 커진다.

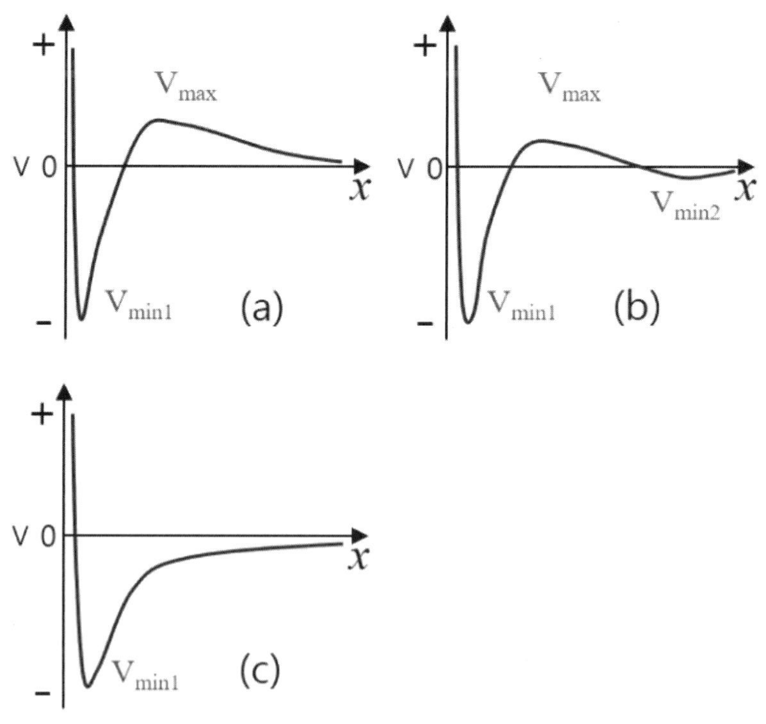


〈그림 3.2.2〉 주요 포텐셜 곡선

〈그림 3.2.2〉에는 주요 포텐셜 곡선을 나타내었다. 포텐셜 곡선에 반드시 극소 $V_{min1}$이 나타나는 것은, 두 개의 나노콜로이드는 조만간 열역학적으로 $V_{min1}$으로 반드시 응집(비가역 응집, irreversible aggregation)하는 것을 의미한다. 〈그림 3.2.2〉 (a)는 $\xi$가 크고 $\kappa$가 작은 경우의 포텐셜 곡선이고, 큰 에너지 장벽 $V_{max}$ 때문에 나노콜로이드들이 쉽게 접근하지 못하고 응집이 곤란하게 된다. 느린 응집 = 분산이라고 볼 수 있다. 전해질의 첨가 등으로 정전기적 척력 $V_R$이 약하게($\kappa$가 커진다) 되면 〈그림 3.2.2〉 (b)와 같이 에너지 장벽 $V_{max}$가 작아져 나노콜로이드는 서서히 응집해 간다. 특징적인 것은 두 번째의 극소 $V_{min2}$가 나타는 것이며, $V_{min2}$로 나노콜로이드는 일단 서서히 응집하지만, 교반 등으로 쉽게 재분산(가역응집, reversible aggregation)된다. 또한 정전기적 척력 $V_R$이 약해지면, 〈그림 3.2.2〉 (c)와 같이 에너지 장벽이 없어져 나노콜로이드가 접근하면 신속하게 응집한다. (a), (b)의 응집은 완만 응집(slow aggregation)이라고 부르며 활성화 율속(activation-limited access)이고, 한편 (c)의 응집은 급속 응집(rapid aggregation)이라고 부르며 확산율속(diffusion-limited access)이다. 이 콜로이드 분산계의 안정성에 관한 이론은 앞의 4명의 연구자에 의해 발전된 것으로 그 큰 공헌에 의해 그들의 이름(Derjaguin-Landau-Verway-Overbeek)의 머리글자를 따서 DLVO 이론이라고 부른다.

## 3.3. 대전 콜로이드의 응집속도와 전해질 효과

포텐셜 곡선으로부터 두 개의 나노콜로이드는 열역학적으로 반드시 비가역 응집이 일어난다는 사실을 알았지만, 그 속도를 정량적으로 추정하는 것은 어떻게 하면 될까? M. Smoluchowski는 응집에 의해 분산 콜로이드의 수가 변화하는 것에 주목하여 나노콜로이드의 응집속도(aggregation rate)에 대하여 다음과 같이 생각했다. 응집한 두 개의 나노콜로이드를 재분산하지 않은 한 개의 콜로이드라고 하면, 일정한 체적의 나노콜로이드 수 N과 응집속도 상수 k를 이용한 응집속도는 다음과 같이 나타낼 수 있다.

$$-\frac{dN}{dt} = kN^2 \quad (3.9)$$

초기입자 수를 $N_0$로 하고, 좌변을 N으로 우변을 t로 적분하면,

$$\frac{1}{N} - \frac{1}{N_0} = kt \quad (3.10)$$

가 얻어진다. 따라서

$$N = \frac{N_0}{1 + t/(1/kN_0)} = \frac{N_0}{1 + t/\theta} \quad (3.11)$$

가 구해진다. $\theta$는 나노콜로이드 수의 반감기를 나타내는 비응집시간(specific aggregation time)이라고 부르며 다음과 같은 식으로 주어진다.

$$\theta = \frac{1}{kN_0} = \frac{W}{4\pi D d N_0} \quad (3.12)$$

여기서, D는 나노콜로이드의 확산상수, d는 나노콜로이드의 직경을 나타낸다. W는 안정도비(安定度比)라고 부르며, 나노콜로이드의 응집 및 분산의 정량적 척도이다. W = 1에서 나노콜로이드는 급속응집하고, W > 1에서 완만응집하게

된다. 다음 식으로부터 W값을 계산할 수 있다.

$$W = \frac{1}{2\kappa r}\exp\left(\frac{V_{\max}}{k_B T}\right) \qquad (3.13)$$

포텐셜 곡선의 극대 $V_{max}$의 증가에 의해 W는 지수함수적으로 증가한다. $V_{max}$가 열에너지 $k_BT$의 수배 정도에서는 나노콜로이드의 응집은 그렇게 느려지지는 않지만, 15배 정도가 되면 완만응집이 된다.

수중에서 나노콜로이드는 대전에 의한 정전기적 반발력으로 안정하게 분산되어 있기 때문에, 정전기적 반발력을 감소시키는(즉 $1/\kappa$을 작게 한다) 전해질을 첨가하면 어떤 농도 이상에서 급속도로 응집이 일어난다. 이 최저 전해질 농도를 mmol/dm$^3$으로 표시한 것이 임계응집농도(critical aggregation concentration)라고 부른다. 임계응집농도는 나노콜로이드의 전하나 첨가이온의 원자가수에 크게 좌우된다. 〈표 3.3.1〉에 Hardy 및 H. Freundlich에 의해 구해진 임계응집농도를 나타낸다.

〈표 3.3.1〉로부터 알 수 있듯이, 음으로 대전된 나노콜로이드는 원자가가 큰 양이온일수록, 양으로 대전된 나노콜로이드는 원자가가 큰 음이온일수록 쉽게 응집하고, 임계응집농도는 나노콜로이드와 반대 전하의 이온의 원자가수의 n승에 반비례한다. 이것은 Schulze-Hardy의 법칙이라고 한다. 이 법칙에서는 나노콜로이드의 제타전위가 변화하지 않는, 즉 나노콜로이드에 대하여 비흡착성 전해질을 대상으로 한다. 그러므로 아세트산 이온 등의 유기 이온이나 제타전위 결정이온(AgI 콜로이드에 대한 $AgNO_3$)은 흡착성 전해질이기 때문에 이 법칙에서 벗어난다.

〈표 3.3.1〉 나노콜로이드의 임계응집농도(mmol/$dm^3$)

| $As_2S_3$ 나노콜로이드 (−) | | AgI 나노콜로이드 (−) | | $Fe(OH)_3$ 나노콜로이드 (+) | |
|---|---|---|---|---|---|
| LiCl | 58 | $NaNO_3$ | 140 | HCl | 〈 400 |
| NaCl | 51 | $KNO_3$ | 136 | $HNO_3$ | 〈 400 |
| KCl | 50 | $AgNO_3$ | 0.01 | KI | 16.2 |
| $KNO_3$ | 50 | | | KBr | 12.5 |
| $CH_3COOK$ | 110 | | | $KNO_3$ | 11.9 |
| | | | | NaCl | 9.25 |
| | | | | KCl | 9.0 |
| $CaCl_2$ | 0.65 | $Ca(NO_3)_2$ | 2.4 | $MgSO_4$ | 0.22 |
| $MgCl_2$ | 0.72 | $Mg(NO_3)_2$ | 2.6 | $K_2SO_4$ | 0.23 |
| $MgSO_4$ | 0.81 | $Pb(NO_3)_2$ | 2.4 | $K_2Cr_2O_7$ | 0.20 |
| $AgCl_3$ | 0.093 | $Al(NO_3)_3$ | 0.067 | | |
| $Al(NO_3)_3$ | 0.095 | $La(NO_3)_3$ | 0.069 | | |
| | | $Ce(NO_3)_3$ | 0.069 | | |

## 3.4. 이종 나노콜로이드 사이의 응집

지금까지 기술한 응집은 같은 물질로 되어있는 동일한 계면 전위와 동일한 반경을 가지고 있는 두 개의 나노콜로이드 사이에 관계하는 응집(호모 응집, homo-aggregation)이다. 그러나 주변의 응집은 이종 나노콜로이드 사이가 대부분이며 호모 응집의 조건은 성립하지 않는다. 계면 전위(또는 제타전위) 혹은 반경이 다른 나노콜로이드 사이의 응집을 헤테로 응집(hetero-aggregation)이라고 한다.

당연하지만 헤테로 응집도 호모 응집의 경우와 동일하게 van der Waals 인력과 정전기적 척력에 의해서 설명되지만, 나노콜로이드를 형성하는 물질의 차이나 전기이중층이 겹쳐져 발생하는 대칭성의 변형 때문에, van der Waals력이나 전기이중층의 중첩이 반드시 인력이나 척력이 된다고는 볼 수 없다. 두 개의 나노콜로이드의 제타전위를 $\xi_1$, $\xi_2$라고 한다면, 이들의 곱인 $\xi_1\xi_2$가 수용액 중의 전해질 농도에 의해 결정되는 값 h(임계계면전위, ciritical interface potential)와의 대소로 분산 또는 응집이 결정된다(〈그림 3.4.1〉). 즉 두 개의 나노콜로이드는 $\xi_1\xi_2 > h$에서 분산, $\xi_1\xi_2 < h$에서 응집하게 된다. 따라서 한 쪽의 나노콜로이드의 제타전위가 커도, 다른 쪽이 작으면 그 곱 $\xi_1\xi_2$는 작아지고, 임계계면전위를 넘지 못하고 응집하게 된다.

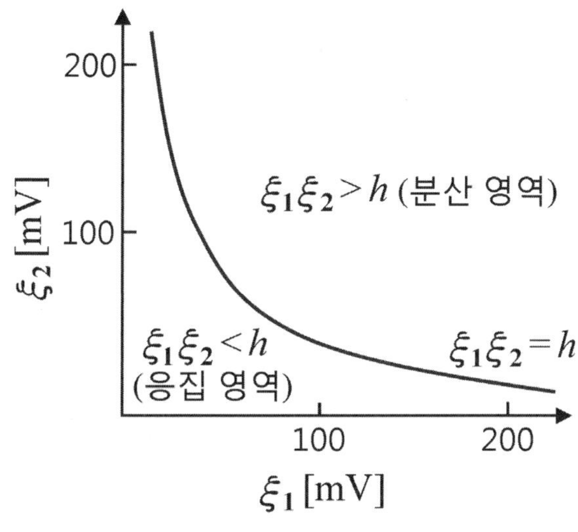


〈그림 3.4.1〉 헤테로 응집의 거동

Nanoscale colloid chemistry

# 나노콜로이드 화학

# Chapter 04 제4장 나노콜로이드의 합성법

나노콜로이드의 물리화학적 특성은 기본적으로 입경과 형상에 의해 좌우될 수 있지만, 이외에도 결정구조, 조성, 복합화 형태 등에 따라 크게 달라질 수 있다고 알려져 있다. 나노콜로이드의 입경과 형상을 제어하는 방법은 전자현미경 또는 프로브 현미경이라고 하는 나노 레벨의 분석방법이 발전하면서 급속도로 성장하게 되었고, 결과적으로 매우 다양한 형태의 나노콜로이드가 액상 및 기상 합성법으로 제작되게 된다. 이로 인하여 나노콜로이드의 산업적 응용도 크게 증가하게 되었다고 볼 수 있다.

본 장에서는 나노콜로이드의 합성에 있어서 기초가 되는 입경 및 형상 제어 방법과, 최근 새로운 나노구조체로 알려진 코어-쉘 및 중공 나노콜로이드의 합성법을 소개한다.

## 4.1. 나노콜로이드의 입경제어

미세한 입자(나노콜로이드)의 합성법은 지금까지 수많은 보고가 있었고, 현재도 보다 정밀한 입경 및 형상 제어를 목표로 많은 연구개발이 이루어지고 있다. 지금까지의 나노콜로이드의 합성법을 대략 분류하면, 어떠한 상변화을 이용하는 응축법과, 분쇄법에 의해 물리적인 힘을 보다 큰 입자에 가하여 미분화하는 분산법으로 나눌 수 있다. 후자의 대표적인 예로서, 볼밀이나 액중 레이져 삭마(laser ablation) 등을 이용한 브레이크-다운 법(brake-down 법, 분쇄법)이 있다. 이 방법으로는 입경이 약 0.1 $\mu$m 이하의 입경이 균일한 나노콜로이드를 합성하는 것은 어렵다. 한편, 응축법은 빌드-업 법(build-up법, 성장법)이라고도 불리우며, 나노콜로이드를 구성하는 원자나 분자(모노머라고 부름)가 분자 레벨로 균일하게 용해된 상태로부터 상변화에 의해 석출하는 현상을 이용하는 방법으로, 조건을 정밀하게 제어함으로서 수 nm에서 수 $\mu$m의 범위의 나노콜로이드을 효율적으로 합성할 수 있다. 본 절에서는 입경과 입형의 제어가 비교적 용이한 빌드-업 법에 대해 기술한다.

### 4.1.1. 핵생성과 성장 (1)

빌드-업 법에서는 액상 또는 기상에서 과포화(supersaturation) 상태의 모노머를 만든 후, 상변화에 의해 석출시켜 나노콜로이드를 형성시킨다. 예를 들면, 온도변화 등에 의한 물리적 자극이나 아래와 같은 화학반응을 이용하여 모노머의 과포화 상태를 형성시킬 수 있다.

환원반응 : $[AuCl_4]^- + 3e^- \rightarrow Au + 4Cl^-$

침전반응 : $Cd^{2+} + S^{2-} \rightarrow CdS$

가수분해반응 : $TiCl_4 + 2H_2O \rightarrow TiO_2 + 4HCl$

열분해법 : $Ni(cod)^2 \rightarrow Ni$ + 부산물(cod = 1.5-cyclooctadiene)

나노콜로이드는 과포화 상태에서 핵생성 과정을 거쳐 생성한다. 핵생성 과정에는 씨앗결정(seed) 입자가 존재하는 조건에서 일어나는 불균일 핵생성(heterogeneous nucleation)과 씨앗결정이 존재하지 않는 균일 상으로부터 생성하는 균일 핵생성(homogeneous nucleation)이 있다.

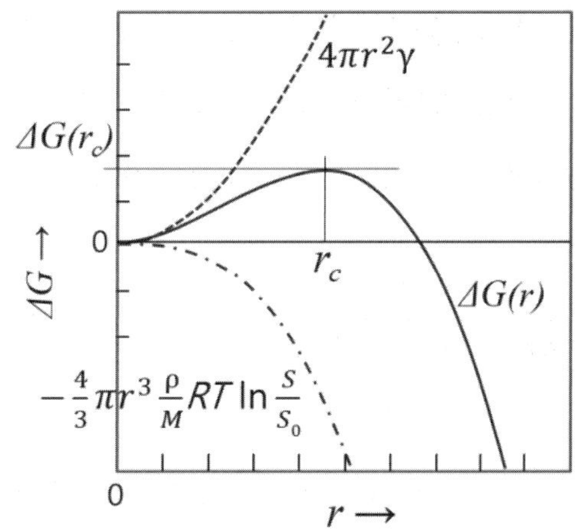


〈그림 4.1.1〉 구상 결정핵의 생성에 의한 자유에너지 변화($\Delta$G(r))와 핵 크기의 관계(r : 결정핵의 반경, $r_c$ : 임계핵 반경)

여기서는 액상 중에서 균일 핵생성에 의한 나노콜로이드의 합성법을 소개한다. 과포화(supersaturation)된 용액 상에 반경 r인 구상의 결정핵(nucleus)이 생성하는 경우의 자유에너지 변화 $\Delta$G(r)은 (4.1)식으로 주어진다.

$$\Delta G(r) = -\frac{4}{3}\pi r^3 \frac{\rho}{M} RT \ln \frac{s}{s_0} + 4\pi r^2 \gamma \quad (4.1)$$

여기서, M은 모노머의 분자량(또는 몰 질량), $\rho$는 나노콜로이드 입자의 밀도, s는 모노머의 과포화 용액의 농도, $s_0$는 모노머의 포화농도(따라서 $s/s_0$는 과포화도), $\gamma$는 표면장력이다. 우변의 제1항은 과포화 용액으로부터 나노콜로이드가 석출되는 것에 의한 자유에너지 감소이고, 제2항은 핵생성에 의해 새롭게 생성하는 나노콜로이드의 표면에 의한 표면자유에너지(interfacial free energy)의 증가를 나타낸다. 과포화도 $s/s_0$를 일정하게 하면 결정핵의 석출에 동반되는 계의 자유에너지 변화는 결정핵의 입경에 의해 크게 변화한다(〈그림 4.1.1〉). 결정핵이 매우 작을 때, $\Delta$G(r)은 핵반경 r의 증가와 함께 증가하지만, 어떤 입경을 넘으면 역으로 감소하는 것을 알 수 있다. $\Delta G(r)$을 최대로 하는 r을 임계반경($r_c$)라고 하고, 이때의 핵을 임계핵(critical nucleus)라고 한다. $r_c$는 (4.1)식을 미분해서 얻어질 수 있다(r = $r_c$에 대해서, $d\Delta G(r)/dr = 0$).

$$r_c = \frac{2\gamma M}{\rho RT \ln(s/s_0)} \tag{4.2}$$

용액으로부터 어떤 크기의 결정핵이 생성되었다고 하자. 이 입경이 임계핵 보다도 작은 경우($r < r_c$), 입자성장(crystal growth)에 의한 입경의 증가는 자유에너지가 증가하는 방향이기 때문에 ($d\Delta G(r)/dr > 0$) 일어나기 어렵고, 오로지 결정핵이 작아지는 방향으로 진행된다(즉 소멸한다). 한편, 용액 중에 생성한 결정핵이 임계핵 보다도 큰 경우($r > r_c$), 자유에너지가 감소하는 방향이 입경이 증가하는 방향이며($d\Delta G(r)/dr < 0$) 결정성장이 자연스럽게 일어난다.

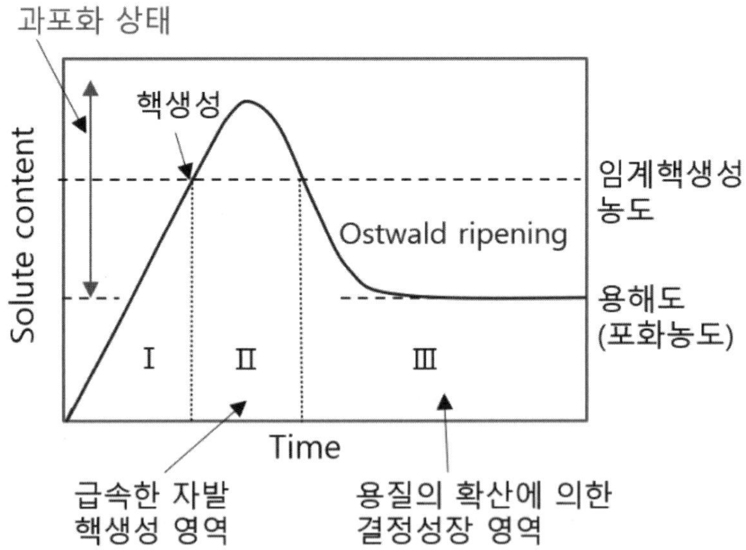


〈그림 4.1.2〉 시간에 대한 용질의 농도변화와 핵생성 및 핵 성장기와의 관계(LaMer diagram). Ⅰ는 결정핵의 미생성기, Ⅱ는 핵생성기, Ⅲ은 핵의 성장기

나노콜로이드는 결정핵의 형성과 성장의 두 과정을 거쳐 생성한다. 이들 과정을 정밀하게 제어하여 최종적으로 얻어지는 나노콜로이드의 농도와 입경을 제어할 수 있다. 생성되는 결정핵의 밀도는 〈그림 4.1.1〉에 표시한 임계 핵생성 ($r = r_c$)의 자유에너지 변화($\Delta G(r_c)$)에 의존하여 변화한다. 과포화도 $s/s_0$가 커지면 (4.1)과 (4.2)식으로부터 알 수 있듯이 $\Delta G(r_c)$가 작아지며 생성하는 결정핵의 밀도는 급격히 증가한다. 〈그림 4.1.2〉는 나노콜로이드 합성반응의 초기에 생성한 모노머의 시간변화에 따른 농도를 나타낸다(이것을 LaMer diagram이라고 부름) [(2)]. 반응시간과 함께 과포화 상태가 높아져 임계핵생성농도(critical concentration)을 넘으면(영역 II), 급격히 핵생성이 일어나서 미세한 핵이 형성된다. 이 핵생성 초기의 미세한 핵은 과포화 상태 영역에서 평형이 성립하게 되며 핵의 생성과 소멸을 반복한다(핵 반경: $r < r_c$). 그러나 임계핵 보다도 큰 것이 일단 생성되면(핵 반경: $r > r_c$), 과포화 상태 영역에서 평형 상태가 무너져 그 핵이 결정성장을 계속한다. 이 과정에 의해 모노머 농도가 서서히 감소하기 시작하고, 이윽고 과포화 상태가 임계핵 생성 농도 이하가 되면(영역 III), 새로운 핵생성은 일어나지 않게 된다. 이 이후에 나노콜로이드의 개수는 증가하지 않고 입경의 증대만이 일어나고 모노머의 농도는 마침내 그 재료의 용해도와 같게 된다. 이 메커니즘으로 부터 알 수 있듯이, 생성된 결정핵의 밀도에 의해 얻어지는 나노콜로이드의 입자 밀도가 결정되고, 각 핵의 결정성장 정도에 따라 나노콜로이드의 입경이 정해진다. 물질수지(material balance)에 기반하여 나노콜로이드 입경 d는 이하의 (4.3)식으로 나타낼 수가 있으며, 단위 체적당 핵 개수 N의 1/3 승에 반비례하고, 석출하는 모노머 분자농도 C의 1/3 승에 비례하는 것을 알 수 있다.

$$d = \left(\frac{6MC}{\pi\rho N}\right)^{\frac{1}{3}} \tag{4.3}$$

한편 나노콜로이드의 합성 반응 시 미리 핵이 되려고 하는 씨앗 결정이 계(system) 중에 존재하는 경우가 있다(불균일 핵생성). 이때에는 모노머의 과포화 상태가 임계핵생성농도를 넘으면, 씨앗 결정을 핵으로 하여 결정성장이 일어남과 동시에, 씨앗 결정의 밀도가 낮은 장소에서 새로운 핵생성이 일어난다. 이 때문에 최종적으로 얻어지는 나노콜로이드의 농도와 입경은 처음부터 계(system) 중에 존재하고 있던 씨앗결정의 농도에 의존하여 복잡하게 변화한다.

### 4.1.2. 입경이 일정한 나노콜로이드의 합성과 안정화

나노콜로이드의 물리화학적 특성은 그 입경에 의존하여 크게 변화한다. 따라서 상세한 연구를 위해서는 넓은 입경 분포를 갖는 나노콜로이드를 이용하는 것은 부적절하고 보다 입경이 균일한 나노콜로이드의 합성이 필요하다. 입경분포의 표준편차가 평균입경의 10% 이하가 되도록 매우 입경을 고르게 조정한 나노콜로이드를 '단분산 입자(monodispersed particle)'라고 부른다.

균일 핵생성에 의한 나노콜로이드 합성의 경우, 얻어진 나노콜로이드의 입경분포를 보다 좁게 하기 위해서는 〈그림 4.1.2〉로부터 (1) 생성된 결정핵을 균일하게 성장시키고, (2) 결정핵 성장 도중과 성장 후의 나노콜로이드들의 응집을 방지하여 응집에 의한 불균일한 입경의 증대를 억제해야 한다. 나노콜로이드의 좁은 입경 분포를 위해서는 이러한 두 가지 조건을 만족시킬 필요가 있다.

위에서 언급한 조건(1)은 결정핵이 생성하는 시기와 성장하는 시기를 명확히 분리하고, 핵성장 도중에 새로운 핵생성이 일어나지 않도록 하는 것이다. 〈그림 4.1.2〉의 영역 II에서는 핵생성과 더불어 핵성장도 동시에 일어나고, 이 시기가 오랫동안 지속되면 나노콜로이드의 입경분포가 넓어지게 된다. 따라서 보다 입경분포가 좁은 나노콜로이드를 얻기 위해서는 영역 II의 핵생성 시기를 될수록 짧게 할 필요가 있다. 이 과정에 이어 나타나는 영역 III의 핵성장기에는 모노머의 생성속도를 억제하고 핵생성이 일어나지 않도록 임계핵생성농도 보다 낮은 과포화 상태를 유지하는 것이 중요하다. 실제로 용액의 온도, pH, 전구체 농도 등 여러 가지 반응조건을 변화시킨다. 한편, 씨앗결정을 첨가해서 이것을 균일하게 성장시켜서도 단분산 나노콜로이드를 합성할 수 있다. 이 경우 반응조건을 제어하여 모노머 농도를 임계핵생성농도 보다도 낮은 과포화 조건으로 유지시켜 균일 핵생성에 의한 새로운 나노콜로이드의 발생을 억제할 필요가 있다.

나노콜로이드는 그 입경이 매우 작고 체적에 대한 표면적의 비율(비표면적 specific surface area)이 매우 크다. 특히 수 nm 정도의 나노콜로이드는 그 구성 원소의 수십 %가 표면에 노출해 있으며 매우 큰 계면자유에너지를 갖는다. 이 때문에 나노콜로이드들의 충돌이 일어나면 쉽게 응집 또는 융합이 일어나 보다 큰 입경의 나노콜로이드를 형성한다. 위에서 언급한 조건(2)의 나노콜로이드의 응집에 의한 입경의 증대를 방지하기 위해서는 생생된 나노콜로이드가 분산매 중에서 안정하게 존재할 수 있도록 하는 대책이 필요하다. 지금까지 여러 가지 안정화법이 개발되고 있으며 대표적인 방법을 〈그림 4.1.3〉에 나타낸다.

가장 단순한 방법은 용액 중에서 나노콜로이드 표면에 생성되는 전하를 이용하는 방법이다(〈그림 4.1.3〉 (a)). 예를 들면, 산성용액 중에서 티탄알콕사이드의 가수분해에 의해 합성한 산화티탄($TiO_2$) 나노콜로이드는 표면에 $H^+$가 흡착하여 나노콜로이드의 표면이 양으로 하전된다. 이 표면 전하에 의해 나노콜로이드 표면에는 전기이중층이 형성되기 때문에, 나노콜로이드 간에 정전기적 반발이 형성되고 용액 중에서의 응집이 방지되어 비교적 안정하게 존재한다. ZnO 등 다른 많은 금속산화물 나노콜로이드에 대해서도 나노콜로이드들의 정전기적 반발에 의한 안정화가 관찰되었다[(3)]. 이 방법은 나노콜로이드의 안정성이 용액 중의 전해질 농도에 크게 의존하여, 전해질 농도를 증가시키면 전기이중층의 두께가 작아지기 때문에 나노콜로이드의 응집이 일어나기 쉬워진다는 결점이 있다. 또한, 생성된 나노콜로이드를 분리하려는 많은 경우에 조작 도중에 나노콜로이드 들의 충돌에 의해 응집해 버린다. 이와 같이 표면 전하만을 이용하는 안정화법에서는 합성한 나노콜로이드를 안정하게 유지시키는 것이 매우 곤란하여 기능재료에 응용을 목표로 하는 나노콜로이드의 합성법으로는 그다지 적합하지 않다.

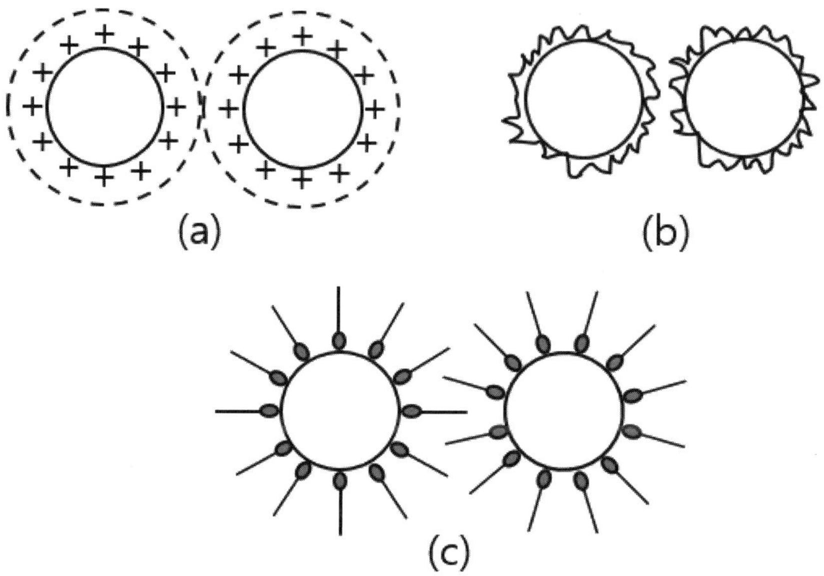


〈그림 4.1.3〉 나노콜로이드의 대표적인 안정화법
(a) 전기이중층의 정전기적 반발, (b) 고분자가 나노콜로이드 표면에 강하게 흡착, (c) 싸이올 등이 금속사이트와 강하게 결합

이러한 문제점을 극복하기 위해서, 나노콜로이드의 표면에 강하게 흡착하는 첨가제(안정화제, stabilizing agent)를 첨가하여 나노콜로이드의 응집을 방지하는 방법이 개발되어 현재 일반적인 나노콜로이드의 합성법으로 사용되고 있다. 고분자의 안정화제로서 헥사메타인산, 폴리비닐알콜, 나피온, 폴리비닐필로리딘 등이 있다. 〈그림 4.1.3〉 (b)에 나타낸 것처럼, 이들 고분자의 존재 하에서 나노콜로이드를 합성하면 나노콜로이드 표면에 고분자가 강하게 흡착하여 나

노콜로이드들을 공간적으로 분리한다. 이것에 의해 분산매체 중에서 나노콜로이드의 충돌에 의한 응집 및 융합을 피할 수 있다.

또한, 나노콜로이드 표면의 금속 사이트에 대하여 높은 배위능을 갖는 저분자 유기화합물도 나노콜로이드의 안정화제로서 효과적이다(〈그림 4.1.3〉 (c)). 이와 같은 표면 개질제(surface modifier)로서 끝단에 술폰기 또는 아미노기를 갖는 직쇄 알칸이나 n-트리옥틸포스핀옥사이드(trioctylphosphine oxide; TOPO), n-트리옥틸포스핀 등이 주로 사용된다. 이들 분자는 루이스 염기로서 작용하는 관능기를 가지고, 나노콜로이드 표면의 금속 사이트에 강하게 배위하여 dangling bond를 제거한다. 이것으로 나노콜로이드가 갖는 계면자유에너지가 저하되고 나노콜로이드 입자의 성장과 응집이 일어나기 어려워진다. 또한, 이들 분자의 흡착에 의해 나노콜로이드 표면에 형성된 단분자 층은 나노콜로이드 간에 입체적 반발력을 불러일으키고, 나노콜로이드들의 직접적인 충돌을 막는다. 이러한 표면 개질법을 이용하여, Au, Ag, CdS, CdSe 등의 여러 가지 단분산 나노콜로이드가 합성되었다. 그리고 표면개질제 분자의 다른 한 쪽에 관능기를 도입하면 용액 중에서 나노콜로이드의 분산성이 크게 개선된다. 예를 들어 TOPO 또는 오레일아민(oleylamne)으로 표면 개질한 나노콜로이드는 비극성 용매에서 밖에 균일하게 분산되지 않지만, 이들의 표면을 카르복실기 또는 술폰기를 갖는 싸이올 화합물로 표면을 개질하면 수용액에서도 균일하게 분산시킬 수 있다[(4)].

이와 같이 안정화제를 사용하면, 입경이 일정한 나노콜로이드를 대량으로 합성할 수 있다. 또한, 용액 중에 분산시킨 상태만이 아니라 분말로서 나노콜로이드를 분리해도 그 입경을 변화시키지 않고 장기간 안정하게 보존할 수 있다. 그러나 안정화제로서 작용하는 화합물 중 많은 것들이 나노콜로이드 표면에 강하게 흡착하기 때문에, 얻어진 나노콜로이드의 특성(예를 들면 촉매활성 등)에 크게 영향을 미치는 경우가 있어서 주의가 요구된다.

### 4.1.3. 나노콜로이드의 입경제어

가장 많이 사용되고 있는 나노콜로이드의 입경 제어법은 화학반응 조건을 제어하여 모노머 생성의 과포화 상태를 변화시켜 핵생성 및 성장을 행하고, 그 결과 목적으로 하는 입경을 얻는 것이다. 많은 경우에 〈그림 4.1.2〉에 나타낸 LaMer diagram을 고려해서 반응조건이 설정된다. 실제로는 전구체 농도, 용액 조성, 반응온도, 반응시간, 첨가제 농도 등의 변수를 제어하는 경우가 많다. 최근 매우 잘 이용되고 있는 방법으로서 hot injection 법이 있다. 이 방법에서는 200 ~ 360℃의 고온의 유기용매 중에 전구체 용액을 주입하여 열분해시켜 목적하는 나노콜로이드를 얻는다. 예를 들면, 고온으로 가열한 TOPO 중에 디메칠카드뮴($Cd(CH_3)_2$)와 셀렌(Se)을 포함하는 전구체 용액을 주입하면 CdSe 나노콜로이드가 생성한다.

〈그림 4.1.4〉에 hot injection 법에 사용되는 전형적인 나노콜로이드 합성 장치와 이들에서 얻어진 CdSe 나노콜로이드의 흡수 스펙트럼을 나타낸다. 이 방법을 이용하면, 용액 주입 직후에 매우 빠르게 CdSe 나노콜로이드의 핵생성이 일어나기 때문에 핵생성 시기를 매우 단시간으로 제어할 수 있다. 그 뒤를 이어 성장기에서는 생성된 핵의 성장과 함께 작은 나노콜로이드가 용해하여 모노머가 되고, 보다 큰 나노콜로이드 상이 석출하는 오스트왈드 숙성(Ostwald ripening)도 동시에 진행되기 때문에, 반응시간과 함께 나노콜로이드의 입경이 증가한다. 이러한 핵생성·핵성장·오스트왈드 숙성의 각 과정을 적절하게 제어하여 단분산에 가까운 CdSe 나노콜로이드를 얻을 수 있고, 이 평균입경을 1.2 nm에서 11.5 nm 사이에서 자유롭게 제어하는 것이 가능하다. 〈그림 4.1.4〉 (b)에 나타낸 것처럼, 얻어진 CdSe 나노콜로이드의 자외-가시광선(UV-visible) 흡수스펙트럼은 그 입경에 의존해서 크게 변화하고, 입경의 증가와 함께 UV-visible 흡수스펙트럼이 장파장 쪽으로 이동하는 것을 알 수 있다. 이것은 주로 양자

사이즈 효과(quantum size effect)에 의한 나노콜로이드의 전자에너지 구조의 변화에 기인한 것이다. 어느 입경을 갖는 나노콜로이드에서도 그 스펙트럼에는 명료한 엑시톤(exciton, 여기전자)의 피크가 확인되고, 입경 변화가 피크 위치 변화로서 명확히 관측되며 그 입경 분포가 매우 좁다는 사실을 알 수 있다[(5)].

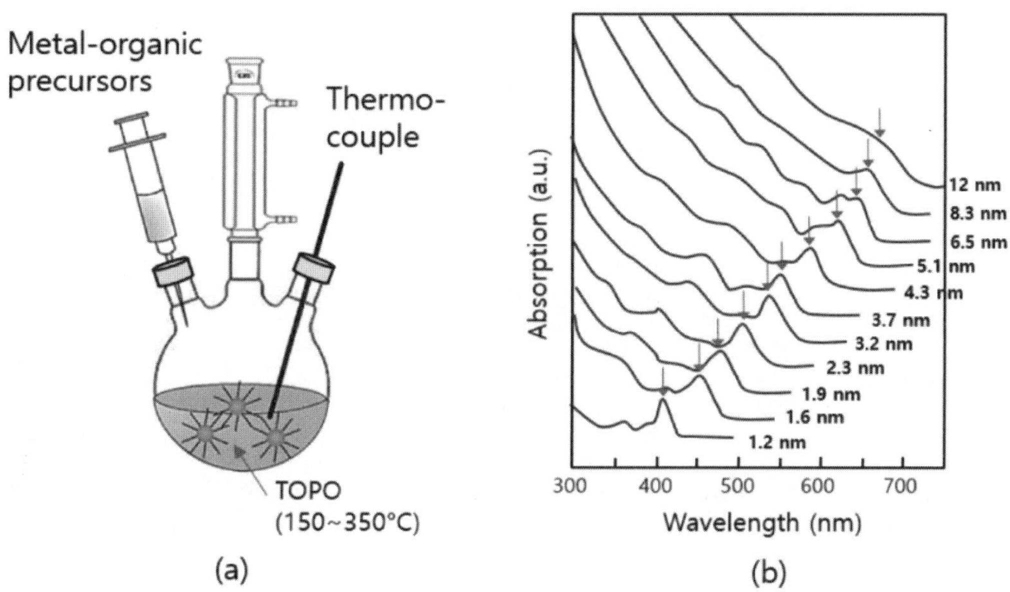


〈그림 4.1.4〉 Hot injection 법에 의한 반도체 나노콜로이드의 합성, (a) 전형적인 반응장치, (b) 얻어진 여러 종류의 입경을 갖는 CdSe 나노콜로이드의 흡수스펙트럼(화살표는 엑시톤 피크를 나타냄)

한편, 입경분포가 비교적 좁은 나노콜로이드는 앞에서 기술한 바와 같이 균일 핵생성을 이용하는 방법만이 아니라, 용매가 되는 용액에 미리 씨앗결정을 첨가하여 이것을 결정 성장시켜 합성할 수 있다(씨앗(seed) 매개 성장법). 이 경우 균일 핵생성에 의한 새로운 핵생성이 일어나면 입경 분포가 넓어지기 때문에 모노머의 과포화 농도가 핵발생 임계농도를 넘지 않도록 반응조건을 설정할 필요가 있다. 예를 들어, 염화금산($HAuCl_4$)을 구연산에 의해 환원시켜 얻은 Au 나노콜로이드를 씨앗 결정으로 이용하여, 이것이 포함되어 있는 용액에 추가적으로 $HAuCl_4$와 아스코빅 산(ascorbic acid)을 첨가하고, cetyltrimethylammonium bromide(CTAB)의 공존 하에서 결정 성장시켜 여러 가지 종류의 입경을 갖는 Au 나노콜로이드를 합성할 수 있었다. 같은 방법으로 합성한 Au 나노콜로이드의 투과전자현미경(TEM) 사진을 〈그림 4.1.5〉에 나타낸다. 씨앗 결정으로서 입경 18 nm인 Au 나노콜로이드을 이용하여 $HAuCl_4$의 환원반응을 행하면, 단분산성을 유지한 채 Au 나노콜로이드의 입경이 증가되고 더욱 첨가되는 $HAuCl_4$ 량이 많을수록 큰 입경의 Au 나노콜로이드가 생성된다[6].

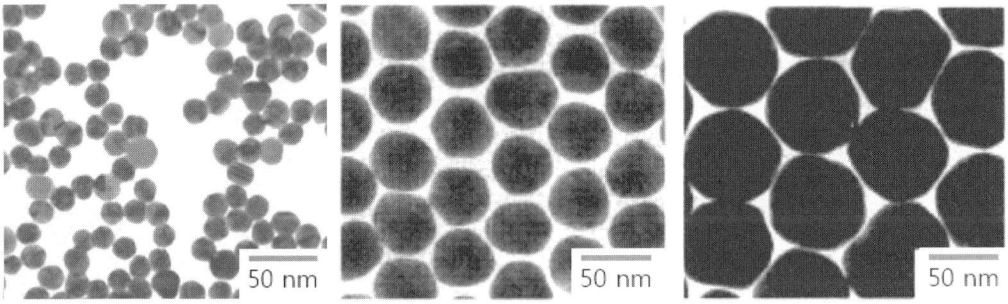


(a) (b) (c)

〈그림 4.1.5〉 Seed 매개 성장법에 의해 합성된 입경이 다른 Au 나노콜로이드의 TEM 사진. (a) seed Au nanocolloid, 평균입경 18 nm, (b) $HAuCl_4$ 첨가량: 0.31 mmol/dm$^3$, 평균입경 45 nm, (c) $HAuCl_4$ 첨가량: 0.25 mmol/dm$^3$, 입경 75 nm

위에서 언급한 예에서는 균일한 용액 중에 있는 나노콜로이드 합성을 소개하였지만, 입경이 제어된 나노콜로이드를 얻기 위해서는 여러 가지 매트릭스(matrix)를 이용하는 합성반응도 개발되어 있다(〈그림 4.1.6〉). 이들은 매트릭스 중에 존재하는 미소 공간(공극)을 마이크로 반응기로서 사용하는 것으로, 결정 성장을 제한하여 입경분포가 좁은 나노콜로이드를 합성하는 것을 목적으로 하고 있다. 또한, 이 방법에서는 매트릭스 재료와 나노콜로이드로 구성되는 복합재료를 한 공정에서 합성할 수 있다. 지금까지는 마이크로 에멀션, 베시클(vesicle), 역미셀(reverse micelle) 등이 마이크로 반응기로서 사용되어왔다. 예를 들면, aerosol dioctyl sulfosuccinate sodium salt(AOT)를 계면활성제로 한 역미셀을 이용하여 금속 또는 반도체 나노콜로이드의 합성이 보고되어 있다[7,8]. AOT, 헵탄, 물로 이루어진 역미셀 용액에 $Cd^{2+}$ 또는 $S^{2-}$를 따로 따로 첨가한 전구체 용액을 조제한다. 이어서 이들 두 용액을 혼합하면 역미셀 중의 미세한 액적 중에서 CdS 석출반응이 일어나고 CdS 나노콜로이드를 합성할 수 있다. 또한, 역미셀 중에 들어간 $Ag^{+}$ 또는 $Cu^{2+}$ 등의 금속이온을 환원시키면, 각각에 해당하는 금속 나노콜로이드가 생성한다. 이들 나노콜로이드는 역미셀 중에 들어있기 때문에 안정화제를 더 첨가하지 않아도 응집하지 않고 안정하게 존재한다. 또한,

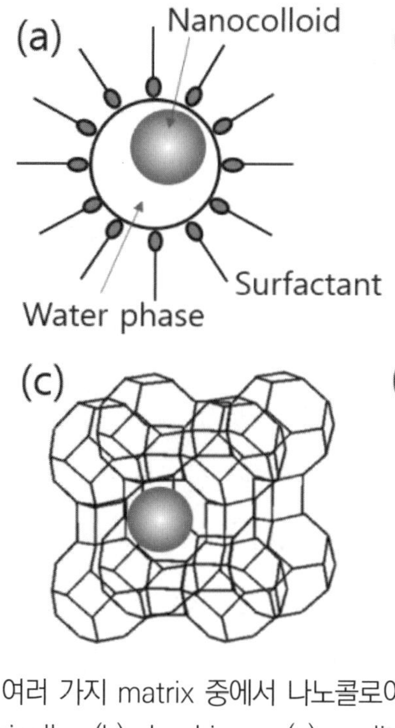


〈그림 4.1.6〉 여러 가지 matrix 중에서 나노콜로이드 합성 예, matrix의 종류: (a) reverse micelle, (b) dendrimer, (c) zeolite, (d) mesoporous silica

나노콜로이드의 입경은 역미셀의 크기에 의해 제어할 수 있고, 물과 계면활성제의 몰비(W = [$H_2O$] / [AOT]를 증가시켜 역미셀의 크기를 크게 하면 얻어지는 나노콜로이드의 입경이 증가한다.

수지상 고분자인 덴드리머(dendrimer)가 가지고 있는 내부 공극을 이용한 금속 나노콜로이드 합성도 많이 행해지고 있다. 예를 들면, 폴리(아미드 아민) 덴드리머에 $[HAuCl_4]^-$를 집어넣어서 환원시키면 입경 1.3 nm인 나노콜로이드가 덴드리머 내부의 공극에 형성된다. 이 나노콜로이드를 씨앗결정으로 하고, 추가적으로 $[PdCl_4]^{2-}$를 환원 석출시키면 덴드리머 내부에 Au 코어 Pd 쉘 구조를 갖는 나노콜로이드를 합성할 수 있다. 또한, Pd 석출량을 늘리면 그 입경이 1.8 nm에서 2.3 nm로 증가한다(9).

한편, 메조포러스 실리카(mesoporous silica), 지오라이트(zeolite) 등을 고체 매트릭스로 이용하여, 내부의 미소 공극에 나노콜로이드를 형성시켜서 단분산 나노콜로이드를 합성할 수 있다. 예를 들면, Y형 지오라이트를 이용하여 $Cd^{2+}$를 이온교환으로 지오라이트 중에 집어넣은 후, $H_2S$ 가스를 반응시키면 지오라이트 내부 공극에 CdS 나노콜로이드가 형성된다. 반응 조건을 적절하게 조절하면 생성되는 나노콜로이드의 입경은 지오라이트의 미세공 크기와 거의 동일하지만, CdS의 담지량이 너무 많으면 지오라이트 내부에서 나노콜로이드가 서로 융합되거나 지오라이트 입자의 표면에 나노콜로이드가 석출하게 되어 생성되는 나노콜로이드의 입경분포가 넓어진다. 또한 고체 메트릭스로서 메조포러스 실리카를 이용해도 내부의 공극을 이용한 단분산 나노콜로이드의 합성이 가능하다. 메조포러스 실리카는 지오라이트의 미세 세공(< 2.0 nm) 보다도 큰 세공을 가지고 있고 이 세공의 크기도 여러 가지로 얻어질 수 있기 때문에, 나노콜로이드 합성을 위한 메트릭스로서 매우 유용한 물질이다. 예를 들면, 메조포러스 실리카의 하나인 FSM-16은 미세공 입경 2.7 nm의 1차원 채널형 세공을

갖는 메조 다공체이다. 이것에 $HAuCl_4$를 담지시킨 후 자외선을 조사하면 미세공 입경과 거의 동일한 입경인 2.5 nm의 Au 나노콜로이드가 생성된다. 이들의 예처럼, 고체 메트릭스의 미세공 내부에 여러 가지의 반도체 나노콜로이드 또는 금속 나노콜로이드를 합성할 수 있으며, 그 입경은 다공체의 미세공 입경에 의해 제어하는 것이 가능하다.

### 4.1.4. 합성 나노콜로이드의 단분산화

위에서 언급한 방법으로 재현성 높게 입경이 균일한 나노콜로이드를 합성할 수 있다. 최근에는 표준편차가 평균입경의 10% 정도의 거의 단분산 나노콜로이드도 합성할 수 있게 되었다. 따라서 나노콜로이드의 입경에 의존하는 특성을 보다 정밀하게 제어하기 위해서는 더욱 단분산화된 나노콜로이드가 필요하게 되는 경우가 있다. 그래서 얻어진 나노콜로이드를 더욱 단분산에 가까운 입경분포로 만들어주기 위해서, 나노콜로이드의 다양한 단분산화법이 개발되어 있다.

#### (a) 전기영동법(electrophoresis)

이온성 표면개질제에 의해 안정화된 나노콜로이드는 용액 중에서 표면이 양 또는 음으로 대전된다. 전기영동법은 나노콜로이드가 갖는 전하가 입경에 의존하여 변화한다는 사실을 이용한 입경분리법이다. 전기장을 인가하여 나노콜로이드를 폴리머 젤 중에서 전기영동시키면 나노콜로이드의 입경에 의존하여 그 영동속도가 다르기 때문에 폭넓은 입경분포를 갖는 나노콜로이드로부터 여러 가지 입경의 단분산 나노콜로이드를 분리할 수 있다. 예를 들면, 〈그림 4.1.7〉 (a)의 전기영동장치를 이용하고, 젤 상부에 폴리인산으로 안정화한 CdS 나노콜로이드 용액을 첨가한다. 이것에 전기장을 인가하여 CdS 나노콜로이드를 폴리아크릴아미드 젤 중에서 전기영동시키면, 나노콜로이드는 양극 쪽으로 이동한다. 이때 입경이 작은 나노콜로이드일수록 전기영동속도가 빠르기 때문에 폴리머 젤 중에서 CdS 나노콜로이드가 입경에 따라 분리된다. 이 시점에서 젤을 잘게 잘라서 나노콜로이드의 입경을 평가하면 〈그림 4.1.7〉 (b)에 나타낸 것처럼, 젤 중에서 영동 거리가 보다 먼 위치에서는 작은 입경의 나노콜로이드를 얻을 수 있다. 얻어진 나노콜로이드의 입경분포는 어느 영동 거리에서도 전기영동 이전과 비교하여 단분산화되어 있다[(10)].

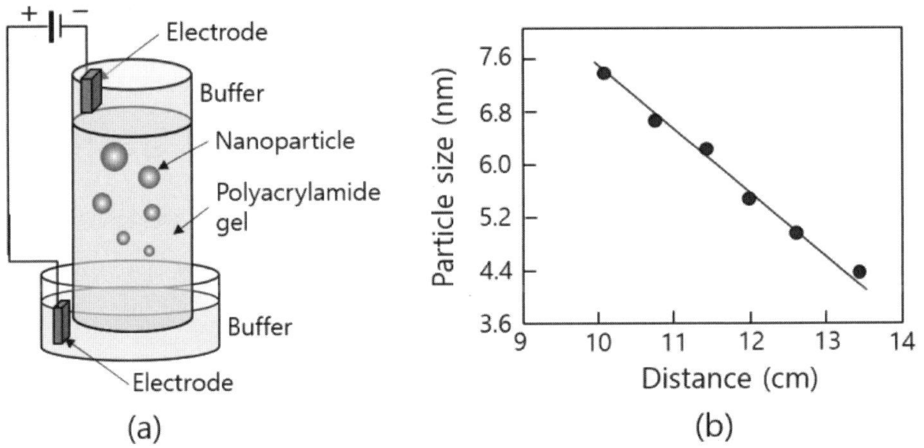


〈그림 4.1.7〉 (a) 전기영동장치의 모식도, (b) 전기영동법에 의해 분리된 CdS 나노콜로이드의 영동 거리와 입경의 관계

(b) 사이즈 배제 크로마토그라피(size-exclusion chromatography)

합성 고분자나 올리고머의 분리 등에 사용되는 사이즈 배제 크로마토그라피을 이용하여 나노콜로이드의 입경 분리가 가능하다. 고정상층으로 세파크릴(sephacryl) 젤을 이용하면 수용액 중의 헥사메탈인산으로 안정화된 CdS 나노콜로이드를 입경 2 ~ 8 nm의 범위로 정밀하게 분리할 수 있다. 이외에도 본 방법은 싸이올 화합물로 표면개질된 금속 나노콜로이드의 분리 및 정제에 적용된다[(11)].

(c) 사이즈 선택적 침전법(size-selective precipitation)

나노콜로이드는 그 입경에 의존하여 용매에 대한 분산성이 약간 다르다. 이 현상을 이용하면 넓은 분포를 갖는 나노콜로이드의 분산액으로부터 보다 큰 입경의 나노콜로이드를 선택적으로 침전시켜 분리할 수 있다. TOPO로 표면개질한 CdSe 나노콜로이드는 1-buthanol에 잘 분산되어 균일한 용액이 얻어진다. 빈용매(貧溶媒, poor solvent)인 메탄올을 이 용액에 서서히 첨가하여 용액의 극성을 증가시켜가면 큰 입경의 나노콜로이드일수록 소수성이 강하기 때문에 보다 큰 CdSe부터 침전한다. 〈그림 4.1.8〉은 사이즈 선택적 침전법에 의해 정제하고 있는 도중의 CdSe 콜로이드의 UV-visible 흡수 스펙트럼이다. 사이즈 선택적 침전을 반복함으로 해서 그림 중의 (a)에서 (d)로 UV-visible 흡수스펙트럼이 변화하고, 엑시톤 흡수가 보다 명확히 나타나고 있다. 합성 직후의 CdSe 나

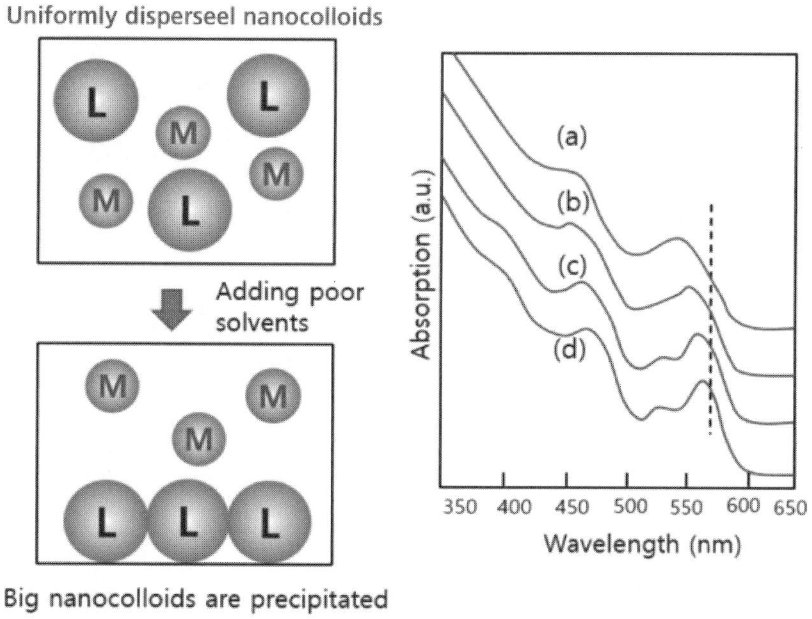


〈그림 4.1.8〉 사이즈 선택적침전법에 의한 입경 분리의 모식도(왼쪽)와 이 방법에 의해 정밀 입경 분리한 TOPO 흡착 CdSe 나노콜로이드(평균입경 : 약 3.7 nm)의 흡수 스펙트럼(오른쪽) (사이즈 선택적 침전을 반복하여 그림 중의 (a)에서 (d)로 흡수 스펙트럼이 변화함)

노콜로이드에서는 입경분포의 표준편차가 평균입경의 10%이었지만, 이 조작을 수차례 반복해서 평균입경 3.7 nm이고 표준편차 5%의 매우 입경이 좁은 나노콜로이드를 얻을 수 있었다. 이러한 점에서 이 방법은 매우 단분산에 가까운 나노콜로이드를 얻을 수 있는 방법이라고 할 수 있다[(5)].

(d) 사이즈 선택적 광에칭법(size-selective photo-etching)

앞서 기술한 나노콜로이드의 단분산화법 (a) ~ (c)는 전에부터 있던 어떤 화학적 분리법을 나노콜로이드의 입경 분리를 위해 적용한 것으로, 나노콜로이드가 금속이든 반도체이든 어느 것에도 적용할 수 있는 방법이었다. 이에 반하여 반도체 나노콜로이드의 광화학 특성이 사이즈에 의존하여 변화한다는 사실을 적극적으로 이용한 방법으로 사이즈 선택적 광에칭법이 있다. 반도체에 광을 조사하면

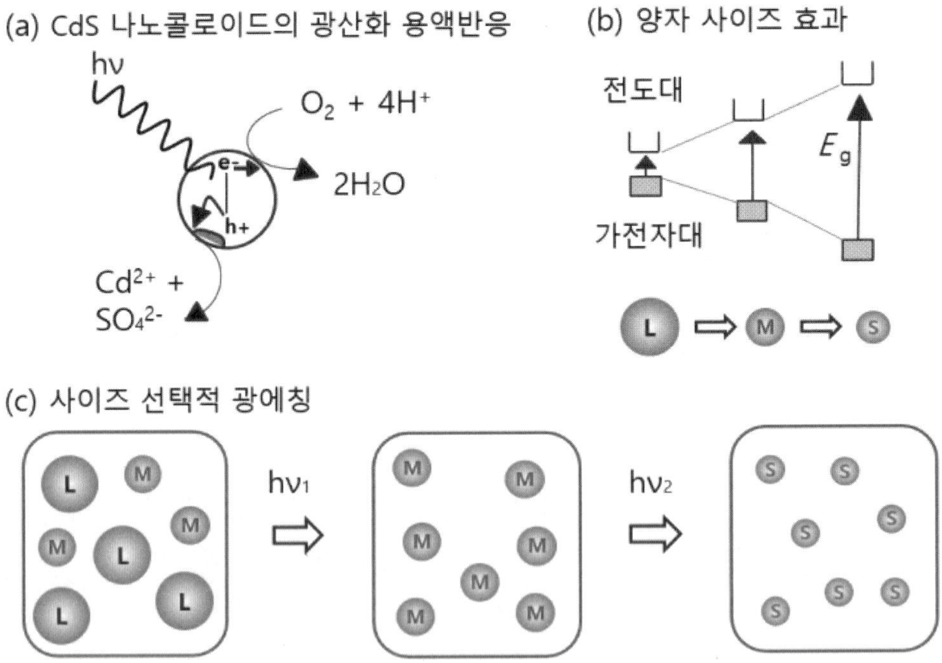


〈그림 4.1.9〉 (a) CdS 입자의 광산화 용해반응 모식도, (b) 양자 사이즈 효과에 기초한 입경별 밴드 갭 변화, (c) 사이즈 선택적 광에칭 원리

나노콜로이드에 전자와 정공이 생성한다. 이 방법은 이러한 광생성 캐리어에 의한 화학반응을 이용하여 반도체 나노콜로이드를 단분산화하는 방법이다.

용존 산소의 존재 하에서 금속 chalcogenide(칼코게나이드) 등의 반도체에 광을 조사하면, 나노콜로이드 내에 광생성한 정공에 의해 나노콜로이드 자신이 광용해하여 서서히 없어진다(광산화 용해반응, photocorrosion) (〈그림 4.1.9〉 (a)). 한편 반도체 나노콜로이드는 그 입경이 감소하면 양자 사이즈 효과에 의해 나노콜로이드의 밴드 갭이 증가한다(〈그림 4.1.9〉 (b)). 사이즈 선택적 광에칭법은 이러한 두 개의 현상을 교묘히 조합한 것이다. 〈그림 4.1.9〉 (c)에 나타낸 것처럼, 미리 합성해둔 비교적 넓은 입경분포를 갖는 반도체 나노콜로이드에 그 흡수단(밴드 갭) 파장보다도 약간 짧은 파장의 단색광을 용존 산소 하에서 쪼이면, 입경이 큰 반도체 나노콜로이드가 먼저 광여기되어 광산화 용해반응이 진행된다. 이 결과 광여기되어 있던 콜로이드의 입경만 감소하고, 양자 사이즈 효과에 의한 밴드 갭의 증가에 의해 조사한 단색광을 나노콜로이드가 흡

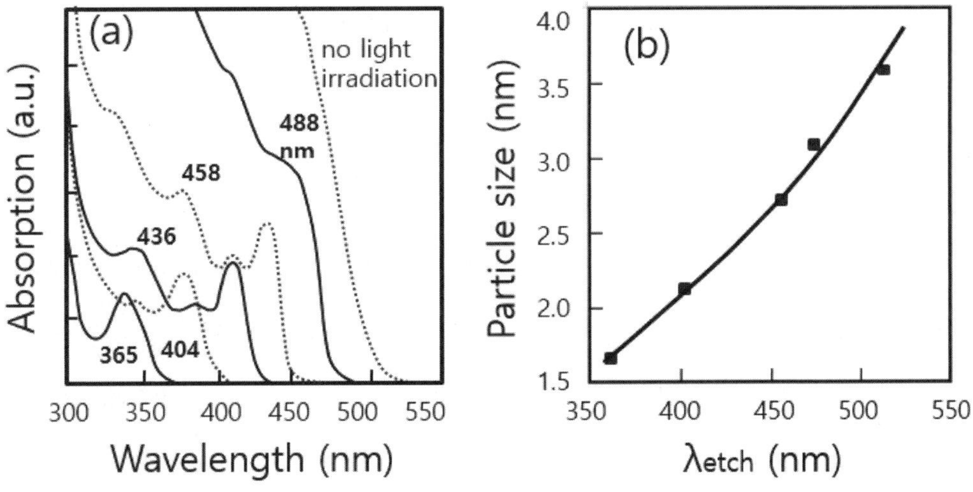


〈그림 4.1.10〉 (a) 사이즈 선택적 광에칭에 의한 CdS 나노콜로이드의 흡수 스펙트럼 변화(그림 중의 숫자는 조사 단색광 파장), (b) 광에칭에 사용한 단색광 파장과 얻어진 CdS 나노콜로이드의 입경과의 관계

수할 수 없게 될 때까지 두면 최종적으로 반응은 종료된다. 따라서 광에칭 후에 얻어지는 나노콜로이드는 조사 단색광을 흡수할 수 없게 되는 바로 그 밴드 갭을 갖게 되는 것이고 입경이 단분산된 나노콜로이드가 생성한다. 이 방법은 양자 사이즈 효과를 나타내는 동시에 광용해하는 반도체에 적용할 수 있기 때문에 매우 일반성이 높다고 할 수 있다[(12)]. 지금까지 CdS, CdSe, ZnS, InP 등의 반도체 나노콜로이드에 대하여 이 방법에 의한 단분산 나노콜로이드의 합성이 보고되고 있다.

〈그림 4.1.10〉 (a)에 사이즈 선택적 광에칭에 의해 합성한 CdS 나노콜로이드의 UV-visible 흡수 스펙트럼을 나타낸다. 합성 직후의 CdS 나노콜로이드(평균입경 6.5 nm, 표준편차 1.5 nm)에 단색광 조사를 행하면, UV-visible 흡수 스펙트럼이 단파장 쪽으로 이동하고, 이 흡수단은 최종적으로 조사광 파장에 거의 일치한다. 또한 조사 단색광 파장을 짧게 하면 할수록 UV-visible 흡수 스펙트럼은 보다 짧은 파장으로 이동한다. 이것은 양자 사이즈 효과에 의해서 CdS 나노콜로이드의 밴드 갭이 증가하고, 조사 단색광이 흡수되지 않게 될 때까지 (4.4)식의 광산화 용해반응이 진행했기 때문이다.

$$CdS + 2O_2 \rightarrow Cd^{2+} + SO_4^{2-} \qquad (4.4)$$

〈그림 4.1.10〉 (b)는 조사단색광파장($\lambda_{etch}$)과 CdS 나노콜로이드의 입경과의 관계이다. 조사광 파장을 짧게 함으로 해서 보다 작은 입경의 나노콜로이드가 생성한다는 것을 알 수 있다. 또한 조사 단색파장을 514 nm에서 365 nm 사이로 변화시키면, 얻어지는 CdS 나노콜로이드의 입경을 약 0.2 nm의 정확도를 가지고 1.7 nm에서 3.7 nm 사이로 자유롭게 제어할 수 있다. 얻어지는 CdS 나노콜로이드의 입경분포는 어느 것도 매우 좁은 상태이고, 그 표준편차는 평균입경

의 10% 이하이다.

사이즈 선택적 에칭에 의한 단분산 나노콜로이드의 합성은 조사하는 단색광 파장을 변화시켜, 얻어지는 반도체 나노콜로이드의 입경을 자유롭게 동시에 고정밀도로 제어할 수 있다는 이점이 있다. 또한 이 방법은 나노콜로이드의 분산 상태에 관계없이 적용 가능하고, 기판 상에 고정된 반도체 나노콜로이드에도 단분산화 할 수가 있다.

## 4.2. 나노콜로이드의 형상제어

나노콜로이드의 물리화학적 특성은 나노콜로이드의 크기뿐만 아니라 형상에도 크게 의존한다. 지금까지 나노콜로이드의 특성 제어나 고기능화를 목적으로 하여 많은 형상 제어법이 개발되어 왔다. 이들을 크게 분류하면 나노콜로이드의 결정성장(crystal growth)의 이방성 제어와, 다른 물질과의 복합화에 의한 형상 이방성의 발현으로 분류할 수 있다. 예를 들면 Pt 또는 Au 등의 금속결정은 그 결정면(crystal plane)에 의존해서 촉매활성이 변화한다. 따라서 보다 고활성인 나노콜로이드 촉매를 개발하기 위해서는, 결정 성장의 이방성 제어를 효과적으로 행하여 표면에 노출되는 결정면을 제어할 필요가 있다. 한편 단일물질의 특성은 한계가 있어 어떤 목적으로 사용하려고 할 때 결점인 특성도 존재한다. 특성을 향상시키는 하나의 방법은 다른 물질을 복합화하고 그 구조를 정밀 제어하는 것으로 각각의 물질의 특성을 서로 연결하는 것이다. 더욱이 이것에 부가하여 신기능의 발현도 기대할 수 있다. 이러한 새로운 기능재료 개발을 위해서는 나노 레벨에서의 물질의 구조 제어 및 복합화가 매우 중요하다고 할 수 있다.

### 4.2.1. 결정성장의 이방성 제어

흰 눈의 결정에서 보이는 것처럼 미소한 입자를 이방적인 결정성장에 의해 합성하면 여러 가지 형상을 갖는 입자의 혼합물이 된다. 따라서 나노콜로이드는 입경 및 형상에 의존하여 그 특성이 크게 변화하기 때문에, 고기능 재료로 이용하려는 경우에는 보다 균일한 구조를 갖는 나노콜로이드를 정밀하게 성장시킬 필요가 있다. 이를 위해서는 (1) 결정핵(nucleus)의 형상을 정밀하게 제어하고, (2) 선택적인 결정면 성장을 행할 필요가 있다. 지금까지 많은 보고 예가 있지만, 여기서는 Au, Ag, Pt 등의 귀금속 나노콜로이드와 CdSe, CdTe 등의 Ⅱ-Ⅵ족 반도체 나노콜로이드의 형상제어에 대하여 설명한다.

#### (a) 금속 나노콜로이드 [13,14,15]

열역학적 평형상태에서 반응 직후의 과포화 상태로부터 생성한 임계핵(critical nucleus) 보다도 큰 결정핵은 에너지적으로 안정한 구조를 취하려고 한다. Au, Ag, Pd 등과 같이 결정구조가 면심입방격자(face-centered cubic lattice; fcc)인 금속 나노콜로이드를 합성할 때에는, 단결정(single crystal)으로 구성된 결정핵과 함께, 단일 쌍정(single twin), 다중 쌍정(multiple twin) 등의 내부에 적층결합(stacking fault)을 갖는 다결정(polycrystal)으로 되어 있는 핵이 생성한다. fcc 구조의 금속에서는 일반적으로 계면자유에너지(interfacial free energy)는 결정면에 의존하여 변화하고, {111}면 < {100}면 < {110}면 순으로 커진다. 이런 점에서 단결정의 결정핵은 가장 에너지적으로 안정한 {111}면의 노출이 최대가 되는 정팔면체 또는 정사면체 구조가 되는 것이 바람직하다. 그러나 실제에서는 표면적을 보다 줄여서 계면에너지가 최소가 되는 구형에 가까운 형상을 취하고, {111}면과 {100}면이 함께 노출되는 입방팔면체(cuboctahedron)에 가까운 형상이 된다. 〈그림 4.2.1〉에 나타낸 것처럼, 이 결정핵이 노출한 결정면이

동일하게 성장하면 입방팔면체의 나노콜로이드가 생성하지만, 결정면의 성장속도가 결정면에 따라 다르면 입방체 또는 정팔면체 형상을 갖는 나노콜로이드가 생성한다. 한편 다결정핵은 내부에 적층결함을 갖는 쌍정이며, 이것이 성장하면 단결정핵으로부터 성장한 것과 다른 형상의 나노콜로이드가 생긴다. 이 경우에도 전 계면자유에너지를 저하시키기 위하여 얻어지는 나노콜로이드는 표면에 {111}면과 {100}면이 노출된 구조가 된다. 예를 들어, fcc 결정격자의 {111}면이 노출한 정사면체 5개를 붙혀 만든 십면체형의 다중 쌍정으로 된 결정핵이 Ag, Pd, Au 등의 나노콜로이드 합성 때에 확인되고 있으며, 이것이 성장하면 십면체 형상의 나노콜로이드나 단면이 오각형인 나노와이어가 된다. {111}면이 노출된 오사면체를 20개 붙여 만든 핵으로는 정이십면체 나노콜로이드가 생성

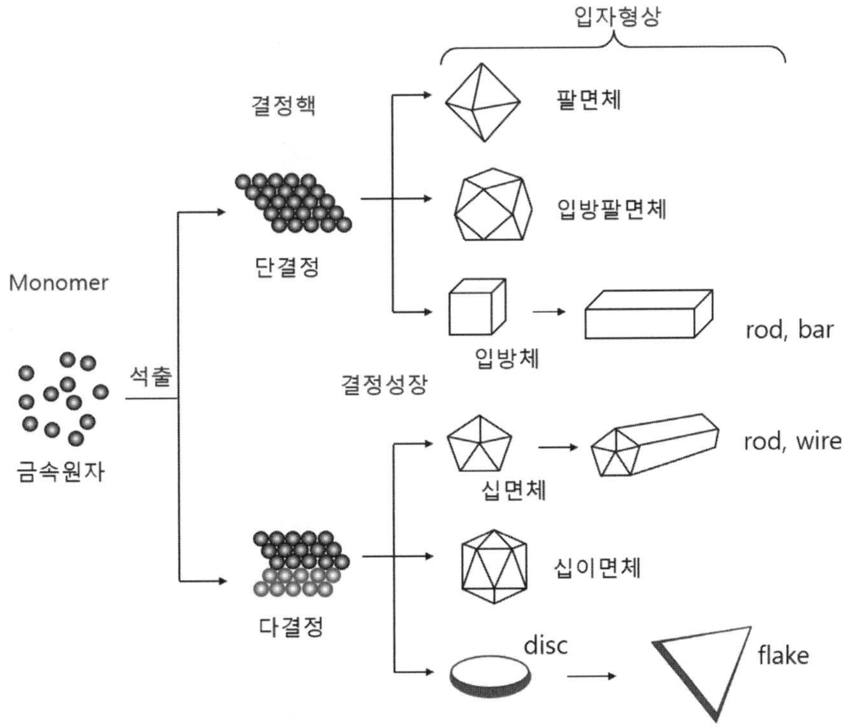


〈그림 4.2.1〉 결정핵종과 결정성장의 차이에 의해 변화하는 금속 나노콜로이드의 이방성 형상

한다. 또한 플레이트의 두께 방향에 적층결함을 갖는 삼각형 또는 육각형 플레이트도 쌍정의 결정핵의 결정성장의 이방성 때문에 형성한다.

예상되는 것처럼, 나노콜로이드 합성반응 초기에는 많은 경우에 있어서 단결정 또는 다결정으로 된 결정핵이 혼재한다. 이들이 어느 것이나 균일하게 성장하면 최종적으로 얻어지는 나노콜로이드는 다양한 형상을 갖는 나노콜로이드의 혼합물이 된다. 그러나 이들의 결정핵을 선택적으로 결정성장시킬 수 있다면, 단일 이방성 형상을 갖는 나노콜로이드가 고순도로 얻어질 수 있다고 기대되고 현재까지 다양한 합성법이 개발되어 왔다.

목적하는 형상을 갖는 나노콜로이드를 합성하기 위해서는 우선 나노콜로이드의 원천이 되는 결정핵을 균일하게 할 필요가 있다. 단결정으로 된 단결정핵을 고순도로 얻기 위해서는 단결정핵과 다결정핵의 반응성 차이를 이용한 다결정핵의 선택적 제거가 효과적이다. 폴리욜법(polyol method)에서는 폴리비닐필로리딘(PVP)의 존재 하에서 180℃로 가열한 에틸렌글리콜 중에서 질산은($AgNO_3$)을 환원시켜 Ag 나노콜로이드가 얻어졌다. 이 반응을 산소가 존재하는 조건에서 수행하면 $O_2$에 의한 Ag 결정핵의 재산화가 일어나 나노콜로이드는 산화 용해하여 $Ag^+$ 이온으로 되돌아간다. 적층결함 부분의 에너지가 단결정 부분보다도 크기 때문에 다결정핵은 재산화 반응에 대하여 단결정핵 보다도 활성이 높고 선택적으로 재산화 제거된다. 이 결과 나노콜로이드의 성장에 이용되는 결정핵을 단결정만으로 할 수 있다. 이 재산화 반응은 $Cl^-$나 $Br^-$ 등의 할로겐화 물질의 이온 첨가에 의해 촉진된다. 다결정핵의 선택적 산화 제거는 Ag 이외에도 Pd, Rh에 유효하고, 단결정으로 된 나노콜로이드를 효과적으로 얻을 수 있다. 한편, 전구체 농도를 낮게 하여 결정화의 화학 퍼텐셜을 낮추면, 계면자유에너지의 가장 낮은 {111}면이 노출된 십면체형 다중 쌍정으로 된 결정핵의 생성이 열역학적으로 가장 안정하게 되고 그 함유율이 증가한다.

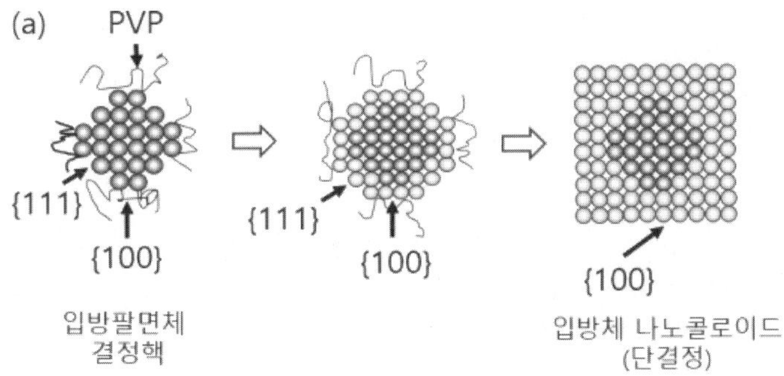

〈그림 4.2.2〉 (a) 고분자 보호제(PVP)의 결정면 특이 흡착에 의한 Ag 나노콜로이드의 이방적 결정성장 메카니즘과, (b) 생성한 Ag 나노콜로이드의 SEM 사진

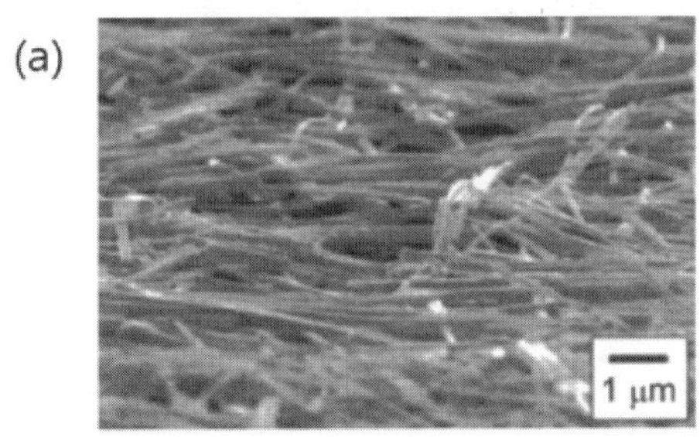


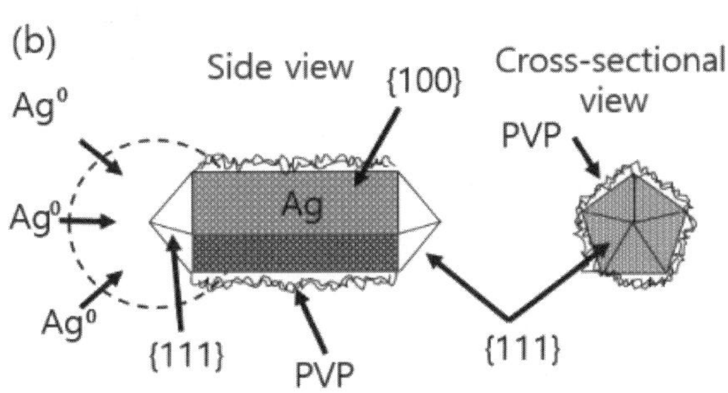


〈그림 4.2.3〉 (a) Ag 나노와이어의 SEM 사진과, (b) 십면체형 다중 쌍정입자의 결정면 선택적 성장에 의한 Ag 나노와이어의 성장 메카니즘

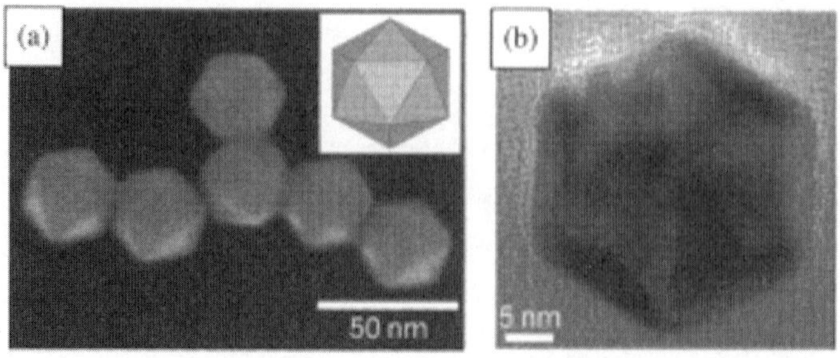


〈그림 4.2.4〉 정이십면체 형상 Pd 나노콜로이드의 (a) SEM 사진과, (b) TEM 사진

단일 종류의 결정핵을 정밀하게 성장시키면 형상이 균일한 나노콜로이드가 생성한다. 많은 경우 특정의 결정면에 특이 흡착(specific adsorption) 특성을 나타내는 물질(매정제, 媒晶劑, habit modifier)을 첨가하면, 그 결정면에서의 결정성장을 억제하고 얻어진 나노콜로이드의 결정구조를 제어하여 형상을 단일화한다. 예를 들면, 고분자 보호제인 PVP는 Ag나 Pd 나노콜로이드에 작용시키면, 콜로이드 표면에 노출된 여러 가지의 결정면 중에서 {100}면에 강하게 흡착하는 경향을 갖는다. 따라서 단결정으로 된 입방팔면체 형상의 결정핵을 PVP의 존재 하에서 성장시키면, 금속원자는 PVP가 그다지 흡착하지 않는 {111}면과 반응하기 쉽고, {111}면의 성장이 상대적으로 빨라진다(〈그림 4.2.2〉 (a)). 결과적으로, 성장속도가 빠른 결정면의 비율이 감소하고, 성장속도가 느린 결정면이 나노콜로이드 표면에 많이 노출하게 된다. 〈그림 4.2.2〉 (b)에 나타낸 것처럼, {100}면만으로 된 입방체 나노콜로이드가 생성한다. 반면에 〈그림 4.2.3〉과 같이, 십면체 형상을 갖는 다결정의 결정핵을 성장시킨 경우에는, {111}면의 느린 성장 때문에 측면의 {100}면이 노출되게 된다. PVP는 {100}면에 보다 강하게 흡착하여 그 성장을 저지하기 위하여 최종적으로 얻어지는 나노콜로이드는 {100}면과 평행한 축을 갖는 로드 또는 와이어 형태가 된다. 또한 Pd의 {111}면에 PVP는 강하게 흡착하기 때문에 다중 쌍정의 결정핵을 정밀하게 성장시키면 정이십면체 형상을 한 Pd 나노콜로이드를 합성할 수 있다(〈그림 4.2.4〉). 나노콜로이드의 형상제어에 사용되는 중간결정

체(medium crystal)는 지금까지 많은 것들이 알려져 있고, 사용한 재료의 화학조성이나 목적으로 하는 콜로이드의 형상에 따라 용도가 나누어져 있다.

이상과 같이, 결정핵의 결정성을 제어하고 그 결정면에 특이하게 흡착하는 중간 결정체를 첨가하여 결정을 이방적으로 성장시키면 목적으로 하는 나노콜로이드의 형상을 자유롭게 제어할 수 있다.

(b) 반도체 나노콜로이드 (16,17,18)

화합물반도체에서는 다양한 형태의 결정(polymorphism)을 갖는 것이 많다. Ⅱ-Ⅵ족 반도체에서는 입방정계의 섬아연광(zinc blende)형 구조와 육방정계의

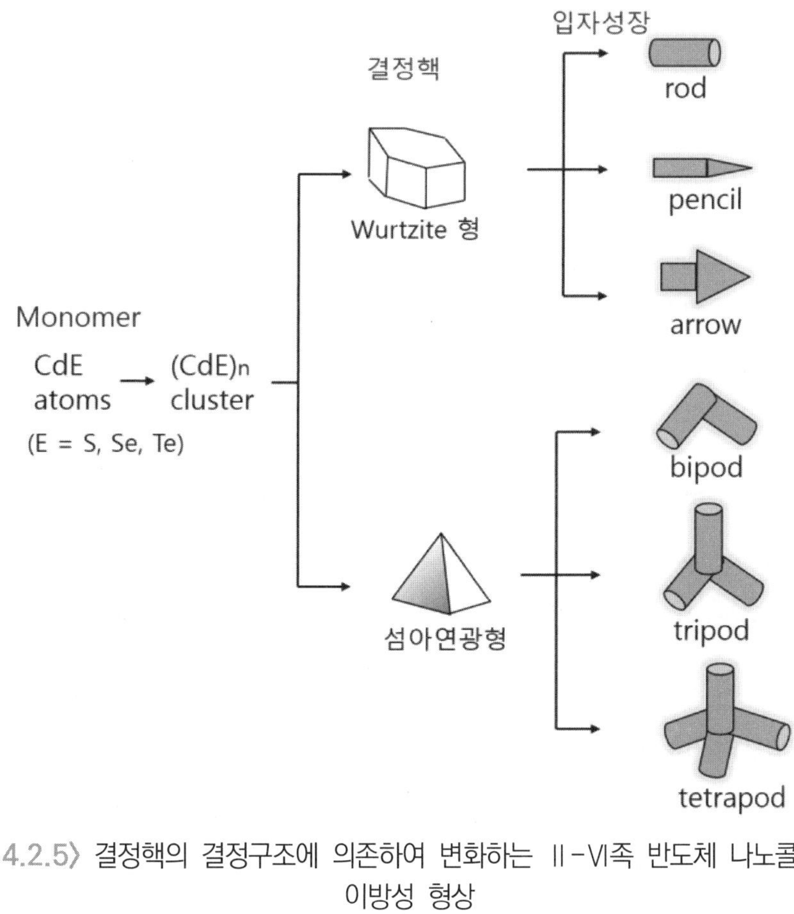


〈그림 4.2.5〉 결정핵의 결정구조에 의존하여 변화하는 Ⅱ-Ⅵ족 반도체 나노콜로이드의 이방성 형상

우루자이트(wurtzite)형 구조가 잘 알려져 있다. fcc 구조의 금속 나노콜로이드와는 다르게, Ⅱ-Ⅵ족 반도체 나노콜로이드의 합성과 형상제어에서는 다양한 형태의 결정이 존재한다는 사실을 고려할 필요가 있다. 결정 핵의 결정구조는 핵생성 시 또는 성장 시에 반응온도, 표면 개질제에 의해 변화하기 때문에 최종적으로 얻어지는 나노콜로이드의 형상에 크게 영향을 미친다(〈그림 4.2.5〉).

CdS, CdSe, CdTe 등의 Ⅱ-Ⅵ족 반도체 나노콜로이드의 합성에서, 트리옥틸포스핀 옥사이드(trioctylphosphine oxide; TOPO) 또는 올레일아민(oleylamine) 등 나노콜로이드 표면에 비교적 강하게 결합하는 유기화합물이 합성 용매인 동시에 나노콜로이드의 안정화제로서 이용되어, 200~360℃로 가열한 용매 중에 전구체 용액을 주입해서 열분해에 의해 나노콜로이드가 합성되는 경우가 많다. 이 방법에서 일반적으로는 구형 나노콜로이드가 생성되지만, 반응용매 중에 알킬포스포닉산(alkylphosphonic acid) 등의 나노콜로이드 표면과 강하게 결합하는 화합물을 첨가하면, 이방형 형상을 갖는 나노콜로이드가 생성한다. 나노콜로이드 형상은 온도, 모노머 농도 등의 반응조건에 따라서 여러 가지로 변화한다.

우르자이트 광형 구조를 갖는 결정핵으로부터 로드 형상 나노콜로이드의 합성이 가능하다. 예를 들면, 360℃의 TOPO 중에서 $Cd(OH_3)_2$와 Se을 반응시키면 우르자이트형 구조의 결정핵이 생성하고, 그 결정의 성장에 의해 구형에 가까운 CdSe 나노콜로이드가 생성한다. 그러나 이 반응에 긴 체인의 알킬포스포닉산을 소량 첨가해 두면, 우르자이트형 결정의 이방적 결정성장이 일어나 c축 방향으로 늘어난 단결정으로 이루어진 로드 형상의 CdSe 나노콜로이드가 형성한다. 또한, 〈그림 4.2.6〉 (a)와 같은 로드 형상의 CdSe 나노콜로이드가 디에틸디티오칼바미드산 카드뮴(diethyl ditiolkalvamine acid cadmium)을 180℃로 가열한 헥사데실아민(hexadecylamine) 중에서 열분해에 의해 얻어진다. 로드 형상 콜로이드의 생성 메카니즘은 〈그림 4.2.6〉 (b)와 같이 나노콜로이드 표

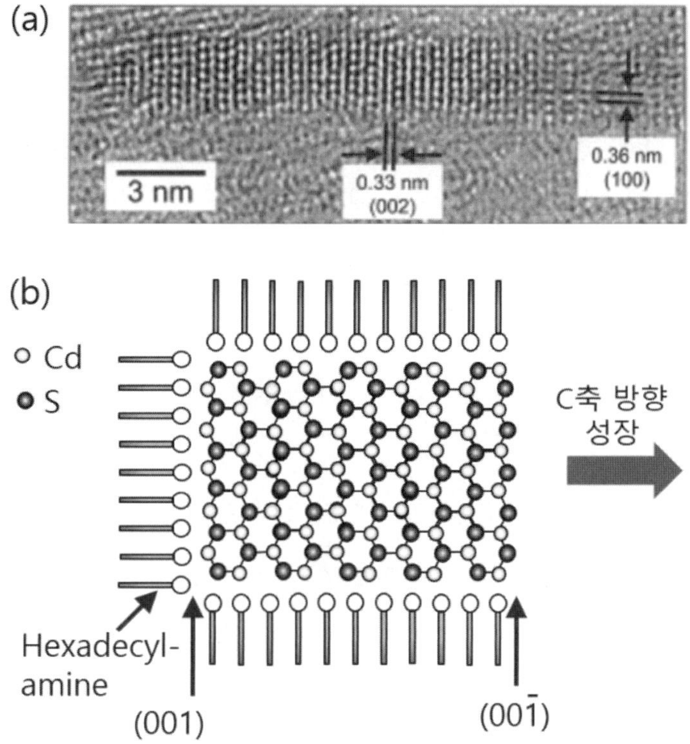


〈그림 4.2.6〉 (a) 로드(rod) 형상 CdS 나노콜로이드의 TEM 상과, (b) 헥사데실아민의 결정면 특이 흡착에 의한 이방 결정성장 메카니즘

면의 Cd 사이트에 매정제(媒晶劑)가 되는 유기분자가 흡착하여 결정성장속도에 결정면 의존성이 나타나는 것으로 그 원인을 해석하고 있다. 고온에서의 Ⅱ-Ⅵ족 반도체 나노콜로이드의 합성반응에서는 우르자이트형 결정은 반전(反轉) 대칭성이 없는 결정이어서 (001)면은 Cd 원자 단원자층으로 배열한 면이지만, 반대로 (00$\bar{1}$)면에는 S원자가 단원자층으로 배열한 면이기 때문에, 이들 두 결정면의 화학적 성질은 크게 다르다. 알킬포스포닉산이나 알킬아민산은 표면의 Cd 사이트에 강하게 결합하기 때문에, (001)면은 상대적으로 안정화되어 결정성장속도가 저하한다. 한편, (00$\bar{1}$)면에서는 S 사이트만으로 되어 있기 때문에 포스포닉산이나 아민산의 흡착이 강하고, 이 반응성은 상대적으로 높다. 이 결

과 $(00\bar{1})$면의 결정성장속도는 다른 결정면 보다도 빨라져 c 축 방향을 따라서 결정성장한 로드 형상 나노콜로이드가 형성된다. 매정제의 량을 변화시키면 로드(rod) 이외의 형상을 갖는 나노콜로이드도 합성할 수 있다. TOPO 용액에 첨가하는 알킬포스포닉산의 첨가량을 매우 크게 하면, 펜슬(pencil) 또는 화살(arrow) 등의 이방성 형상을 갖는 CdS(또는 CdSe) 나노콜로이드가 생성한다. 이것은 결정성장 시에 포스포닉산 농도가 높으면 각 결정면에서 반응성의 차이가 커지고, 반응성이 보다 높은 $(00\bar{1})$면의 노출을 최소로 한 형상이 보다 안정하기 때문이다.

반응온도를 내리는 등 나노콜로이드의 성장조건을 변화시키면 섬아연광형 구조를 갖는 결정핵도 생성한다. 흥미로운 점은 결정성장 과정에서 우르자이트형 결정이 우선적으로 생성하는 조건에서도 결정핵은 섬아연광형의 구조를 갖는 경우도 종종 있다. 이와 같은 경우는 섬아연광형 결정핵 4개가 등가인 {111}면으로부터 이들과 원자배열이 같은 우루자이트형 결정의 $(00\bar{1})$면이 성장하여 이방성 형상을 갖는 Ⅱ-Ⅵ족 반도체 나노콜로이드가 생성한다. 하나의 섬아연광형 결정핵에서 성장하는 우르자이트형 결정의 팔 수가 변화한 것으로, 로드가 한 점에서 결합한 구조인 bipod, tripod 또는 tetrapod 등의 다분기 나노콜로이드가 생성한다(〈그림 4.2.5〉).

CdS 또는 CdSe는 많은 경우 로드 형상과 이들의 다분기 형상이 혼합된 나노콜로이드가 얻어진다. 그러나 CdTe의 경우에는 반응조건을 정밀하게 제어하면 tetrapod 형상만을 갖는 콜로이드를 합성할 수 있다. 예를 들면, 옥타데실포스포닉산(octadecylphosphonic acid; ODPA)을 함유한 TOPO 용매(320℃) 중에서 CdO와 Te를 반응시켜 tetrapod 형상의 CdTe 나노콜로이드를 선택적으로 합성할 수 있다(〈그림 4.2.7〉 (a)). 〈그림 4.2.8〉에 섬아연광형 결정핵의 {111}면에서 우르자이트형 결정의 $(00\bar{1})$면이 epitaxial 성장하여 팔(arm) 구조가 형성된

CdTe tetrapod의 구조 모식도를 나타낸다. 생성한 tetrapod 나노콜로이드의 사이즈와 형상은 성장 반응 시의 Cd/Te 비율과 첨가하는 알킬포스포닉산의 첨가량에 의존하여 변화하고, Cd/Te 비율에 의해 팔 길이를 알킬포스포닉산의 첨가량에 의해 팔 두께를 제어할 수 있다. CdTe에 있어서 특히 tetrapod 구조가 높은 수율로 생성하는 원인은 우르자이트광형 구조와 섬아연광형 구조 간의 에너지 차이에 있다. CdS 또는 CdSe와 비교하여 CdTe는 그 에너지 차이가 매우 크고, 고품질인 우르자이트광형 결정성장이 일어날 수 있는 높은 온도에서도 섬아연광형 구조를 갖는 결정핵만이 선택적으로 형성되기 때문이다.

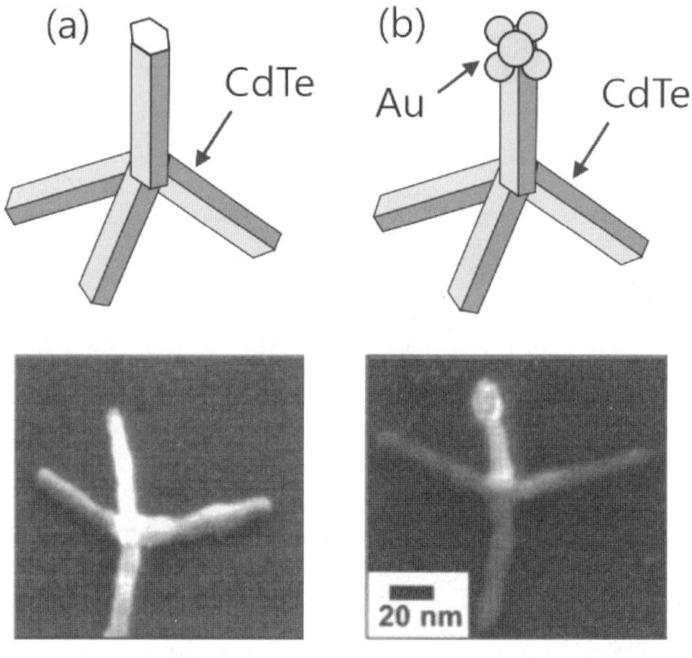


〈그림 4.2.7〉 Tetrapod형 CdTe 나노콜로이드의 SEM 사진, (a) tetrapod CdTe, (b) 한 개의 CdTe rod 끝에 헥산디싸이올을 처리하여 Au 나노콜로이드 부착

이와 같이, 반응 초기에 생성하는 결정핵의 결정구조를 제어하고, 더욱이 이것에 이어지는 결정성장 과정을 정밀 제어하여 여러 가지 형상을 갖는 나노

콜로이드를 얻을 수 있다. 결정성장 시에 효과적으로 사용될 수 있는 중간 결정체의 종류는 사용되는 용매나 나노콜로이드의 화학조성에 따라 변화하기 때문에, 나노콜로이드의 입경 및 형상의 정밀제어를 위해서는 반응온도나 용매 등 합성조건의 선택에 주의가 필요하다. 또한 II-VI족 반도체 이외에도, PbS, MnS 또는 $TiO_2$ 등 여러 가지 화합물 반도체 나노콜로이드의 형상 제어가 유사한 방법으로 가능하다.

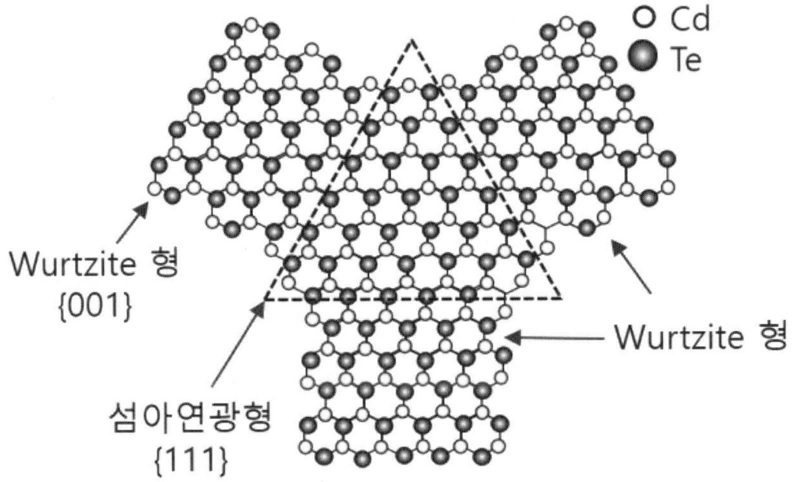


〈그림 4.2.8〉 Tetrapod형 CdTe 나노콜로이드의 결정구조 모식도

(c) Hetero 접합 나노콜로이드 [19,20,21]

다른 물질을 나노미터 수준으로 정밀하게 접합시키면 나노콜로이드 내부에 반도체-반도체, 반도체-금속, 또는 금속-금속으로 이루어진 헤테로 접합(heterojunction)을 갖는 나노콜로이드를 합성할 수 있다. 이 나노콜로이드는 그 구조에 특이한 광 특성이나 전자적 특성을 나타내는 것으로 기대되고 있다. 지금까지 많은 합성법이 개발되고 있으며, 이 중에 몇 가지는 금속 나노콜로이드나 반도체 나노콜로이드의 액상 합성법을 더욱 발전시켰다. 예를 들면, 〈그림 4.2.9〉 (a)에 나타낸 것처럼, 미리 합성된 CdSe 로드 양단에 구상의 CdTe 상이

석출한 아령형 구조를 갖는 나노콜로이드가 합성될 수 있다. 이 나노콜로이드는 CdSe 로드 단면에 노출된 활성이 있는 (001) 또는 $(00\bar{1})$면이 성장 사이트로서 작용하여 CdTe 상이 성장한 것이다. 또한 로드 형상의 CdSe 나노콜로이드가 함유된 톨루엔 용액에 $AuCl_3$ 용액을 첨가하면 $AuCl_3$가 환원되어 로드 단면에 미세한 Au 상이 석출하고 Au-CdSe 아령형 구조 나노콜로이드가 생성한다.

금속 나노콜로이드에 있어서도, 이종의 금속을 석출시켜 헤테로 접합을 형성시킬 수 있다. 정팔면체 구조의 Au 나노콜로이드(입경: 30 nm)를 핵으로 하여 그 표면에 $H_2PdCl_4$를 환원시키면 Au 나노콜로이드 표면에 Pd 금속이 epitaxial 성장한다. 최종적으로 입방체 형상을 갖는 Au 코어 / Pd 쉘 구조체가 탄생한다(일변의 길이: 42 nm)(〈그림 4.2.9〉 (b)). 석출되는 금속이 Pd에서 Ag로 바뀌어도 동일한 구조의 나노입자를 얻는 것이 가능하지만, Pt를 석출시키는 경우에는 Au 코어 표면에 Pt가 epitaxial 성장하지 않고, 다공성 표면을 갖는 구상의 Au 코어 / Pt 쉘 입자가 된다. 한편, 미리 합성해 둔 나노콜로이드들이 가교제 분자에 의해 가교됨으로서, 이방성 형상을 갖는 헤테로 접합 나노콜로이

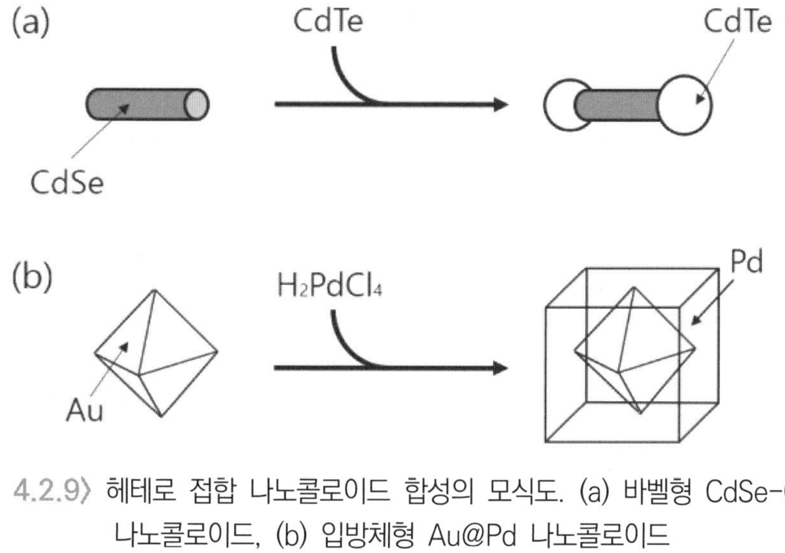


〈그림 4.2.9〉 헤테로 접합 나노콜로이드 합성의 모식도. (a) 바벨형 CdSe-CdTe 나노콜로이드, (b) 입방체형 Au@Pd 나노콜로이드

드를 합성할 수 있다. Tetrapod(삼각대)형의 CeTe 나노콜로이드의 한쪽 팔에만 가교제가 있는 디싸이올 분자를 붙힌 후, 별도로 합성한 Au 나노콜로이드(입경: 약 10 nm)를 반응시키면, CdTe tetrapod 선단 부근에만 Au 콜로이드가 고정된다(〈그림 4.2.7〉 (b)).

### 4.2.2. 나노콜로이드 합성공간의 제어에 의한 이방성 형상 제어

메조포러스 실리카 또는 양극산화 알루미늄 등의 다공체를 템플레이트(template, 주형, 틀)로 이용하여, 이들의 미세공 중에 나노콜로이드의 합성 반응을 행하면 템플레이트의 형상을 반영한 나노콜로이드를 얻을 수 있다. 예를 들면, 1차원 세공을 갖는 메조포러스 실리카의 세공에 금속이온을 채운 후 알콜 증기의 존재 하에서 자외선을 조사하면, 미세공 내의 금속이온이 환원되어 1차원의 형상을 갖는 금속 나노와이어나 나노로드가 미세공 내에 형성한다. 나노로드의 직경은 메조포러스 실리카의 미세공 크기와 일치한다. 또한 템플레이트로서 미세공 벽에 주기적으로 유기 부분(-$CH_2$-$CH_2$)과 무기 부분($Si_2O_3$)이 교대로 나타나는 유기-무기 하이브리드 메조포러스 실리카를 이용하면 생성되는 금속 나노와이어에 그 형상이 전사된다. 이 방법으로 합성되는 나노와이어는 와이어의 직경이 최대값(3.1 nm)과 최소값(1.8 ~ 2.0 nm)이 3 ~ 5 nm 주기로 교대로 나타나는 necklace 구조가 된다고 보고되고 있다[(22)]. 이 necklace 구조는 Pt 또는 Rh 단금속 뿐만 아니라 Pt-Rh, Pt-Pd 합금 나노와이어에 있어서도 합성이 가능하다.

한편, 양극산화 알루미나 막은 두께 방향으로 1차원의 미세공(세공 직경: 수십 nm ~ 1 $\mu$m 정도)을 다수 가지며, 알루미나 막의 한 쪽에 금속 막을 부착시켜 전극으로 하고 미세공 내의 금속이온을 전기화학적으로 환원하면 미세공 내에 금속이 충진되어 여러 가지 금속 나노와이어를 합성할 수 있다. 또한 알루미나($Al_2O_3$) 막을 알칼리성 용액에서 용해 제거하면 나노로드(nano-rod) 입자를 높은 효율로 분리해 낼 수 있다. 얻어지는 로드형 나노콜로이드의 직경은 템플레이트의 미세공 직경에 거의 동일하며, 로드의 길이는 금속 석출에 이용되는 통전 전기량에 의해 제어될 수 있기 때문에 나노콜로이드의 정밀 구조 제어를 위해서는 매우 편리한 방법이다. 또한, 〈그림 4.2.10〉에 나타낸 것처럼, 다른 종류의 금속을 연속적으로 전석(電析, electrodeposition)시켜서 나노로드의 장축 방향에 헤테로 접합을 갖는 복합금속 나노로드(나노바코드)를 합성할 수 있다. 예를 들면, 양극산화 알루미나 막중에 Au 이온과 Ag 이온을 순차적으로 전기화학적으로 환원시키면, Au-Ag 복합금속 나노로드가 생성한다. 구성하고 있는 각 금속 부분의 길이는 통전 전기량에 의해 제어 가능하다. 게다가 Au-Ag-Ni-Pd-Pt 나노로드와 같은 균일 용액 중 나노콜로이드 합성에서 형상 이방성 제어가 매우 곤란하고 복잡한 구조체에 대해서도 이 방법에서는 전기화학적으로 석출시키는 금속의 종류를 변경하는 것으로 매우 간단히 합성할 수

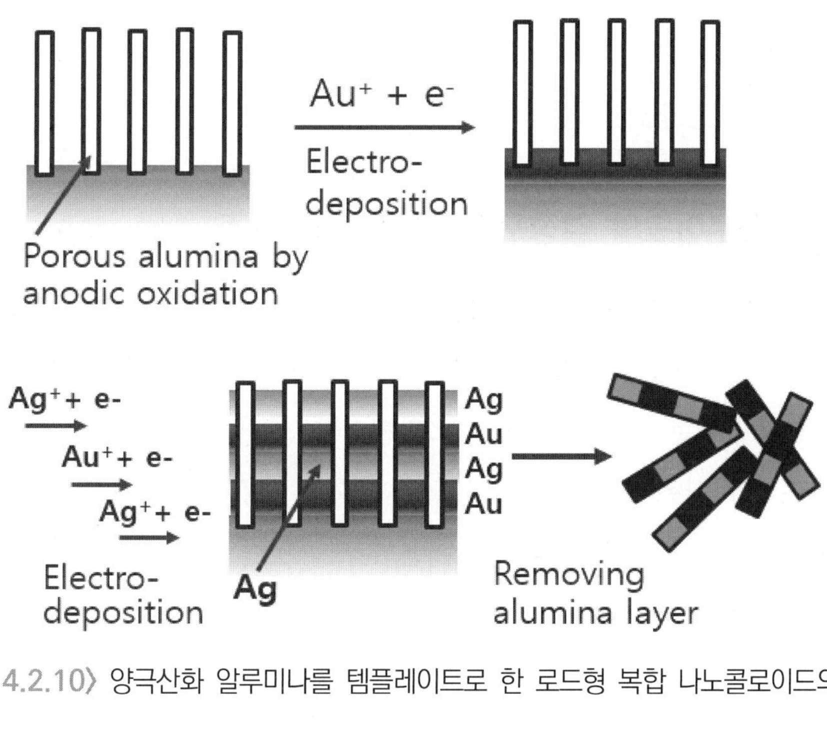


〈그림 4.2.10〉 양극산화 알루미나를 템플레이트로 한 로드형 복합 나노콜로이드의 합성

있다[23]. 그러나 한 번에 합성할 수 있는 나노콜로이드 수는 사용하는 템플레이트의 미세공 수로 제한되기 때문에 대량으로 나노와이어를 필요로 하는 용도로는 부적합하다고 할 수 있다.

금속산화물 다공체 등의 견고한 무기재료 뿐만 아니라, 소프트한 재료를 템플레이트로 하는 나노콜로이드의 형상 제어법도 개발되어 있다. 계면활성제로 구성되어 있는 미셀(micelle)을 템플레이트로 이용하여 여러 가지 로드 형상의 나노콜로이드를 합성할 수 있다(이것을 soft template method라고 부른다). 예를 들면, 브롬화 헥사데실트리메칠 암로늄(hexadecyltrimethylammonium bromide or cetyltrimethylammonium bromide; CTAB)을 용해한 수용액 중에서 전구체인 $[AuCl_4]^-$ 이온을 화학적으로 환원시키면 Au 나노로드가 생성한다. 이 방법에서는 계면활성제로 사용되는 4급 암모늄계 양이온($CH_3(CH_2)_{n-1}N^+(CH_3)_3$)의 사슬 길이를 변화시켜 Au 로드의 종횡비(aspect ratio)를 제어할 수 있고, 탄소 사슬 n을 10, 12, 14, 16으로 증가시키면 종횡비가 1, 5, 17, 23으로 급격히 증가하는 것으로 보고되고 있다.

## 4.3. 나노콜로이드의 결정구조 및 상분리 구조

나노콜로이드를 정의내릴 수 있는 일차적 구조로는 입경, 형상, 결정구조가 있으며, 이들은 나노콜로이드의 화학적-물리적 성질을 결정하는 요소이기 때문에 이것을 제어하는 것은 매우 중요한 과제이다. 한편, 나노콜로이드가 여러 개의 원소 또는 화학종으로 구성되는 경우, 일차적 구조제어 인자로서 새롭게 조성 및 상 구조가 더해진다. 본 절에서는 나노콜로이드의 결정구조와 상 분리 구조에 대해 논의한다.

### 4.3.1. 결정계와 결정격자

결정은 원자가 3차원적 공간에 주기적으로 같은 배열을 반복하고 있는 고체를 말한다. 그 배열에는 다양한 형태가 있지만, 우선 원자의 공간 배열의 골격을 만드는 격자(lattice, 공간격자)를 생각하자. 공간격자를 규정하는 기본 단위(단위격자, unit cell)의 크기와 형태는 〈그림 4.3.1〉에 표시한 것처럼, 어떤 원점으로부터 3개의 벡터 a, b, c로 표시할 수 있고 결정축과 일치한다. 이들 벡터는 길이(a, b, c), 각도($\alpha$, $\beta$, $\gamma$)로 표시되는 단위격자의 격자상수(lattice constant)이다. 격자상수에 제한을 주는 것으로 7 종류의 격자 공간을 만들 수 있으며, 이들이 7 종류의 결정계(lattice system)에 해당한다(〈표 4.3.1〉). 모든 결정은 이들 중 어느 결정계로 분류된다.

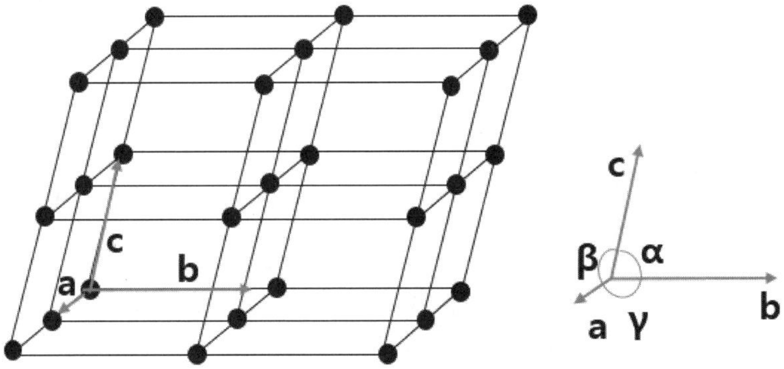


〈그림 4.3.1〉 공간격자와 단위격자

7종류의 공간격자에는 단위격자의 정점에만 격자점을 배치하지만, 각 격자점에 같은 환경을 갖게 하는 공간격자의 조건을 만족시키는 다른 배열을 생각할 수 있다. 예를 들면, 입방격자의 단위격자 중심에 1개의 격자점을 놓으면 새로운 공간격자를 형성하는 것이며, 각 면의 중심에 원자를 갖도록 한 공간격자를 만들 수도 있다. 이와 같이 생각하면, 14개의 공간격자(브라바이스 격자,

Bravais lattice)가 형성된다는 것을 알 수 있다(〈표 4.3.1〉). 또한, 동일한 결정계에 속하는 공간격자의 대칭성은 같다. 즉 단순입방격자(simple cubic lattice), 체심입방격자(body-centered cubic lattice), 면심입방격자(face-centered cubic lattice)는 어느 것도 동일의 대칭성을 가지고 있다.

〈표 4.3.1〉 7종류의 결정계와 공간격자

| 결정계 | 격자 상수 | Bravais 격자 |
|---|---|---|
| 입방정<br>(立方晶, cubic) | a=b=c(3축이 동일)<br>$\alpha=\beta=\gamma=90^\circ$(3축이 서로 수직) | P (단순)<br>I (체심)<br>F (면심) |
| 정방정<br>(正方晶, tetragonal) | a=b≠c(2축이 동일)<br>$\alpha=\beta=\gamma=90^\circ$(3축이 서로 수직) | P (단순)<br>I (체심) |
| 사방정<br>(斜方晶, orthorhombic) | a≠b≠c(3축이 모두 다름)<br>$\alpha=\beta=\gamma=90^\circ$(3축이 서로 수직) | P (단순)<br>I (체심)<br>C (저심)<br>F (면심) |
| 삼사정(三斜晶, trigonal)<br>또는 능면체정<br>(菱面体晶, rhombohedral) | a=b=c(3축이 동일)<br>$\alpha=\beta=\gamma\neq90^\circ$(3각이 수직 아님) | P (단순) |
| 육방정<br>(六方晶, hexagonal) | a=b≠c(2축이 동일)<br>$\alpha=\beta=90^\circ$, $\gamma=120^\circ$<br>(a, b와 이루는 각은 90°이고 제3축과는 수직) | P (단순) |
| 단사정<br>(單斜晶, monoclinic) | a≠b≠c(3축이 모두 다름)<br>$\beta=\gamma=90^\circ\neq\alpha$(1축만 수직이 아님) | P (단순)<br>C (저심) |
| 삼사정<br>(三斜晶, triclinic) | a≠b≠c(3축이 모두 다름)<br>$\alpha\neq\beta\neq\gamma$(모두 수직이 아닌 다른 각) | P (단순) |

결정 내에서의 방향은 공간격자 내의 방향에서 생각한다. 대칭하고 있는 방향으로 평행한 원점을 통과하는 직선 상의 임의의 점 좌표 (u, v, w)에서는 직선의 방향이 $r = ua + vb + wc$로 주어지며, 직선 상의 방향은 [uvw]로 표기된다. [uvw]는 직선에 평행한 모든 직선의 방향을 표시하고, 가장 단순한 정수비로

표시하는 것으로 약속되어 있다(음의 방향은 $[\bar{u}vw]$로 표시한다). 예를 들면, [122], [244], [1/2 11] 등은 [122]로 나타낸다. 또한 단순입방격에서 [111], [1$\bar{1}$1], [$\bar{1}$11], [$\bar{1}$ $\bar{1}$1] 등의 결정학적으로 등가인 방향은 <111>과 같이 대표적으로 표기한다. 독자의 이해를 높이기 위하여, 〈그림 4.3.2〉에 격자 방향의 예를 몇 가지 들어 둔다.

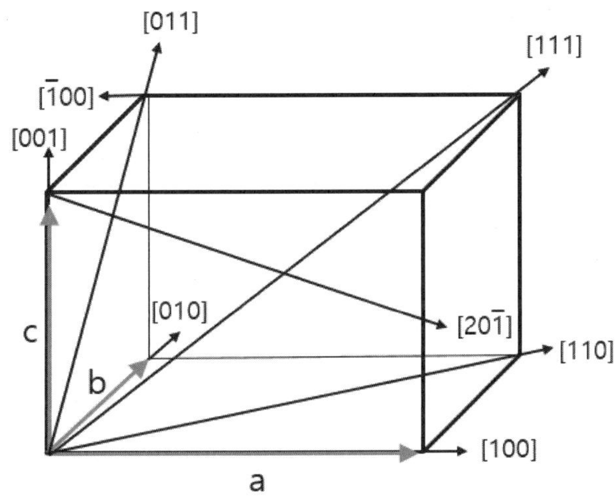


〈그림 4.3.2〉 격자 방향의 표시방법

한편, X선, 중성자, 전자 등을 결정에 조사하여 결정과 입사선의 방위 관계가 회절의 조건을 만족시키면 특정 방향에 회절선이 만들어진다. 회절은 어느 원자 배열 면에서 반사하는 것처럼 보이기 때문에, 물질의 분석에는 격자면(lattice plane, 결정면)의 이해가 중요하다. 격자면은 결정축과 교차하는 점과 원점 간의 거리에 대한 그 축의 단위 길이(격자 상수의 길이)의 비의 역수(Miller index 또는 면지수)로 표시된다. 즉 결정면이 a, b, c 축과 교차하는 점과 원점과의 거리를 각각 p, q, r이라고 하면, p/a, q/b, r/c 값의 역수 비 a/p : b/q : c/r을 가장 간단한 정수비 h : k : l로 표시했을 때, (hkl)을 밀러지수 h, k, l의 격자면이라고 한다. 즉 밀러지수 (hkl)은 이것에 평행한 모든 면을 의미한다. 밀러지수는 격자점을 통과하는 면의 방위를 나타내기도 하기 때문에, 결정에 의한 회절을 생각할 때, 어떤 결정 방위에서 회절하였나를 고찰하기에 편리하다. 단순입방격자에서 (100), (010), (001) 등의 결정학적으로 등가인 면은 {100}으로 대표하여 표기한다. 〈그림 4.3.3〉에 격자면의 밀러지수에 의한 표시 예를 몇 가지 소개해 둔다.

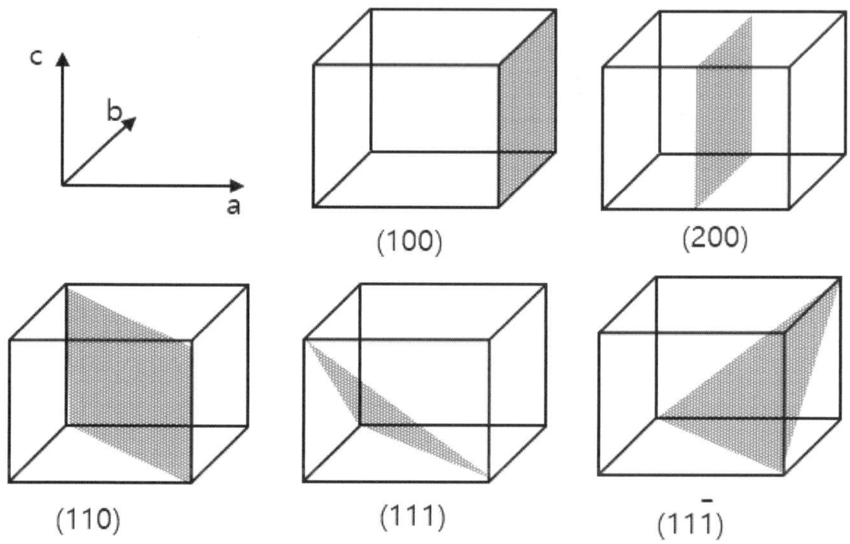


〈그림 4.3.3〉 격자면의 밀러지수에 의한 표시방법

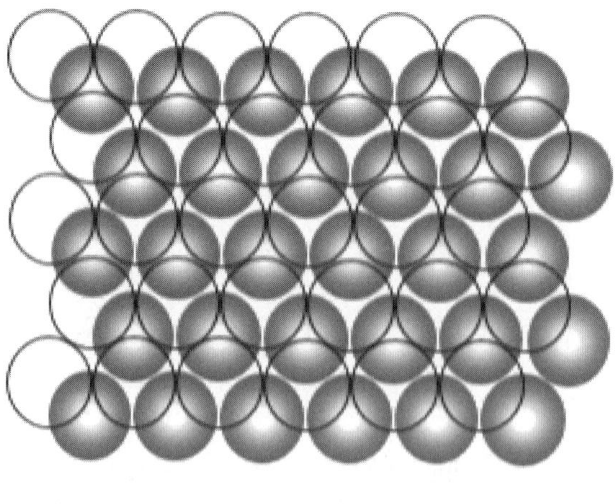

〈그림 4.3.4〉 2층 구조로 된 구의 조밀충진구조(2층은 회색 표시)

### 4.3.2. 금속 나노콜로이드의 결정구조

단일 원자로 구성되는 금속 나노콜로이드는 기본적으로 벌크 금속과 같은 결정구조이다. 결정 중의 원자는 큰 배위수를 가지며, 결정의 대다수는 입방조밀충진구조(cubic close-packed(ccp) structure) (= 면심입방구조, face-centered cubic(fcc) structure), 육방조밀충진구조(hexagonal close-packed(hcp) structure), 체심입방구조(body-centered cubic(bcc) structure)의 3개의 구조 중 어느 한 구조를 갖고 있다. 다수의 순수 금속은 온도 등의 조건에 의해 몇 가지의 결정구조를 갖기 때문에, 금속 나노콜로이드도 동일하게 여러 가지 형태를 갖을 수 있다. 1 ~ 12족의 순수 금속이 취하는 결정구조를 〈표 4.3.2〉에 나타내었다. Ni 또는 Co는 입방조밀충진구조와 육방조밀충진구조 중 어느 것을 취할 수 있으며, Fe는 입방조밀충전구조와 체심입방구조를 갖는다. 상온 상압 상태에서 액체인 유일의 금속 원소인 수은은 저온에서 삼방정의 고체가 된다.

〈표 4.3.2〉 순수 금속의 결정구조

| 1 | 2 | 3 | 4 | 5 | 6 | 7 | 8 | 9 | 10 | 11 | 12 |
|---|---|---|---|---|---|---|---|---|---|---|---|
| Li<br>*b* | Be<br>*h* | | | | | | | | | | |
| Na<br>*b* | Mg<br>*h* | | | | | | | | | | |
| K<br>*b* | Ca<br>*c,h* | Sc<br>*c,h* | Ti<br>*h,b* | V<br>*b* | Cr<br>*h,b* | Mn<br>- | Fe<br>*c,b* | Co<br>*c,h* | Ni<br>*c,h* | Cu<br>*c* | Zn<br>*h* |
| Rb<br>*h* | Sr<br>*c* | Y<br>*h* | Zr<br>*h,b* | Nb<br>*b* | Mo<br>*h,b* | Tc<br>*h* | Ru<br>*c,h* | Rh<br>*c* | Pd<br>*c* | Ag<br>*c* | Cd<br>*h* |
| Cs<br>*b* | Ba<br>*b* | La<br>*c,h* | Hf<br>*h,b* | Ta<br>*b* | W<br>*b* | Re<br>*h* | Os<br>*c,h* | Ir<br>*c* | Pt<br>*c* | Au<br>*c* | Hg<br>- |

*c* : 입방조밀충진구조(cubic close-packed structure)
*h* : 육방조밀충진구조(hexagonal close-packed structure)
*b* : 체심입방구조(body-centered cubic structure)

입방조밀충진구조 및 육방조밀충진구조에서는 결정의 구성 단위(단단한 구로 간주되는 금속원자)는 공간을 최대한 채우려고 가능한 한 조밀하게 충진되어 있다. 평면 상에서 조밀충진은 각각의 구가 인접한 6개의 구로 둘러싸여진 형상이다. 첫 번째 층의 오목한 부분에 같은 구조의 두 번째 층을 올리면 2층의 조밀충진구조가 얻어진다(〈그림 4.3.4〉). 더욱이 세 번째 층을 두 번째 층의 오목한 부분에 올려 조밀충진구조를 만드는 경우, 두 가지의 방법이 가능하다. 하나는 세 번째 층을 첫 번째 층의 오목한 부분에 겹치게 배치하는 방법으로 세 층의 배열은 ABC라고 적을 수 있고, 이것이 반복되면 ABCABCABC... 배열의 입방조밀충진구조가 된다(〈그림 4.3.5〉 (a)). 이 적층 방향은 면심입방격자의 대각선 방향과 일치한다. 한편, 세 번째 층을 첫 번째 층의 바로 위에 오도록 배치하면, 세층의 배열은 ABABAB...로 적을 수 있으며, 이것이 육방조밀충진구조의 배치이다(〈그림 4.3.5〉 (b)). 입방조밀충진구조에는 4개의 등가인 <111> 방위가 존재하기 때문에, 이 결정구조를 갖는 금속은 육방조밀충진구조 금속보다 연성과 전성이 우수하다. 나노콜로이드에서는 동일 결정구조를 가지고 있어도 결정면의 방향에 따라 여러 가지 형상이 얻어진다. 예를 들면, 입방조밀충진구조를 갖는 입방팔면체, 입방체, 정사면체 구조 나노콜로이드를 〈그림 4.3.6〉에

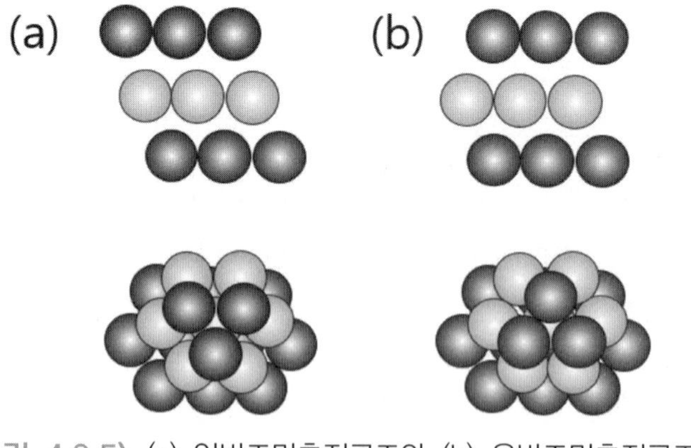


〈그림 4.3.5〉 (a) 입방조밀충진구조와 (b) 육방조밀충진구조

나타내었다. 체심입방구조에서는 입방체의 정점과 중심에 원자가 존재한다. 체심입방구조의 충진율(68%)은 조밀충진구조가 아니기 때문에, 입방 또는 육방 조밀충진구조의 충진율(74%) 보다 다소 작다.

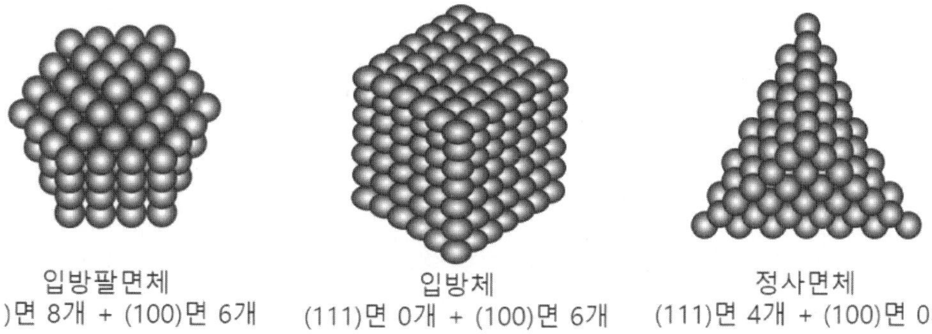


〈그림 4.3.6〉 입방조밀구조를 갖는 여러 가지 형태의 금속 나노콜로이드

### 4.3.3. 합금 나노콜로이드의 결정구조

단일 금속원소로 구성되는 금속 나노콜로이드에 반하여, 복수의 금속원자로 이루어진 것을 합금 나노콜로이드(alloy nanocolloid)라고 한다. 일반적으로 단일 금속에 다른 금속을 첨가하면 융점이나 자성 등의 성질이 크게 변화한다. 즉 조성을 조절한 합금 나노콜로이드를 합성하면 단일 금속 나노콜로이드에서는 나타나지 않는 여러 가지 성질을 발현시킬 수 있다. 합금이라고 해도 여러 가지 상태가 있다. 완전히 액체와 같이 혼합된 고용체(固溶體, solid solution), 결정 상태에서 성분 금속이 각각 독립하여 존재하는 공정(共晶, eutectic), 원자 상태에서 일정 비율로 결합한 금속간화합물(金屬間化合物, intermetallic compound) 등이 있다. 고용체나 공정을 형성할 것인가는 상태도에서 판단할 수 있으며, 그 결정구조는 금속 나노콜로이드와 같지만 벌크 재료에서는 고용하지 않는 금속의 조합이 나노 스케일 영역에서 고용하는 경우가 가끔 있다.

고용체의 경우는 2종류의 금속을 임의의 비율로 혼합하지만, 금속간화합물에서는 구성원소의 원자비가 정수가 된다. 나노콜로이드인 금속간화합물은 간단한 구조를 갖는 경우가 대부분이다. 금속간화합물을 구성하는 원자의 종류를 무시한다면, 그 결정구조를 고려하는 것으로 결정구조에 의해서 지배되는 성질을 유추할 수 있다. 〈그림 4.3.7〉에 나노콜로이드로서 중요한 2종류의 금속간화합물의 결정구조를 나타내었다. $L1_2$ 구조에서는 화학양론적 조성이 $A_3B$이고, fcc 격자의 면심을 A원자가, 정점의 위치를 B원자가 각각 차지하고 있다. $Cu_3Au$ 나노콜로이드가 대표적인 예이다. $L1_0$ 구조에서는 c축 [001] 방향에 A원자만으로 구성되는 원자면과 B원자만으로 구성되는 원자면이 교대로 적층되어 있으며, a축 [100], b축 [010] 방향의 격자상수와 c축 [001] 방향의 격자상수가 달라서 정방정(正方晶)으로 분류된다. 자성 나노콜로이드인 FePt, CoPt, FePd 나노콜로이드는 fcc 합금구조로부터 $L1_0$ 구조를 취함에 따라 강자성을 나타내게 된다(〈그림 4.3.8〉).

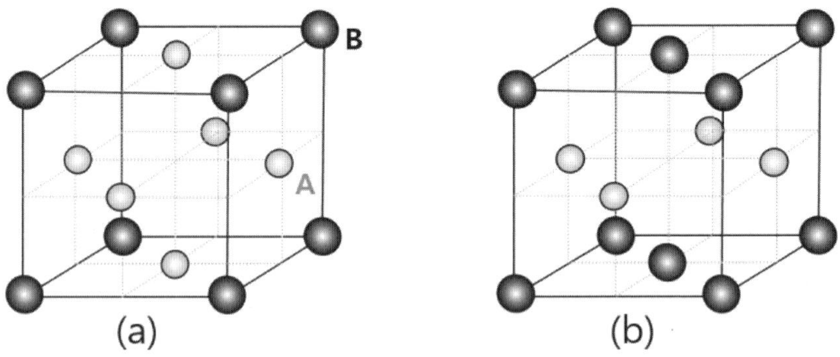


〈그림 4.3.7〉 fcc 격자를 기초로 하는 금속간화합물의 결정구조 ((a) $L1_2$ 구조, (b) $L1_0$ 구조)

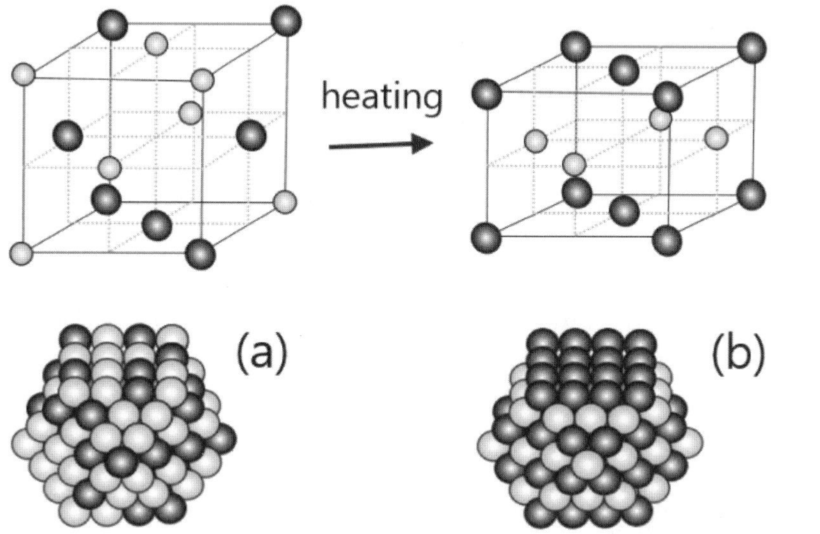


〈그림 4.3.8〉 (a) fcc 합금구조로부터 (b) $L1_0$ 규칙화 구조로 결정구조 변화

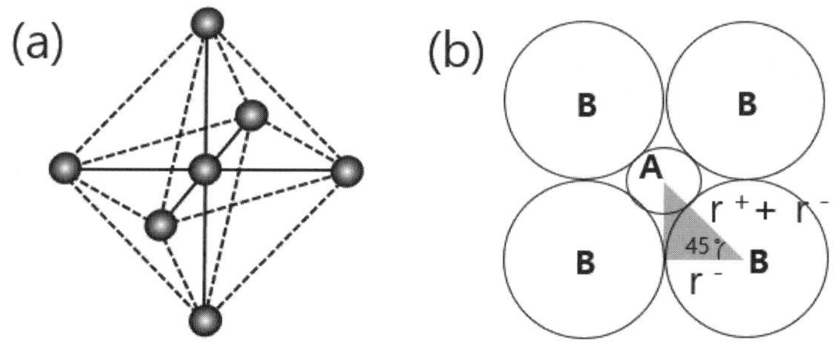


〈그림 4.3.9〉 (a) 6배위 팔면체 구조와 (b) 팔면체형 배치의 이온반경의 비($r^-/r^+$)의 한계치

## 4.3.4. 이온결정 나노콜로이드의 결정구조

이온결정 나노콜로이드의 결정구조도 금속 나노콜로이드의 경우와 같이 기본적으로 벌크 결정의 결정구조에 따른다. A 양이온과 B 음이온으로 된 이온결정을 생각해 보자. A 양이온과 B 음이온에 대하여 보다 안정한 구조를 부여하는 배위수는 B 음이온의 반경($r^-$)에 대한 A 양이온의 반경($r^+$)의 비 $r^-/r^+$에 의해서 결정된다. 예를 들면, 〈그림 4.3.9〉에 나타낸 것처럼, A 양이온이 6개의 음이온에

팔면체 구조로 둘러싸여져 있는 경우, 동일 평면에서는 A 양이온이 4개의 음이온에 둘러싸여 있기 때문에, $r^-/(r^++r^-) = \cos 45°$, 즉 $r^-/r^+ = 0.414$가 된다. $r^-/r^+$가 더욱 작아지면 A 양이온이 6배위를 유지하는 것이 곤란하고, 또한 $r^-/r^+$가 클 때는 6배위 또는 8배위의 구조를 취할 가능성이 높을 것이다. 이와 같은 이온반경의 비($r^-/r^+$)로부터, 이온결정이 2배위 직선형($r^-/r^+$ : 0 ~ 0.155), 3배위 삼각형형($r^-/r^+$ : 0.155 ~ 0.225), 4배위 사면체형($r^-/r^+$ : 0.225 ~ 0.414), 6배위 팔면체형($r^-/r^+$ : 0.414 ~ 0.732), 8배위 입방체형($r^-/r^+$ : 0.732 ~ 1)의 어느 한 구조를 취할 것인지 예측할 수 있다.

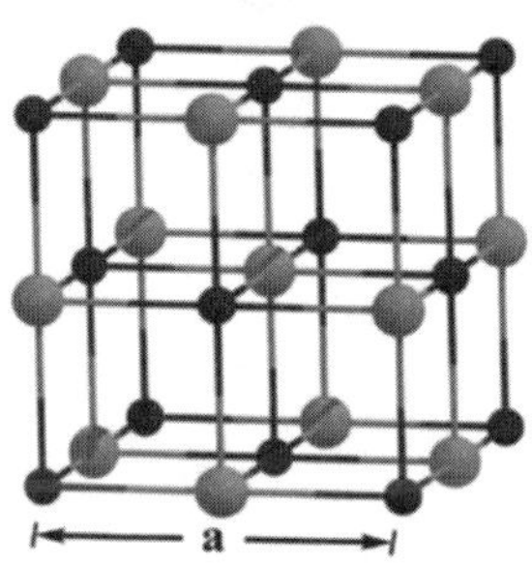

〈그림 4.3.10〉 염화나트륨형 결정구조

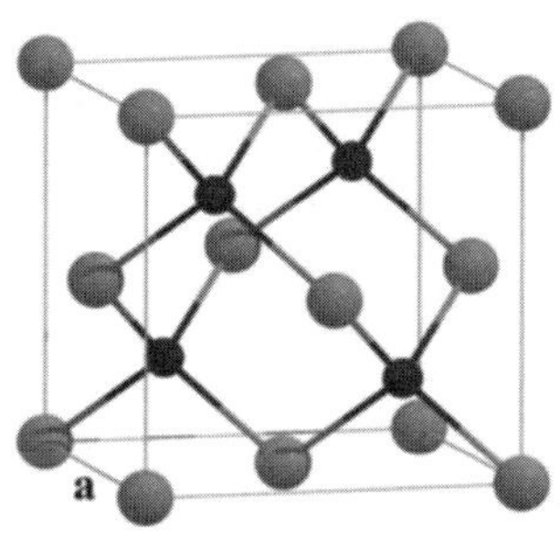

〈그림 4.3.11〉 섬아연광형 결정구조

(a) AB형 이온결정 나노콜로이드

AB형 이온결정 나노콜로이드는 염화나트륨형, 염화세슘형, 섬아연광(zinc blende)형, 우르자이트(wurtzite)형의 4종류가 있다. 염화세슘형 구조를 취하는 나노콜로이드는 거의 합성되지 않기 때문에 여기서는 다른 3종류의 구조에 대해서 기술한다.

염화나트륨형에서는 $Na^+$와 $Cl^-$의 이온반경 비는 0.525이며, 6배위 8면체형 구조를 갖는다(〈그림 4.3.10〉). $Na^+$ 이온 또는 $Cl^-$ 이온만 생각하면 이 결정구조는 입방정계에 속하는 것을 알 수 있다. NaCl로 대표되는 알칼리 할라이드(alkali halide)는 같은 결정구조이지만(CsCl, CsBr, CsI를 제외한), 나노콜로이드를 합성하는 것은 곤란하다. 염화나트륨형 결정구조를 갖는 이온 결정인 나노콜로이드로서는, Mg, Cr, Sr, Ba의 염화물과 황화물, AgX(X = Cl, Br, I), MO(M = Cd, Fe, Co, Ni, Mn), MnS, PbS 등이 있다.

〈그림 4.3.10〉에서 양이온의 크기가 음이온보다 더 작으면, 양이온의 주변에 음이온이 4개 밖에 접근하지 않는다. 이러한 경우에 쉽게 나타날 수 있는 결정구조는 황화아연(ZnS)의 결정구조인 섬아연광형 구조(〈그림 4.3.11〉)와 우르자이트광형 구조(〈그림 4.3.12〉)가 있다. 〈그림 4.3.11〉에 나타낸 섬아연광형 구조는 다이아몬드 구조와 같으며, 인접 원자가 이종원자라고 하는 점만 다를 뿐이다. 각 양이온은 4개의 음이온으로 4면체형으로 둘러싸여져 있으며, 한편 각 음이온도 4개의 양이온으로 싸여져 있다. 결정계는 입방정계에 속한다. 〈그림 4.3.12〉에 나타낸 우르자이트광형 구조도 섬아연광형 구조와 동일하게 각 이온은 4개의 상대 이온으로 둘러싸여져 있다. 제2의 인접 이온을 생각하면, 섬아연광형 구조와는 차이가 나타난다. 우르자이트광형 결정구조는 육방정계에 분류된다. 섬아연광형 결정구조를 취하는 나노콜로이드로는 CuCl, CuBr, CuI 등이 있으며, 한편 우르자이트광형 결정구조는 갖는 것에는 ZnO가 있다. Cd 또는 Zn의 칼코겐(Chalcogen) 화합물(16족 원소와의 화합물)은 저온에서는 섬아연광형, 고온에서는 우르자이트광형 구조가 안정하다.

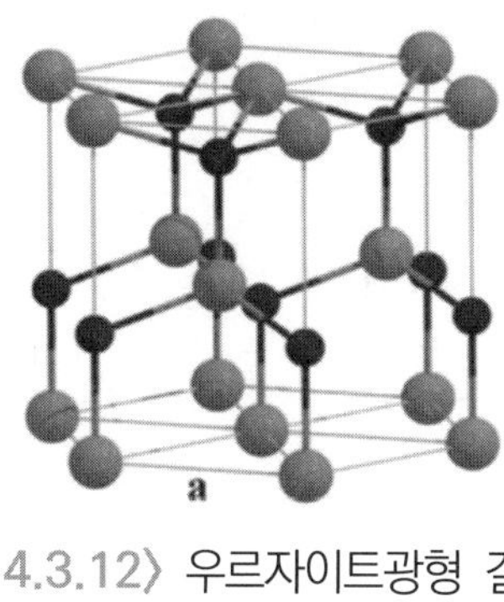


〈그림 4.3.12〉 우르자이트광형 결정구조

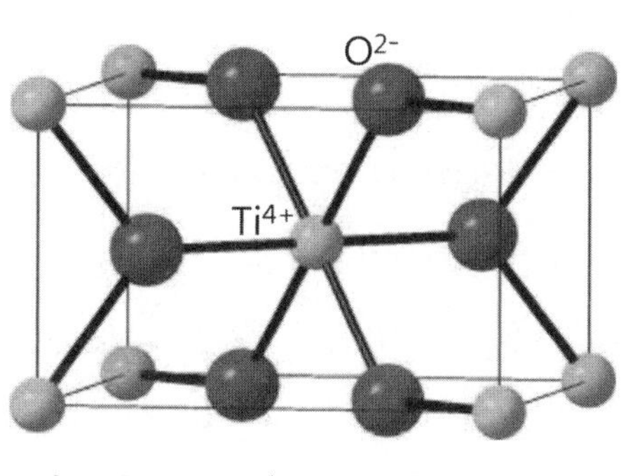


〈그림 4.3.13〉 루타일형 결정구조

(b) $AB_2$형 구조

이 형태의 이온결정에는 가장 보편적으로 나타나는 결정구조는, 루타일(rutile) ($TiO_2$)형 구조와 형석(fluorite) ($CaF_2$)형 구조이다. 나노콜로이드로서 중요한 몇 가지의 산화물($TiO_2$, $SnO_2$)은 루타일형 구조를 가지고 있다. $TiO_2$의 루타일형 구조(〈그림 4.3.13〉)에서는, $Ti^{4+}$ 이온은 8면체형으로 배열한 6개의 $O^{2-}$ 이온에 둘러싸여져 있는 한편, 각 $O^{2-}$ 이온은 삼각형으로 배열한 $Ti^{4+}$ 이온으로 둘러싸여져 있다.

(c) 그 외의 구조

두 종류의 금속이온으로 구성된 천이금속산화물들이 취하는 결정구조로서, 페로브스카이트형 구조(perovskite structure) (〈그림 4.3.14〉)와 스피넬 구조(spinel structure)(〈그림 4.3.15〉)가 있다. 원래 페로브스카이트라 함은 회티탄석($CaTiO_3$)의 결정구조를 의미하며, 페로브스카이트와 같은 결정구조를 페로브스카이트형 구조라고 부른다. 일반적으로 $ABO_3$라는 조성으로 된 천이금속산화물들이 이 결정구조를 취한다. 페로브스카이트형 구조는 〈그림 4.3.14〉에 나타낸 것처럼, 입방정계의 단위격자를 가지고 입방정의 체심에 금속 A 이온이 각 정점에 B 이온이 배치되어 있으며, 금속 B 이온에는 6개의 산화물 이온이 정팔면체에 배위하고 있다. 또한, 산화물이온은 정점을 공유하는 정팔면체 네트워크 구조를 취한다. 산화물 이온과 금속 B로 구성되는 $BO_6$ 팔면체의 방향은 금속 A 이온과의 상호작용에 의해 쉽게 변형되어 보다 대칭성이 낮은 사방정 또는 정방정으로 상 전이(phase transformation)한다.

복수의 금속이온으로 구성되는 금속산화물 나노콜로이드로서, 또 하나의 중요한 것은 스피넬형 구조 나노콜로이드이다. 스피넬형 구조는 $A^{2+}B^{3+}{}_2O_4$라는 조성을 갖는다. 정피스넬 구조에서는 산화물 이온이 사면체 사이트와 팔면체 사이트를 형성하고 있으며, $A^{2+}$ 이온이 사면체 사이트를, $B^{3+}$ 이온이 팔면체 사이트를 점유하고 있다(그림 4.3.15). 역스피넬형 결정에서는 $A^{2+}$ 이온과 $B^{3+}$ 이온의 절반이 위치를 서로 교환한다. 즉, $A^{2+}$ 이온과 $B^{3+}$ 이온의 절반이 팔면체 사이트를 차지하고, $B^{3+}$ 이온의 나머지 절반이 사면체 사이트를 차지하게 된다. 정스피넬 구조를 갖는 대표적 화합물은 $MAl_2O_4$ (M = Mg, Fe, Zn, Mn)과 $MCr_2O_4$(M = Fe, Mg, Mn)이고, 한편 역스피넬구조에서는 $MFe_2O_4$ (M = Fe, Mg, Mn)이 중요하다. 또한, 두 개의 금속산화물 $Mn_3O_4$와 $Co_3O_4$도 정스피넬형 구조이다.

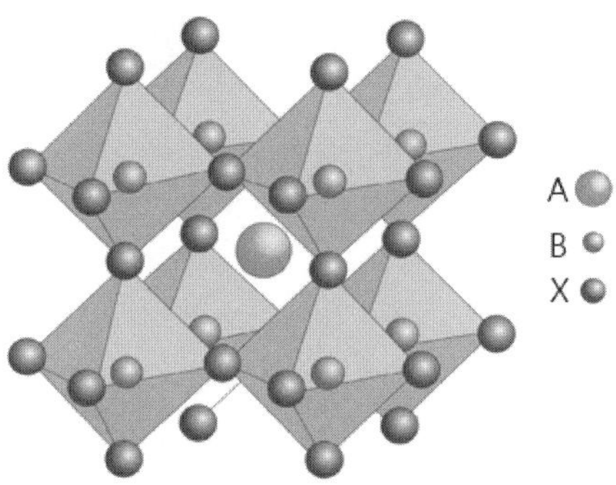

〈그림 4.3.14〉 페로브스카이트형 결정구조

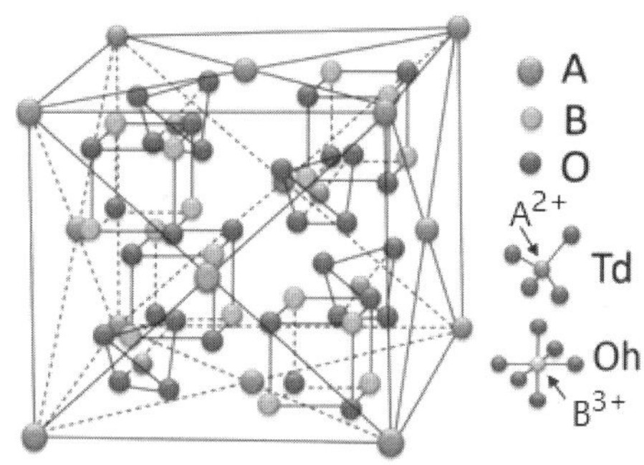

〈그림 4.3.15〉 스피넬형 결정구조

## 4.3.5. 나노콜로이드의 상분리 구조

금속 또는 세라믹스 나노콜로이드를 액상에서 합성하는 경우, 용액 중에 무기염 또는 유기 배위자(유기분자, 쇄상 및 수지상 고분자, 계면활성제 등)를 잘 용해시켜 과포화 상태에서 금속원자나 이온 결정을 생성시킨다. 나노콜로이드를 정의하는 일차적 구조는 입경, 입형, 결정구조이며, 이들은 나노콜로이드의 화학적 물리적 성질을 결정하기 때문에 그 제어는 매우 중요한 과제이다. 한편, 나노콜로이드가 복수의 원소 또는 화학종으로 되는 경우, 일차적 구조제어 인자로서 새로운 조성과 상구조가 더해질 수 있다. 두 화학종의 상분리 구조는 〈그림

4.3.16〉에 나타낸 것처럼, 각 화학종이 불규칙하게 결정 사이트를 점유하는 합금구조(alloy structure), 각 화학종이 동심원상으로 분리한 코어-쉘 구조(core-shell structrue), 이방적으로 상분리한 헤테로접합구조(hetero-junction structure)로 분류할 수 있다.

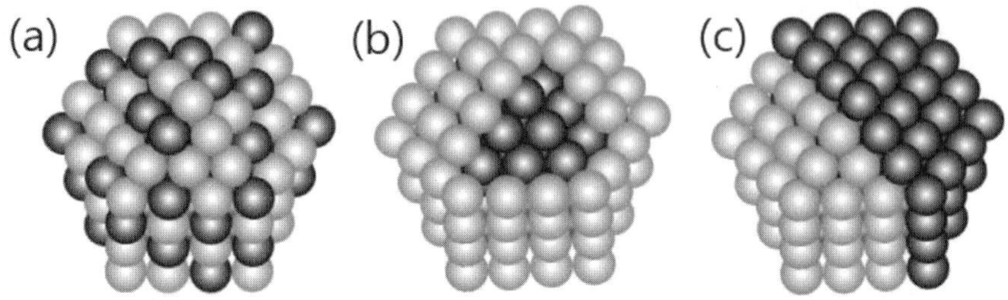


〈그림 4.3.16〉 두 화학종으로 된 나노콜로이드의 상분리 구조 (a) 합금, (b) 코어-쉘, (c) 헤테로 접합구조

(a) 합금구조

일반적인 합금구조 나노콜로이드는 복수의 금속 원소가 결정격자의 각 사이트를 불규칙적으로 점유한 고용체 구조를 취한다. 2종류의 금속원소로 구성된 합금구조 나노콜로이드의 합성은 용액 중에서 각각의 금속 이온을 동시에 환원시켜 만들지만, 2종류의 금속원소가 원자 레벨로 고용할 것인지는 고용하는 원소의 조합(상태도로부터 예측 가능), 또는 핵생성 및 성장의 시간 안에 각각의 금속원자가 생성할 것인지(2종류 금속염의 반응성 정도)에 따라 결정된다. 예를 들면, 상태도에서 확실하게 AuAg 합금구조는 쉽게 형성하지만, PdPt 합금구조는 생성하지 않는다. 또한 $Pd^{+2}$ 이온과 $Pt^{+2}$ 이온의 환원속도(표준산화환원전위)에 차이가 있는 경우, 표준산화환원전위가 큰 금속이온($Pt^{+2}$ 이온)이 코어로 존재한 Pt-Pd 코어-쉘 구조가 형성된다. 그러나 벌크 재료에서는 고용하지 않는 금속원소의 조합의 경우도 나노콜로이드가 되면 고용하는 사례가 나타나고 있다.

(b) 코어-쉘 구조

나노콜로이드가 코어-쉘 구조를 취하는 경우, 금속, 금속 칼코게나이드(metallic chalcogenide), 금속산화물 등의 코어-쉘의 조합을 생각할 수 있다. 2 종류의 금속으로 된 나노콜로이드의 예를 들면, 코어-쉘 구조 나노콜로이드의 합성에는 각 금속이온의 표준산화환원전위의 차를 이용한 동시(同時) 환원법, 또는 코어가 되는 나노콜로이드에 쉘 금속원소의 헤테로 에피탁셜 성장을 이용한 순차(順次) 환원법이 있다. 코어의 단분산성이나 쉘 두께를 명확히 제어하기 위해서는 순차환원법을 이용하는 것이 압도적으로 유리하다. 주의하지 않으면 안되는 것은 코어를 쉘 물질로 균일하게 피복하기 위해서는 다음의 조건을 만족시킬 필요가 있다[(24)].

(1) 코어-쉘을 형성하는 각각의 금속의 결정격자의 불일치(lattice mismatch)가 5% 이하이고, 코어 금속의 원자반경이 쉘 금속보다 클 것(격자 변형의 균일 완화를 위해).

(2) 쉘 금속의 전기음성도가 코어금속보다 낮을 것(코어-쉘 간의 금속교환반응 억제를 위해)

(3) 쉘 금속간의 결합에너지가 코어-쉘 간의 결합에너지 보다 작을 것(쉘 금속의 편석 억제를 위해)

〈그림 4.3.17〉에 Fan들에 의해 합성된 Au@Ag 코어-쉘 나노콜로이드 및 Au@Pt 코어-쉘 나노콜로이드의 전자현미경 사진을 나타내었다. 어느 쪽의 금속 조합도 결정격자의 불일치는 5% 이하이지만, Ag가 Au 코어 상에 균일하게 성장한데 반하여, Pt는 불균일하게 성장한 섬모양 구조를 형성하고 있다. 이것은 Pt-Pt 간의 결합에너지가 Pt-Au 간의 결합에너지 보다 크기 때문이다. 상기 세 가지 조건을 만족시키면 각종 코어-쉘 구조 콜로이드를 합성할 수 있다.

이 코어-쉘 구조 나노콜로이드의 합성 예 및 광학적 특성에 대해서는 4.5절에서 좀 더 상세히 기술한다.

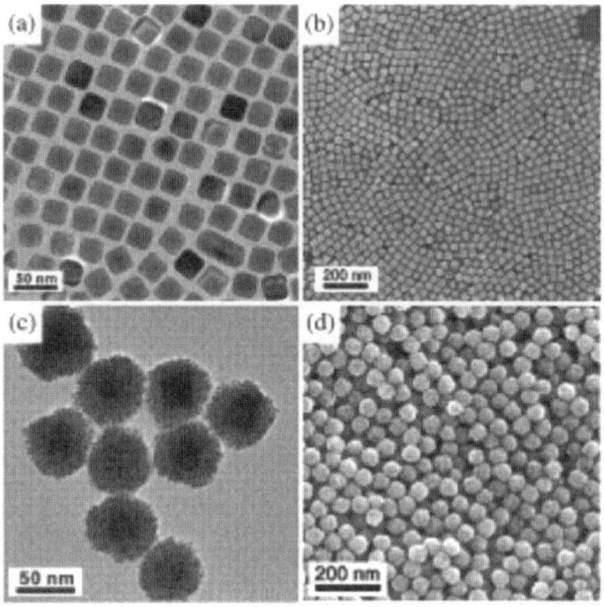


〈그림 4.3.17〉 (a,b) Au@Ag 코어-쉘 나노콜로이드의 TEM 및 SEM 사진, (c,d) Au@Pt 코어-쉘 나노콜로이드의 TEM 및 SEM 사진

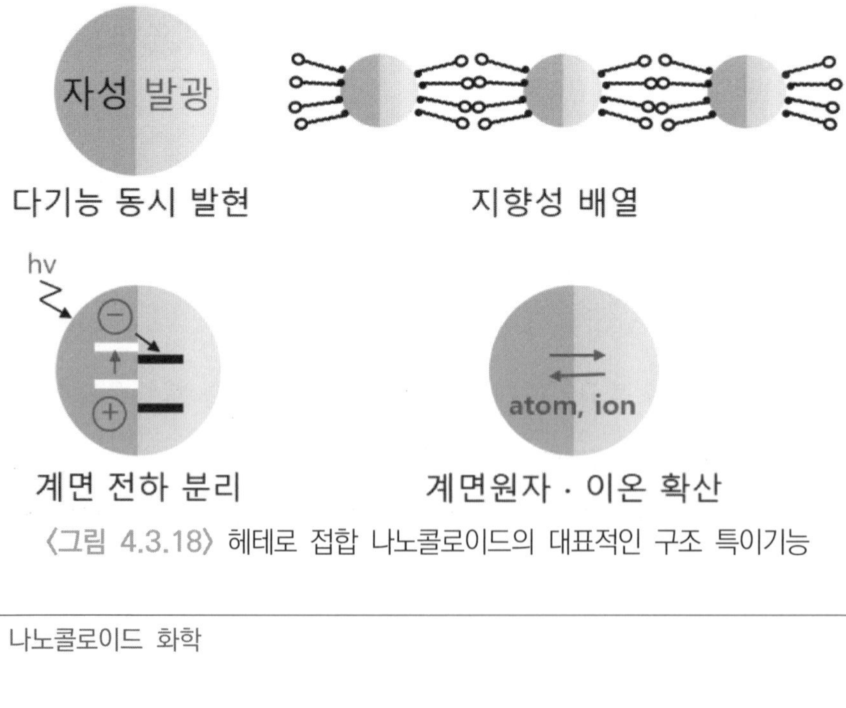


〈그림 4.3.18〉 헤테로 접합 나노콜로이드의 대표적인 구조 특이기능

(c) 헤테로접합구조

헤테로접합구조는 하나의 나노콜로이드 중에서 여러 종의 무기 상(相, phase)이 이방적으로 상분리된 구조를 가지고 있다. 무기 상은 코어-쉘 구조와 같이 금속, 금속 칼코게나이드, 금속산화물의 조합으로 구성된다. 헤테로접합구조 나노콜로이드는 코어-쉘 구조 나노콜로이드와 달리 어느 쪽의 무기 상도 표면에 노출되어 있기 때문에, 다음과 같은 구조적으로 특이한 기능을 나타낼 수 있다(〈그림 4.3.18〉)[25,26].

(1) 다기능 동시 발현

(2) 각상의 표면에 기능성 유기배위자의 선택적 결합에 의한 나노콜로이드의 지향성(指向性) 배열 제어

(3) 헤테로 계면에서 전하분리

(4) 헤테로 계면에서 원자-이온 확산에 의한 신규 기능 발현

이러한 헤테로 접합 나노콜로이드의 합성은 씨앗(seed)이 되는 나노콜로이드의 표면에서 다른 화학 종을 이방 성장시키는 seed-mediated 성장법(〈그림 4.3.19〉 경로 a)이나, 큰 계면에너지 차이를 이용한 코어-쉘 나노콜로이드의 열처리 상분리법(경로 b)이 유용하다. 더욱이 복잡한 상분리 구조를 얻기 위해서는 씨앗 콜로이드 표면에 양쪽 사이드에서의 핵형성(경로 c)이나, 이방성 2상 분리 나노콜로이드의 융합반응(경로 d)을 이용할 수 있다. 예를 들면, 〈그림 4.3.20〉에 5 nm Pd 나노콜로이드와 이것을 씨앗으로 하여 합성한 Pd/$\gamma$-$Fe_2O_3$ 헤테로 접합 나노콜로이드의 TEM 사진을 나타낸다. $\gamma$-$Fe_2O_3$ 상은 Pd 나노콜로이드 표면에 1~3회의 에피탁셜 성장을 한 것으로(〈그림 4.3.19〉 경로 c), Pd와 결정격자의 변형이 적은 면들이 서로 접합하고 있다.

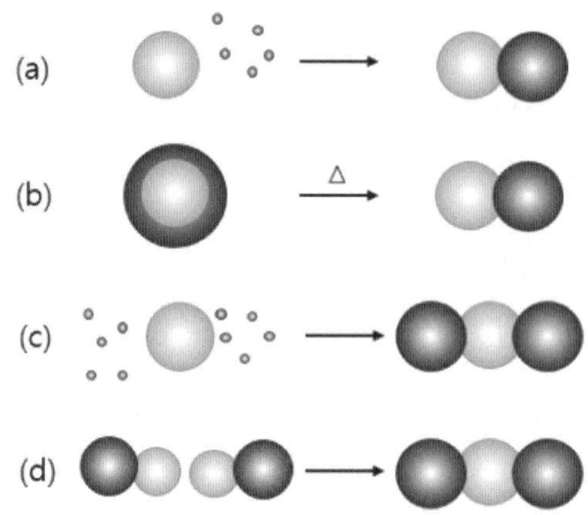


〈그림 4.3.19〉 헤테로 접합 나노콜로이드의 주요 합성경로

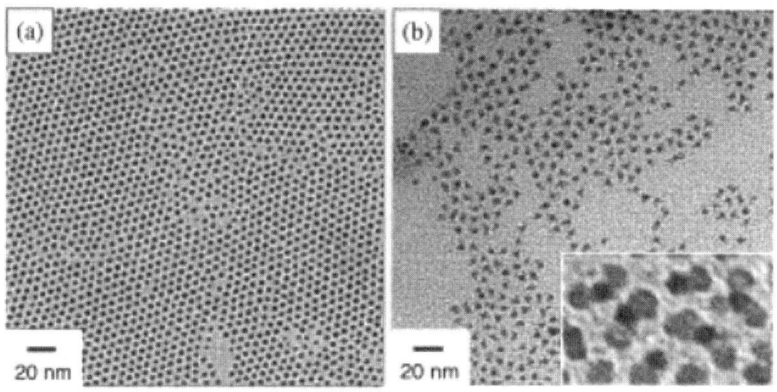


〈그림 4.3.20〉 (a) 5 nm Pd 나노콜로이드와, (b) Pd/$\gamma$-$Fe_2O_3$ 나노콜로이드의 TEM 사진

## 4.4. 나노콜로이드(클러스터)의 원자수 제어

구성원자 수가 수백 개 이하로, 그 수가 일정한 클러스터(cluster)는 같은 물질로 구성된 벌크나 나노콜로이드가 나타내지 않는 특이한 기하학적 구조 혹은 전자구조를 가지고 있으며 전혀 다른 성질이나 기능을 발현한다. 구조 상에서도 벌크나 나노콜로이드와는 다른 결정구조를 취하며, 클러스터는 원자구조에서 벌크구조로의 결정구조 변화(transformation)의 과도기적 영역에 위치하는

물질 군이라고 말할 수 있다. 본 절에서는 구성원자 수가 일정하게 결정된 클러스터의 합성법과 구조에 대해서 기술한다.

### 4.4.1. 원자수 제어의 의미

일반적으로 취급하는 콜로이드는 수천 개 이상의 원자로 구성되어 있으며, 고분자와 같이 입경(즉 원자수)에 분포가 있다. 이와 같은 다수의 원자로 된 나노콜로이드는 구성 원자 수에 어느 정도 분포가 있어도, 물리적 화학적 성질에 미치는 영향은 거의 무시할 수 있다. 한편, 구성 원자수가 수백 개 이하로 그 수가 일정한 나노콜로이드를 클러스터라고 부른다(반면 수백 개 이상에서 원자 수를 제어한다는 것은 불가능한 일에 가깝다). 클러스터는 같은 물질로 구성된 벌크나 나노콜로이드에서는 나타내지 않는 특이한 기하학적 구조나 전자구조를 가지고 있으며, 전혀 새로운 성질이나 기능을 발현할 가능성이 매우 높다.

구조 상 특징으로서 벌크나 나노콜로이드와는 다른 결정구조를 갖는 것이 알려져 있으며, 클러스터는 원자에서 벌크로 변화하는 결정구조 변화의 과도기적 영역에 위치하는 물질 군이라고 할 수 있다. 예를 들면, 입방조밀충전 구조를 갖는 금속 클러스터는 그 결정구조를 유지하면서 원자에서 한 원자 층씩 커진 쉘 구조(shell structure)가 특이안정구조(마법 수 클러스터, magic number cluster)라고 생각되어 왔다. 즉, 원자 1개의 주변에 1원자 층이 모인 $M_{13}$ 클러스터, 여기에 1원자 층이 더 모인 $M_{55}$ 클러스터 등이 있다(〈그림 4.4.1〉). 그러나 최근 계면활성제 분자로 안정화되어 있지 않은 표면이 드러난 Au 클러스터를 예로 들어보면, 〈그림 4.4.2〉에 나타낸 바와 같이 정사면체 20량체나 $C_3$ 대칭의 키랄(chiral) 34량체 등의 존재가 예상되고 있다[27,28].

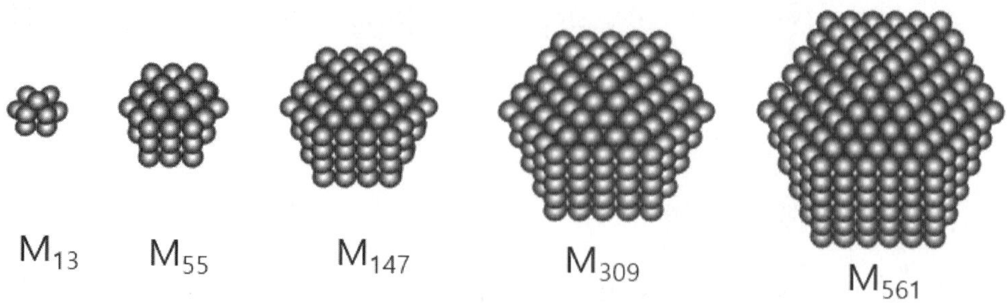


〈그림 4.4.1〉 입방조밀충전 구조를 갖는 금속 클러스터의 예상 안정구조와 총 원자수

한편, 전자구조를 생각해 보면, 벌크나 나노콜로이드에서는 다수의 구성원소의 집합에 의한 분자궤도에 근접한 에너지 밴드 구조(energy band structure)를 형성하고 있지만, 클러스터는 분자로 간주될 수 있기 때문에 에너지 준위는 떨어져 있다고 볼 수 있다.

액상으로 합성된 클러스터는 구성 원자 수가 결정되어 있기 때문에 유기분자와 같이 취급될 수 있다. 이 구조나 성질은 구성 원자 수에 의해 극적으로 변화한다고 생각되기 때문에 클러스터의 원자 제어와 구조해석을 행하는 것이 과학적으로 중요하다.

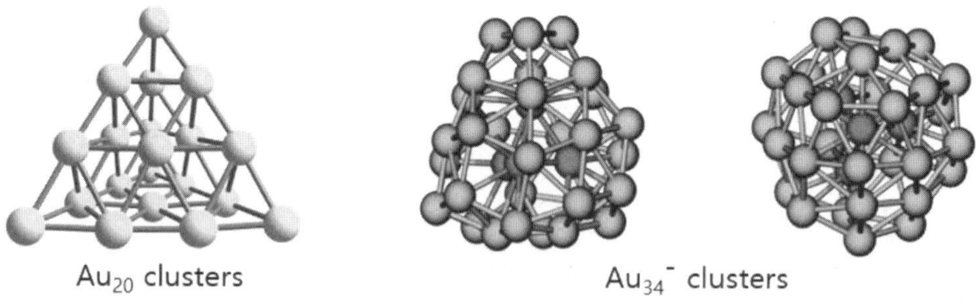


〈그림 4.4.2〉 $Au_{20}$ 클러스터와 $Au_{34}^-$ 클러스터의 예상 안정 기하구조

### 4.4.2. 액상합성에 의한 클러스터의 원자수 제어

클러스터의 정확한 결정구조의 결정에는 유기분자의 구조 결정에 사용되는

단결정 X선 구조해석(single crystal X-ray structure analysis)이 필수 불가결하며, 이를 위해서는 나노콜로이드와 같이 클러스터를 계면활성제 분자로 안정화할 필요가 있다. 구성 원자 수와 계면활성제 분자가 일정하게 정해진 클러스터는 대부분이 Au 클러스터이다. 이것은 내산화성이 높고 싸이올(chiol) 분자와 강한 결합을 형성하기 때문이다. 그렇다면 싸이올레이트(thiolate)로 안정화된 Au 클러스터는 어떻게 합성될까?

Au 클러스터의 합성은 Au 나노콜로이드와 같이 $Au^{+3}$ 이온의 환원에 의해 Au 원자의 과포화상태를 만들고 원자를 집합시키면 되지만, 원자 수의 정밀제어를 위해서는 이른 단계에서 집합을 멈추게 할 필요가 있다. 그러기 위해서는 계면활성제 분자간의 정전기적 반발이나 입체 반발이 이용되지만, 한 번의 반응으로 원자 수를 맞추는 것은 불가능하고, 생성물은 여러 가지 원자 수로 된 클러스터의 혼합물이 된다. 이 혼합물을 폴리아크릴아미드 젤 전기영동법(polyacrylamide gel electrophoresis)이나 사이즈 배제 클로마토그라피(size exclusion chromatography)로 분리하여 원자 수가 맞춰진 클러스터를 얻을 수 있

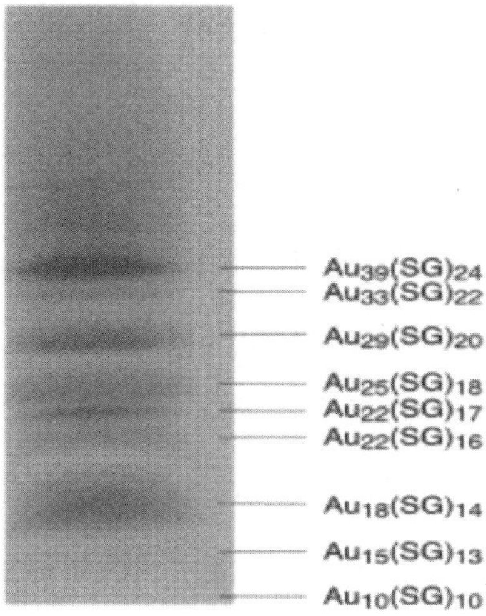


〈그림 4.4.3〉 폴리아크릴아미드 젤 전기영동법으로 분리된 9종류의 $Au_n(SG)_m$ 클러스터

다. 예를 들면, 수용성 싸이올인 글루타싸이온(glutathione, SG)으로 안정화된 Au 클러스터 혼합물을 폴리아크릴아미드 젤 전기영동법으로 분리하면 9종류의 금 클러스터 $Au_n(SG)_m$ ((n, m) = (10, 10), (15, 13), (18, 14), (22, 16), (22, 17), (25, 18), (29, 20), (33, 22), (39, 24))가 얻어진다(〈그림 4.4.3〉)[(29)].

### 4.4.3. 싸이올레이트 보호 금 클러스터

Au 원자와 S 원자의 강한 결합을 이용하면 여러 가지 종류의 Au 클러스터를 합성할 수 있다. 4.4.2 항에서, Au 클러스터가 여러 가지 원자 수로 된 클러스터의 혼합물로서 얻어진다고 언급했지만, 이것은 속도론적으로 원자 수가 결정되기 때문이고, 어느 클러스터가 열역학적으로 안정한가는 알 수 없다.

2005년에 여러 종류의 글루타싸이온(glutathione) 보호 Au 클러스터 $Au_n(SG)_m$을 대기 하에서 과잉의 글루타싸이온으로 에칭하여, 열역학적-화학적으로 안정한 $Au_{25}(SG)_{18}$ 클러스터가 선택적으로 생성할 수 있다는 것을 보였다[(30,31)]. 그 후 싸이올(thiol, RSH)의 종류에 상관없이, $Au_{25}(SR)_{18}$, $Au_{38}(SR)_{24}$, $Au_{44}(SR)_{59}$ 클러스터는 안정하게 분리되고 있다. 이들 각각의 클러스터의 기하학적 구조가 단일 구조인지 아닌지는 질량 스펙트럼 측정으로는 결정할 수 없다. 단결정 X선 구조해석만이 확실히 알 수 있다. 2007년 이후, Au 클러스터의 단결정 X선 결정구조 해석결과가 연달아서 보고되었다. 예를 들면, 최초의 단결정 X선 구조해석에 성공한 $Au_{102}$(p-MBA)$_{44}$ 클러스터(p-MBA; 4-mercapto benzoic acid)는 19개의 −SR-Au-SR-과 2개의 −SR-Au-SR-Au-SR- 스테이플 구조(staple structure, 스테이플러와 닮은 구조 때문에 이렇게 호칭함)가 $Au_{79}$ 코어에 유황을 삽입시켜 결합한 구조를 가지고 있다. 보다 작은 $Au_{38}(SR)_{24}$에서는 3개의 −SR-Au-SR-와 6개의 −SR-Au-SR-Au-SR- 스테이플 구조가 면을 공유한 두 개의 정이십면체(icosahedron) $Au_{23}$ 코어에 유황을 삽입하여 결합한 구조를 취하고 있다. 더욱이 열역학적으로 안정한 $Au_{23}(SR)_{18}$에서는 6개의 -SR-Au-SR-Au-SR- 스테이플 구조가 면을 공유한 두 개의 정이십면체 $Au_{13}$ 코어에 유황을 삽입하여 결합한 구조로 되어 있다(〈그림 4.4.4〉)[(32)]. 이들 결정구조에 공통의 특징은 대칭성이 높은 Au 코어의 표면원자에 스테이플 구조가 결합해 있는 것이다. 즉 Au 클러스터의 안정성은 대칭성이 높은 안정한 Au 코어가 스테이플 구조에 의해 입체적으로 보호되어 있는 것에 기인하고 있다.

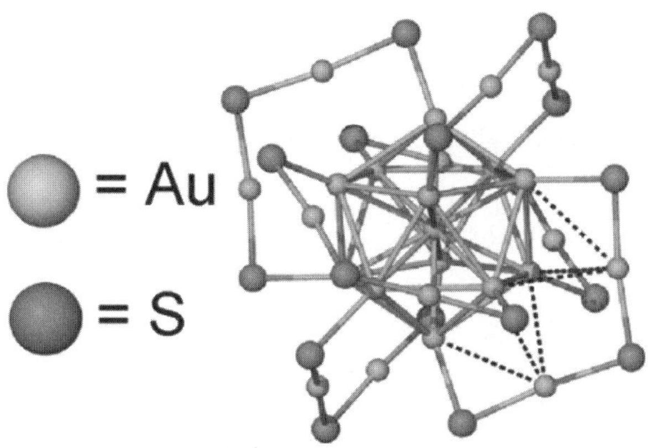


〈그림 4.4.4〉 $[Au_{23}(SR)_{18}]^-$ 클러스터의 결정구조

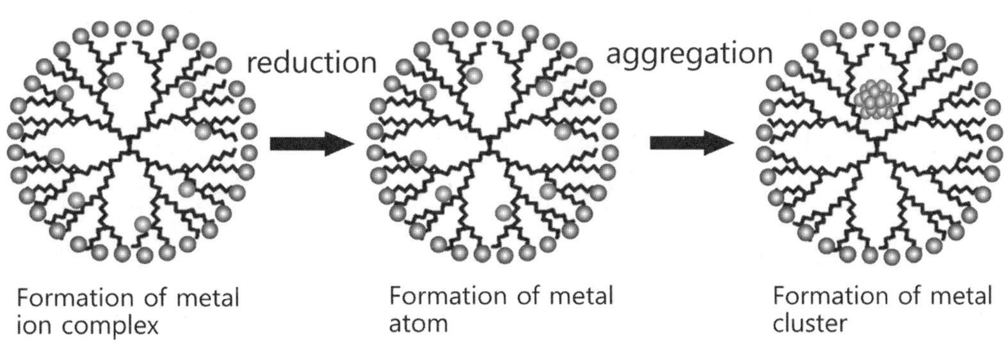


〈그림 4.4.5〉 덴드리머를 이용한 금속 클러스터의 합성

### 4.4.4. 기타 클러스터

원자수가 제어된 Au 클러스터 중, 싸이올레이트 이외의 계면활성제(보호

제)로서 포스핀(phosphine)이나 수지상 고분자인 덴드리머(dendrimer)를 이용하는 방법이 있다. 포스핀은 싸이올레이트 만큼은 아니지만 Au 원자와 강하게 결합하기 때문에 오래전부터 Au 클러스터의 보호제로서 이용되고 있다. $[Au_{11}(PPh_3)_8Cl_2]^-$ 클러스터는 그 가장 대표적인 예이다. 덴드리머는 생성을 정밀하게 제어할 수 있기 때문에 분자량 분포가 매우 좁고 내부의 관능기에 일정량의 금속이온을 배위시킬 수 있다. 그 후 금속이온을 환원시켜 덴드리머 내부에 원자수가 제어된 금속 클러스터가 생성된다(〈그림 4.4.5〉) [(33)]. 현재까지 덴드리머 내부에 원자수 5, 8, 13, 23, 31의 Au 클러스터가 합성되어 있고, 390 ~ 870 nm의 파장 범위에서 원자 수에 의존한 발광특성(양자수율 70 ~ 100%)이 나타나고 있다. 그러나 단결정을 얻는 것이 곤란하기 때문에 Au 클러스터의 결정구조는 명확치는 않다.

## 4.5. 코어-쉘 구조 나노콜로이드와 중공 나노콜로이드

코어가 되는 나노콜로이드 표면에 다른 물질을 쉘로 피복하여 코어-쉘 구조(core-shell structure) 나노콜로이드를 합성할 수 있다. 얻어지는 나노콜로이드는 코어와 쉘 어느 물질과도 다른 특성을 나타낸다. 특히 코어가 되는 나노콜로이드의 물리적 또는 화학적 특성을 코어의 입경 변화 없이도 쉘 부분의 성질에 의해 개질될 가능성이 있어, 고활성 촉매나 새로운 광기능성 재료의 개발을 목적으로 활발히 연구되고 있다.

### 4.5.1. 금속-금속 코어-쉘 나노콜로이드

본 항에서는 금속-금속 구조 코어-쉘 나노입자 중 비교적 합성이 쉬운 Pd@Au (Au 피복 Pd 나노입자의 일반적인 표기방법) 코어-쉘 구조 나노입자를 대상으로 제조방법, 형상학적 및 광학적 특성에 대해 소개하고 이를 통하여 금속-금속 코어-쉘 나노콜로이드의 복합적 성질에 대한 이해를 구하고자 한다.

### 가. Pd@Au 나노입자의 합성 및 형상 관찰 (34)

먼저 Pd 나노입자의 합성을 위하여 $Na_2PdCl_4$, ascorbic acid, KBr, PVP (Polyvinylpyrrolidone)를 준비한다. Ascorbic acid는 Pd 이온의 환원제이고, KBr은 Pd 나노입자의 (100)면 형성을 촉진하기 위한 계면활성제, PVP는 생성 나노입자의 응집을 억제하는 역할을 한다. 일반적인 합성에서 105 mg PVP, 60 mg ascorbic acid 및 300 mg KBr을 8.0 mL의 증류수가 담긴 응축기가 연결된 50 mL 3구 둥근바닥 플라스크에 용해하고 교반시키면서 공기 중 80℃에서 10분간 가열한다. 그 후 57 mg $Na_2PdCl_4$를 함유하는 수용액 3.0 mL를 피펫을 사용하여 첨가하고, 다시 80℃에서 3시간 동안 가열한 후 실온으로 냉각시킨다. 15,000 rpm에서 20분간 원심분리하여 반응생성물을 수집하고, 증류수로 여러 번 세척하여 계면활성제를 제거한다. 수집된 고농도의 Pd 나노입자 콜로이드는 다음 공정에서 사용하기 위해 8 mL 증류수에 재분산한다. 이 Pd 콜로이드 수용액 중 Pd의 몰농도는 17.6 mM이다. 〈그림 4.5.1〉 (a)는 합성된 Pd 나노입자의 TEM 이미지인데 Pd의 형상은 직사각형이고 입경은 10 ~ 15 nm를 나타내고 있다.

위에서 합성한 Pd 나노입자 콜로이드 수용액 1 mL를 5 mg PVP와 3 mg ascorbic acic가 용해된 8 mL의 수용액에 첨가하고, 이 혼합용액을 자기 교반시키면서 20분 동안 공기 중에서 90℃로 가열한다. 그 후 5.3 mg $HAuCl_4 \cdot 4H_2O$를 상온의 증류수 2 mL에 녹여 앞서 제조한 혼합용액에 주입한다. 이 혼합용액을 다시 자기 교반시키면서 공기 중 90℃에서 15분 동안 가열한 후 실온으로 냉각시킨다. 15,000 rpm에서 20분간 원심 분리하여 생성물을 수집하고, 증류수로 여러 번 세척하여 계면활성제를 제거한다. 수집된 고농축 Pd@Au 코어-쉘 나노입자 콜로이드는 희석을 위해 5 mL 증류수에 재분산한다.

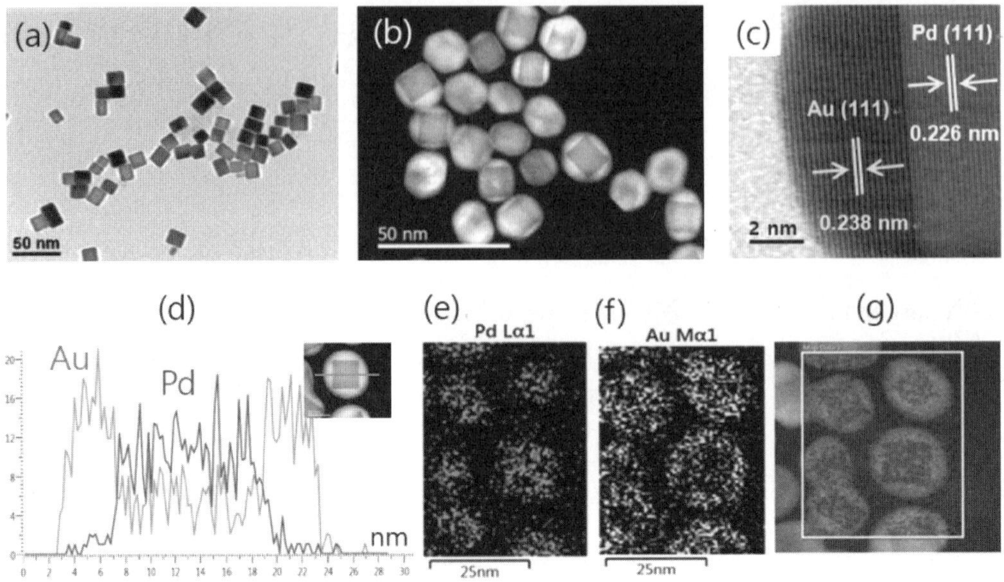


〈그림 4.5.1〉 Pd 나노입자 및 Pd@Au 코어-쉘 구조 나노입자의 형상, (a) Pd 나노입자, (b, c) Pd@Au 코어-쉘 구조 나노입자, (d) EDX line profile, (e) Pd 성분 mapping, (f) Au 성분 mapping, (g) Pd와 Au 성분 mapping 결합 이미지

〈그림 4.5.1〉 (b)는 Pd@Au 코어-쉘 구조 나노입자의 TEM 사진이다. 직사각형의 형상을 갖은 Pd 입자 층과 외부 Au 쉘 층이 구분되어 보이고, Au 쉘 층의 중심부 두께는 약 5 nm임을 확인할 수 있다. 〈그림 4.5.1〉 (c)는 TEM의 고해상도 이미지로 코어 및 쉘 층에서 관찰된 격자간 거리는 각각 Pd와 Au의 (111)면에 해당하는 면간거리를 나타내고 있다. 〈그림 4.5.1〉 (d)는 한 개의 Pd@Au 코어-쉘 나노입자를 대상으로 EDX 분석을 수행한 결과로 안쪽은 Pd 성분이 바깥쪽은 Au 성분의 피크 강도가 더 높은 것을 알 수 있다. 〈그림 4.5.1〉 (e, f)는 Pd 및 Au 성분에 대하여 각각 맵핑(mapping)을 실시한 결과이고 〈그림 4.5.1〉 (g)는 이들 맵핑 결과를 결합시킨 이미지이다. 이 분석결과로도 Pd@Au 나노입자가 코어-쉘 구조로 형성되어 있음 보여준다.

나. Pd@Au 나노입자의 광학적 특성

〈그림 4.5.2〉는 Pd 및 Au 나노입자 콜로이드, Pd@Au 코어-쉘 나노입자 콜로이드에 대한 UV-visible 흡수스펙트럼이다. 여기서 Au 나노입자 콜로이드는 Pd@Au 코어-쉘 나노입자의 제조방법에서 Pd 나노입자 콜로이드의 주입 없이 합성한 것으로 입경은 약 20 nm이었고 525 nm 부근에서 흡수피크를 나타내었다. 〈그림 4.5.2〉에 나타낸 것처럼 Pd 나노입자는 일반적으로 UV-visible 흡수스펙트럼을 보이지 않는다. 그래서 Pd@Au 코어-쉘 나노입자 콜로이드의 흡수스펙트럼은 흡수 강도가 감소하면서 흡수피크가 505 nm로 왼쪽으로 이동(blue shift)하게 된다.

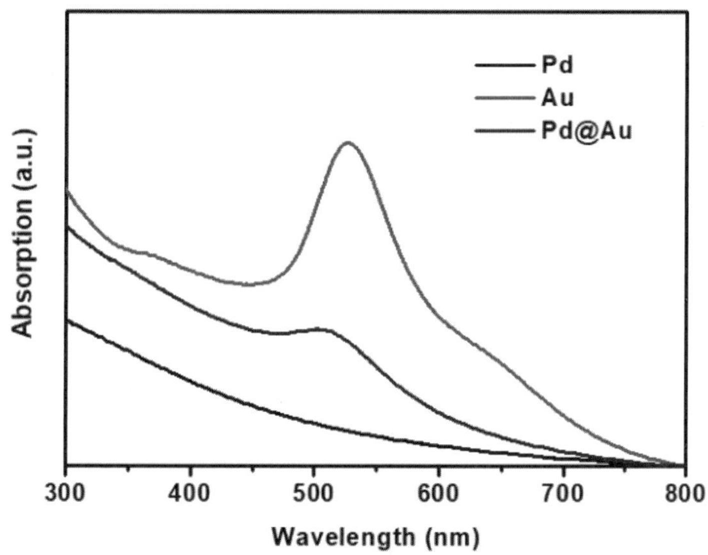


〈그림 4.5.2〉 Pd@Au 코어-쉘 나노입자의 UV-visible 흡수스텍트럼

## 4.5.2. 금속-금속산화물 코어-쉘 나노콜로이드

코어-쉘 구조 나노콜로이드는 일반적으로 코어가 되는 나노콜로이드의 표면을 쉘이 되는 물질로 균일하게 피복하는 것으로 합성된다. 예를 들면, Au 또는 Ag 등의 금속 나노콜로이드를 코어로 해서 그 표면을 실리카($SiO_2$) 박막으

로 피복하면 코어-쉘 구조체가 얻어진다. 〈그림 4.5.3〉은 졸-겔법을 이용하여 $SiO_2$를 피복한 Au 나노콜로이드(Au@$SiO_2$)의 TEM 사진이다[35]. $SiO_2$의 전구체가 되는 실란 화합물의 첨가량을 제어하는 것으로 쉘 두께를 변화시킬 수 있다. $SiO_2$ 쉘 형성 과정에서 Au 코어의 입경이 변화하지 않기 때문에 코어의 입경과 피복하는 쉘의 두께를 여러 가지로 변화시켜서 Au@$SiO_2$ 나노콜로이드를 합성할 수 있다. 또한 Au@$SiO_2$ 나노콜로이드를 기판 상에 조밀하게 담지시킨 집합체를 형성시켜도, 쉘이 코어 나노콜로이드의 융합을 피하게 할 수 있기 때문에 Au 코어 입경은 변하지 않는다. 그러나 Au@$SiO_2$ 나노콜로이드를 근접시키면 Au 코어들 사이에서 쌍극자-쌍극자 상호작용이 발현되고, 이 특성은 $SiO_2$ 쉘의 두께에 의존하여 변화한다. 따라서 Au@$SiO_2$ 나노콜로이드의 집합체는 용액 중에 균일하게 분산된 Au@$SiO_2$와는 크게 다른 광학적 특성을 나타낸다. 금속-금속산화물 구조 코어-쉘 나노입자의 광학적 특성에 대해서는 아래의 Ag@$SiO_2$ 코어-쉘 나노입자를 대상으로 설명한다.

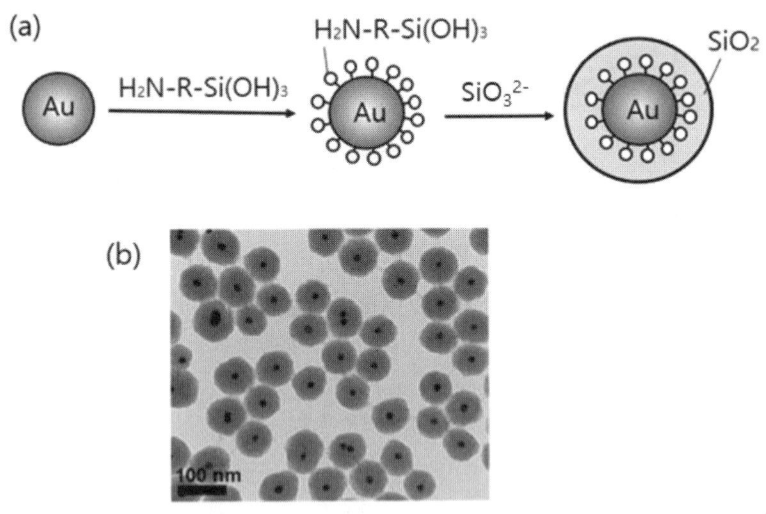


〈그림 4.5.3〉 (a) 졸-겔법을 이용하는 Au 나노콜로이드 표면의 $SiO_2$ 쉘 형성 모식도와, (b) 합성한 $SiO_2$ 피복 Au 나노콜로이드의 TEM 사진. Au 코어 입경: 15 nm, $SiO_2$ 쉘 두께: 25 nm

다음은 Ag@$SiO_2$의 합성과정을 통하여 금속-금속산화물 구조 코어-쉘 나노입자의 합성 방법과 광학적 특성 변화에 대한 이해를 구하고자 한다. 여기서 Ag@$SiO_2$ 코어-쉘 나노입자의 제조방법을 소개하는 이유는 $SiO_2$ 쉘 층의 형성이 느리기 때문에 코어와 쉘의 형성과정을 상세히 관찰할 수 있는 몇 안 되는 소재이기 때문이다. 그 제조방법은 다음과 같다[36].

100 mL 비이커에 0.016 g의 CTAB을 초순수 20 mL에 실온(25℃)에서 10분 동안 부드럽게 교반(350 rpm)하면서 첨가한다. 여기에 새로 제조한 1 mL의 $AgNO_3$ 수용액(0.1 M)을 천천히 주입하고 350 rpm으로 10분간 교반하였다. 그런 다음 환원제로서 1 mL ascorbic acid(0.1 M)를 혼합 용액에 적하하고 추가로 5분 동안 계속 교반한 다음 2 mL의 NaOH(0.1 M)를 첨가하고 다시 15분 동안 추가로 교반하였다. 마지막으로 5 mL의 에탄올과 100 $\mu$L TEOS(4.4 M)를 상기 Ag 콜로이드에 적하하고 실온에서 3시간 동안 교반하였다. 그 후 콜로이드 용액을 실온에서 추가로 96시간 동안 유지하였다. 위의 합성 절차에 사용된 화학물질과 그 역할은 〈표 4.5.1〉에 요약해 두었다.

〈표 4.5.1〉 Ag@$SiO_2$ 코어-쉘 나노입자 합성을 위한 원료물질 및 그 역할

| 원료물질 | 화학 구조식 | 첨가량 | 역할 |
|---|---|---|---|
| Silver nitrate | $AgNO_3$ | 0.1 M, 1 mL | silver precursor |
| CTAB | $[N(CH_3)_3]Br$ | 0.016 g | surfactant |
| Ascorbic acid | $C_6H_8O_8$ | 0.1 M, 1 mL | reducing agent |
| Sodium Hydroxide | NaOH | 0.1 M, 2 mL | catalyst |
| Ethanol | $C_2H_5OH$ | 5 mL | co-solvent |
| TEOS | $Si(OC_2H_5)_4$ | 4.4 M, 100 µL | silica precursor |
| Water | $H_2O$ | 20 mL | solvent and hydrolyzing agent |

〈그림 4.5.3〉은 TEOS 첨가 후 3, 24, 48, 72 및 96시간 후 합성된 Ag@$SiO_2$ 코어-쉘 나노입자의 TEM 사진으로 Ag 코어 상에 $SiO_2$ 쉘의 형성과정을 시각적으로 관찰한 것이다. 〈그림 4.5.4〉 (a)는 TEOS 첨가 전 환원 석출된 Ag 나노입자의 형상인데 입경이 큰 입자와 매우 작은 입자가 동시에 존재하는 것으로부터 첨가된 모든 Ag 이온이 석출된 것은 아니고 Ostwald ripening 과정에 있다고 볼 수 있다. TEOS 첨가 후 3시간이 경과하면 Ag 나노입자 상에 $SiO_2$의 얇은 층과 $SiO_2$의 작은 핵들을 관찰할 수 있다(〈그림 4.5.4〉 (b)). 여기서 Ag 나노입자는 여전히 Ostwald ripening 단계에 있으며 반응 시간에 따라 계속 성장한다. $SiO_2$의 작은 핵은 시간이 지남에 따라 사라지고 24시간 경과된 샘플에서 $SiO_2$의 초기 핵의 흔적은 관찰되지 않는다(〈그림 4.5.4〉 (c)). 한편 코어인 Ag 나노입자는 좀 더 균일한 입경을 형성하지만 아직 성장 단계이다. 이 단계에서 모든 Ag 나노입자는 얇은 $SiO_2$ 쉘로 덮이게 된다. $SiO_2$ 쉘 층은 아직 균일하지

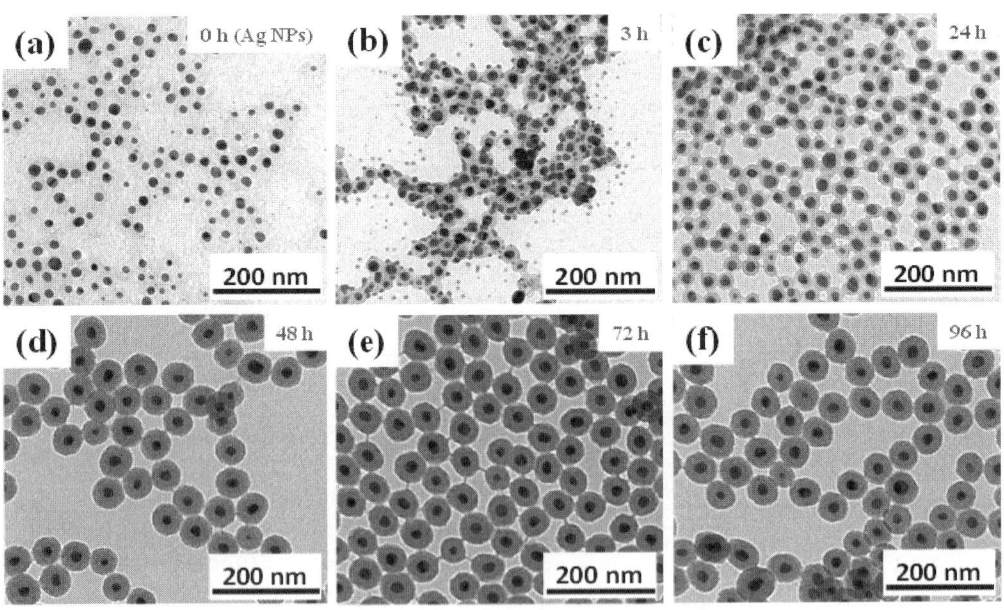


〈그림 4.5.4〉 TEOS 첨가 후 반응시간에 따라 형성된 Ag@$SiO_2$ 코어-쉘 나노입자의 TEM 사진

않고 서로 연결되어 있기도 하다. 반응 시간이 48시간까지 경과함에 따라 $SiO_2$ 쉘의 두께가 증가하고 입경이 균일한 Ag@$SiO_2$ 코어-쉘구조 나노입자가 얻어진다(〈그림 4.5.4〉 (d)). 반응시간이 72시간 이후에는 쉘 두께만 약간 증가한다(〈그림 4.5.4〉 (e)와 (f)).

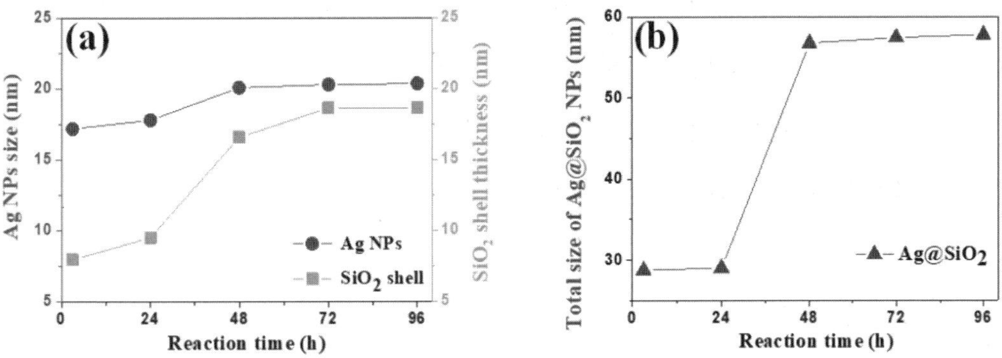


〈그림 4.5.5〉 TEOS 첨가 후 반응시간에 따른 Ag@$SiO_2$ 코어-쉘 나노입자의 Ag 코어 입경과 $SiO_2$ 쉘 층 두께의 변화

〈그림 4.5.5〉 (a)는 반응 시간에 따른 Ag 코어 나노입자 입경과 $SiO_2$ 쉘 두께의 변화를 보여주고 〈그림 4.5.5〉 (b)는 반응 시간에 따른 Ag@$SiO_2$ 나노입자의 총 입자 크기의 변화이다. 〈그림 4.5.5〉 (a)에서 반응 시간에 따라 Ag 코어 나노입자의 입경과 $SiO_2$ 쉘 두께의 증가가 동시에 증가한다는 사실을 알 수 있다. 48시간의 임계 시간에서 두 반응이 모두 완료되며 그 후 코어 크기와 쉘 두께는 시간에 따라 거의 변화하지 않는다. 결과적으로 48시간의 반응 시간이 Ag@$SiO_2$ 코어-쉘 나노입자 형성을 위한 최적의 시간이라고 볼 수 있다.

다음은 Ag@$SiO_2$ 코어-쉘 나노입자의 합성 반응시간에 따른 광학적 및 결정학적 변화 과정을 관측한 결과를 소개한다.

〈그림 4.5.6〉 (a)는 3, 24, 48, 72 및 96시간의 다양한 반응 시간에서 합성된

Ag 나노입자 및 Ag@$SiO_2$ 코어-쉘 나노입자의 UV-visible 흡수스펙트럼이다. Ag@$SiO_2$ 코어-쉘 나노입자의 UV-visible 스펙트럼은 Ag 나노입자의 국부적 표면 플라즈몬 공명(LSPR)과 유사한 흡수피크를 보인다. 〈그림 4.5.6〉 (b)는 흡수피크 위치와 반응 시간의 관계를 보여준다. 〈그림 4.5.6〉 (a)에서 순수한 Ag 나노입자의 SPR 흡수피크는 약 410 nm에 나타난다. 이 흡수 피크는 TEOS를 첨가한 후 반응 시간에 따라 장파장 이동(red shift)되는 경향을 보이는데, 반응 시간이 3시간 경과 후 414 nm에 72시간 경과 후에는 418 nm에 도달하고 그 후에는 일정하게 유지된다. 이러한 SPR 흡수피크의 장파장 이동(red shift)은 $SiO_2$ 쉘의 성장으로 인한 굴절률 변화에 기인한다.

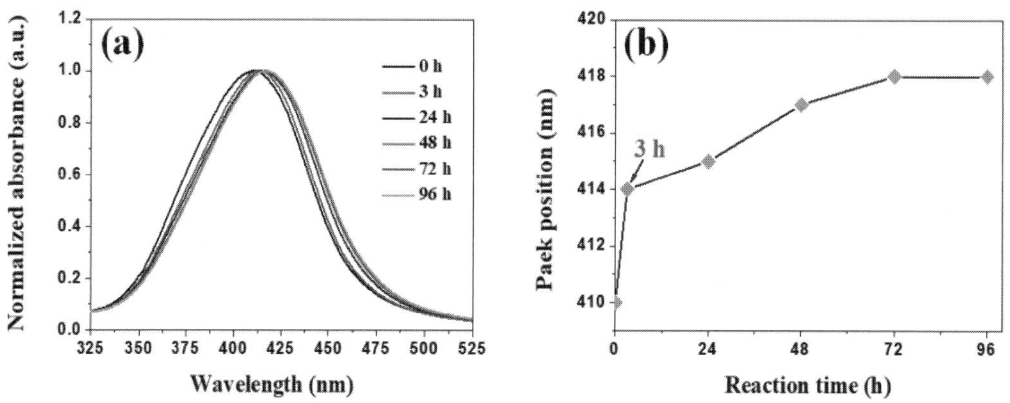


〈그림 4.5.6〉 합성 반응시간에 따른 Ag@$SiO_2$ 코어-쉘 나노입자의 (a) UV-visible 흡수스텍트럼의 변화 및 (b) 흡수피크 위치 변화

〈그림 4.5.7〉 (a)는 반응시간에 따라 합성된 Ag 나노입자 및 Ag@$SiO_2$ 코어-쉘 나노입자의 X선 회절패턴이다. 반응시간 0 시간에서의 회절피크는 순수한 Ag 나노입자에 대한 회설선으로 회절피크는 38.1°, 44.3°, 64.4° 및 77.5°에서 나타났다. 얻어진 회절 피크는 면심입방체(fcc) 구조로 알려진 전형적인 Ag (JCPDS No. 00-004-0783)의 것으로, 합성된 Ag 나노입자는 높은 결정성을 가

지고 있음을 알 수 있다. 그러나 AgBr에 해당하는 31.08°의 피크가 반응시간 0시간에서 3시간까지 관찰되었다. 이것은 $AgNO_3$의 비환원 Ag+ 이온과 CTAB의 Br- 이온 사이의 정전기적 상호작용 때문에 생성된 것이다. 반응시간이 24시간 경과하면 이 회절피크는 사라지고 모든 Ag+ 이온이 환원되었음을 의미한다. 한편, 반응시간이 3시간 경과 후 23°($2\theta$)에서 넓은 회절피크가 나타나고, 이 피크는 반응시간이 더 진행됨에 따라 증가하는데 비정질 상태의 $SiO_2$ 쉘 층에 대한 회절피크이다. 48시간의 반응시간 결과 후 이 피크는 더 뚜렷해지지만 그 후에는 거의 변하지 않는다. 코어인 Ag 나노입자에 대한 회절피크의 강도는 반응 시간에 따라 감소하는데, 이것으로부터 Ag 나노입자 상에 $SiO_2$ 쉘 층이 형성되고 있음을 알 수 있다. 〈그림 4.5.7〉 (b)는 반응시간에 따른 $SiO_2$(23°)와 Ag (111)면(38.1°) 사이의 회절강도 비율($SiO_2$/Ag)을 나타내는데 반응시간과 선형적 관계를 나타낸다. 이것은 Ag 코어 나노입자 상의 $SiO_2$ 쉘이 반응시간에 일차원적으로 비례하여 형성되고 있음을 시사한다.

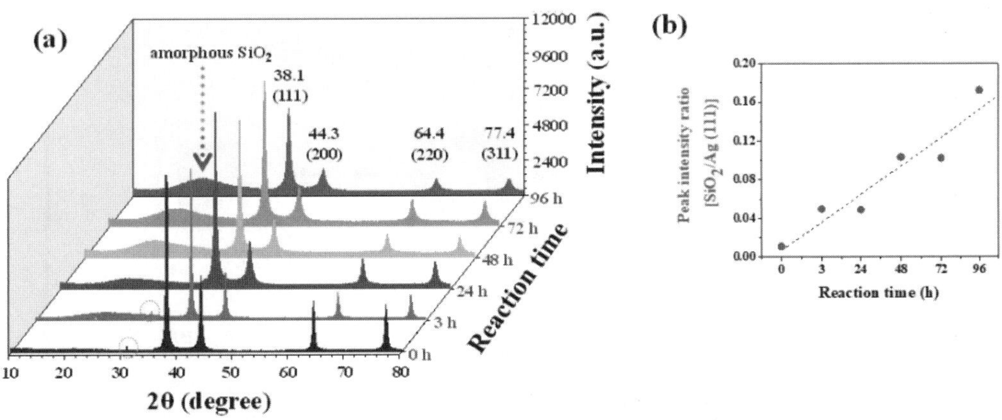


〈그림 4.5.7〉 합성 반응시간에 따른 Ag@$SiO_2$ 코어-쉘 나노입자의 (a) X선 회절패턴 및 (b) $SiO_2$/Ag(111) 회절피크 강도비 변화

## 4.5.3. 중공 나노콜로이드

코어-쉘 구조체는 그대로 사용되는 경우도 많지만, 중공 구조체의 전구체로도 유용하다. 중공구조(hollow structure)를 갖는 나노콜로이드는 그 내부 공간을 분자 흡착 사이트나 화학반응 공간으로서 사용할 수 있기 때문에 새로운 기

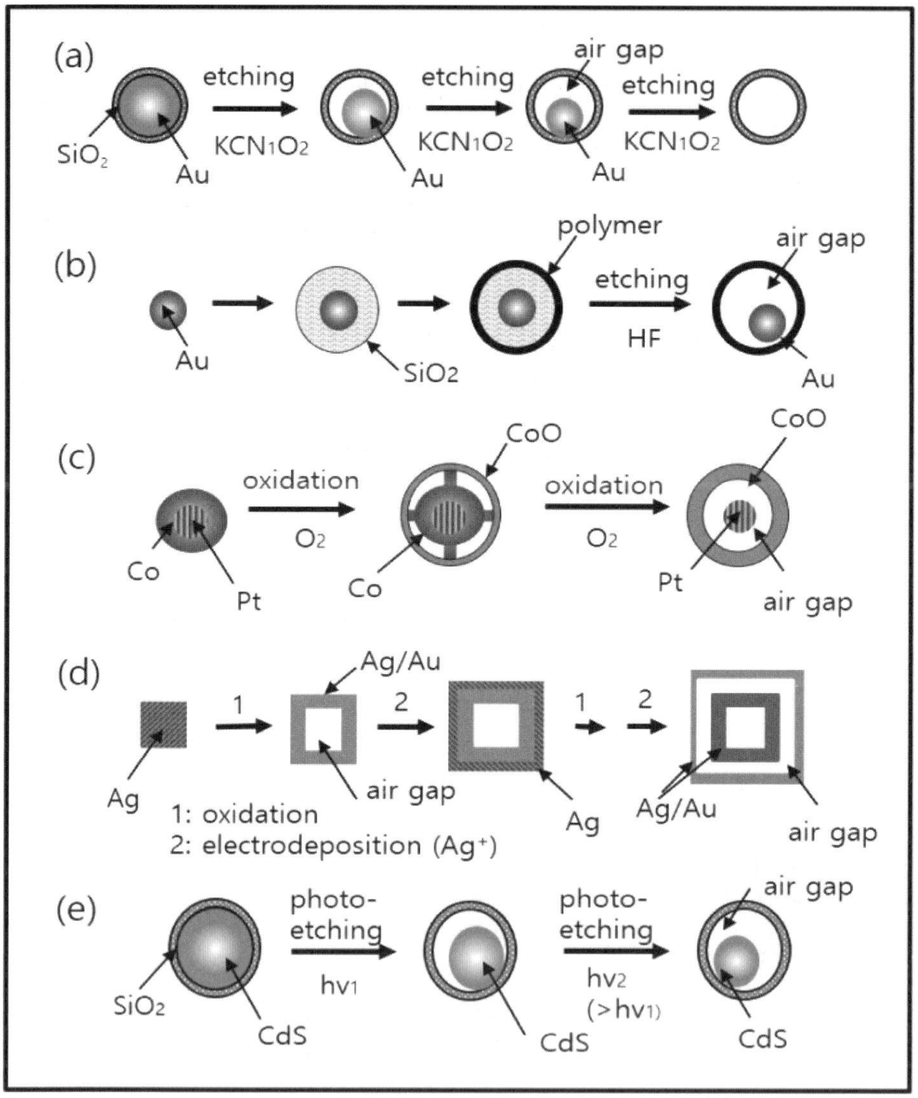


〈그림 4.5.8〉 코어-쉘 구조 나노콜로이드를 전구체로 한 중공구조 및 징글벨형 구조 나노콜로이드 합성

능재료로서 주목되고 있으며 지금까지 많은 합성법이 개발되고 있다. 코어-쉘 구조체를 전구체로 하는 합성법을 〈그림 4.5.8〉에 정리하여 나타낸다. 코어-쉘 구조 나노콜로이드의 코어 부분을 열처리 또는 화학적 에칭 처리 등에 의해 선택적으로 제거하는 방법이 자주 사용된다. 이 방법에서는 코어 나노콜로이드를 완전히 제거하여 코어와 같은 크기의 공간을 내부에 가지는 중공 구조 나노콜로이드가 합성된다. 또한 에칭 처리 반응을 정밀하게 제어하여 부분적으로 코어를 제거하면, 〈그림 4.5.8〉 (b) ~ (e)에 나타낸 것처럼 코어와 쉘 사이에 제어된 공극을 갖는 징글벨 형상(jingle-bell structure)을 갖는 코어-쉘 구조 나노콜로이드가 합성된다.

예를 들면, $Au@SiO_2$ 나노콜로이드를 산소의 존재 하에서 시안화 이온과 반응시키면 Au 코어만을 산화 용해할 수 있어 $SiO_2$ 쉘로 된 중공구조 나노콜로이드가 형성된다(〈그림 4.5.8〉 (a))[37]. 코어로서 Au, 쉘로서 고분자 층과 $SiO_2$ 층의 2층을 갖는 코어-다중 쉘 구조 나노콜로이드를 전구체로 하고, 불화수소산(불산)과 반응시켜 $SiO_2$ 쉘 부분을 선택적으로 제거하면 코어-쉘 사이에 공극을 갖는 징글벨 형 나노콜로이드가 생성한다(〈그림 4.5.8〉 (b)). 얻어진 나노콜로이드는 〈그림 4.5.9〉에 보인 것처럼 Au 코어와 고분자 쉘 사이에 제어된 공극이 존재한다. 고분자 쉘 내부의 공극은 전구체로 사용되는 $SiO_2$ 쉘 두께에 의해 제어되고, 내부에 존재하는 Au 입자는 공극 안에서 자유롭게 이동할 수 있다[38].

금속 나노콜로이드의 산화, 황화 또는 셀레늄화 반응을 이용하면 코어-쉘 구조체를 전구체로 하지 않고도 1단계의 반응으로 중공구조 나노콜로이드가 생성되는 경우도 있다. 예를 들면, 코발트(Co) 나노콜로이드를 산화, 황화 또는 셀레늄(Se)과 고온 용매 중에서 반응시키면, Co 표면에 $CoE_x$(E = O, S, Se) 쉘이 형성된 후 중공 $CoE_x$ 나노콜로이드가 생성한다. 이것은 나노사이즈 재료의 Kirkendall effect에 의한 것이다. 다른 물질을 접합시킨 후 가열 등에 의해 구성

원자의 상호 확산을 유도하면, 한쪽 물질 중의 원자가 다른 쪽 물질 중으로 확산하는 속도는 접촉한 두 개의 물질 사이에 반드시 동일하지 않고, 이때 발생하는 체적 감소에 의해 한쪽의 물질 중에 공극이 형성되는 현상이다. 이 반응을 이용해 Pt(코어) - Co(쉘) 나노콜로이드를 출발재료로 하고 산소와 반응시키면, 산화코발트(CoO) 쉘 내부에 Pt 코어를 집어넣은 징글벨형 Pt@CoO 나노콜로이드가 합성된다(〈그림 4.5.8〉 (c))[39].

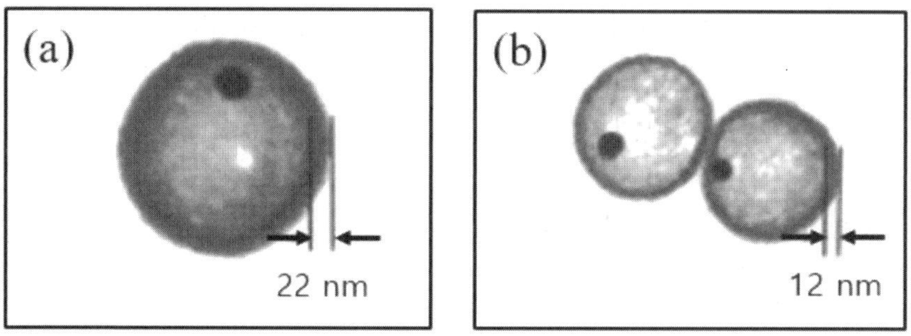


〈그림 4.5.9〉 쉘 두께가 다른 Au 코어-고분자 쉘 형 나노콜로이드의 TEM 사진. 고분자 쉘 두께: (a) 22 nm, (b) 12 nm

금속의 산화환원전위 차를 이용하여 중공금속 나노콜로이드의 합성이 가능하다. 〈그림 4.5.8〉 (d)에 나타낸 것처럼, Ag 나노콜로이드를 출발물질로 이용하여 이것에 $HAuCl_4$를 반응시키면, Ag 코어가 산화 제거되는 동시에 $HAuCl_4$가 환원되어 Au로서 석출한다((4.5)식).

$$3Ag(s) + HAuCl_4(aq) \rightarrow Au(s) + 3AgCl(s) + HCl(aq) \qquad (4.5)$$

이 현상은 갈바닉 치환반응(Galvanic replacement reaction)이라고 불리며, $Au/[AuCl_4]^-$의 산화전위(1.00 V vs. NHE)가 Ag/AgCl 환원전위(0.22 V vs. NHE)보다도 양의 전위이기 때문에 일어난다. $HAuCl_4$의 첨가량을 제어하면, 반응 후

에 AgAu 합금 쉘을 갖는 중공 나노콜로이드가 생성한다[40]. 이 방법에서는 최초로 사용되는 Ag 콜로이드가 템플레이트로 작용하기 때문에 그 형상에 따라 얻어지는 중공 나노콜로이드의 형상도 변화하고, 구상 이외에 입방체 형상이나 튜브 형상 등 여러 가지 중공형 금속 나노콜로이드가 간단하게 얻어진다. 또한 중공 AuAg 나노콜로이드의 표면에 Ag를 무전해 도금으로 석출시키면, 이중 쉘을 갖는 나노콜로이드가 얻어진다. 이것을 다시 $HAuCl_4$와 반응시키면 표면에 AgAu 합금 쉘이 형성되고 내부의 Ag 쉘이 산화 제거되기 때문에 이중 쉘을 갖는 중공 AgAu 나노콜로이드가 된다. Ag 도금과 $HAuCl_4$ 처리를 여러 번 반복하여 그 회수에 대응되는 다층 쉘 구조 중공 나노콜로이드가 얻어진다. Ag 나노콜로이드를 출발물질로 하는 갈바닉 치환반응에서는, Au 이외의 금속 쉘의 석출도 가능한데, Pd 및 Pt를 쉘로 하는 중공 나노콜로이드가 합성될 수 있다.

단분산 반도체 나노콜로이드의 합성과 입경제어를 정밀하게 실행할 수 있는 광학적 방법으로서, 사이즈 선택적 광에칭법(size-selective photoetching)이 있다(〈그림 4.1.9〉). 이 방법은 대상으로 하는 반도체 나노콜로이드의 상태에 관계없이 적용 가능하기 때문에, 미리 합성한 코어-쉘 구조 나노콜로이드의 정밀 구조제어에 도움이 된다. 〈그림 4.5.8〉 (e)처럼 $SiO_2$ 피복 CdS 나노콜로이드($CdS@SiO_2$)에 단색광을 조사하여 선택적 광에칭을 행하면, 쉘 내부의 CdS 코어가 선택적으로 광에칭되어 입경이 감소하고, 코어와 쉘 사이에 공극이 생성한다. 이 징글벨형 구조 $CdS@SiO_2$가 내부에 갖는 공극의 크기는 CdS 코어 입경의 크기(즉 광에칭에 사용되는 단색광의 파장)에 의해 제어될 수 있다. CdS 코어 입경이 5 nm인 $CdS@SiO_2$ 나노콜로이드를 출발물질로 사용한 경우에는 광에칭 파장을 514 nm부터 458 nm로 짧게 해 주면 생성되는 CdS 코어 입경은 3.7 nm에서 2.8 nm로 작아지고, 구조체 내부의 공극의 크기는 1.4 nm에서 2.4 nm로 증가한다[41].

이상과 같이 중공구조 또는 징글벨형 구조 나노콜로이드의 합성에서는 출발원료인 코어-쉘 구조 나노콜로이드의 각 유니트의 입경이나 코어의 에칭 정도를 제어하여 중공 구조체 내부에 남겨지는 코어나 형성된 공극의 크기를 자유롭게 제어할 수 있다.

Chapter
05
# 제5장
# 나노콜로이드의 규칙적 배열 제어

벌크 금속과는 다른 특이 물성을 나타내는 나노콜로이드는 나노콜로이드 사이의 전자기적 상호작용에 의해 새로운 집합특성의 발현이 기대된다. 이때 나노콜로이드 간의 거리나 배열구조에 근간을 둔 상호작용의 제어에 의해 집합물성이 변화한다. 나노콜로이드의 배열구조에는 1차원, 2차원, 3차원 공간배열이 있는데, 나노콜로이드를 원자로 취급한 결정구조라고도 생각할 수 있다. 그래서 나노콜로이드의 규칙배열구조를 제작한다는 전제로 나노콜로이드의 입경이 단분산이어야 하는 것이 필수 조건이다. 나노콜로이드의 규칙배열구조는 일정한 결정구조(단거리 질서)를 갖는 나노콜로이드가 장거리 질서를 갖기 때문에 초격자(superlattice)라고 불리운다.

## 5.1. 나노콜로이드의 자기집적(Self-assembly)

용액 중에 분산하고 있는 나노콜로이드로부터 초격자구조 형성에는 자기집적법(self-assembly method 또는 자기조립법)이 주로 사용된다. 자기집적이란 물질이 자연적으로 집적하여 고차원 구조를 구축하는 것을 말한다. 나노콜로이드의 경우 나노콜로이드 분산액의 용액을 서서히 휘발시키는 과정에서 나노콜로이드가 자발적으로 초격자 구조를 형성한다. 자기집적은 용액 증발 시에 용액의 중심부로부터 주변으로 용매가 흐름에 따라서 나노콜로이드가 액체 주변으로 이동・응축(이동집적, convective assembly)되어 나노콜로이드 간에 횡모세관력(lateral capillary force)이 작용하게 되어 일어난다(〈그림 5.1.1〉). 최종적으로 형성되는 나노콜로이드 초격자 구조는 용매증발속도, 농도뿐만 아니라 나노콜로이드 간의 반데르왈스(van der Waals) 인력, 소수성 상호작용, 정전기적 상호작용 등에 의존하지만, 높은 구조적 대칭성(6회 대칭)을 갖는 육방조밀충진구조의 2차원 초격자(two-dimensional superlattice)가 얻어지기 쉽다(〈그림 5.1.2〉).

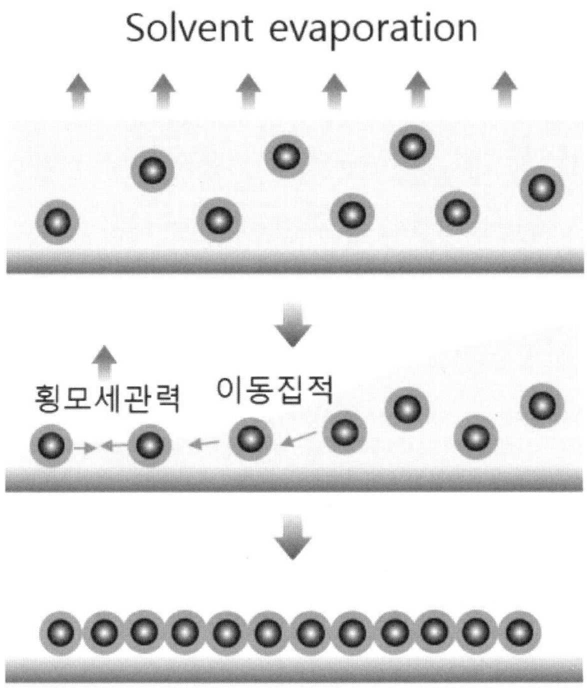


〈그림 5.1.1〉 용액 증발에 의한 나노콜로이드의 자기집적 모델

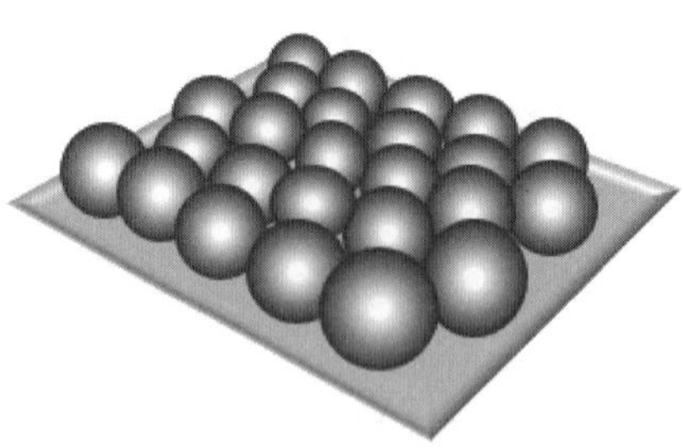

〈그림 5.1.2〉 육방조밀충진된 나노콜로이드의 2차원 초격자 모델

## 5.2. 나노콜로이드 1차원 초격자

초격자 구조 중에서 가장 이방성이 높은 나노콜로이드의 1차원 초격자(one dimensional superlattice)는 전자이동 또는 에너지 이동을 실현하는 구조로서 중요하다. 그러나 이 낮은 구조 대칭성(2회 대칭) 때문에, 여러 가지 초격자 구조 중에서 가장 형성이 곤란하다고 알려져 있다. 자기집적을 이용한 1차원 초격자의 형성법으로는 나노콜로이드 한 개 정도의 폭을 갖는 일차원 템플레이트를 활용하는 방법이 있다. 예를 들면, 무기 템플레이트로서 (100) 및 (010) 면이 노출된 고랑이랑 구조를 갖는 NaCl 결정 표면에 탄소 막을 피복한 기판을 이용하여, 도데케인싸이올(dodecanethiol) 보호 Au 나노입자(평균입경 3.4 nm) 현탁 톨루엔 용액에 침적하고, 고랑이랑 방향에 평행하게 끌어올리면서 용매를 증발시킨다. 이때 용매의 증발과 함께 이동집적・횡모세관력에 의해 기판 상의 고랑 부분에 Au 나노콜로이드가 선택적으로 배열하여 일차원 초격자가 형성된다(〈그림 5.2.1〉) [1].

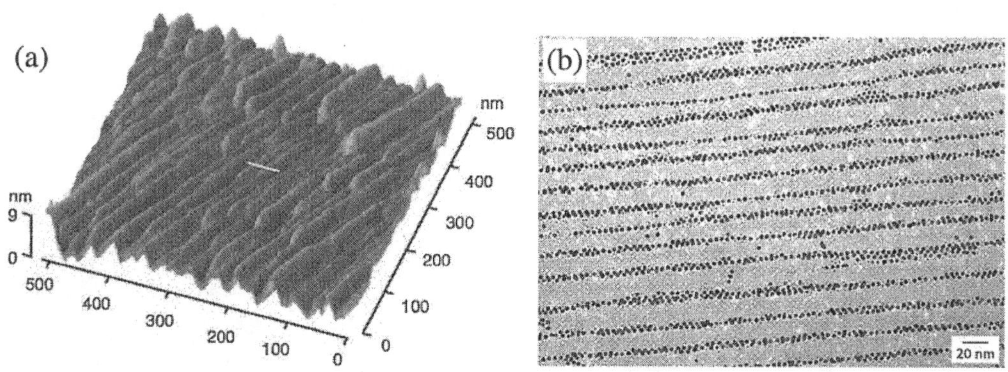


〈그림 5.2.1〉 (a) NaCl 고랑이랑 구조 기판의 AFM 상, (b) 고랑 상에 1차원 배열한 Au 나노콜로이드

또한, 유기 템플레이트와 템플레이트-나노콜로이드 간의 정전 상호작용의 이용 예로서, 염기배열을 제어한 정방형 RNA와 $Mg^{2+}$를 가교이온으로 일차원 골격 나노세공 템플레이트를 제작하고 cation성 Au 나노콜로이드(평균입경 3.5

nm) 용액에 침적하면, Au 나노콜로이드가 RNA 나노세공에 들어간 Au 나노콜로이드 일차원 초격자가 형성될 수 있다(〈그림 5.2.2〉 참조)[(2)].

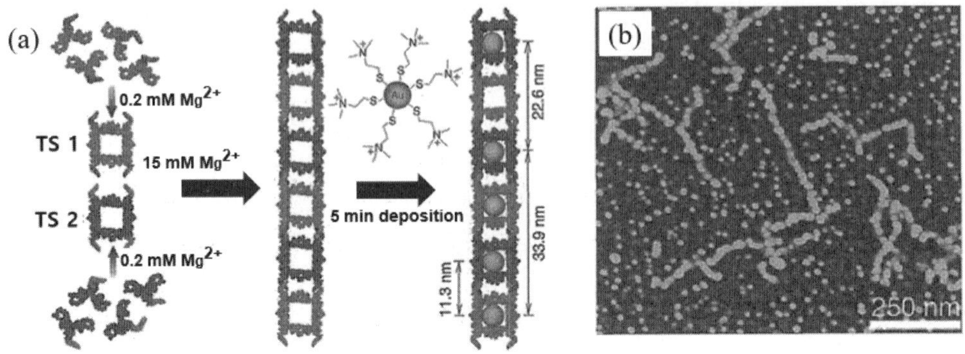


〈그림 5.2.2〉 (a) 정방형형 RNA 일차원 골격을 템플레이트로한 Au 나노콜로이드의 일차원 초격자 형성법과 (b) SEM 상

템플레이트를 사용하지 않고 단순한 용매증발에 의한 자기조립화만으로 나노콜로이드 일차원 초격자가 형성될 수 있다면 보다 편리한 프로세스가 될 것이다. 이를 위해서는 나노콜로이드의 형상을 일차원 배열하기 쉽도록 설계할 필요가 있다. 예를 들면, 소수성 용액 중에 역미셀(reverse micelle)을 형성한 AOT를 이용하여, $BaCrO_4$ 나노콜로이드를 프리즘 상(장축 16.0 nm, 단축 6.0 nm)으로 형상제어하면, 평면간 상호작용이 지배적이게 되어 일차원 초격자가 형성된다[(3)].

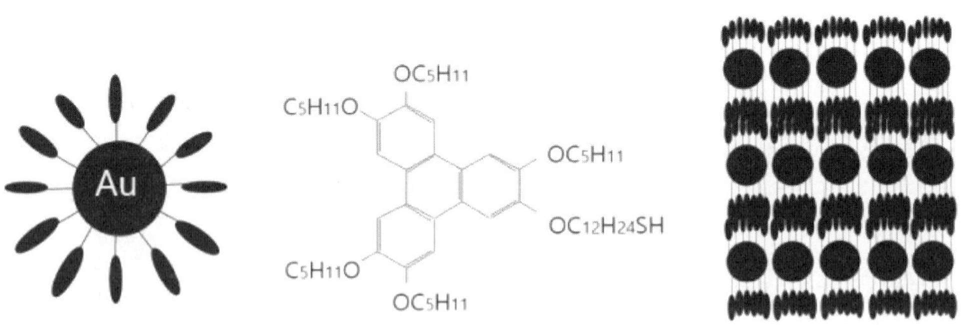


〈그림 5.2.3〉 트리페닐렌싸이올(triphenylenetiol) 유도체로 보호된 Au 나노콜로이드의 개략도와 트리페닐렌 일차원 컬럼구조 형성으로 유발된 Au 나노콜로이드 일차원 초격자 모델

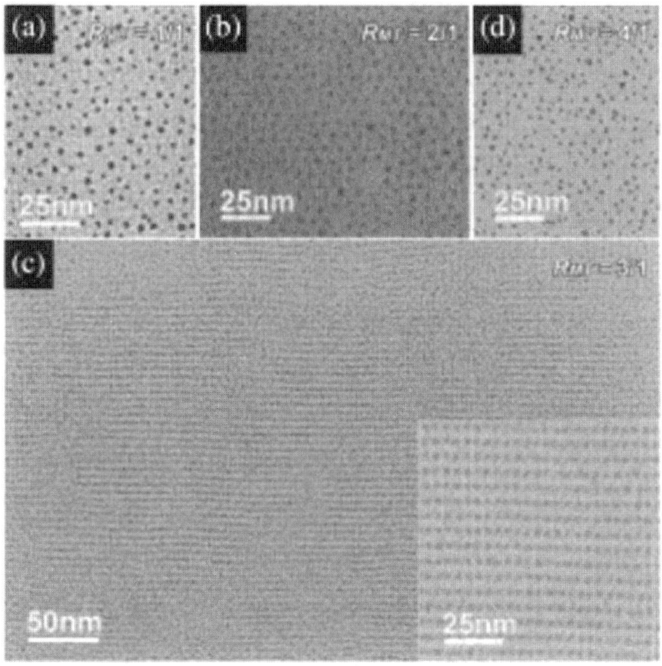

〈그림 5.2.4〉 트리페닐렌싸이올 유도체로 보호된 Au 나노콜로이드 자기집적 막의 TEM 사진(메탄올/톨로엔(v/v) = (a) 1, (b) 2, (c) 3, (d) 4

평면 $\pi$-$\pi$ 스택킹(stacking)에 의해 일차원 컬럼구조를 형성하는 원반형(discotic) 액정분자(트리페닐렌싸이올 유도체 등)를 Au 나노콜로이드의 표면 보호제로 도입하는 것도 효과적이다(〈그림 5.2.3〉)[(4)]. 〈그림 5.2.4〉는 트리페닐렌싸이올 유도체로 보호된 Au 나노콜로이드를 이용하여 제작한 초격자이다. Au 나노콜로이드 메탄올/톨루엔 혼합 분산액에서 용매를 증발시키면, Au 나노콜로이드 표면의 트리페닐렌 분자에 의한 일차원 컬럼구조에서 유발되는 서브밀리미터(submilimeter) 단위로 장거리의 치밀한 Au 나노콜로이드 일차원 초격자가 형성된다. 이 경우 자기조립화에 사용하는 메탄올/톨루엔 용매 체적비에 의해 일차원 초격자(〈그림 5.2.4〉 (c)), hcp 이차원 초격자(〈그림 5.2.4〉 (b)) 및 무질서 구조(〈그림 5.2.4〉 (a), (d))로 변화하는 것도 매우 흥미롭다. 이 구조변화는 용매 극성에 의해 트리페닐렌 분자간의 $\pi$-$\pi$ 상호작용($\pi$-$\pi$ interaction)이 다르다는 것에 유래하고 있으며, 나노콜로이드 사이의 상호작용을 여러 가지 인자에 의해 조작하여 초격자 구조가 제어 가능하다는 것을 나타낸다. 이것은 2차원 초격자나 3차원 초격자 구조 제어에도 적용되며, 얼마나 나노콜로이드 간의 상호작용을 제어하는가가 나노콜로이드 초격자 구축에 중요하다[(5)].

나노콜로이드들을 보다 강한 화학결합으로 연결시켜 일차원 초격자를 형성시키는 것도 가능하다. 나노콜로이드는 보통 구상으로 등방성의 특성을 갖기 때문에, 특정 방향으로만 반응성 유기분자를 흡착하는 것은 곤란하다. 그러나 길이가 다른 두 종류의 유기분자를 나노콜로이드의 보호제로 이용하면 반응성 유기분자를 나노콜로이드의 양단에 선택적으로 흡착시킬 수 있다. 용매 중에서 유기분자 간의 화학반응을 행하여 공유결합으로 Au 나노콜로이드 일차원 초격자가 형성된다[(6)].

## 5.3. 나노콜로이드 2차원 초격자

5.1절에서 기술한 것처럼, 자기집적법으로는 2 nm 이상의 나노콜로이드로는 일반적으로 육방조밀(hcp) 구조의 2차원 초격자가 얻어진다. 평균입경 $R_A$, $R_B$의 다른 두 종류의 도데케인싸이올(dodecanethiol) 보호 Au 나노콜로이드를 혼합해서 자기집적 2차원 초격자를 제작하면, 입경 차이가 작은 경우($R_B/R_A$ = 0.6)에는 완전히 한 상으로 융합한 쌍봉 형태의 hcp 구조가(〈그림 5.3.1〉 (a)), 차이가 큰 경우($R_B/R_A$ = 0.4)는 각 나노콜로이드가 상 분리된 hcp 구조가 형성된다(〈그림 5.3.1〉 (b))[(7)]. 또한, 나노콜로이드의 희박용액에서는 물질의 종류에 관계없이 마이크로 링상의 자기조립화 구조가 나타난다(〈그림 5.3.2〉)[(8)]. 이 구조는 흘린 커피나 와인이 링상의 자국을 만드는 현상과 같은 원리로 형성된다.

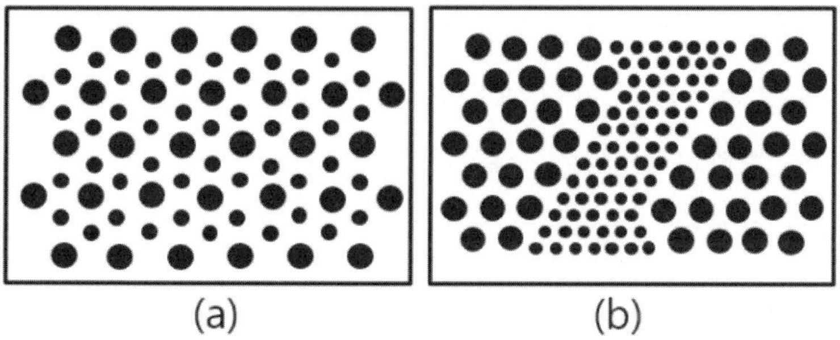


〈그림 5.3.1〉 입경이 다른 도데케인싸이올 보호 Au 나노콜로이드로부터 형성하는 2차원 초격자의 모식도. (a) $R_B/R_A$ = 0.6, (b) $R_B/R_A$ = 0.4

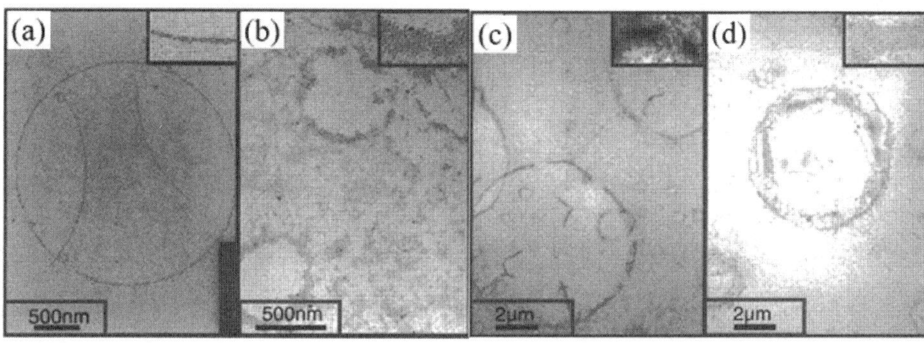


〈그림 5.3.2〉 (a) Ag 나노콜로이드(평균입경 4.4 nm), (b) Cu 나노콜로이드(평균입경 6.2 nm), (c) Co 나노콜로이드(평균입경 5.1 nm), (d) $Ag_2S$ 나노콜로이드(평균입경 5.8 nm)의 희박 헥산용액에서 생성된 마이크로 링

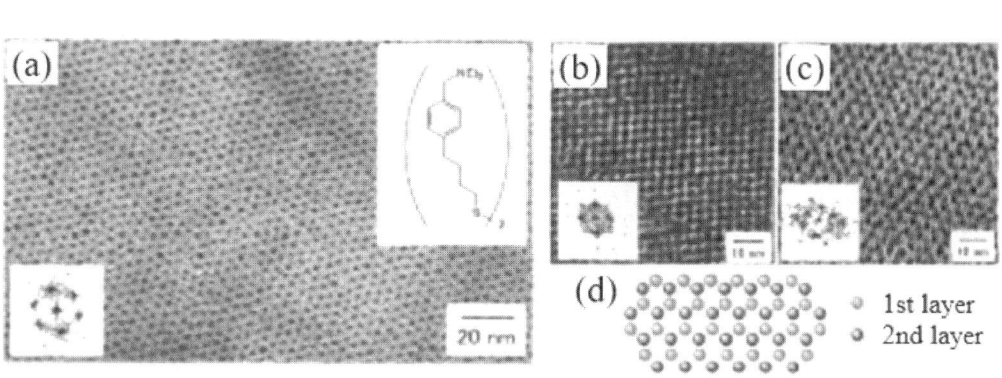


〈그림 5.3.3〉 (a) 2.4 nm 싸이올 유도체(삽입그림) 보호 Au 나노콜로이드 자기집적막의 hcp 2차원 초격자, (b) 4회 대칭 2차원 초격자, (c) 유사 하니컴 구조 초격자의 TEM 상, (d) 유사 하니컴 구조의 배열 모델

자기집적화 2차원 초격자 구조는 여러 가지 조건에 영향을 받는다. 나노콜로이드의 입경은 2 nm 정도까지 미세화하고 콜로이드 간의 van der waals 결합력이 작아지면, 구조 결함이 발생하기 쉬워서 장거리로 초격자 구조를 얻기 곤란하다. 그러나 Au 나노콜로이드(평균입경 2.4 nm)의 유기 배위자로서 벤젠 환을 포함하는 싸이올 유도체(〈그림 5.3.3〉 (a)의 삽입 그림)를 이용하면 거의 구조 결함이 없는 장거리 hcp 초격자가 형성된다(〈그림 5.3.3〉 (a))[(9)]. 입자 간 거리는 약 1.4 nm이고, 이 값은 인접한 나노콜로이드 간에 유기배위자의 벤젠 고리 들이 완전하게 겹치는 거리에 해당한다. 2 nm 이하의 입경인 나노콜로이드에서도 유기보호제의 $\pi$-$\pi$ 상호작용을 활용하여 초격자 구조의 구축이 가능하다. 더욱이 이 싸이올 유도체의 끝단에 결합되는 디에틸아미노기의 전하를 변화시켜 형성되는 2차원 초격자의 대칭성을 변화시킬 수 있다. 자기집적화 과정에서 나노콜로이드 수용액에 아세트산(초산, $CH_3COOH$)을 첨가하면, 나노콜로이드는 4회 대칭 2차원 초격자를 형성하게 된다(〈그림 5.3.3〉 (b)). 이 초격자 구조변화는 유기배위자 끝단의 디에틸아미노기(-$NEt_2$)가 아세트산에 의해 프로톤화(-$N^+HEt_2$)하여 나노콜로이드 사이에 약한 정전기적 반발이 생성된 것에 기인한다. 그리고 아세트산 대신에 1,3,5-벤젠트리카르복실산(benzenetricarboxylic acid)을 이용하면 3회 대칭의 유사 하니컴(quasi-haneycomb) 구조가 얻어진다(〈그림 5.3.3〉 (c)). 이것은 hcp 2차원 초격자의 3회 대칭 hollow 사이트를 2층째인 hcp 초격자가 점유한 구조이고(〈그림 5.3.3〉 (d)), 디에틸아미노기의 플로톤화에 관여하고 있지 않은 1,3,5-벤젠트리카르복실산의 카르복실기 사이의 다중 수소결합 형성에 의해 해석된다. 나노콜로이드 사이의 정전기적 상호작용이나 수소결합에 의해 여러 가지의 2차원 초격자 구조가 형성될 수 있다.

자기집적화는 수평류 집적이나 콜로이드 사이의 횡모세관력을 이용하고 있기 때문에, 마이크로 미터 단위 이상의 마크로한 2차원 초격자의 형성에는 여전히 문제가 남아 있다. 2차원 초격자의 대면적화에는 Langmuir-Blodgett법, 통칭 LB법이 유효하다. 물과 상(相)이 용해하지 않는 용제에 소수성 나노콜로이드를 분산시켜, 적정량을 수면에 균일하게 전개(展開)하여 용매를 증발시킨 후, 수면에 존재하는 나노콜로이드를 배리어(barrier) 이동에 의해 압축하면, 고밀도·대면적의 나노콜로이드 2차원 초격자를 형성할 수 있다(〈그림 5.3.4〉). 단일 나노콜로이드 막을 Langmuir 막(Langmuir membrane; L membrnae), 단일 나노콜로이드 막의 적층에 의한 다층막을 Langmuir-Blodgett 막(Langmuir- Blodgett membrane; LB membrane)라고 부른다. 소수성 나노콜로이드 밖에 이용할 수 없다는 것과 초격자 형성에 시간이 걸리는 것이 단점이지만, 나노콜로이드의 전개(展開)·압축(壓縮) 조건이 갖춰지면 거의 완전하게 결함이 없는 나노콜로이드 초격자가 대면적으로 얻어지기 때문에 나노콜로이드의 집합 물성을 정밀하게 탐색하는데 매우 적합한 수단이다.

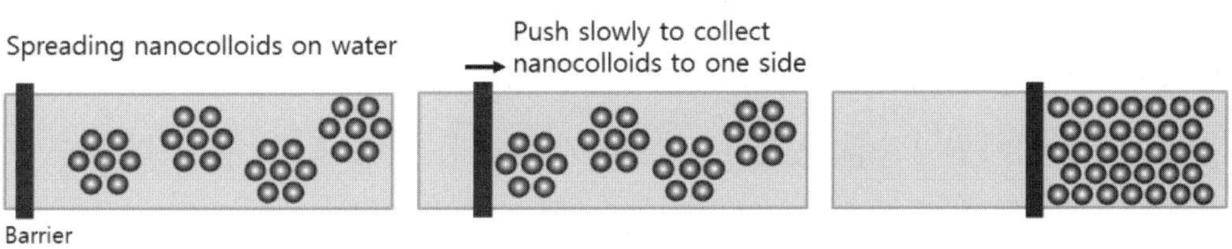


〈그림 5.3.4〉 Langmuir-Blodgett 법의 조작 원리(Top view)

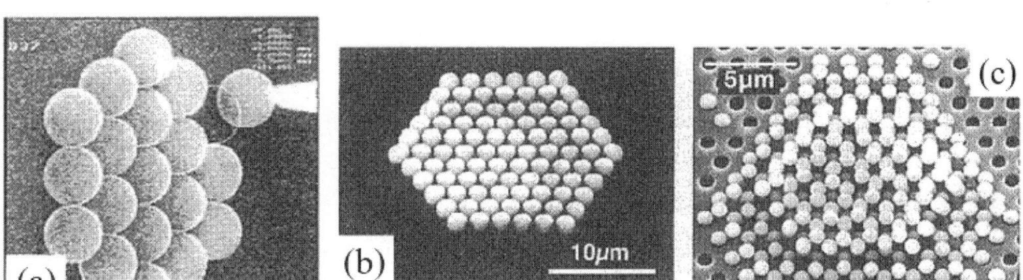


〈그림 5.3.5〉 (a) SEM 프로브에 의한 폴리비닐 톨루엔 콜로이드 입자의 부착과 (b,c) 이를 이용해 제작한 초격자 구조

또한, 나노콜로이드 하나하나를 배열하는 매니퓰레이션법(manipulation method)은 LB법 보다도 더욱 많은 시간이 걸리고 실용성의 관점에서는 현실적이지는 않지만, 정확히 원하는 장소에 원하는 방향으로 나노콜로이드를 배치할 수 있어 정밀도가 매우 높은 방법이다. 매니퓰레이션법은 실제로 나노콜로이드를 보면서 행하기 때문에, 기본적으로 현미경을 같이 사용하고 있으며 SEM, AFM, STM이 사용된다. 매니퓰레이션법의 원리는 끝단이 나노콜로이드와 같은 정도의 크기로 뾰쪽한 현미경 프로브(탐침)를 이용하여, 정전기력 또는 반데르왈스 힘에 기인하는 부착력에 의해 나노콜로이드를 프로브에 부착시켜 원하는 장소에 배치한다는 간단한 발상이다(〈그림 5.3.5〉).

## 5.4. 나노콜로이드 3차원 초격자

나노콜로이드의 3차원 초격자(three-dimensional superlattice)가 2차원 초격자의 적층구조라는 것을 고려하면, 2차원 초격자 형성에 이용한 방법을 3차원 방향으로 확장하면 3차원 초격자는 형성 가능하다. 예를 들면, 용매 건조에 동반되는 유기 배위자 사이의 상호작용을 이용하면 여러 가지의 2차원 초격자가 얻어지지만, 기-액 계면에서 유기 배위자의 상호작용을 일으키면 3차원 초격자가 얻어진다.

카르복실기를 끝단에 가지고 있는 싸이올 유도체(〈그림 5.4.1〉)로 보호한 Au 나노콜로이드의 3차원 초격자에 대해서 생각해 보자. 4.0 mg의 N-아세틸 글루타싸이온 환원형 보호 Au 나노콜로이드(입경 3.5 nm)를 0.2 ~ 0.3 mol · dm$^{-3}$ HCl 수용액 2 cm$^3$에 분산시켜 완전히 밀폐하면, 인접한 Au 나노콜로이드 사이의 카르복실기를 매개로한 수소결합이 유도되어 기-액 계면에서 Au 나노콜로이드의 결정화가 진행된다. Au 나노콜로이드 결정은 5 $\mu$m까지 크게 성장하고, 정사면체(tetrahedron), 십면체(decahedron), 이십면체(icosahedron) 등 다양한 형태를 형성한다(<그림 5.4.2>). Au 나노콜로이드의 UV-visible 흡수스펙트럼에서는 Au 나노콜로이드로부터 유래한 국부표면프라즈몬 공명흡수의 최대 흡수파장이 수분산 중 > 무질서 배열 결정 > 규칙배열 초격자의 순으로 저에너지 측(장파장측)으로 이동한다(<그림 5.4.3>). 이것은 높은 규칙배열구조에 의해 Au 나노콜로이드 간의 쌍극자-쌍극자 상호작용(dipole-dipole interaction)이 결정 내부에 장거리로 생성하는 것에 기인하고 있다. 또한 흡수스펙트럼의 반치폭도 무질서 결정에 비해 작고 피크가 보다 날카로우며 규칙배열화에 의해 흡수광의 강도를 높일 수 있다[(10)].

또한, 실온 강자성을 갖는 나노콜로이드에서는 나노콜로이드 간 상호작용이 자화에 의해 강화되며, 전술한 Au 나노콜로이드와 같이 유기 배위자의 도움 없이도 큰 3차원 초격자가 형성된다. 헥사데실아민 / 올레핀 산 보호 FeCo 합금 나노콜로이드(입경 15 nm)는 hcp 구조로 mm 단위의 큰 3차원 초격자를 형성한다[(11)].

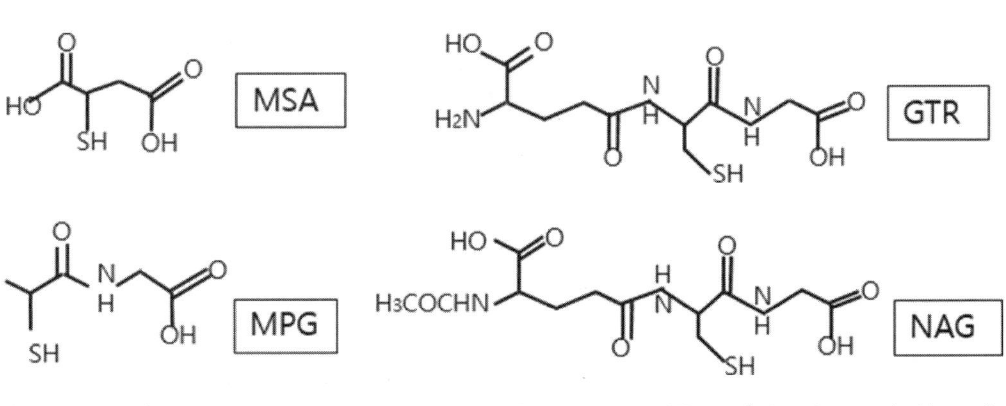


<그림 5.4.1> 카르복실기를 끝단에 갖는 싸이올 유도체의 화학구조(메르캅토 호박산(MSA), N-2-메르캅토프로피 오닐 글리신(MPG), 글루타싸이온 환원형(GTR), N-아세틸글루타싸이온 환원형(NAG))

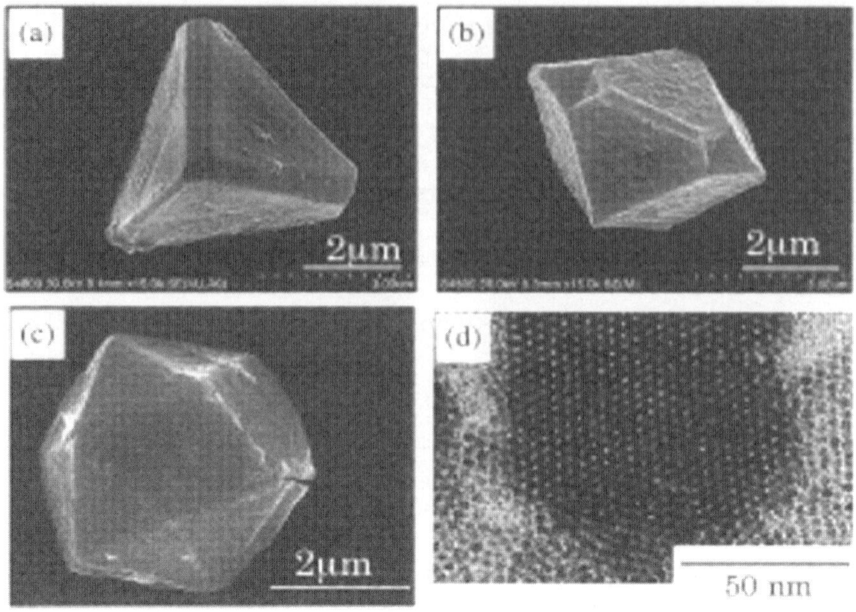


〈그림 5.4.2〉 (a ~ c) N-아세틸글루타치온 환원형 보호 Au 나노콜로이드의 3차원 초격자 3종의 SEM 이미지, (d) 초격자 일부의 TEM 사진

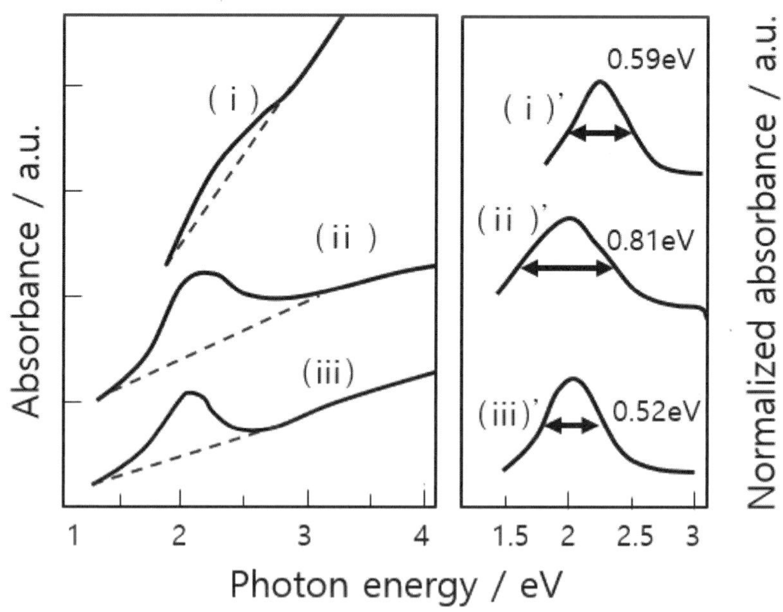


〈그림 5.4.3〉 ( i ) 수중, (ii) 무질서 결정, (iii) 규칙배열 초격자에 대한 N-아세틸글루타치온 환원형 보호 Au 나노콜로이드의 UV-visible 흡수스펙트럼

Chapter 06

제6장

# 나노콜로이드의 분석법

나노콜로이드의 물성은 그 입경, 입형, 원자결합 또는 불순물이라고 하는 국소구조, 표면구조, 조성 및 이들에 기초하는 전자상태에 의하여 크게 영향을 받는다. 따라서 나노콜로이드의 구조나 화학조성의 정밀분석은 물성 발현 해석에 연결되는 중요한 사항이다. 20세기 후반부터 현재에 이르기까지 분석기술의 발전으로 인해 원자 수준의 정밀분석기술이 가능하게 되었다. 본 장에서는 나노콜로이드의 형상(morphology, 주로 입경 및 입형)적 해석, 결정구조해석, 조성분석, 화학상태해석에 관련하여 주로 이용되는 분석법을 개괄적으로 기술한다.

## 6.1. 형상학적 해석

### 6.1.1. 투과전자현미경(TEM)

무기물질의 입경과 입형의 결정에 가장 많이 이용되는 것은 현미경이다. 광학현미경(optical microscope)에서는 시료에 가시광선(파장 380 ~ 750 nm)을 조사하고 접안렌즈와 대물렌즈를 이용하여 상을 확대하지만, 광의 회절한계(diffraction limit)가 있기 때문에 수백 nm 이하의 물질은 관찰할 수 없다.

나노콜로이드의 입경 또는 입형의 결정에는 투과전자현미경(transmission electron microscope; TEM)이 사용된다. TEM은 원리적으로는 광학현미경과 동일하고 광 대신에 전자선을 이용하는 것이 특징이다. 구체적으로는 **〈그림 6.1.1〉**에 표시한 것처럼, 전자총(필라멘트)에서 발생한 전자선을 anode에서 전압으로 가속하고, 수집 렌즈를 통과하여 시료에 입사시켜 투과 전자선을 대물 및 결상 렌즈로 확대 상을 만들고, 최종적으로 형광판에 투영된 상을 관찰한다. 전자선의 파장은 100 kV에서 0.0037 nm, 2 MV에서 0.0005 nm로 가시광선보다 현저히 작기 때문에 nm 단위의 미세 시료 관찰이 가능하다. TEM 관찰용 시료는 금속이나 플라스틱 소재의 직경 3 mm 정도의 메쉬형 그리드(grid) 위에 직접 제작하거나, 또는 탄소 / formvar(고분자막의 일종) 이중 막 등을 피복한 금속 그리드에 나노콜로이드 분산액을 떨어뜨려 제작한다. 전자선 상은 감광 필름에 기록하는 경우가 많았지만, 최근에는 CCD(Charge Coupled Device) 카메라에 의해 디지털 화상으로서 처리하는 것이 일반적이다. 가속전압 100 kV의 TEM으로는 나노콜로이드의 입경과 입상 밖에 관찰할 수 없지만, 200 kV 이상의 고분해능 TEM(high resolution TEM; HRTEM)에서는 고분해능 관찰이 가능해지고 결정의 격자면 간격(lattice spacing)이나 원자 상을 찍을 수 있다(〈그림 6.1.2〉). 전자선의 투과율은 낮기 때문에 일반적으로 장치 내는 고진공($1\times10^{-3}$ ~ $1\times10^{-5}$ Pa) 상태가 유지되어야 하지만, 시료 내의 수분을 건조로부터 보호하는 저진공 관찰, 또는 가스 분위기 및 가열

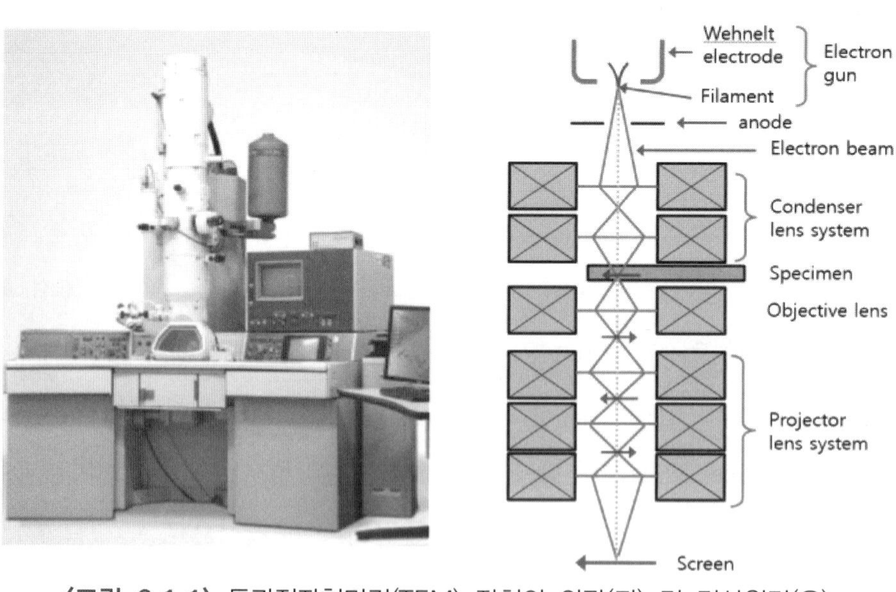


〈그림 6.1.1〉 투과전자현미경(TEM) 장치의 외관(좌) 및 결상원리(우)

상태에서 시료의 관찰도 가능하게 되었다. 현재 나노콜로이드의 구조 결정에 TEM은 가장 필수적인 분석장치라고 해도 과언은 아니다. 또한 TEM은 고성능인 확대 현미경일 뿐만 아니라, 결정구조 결정을 위한 회절장치로서도 유용하다 (TEM을 이용한 전자선 회절분석은 “6.2. 미세결정구조 해석”에서 기술한다).

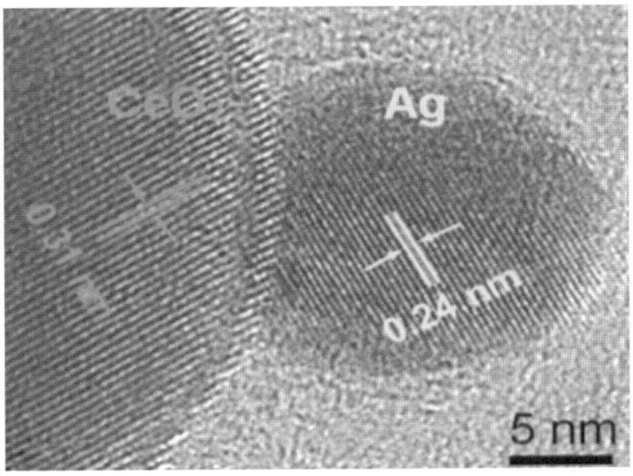


〈그림 6.1.2〉 HRTEM으로 관찰한 Ag-loaded $CeO_2$ 나노입자의 격자면 거리 [(1)]

평행에 가까운 전자선을 사용하는 TEM에 대하여, 주사투과형 전자현미경(scanning TEM, STEM)은 서브나노메터(sub-nano meter) 크기로 집속한 전자선을 주사하면서, 시료에 입사 / 산란된 투과전자를 검출하여 주사 상(scanning image)을 얻는 방법이다. STEM과 TEM은 조사계(照射系)와 결상계(結像系)를 상하 반전한 가역적인 관계이기 때문에, 산란, 회절, 위상차인 각 상의 콘트라스트는 기본적으로 동등한 정보를 제공한다. 수십 mrad 이상의 고각도의 산란전자를 원형 검출기에서 화상화하여 고각산란 환상 암시야(high angle annular dark field; HAADF) 상은 원자번호 Z에 의존한 컨트라스트(Z contrast)를 가지며 원자 단위로 조성 정보를 얻을 수 있다. 예를 들면, II-VI 족 반도체가 접합된 황화카드늄 / 테루루화카드늄(CdS/CdTe) 나노콜로이드의 HAADF-STEM 상을 〈그림 6.1.3〉에 나타내었다.

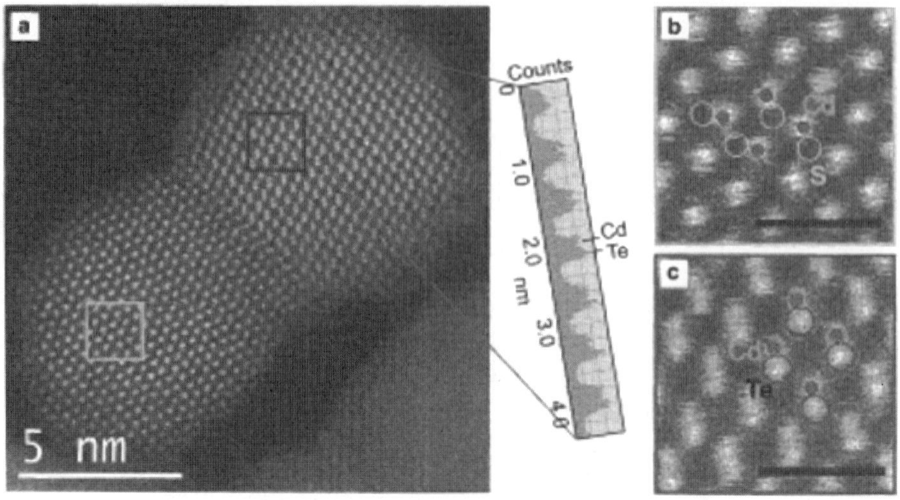


〈그림 6.1.3〉 CdS/CdTe 나노콜로이드의 HAADF-STEM 상(a: 전체 상, b: 백색 부분의 확대도, c: 흑색 부분의 확대도) [(2)]

## 6.1.2. 주사전자현미경

나노콜로이드는 응집을 억제시키기 위해 표면에 계면활성제 분자 등의 유기배위자가 흡착되어 있다. TEM 또는 STEM에서는 나노콜로이드의 무기 코어 부분의 정보는 얻어지지만, 유기배위자를 포함한 3차원 정보를 얻는 것은 곤란하다. TEM 만큼 공간분해능은 없지만, 나노콜로이드의 그대로의 모습을 알 수 있는 것이 주사전자현미경(scanning electron microscope; SEM)이다(〈그림 6.1.4〉). SEM에서는 집속 / 대물 렌즈에 의해 직경 수 nm의 좁은 전자선 빔을 발생시켜 시료에 조사하고, 주사 코일에 의해 전자선을 움직여 시료 표면 상을 주사(scanning)한다. 이때 발생하는 2차 전자를 검출기에 의해 휘도로 변조하고, 그 전기신호를 모니터로 관찰한다. 전자선의 가속전압은 1 ~ 40 kV 정도이며, 공간분해능은 수 nm 정도로 낮지만, 시료의 표면구조를 반영한 초점심도가 깊은 입체적인 상을 얻을 수 있는 것이 특징이다(〈그림 6.1.5〉).

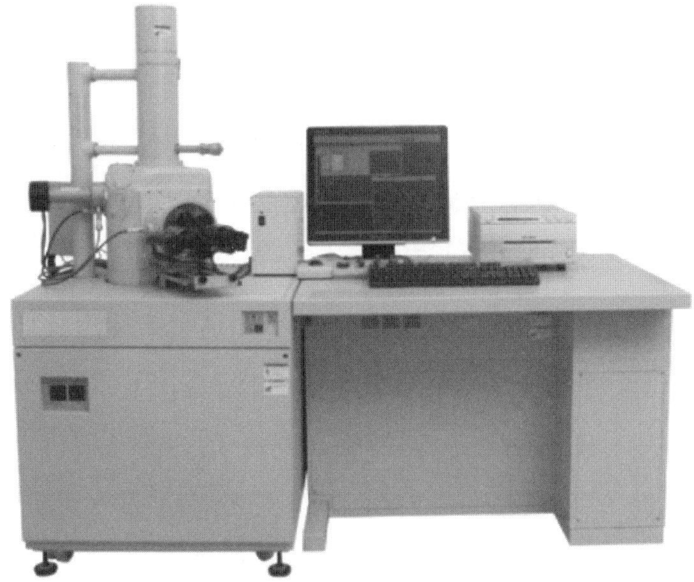

〈그림 6.1.4〉 주사전자현미경(SEM)의 장치 전체도

〈그림 6.1.5〉 (a) Cube 형 $In_2O_3$ 및 (b) 카본 상 Pt 나노입자의 SEM 상[(3)]

### 6.1.3. 주사프로브 현미경(SPM)

시료에 탐침(probe)를 주사하여 시료 표면의 실공간 영상을 관찰하는 것이 주사프로브 현미경(scanning probe microscope; SPM)이다. TEM이나 SEM과 비교하여 특히 수직 분해능(0.01 nm)이 우수하고, 대기 하에서나 액중에서의 측정

이 가능하다. 측정방법의 차이에 의해 주사터널현미경(scanning tunneling microscope; STM)과 원자간력현미경(atomic force microscope; AFM)으로 나뉜다.

STM에서는 매우 날카로운 금속 탐침(Pt, Pt/Ir, W, Au 등)을 시료 표면에 수 nm 이하로 가깝게 붙여 바이어스 전압(수십 ~ 수백 mV)를 인가하여, 시료와 탐침의 일함수로 결정되는 터널 장벽을 넘는 터널 전류(tunnel current)를 흘린다(**〈그림 6.1.6〉**). 탐침을 전압 피에조(piezo) 소자에 Z축 방향으로 고정하고, 시료-탐침 간의 터널 전류가 일정하게 되도록 피에조 소자에 피드백을 주면서 X, Y축 방향으로 탐침을 주사하고, 피에조 소자에 인가한 전압의 xy 분포로부터 시료 표면 영상을 얻는다(**〈그림 6.1.7〉**). 피에조 소자는 원자 수준의 분해능으로 미세 이동이 가능하지만, 원자 분해능을 얻기 위해서는 "탐침의 뾰족함"이 중요하고, 절단용 니퍼(nipper)에 의한 절단 방법이나 전해 연마에 의해 탐침 선단의 원자가 수 개 이하가 되도록 한다. 전해질 용액 중에서 시료에 전압을 가해 전자이동이 동반되는 여러 가지 화학변화를 관찰하는 전기화학 STM도 개발되고 있으며 도전성 나노콜로이드의 관찰에 적용된다.

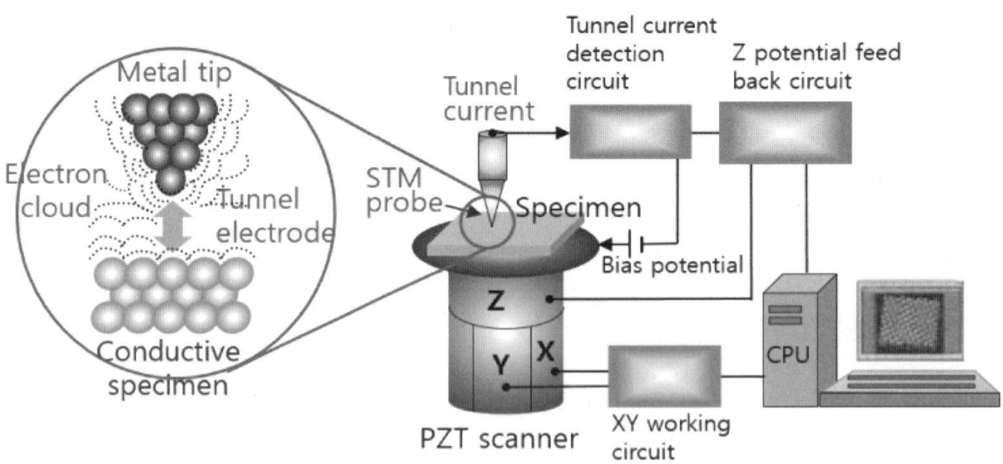


**〈그림 6.1.6〉** 주사터널현미경(STM)의 측정원리

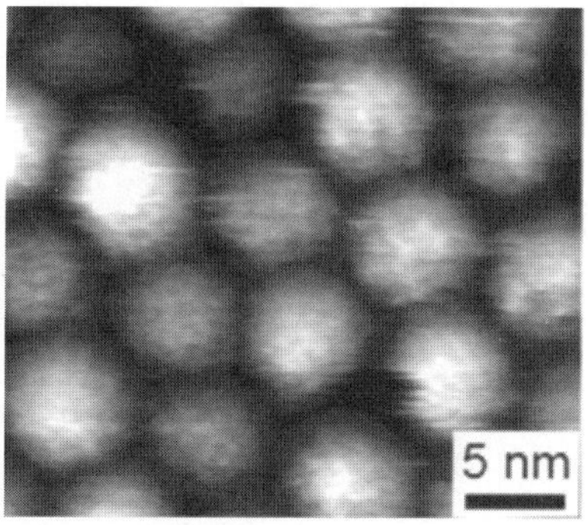


〈그림 6.1.7〉 싸이올 분자로 표면을 보호한 Au 나노콜로이드의 STM 상[4]

또 다른 SPM인 AFM은 탐침-시료 간의 원자간력을 이용하는 현미경이다. 원자간력이란 두 원자 사이에 작용하는 힘으로, 두 원자간 거리를 r이라고 하면 Leonard-Jones형 포텐셜(Leonard-Jones postential) U(r)이 된다. 원거리에서는 유기쌍극자(誘起雙極子) 모멘트에 의해 인력이 작용하고, 근거리에서는 원자의 전자구름이 중첩되면서 강한 교환척력(exchange repulsion)이 작용한다. 최소 포텐셜을 나타내는 원자간 거리는 원자의 충진반경 $r_0$가 된다.

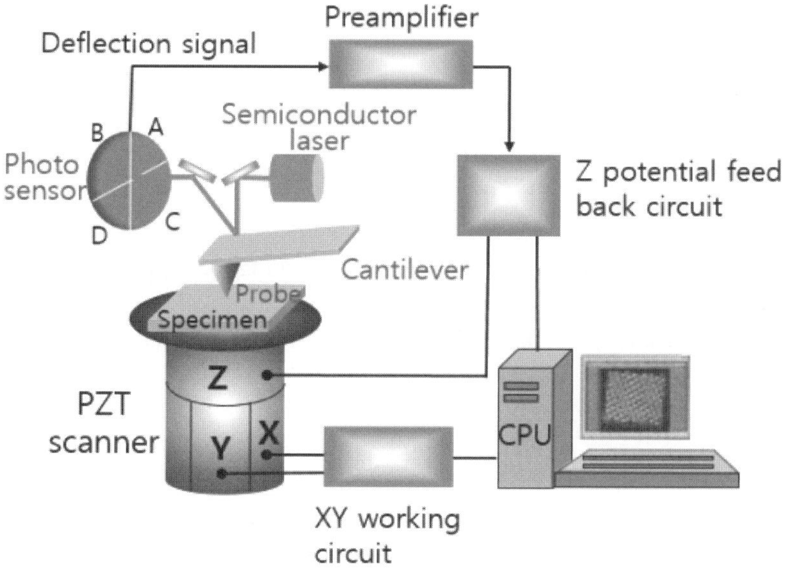


〈그림 6.1.8〉 원자간력현미경(AFM)의 측정원리

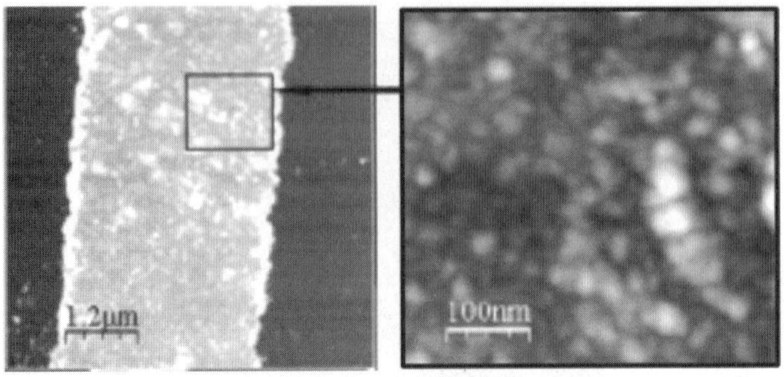


〈그림 6.1.9〉 태핑 모드로 얻어진 Au 나노콜로이드 박막의 AFM 상[5]

〈그림 6.1.8〉에 AFM의 측정원리를 나타낸다. SiN 등을 재료로 한 탄성체인 캔틸레버(cantilever)의 끝단에 nm 단위의 날카로운 탐침이 고정되어 있고, 이 캔틸레버를 시료 표면에 가깝게 접근시켜 시료-탐침 간의 원자간력이 작용하면 캔틸레버가 수직 방향으로 휘어진다. 이 휘는 DZ를 측정하여 캔틸레버의 탄성계수로부터 미약한 국소적 원자간력(~ $10^{-10}$ N)을 검출한다. 검출법으로 가장 보급되어 있는 방법은 광학레버방식(optical lever method)이다. 캔틸레버 끝단에서 반사되는 레이저를 4 분할 포토다이오드의 출력(A, B, C, D)로 검출하고, (A+B) - (C+D) 신호에 의해 캔틸레버의 휘는 량 $\Delta Z$를 검지하는 원리이다. 금속이나 그라파이트 표면 등의 원자 관찰에는 시료와 탐침을 항상 접촉시킨 상태로 측정하는 콘택 모드(contact mode)가 사용되지만, 나노콜로이드와 같이 원자와 비교하여 요철이 큰 시료에 대해서는 일반적으로 캔틸레버의 고유진동 주파수에 근접하게 진동시키면서 측정하는 태핑 모드(tapping mode)가 적용된다(〈그림 6.1.9〉). 전도성에 관계없이 여러 가지 나노콜로이드의 관찰이 가능하다.

### 6.1.4. 동적광산란법(DLS)

나노콜로이드의 형태학적(morphological) 해석은 일반적으로 건조 시료를 이용하여 수행하지만, 용액 중에서는 계면활성제의 체적 변화 등으로 인해 그 형상이 반드시 건조 시료와 일치하지는 않는다. 용액 중의 나노콜로이드의 유체역학적 크기(hydrodynamic size)나 집합상태를 알기 위해서는 동적광산란법(dynamic light scattering; DLS)이 유용하다. DLS는 준탄성(準彈性) 광산란법(quasi elastic light scattering)이라고도 불리 운다. 나노콜로이드 용액에 레이저광을 조사하면 나노콜로이드에서 광이 산란된다. 용액 중의 나노콜로이드는 브라운 운동에 의해 불규칙적으로 움직이고 있기 때문에 산란광은 시간에 따라 흔들린다. 이 흔들림이 동반하는 산란광의 시간상관함수를 마이크로 초 단위로 측정한다. 상관함수는 지수 함수적으로 감쇄하지만, 입경이 큰 나노콜로이드는 느린 확산 때문에 상관함수의 감쇄가 느려진다. 반대로 입경이 작은 나노콜로이드의 확산은 빨라서 상관함수도 빠르게 감쇄한다. DLS에서는 확산계수를 반영한 산란광의 흔들림을 검출하고 콜로이드의 전병진(全竝進, total translation) 확산계수 D 및 (6.1)식의 Stokes-Einstein 식을 이용하여, 강구체라고 가정한 나노콜로이드의 유체역학적 반경 $R_H$를 구한다.

$$D = \frac{k_B T}{6 \pi \eta R_H} \tag{6.1}$$

여기서 $k_B$는 볼쯔만 상수, T는 절대온도, $\eta$는 매체의 점도이다. 실제 측정에서는 $R_H$의 분포가 반영된 히스토그램이 얻어진다. 10 nm 이하의 나노콜로이드에서는 동적 흔들림이 크기 때문에 측정 재현성이 곤란한 경우가 많아서 비교적 사이즈가 큰 나노콜로이드의 분석에 적합하다. 또한 산란 전후에 에너지의 주고받음이 없는 탄성산란을 가정한 정적광산란법(static light scattering method)에서는 중심이 고려된 회전반경이 구해지고, 유체역학적 반경과 비교하여 나노콜로이드의 형상(구상, 봉상, 원반 등)에 대한 정보가 얻어진다. 레이저 광원에는 일반적으로 He-Ne 레이저(633 nm)가 이용되고, 산란광이 약한 경우에는 보다 단파장인 Ar 레이저(488 nm)가 사용된다.

## 6.2. 미세결정구조 해석

### 6.2.1. 분말 X선 회절 (6)

무기물질의 결정구조 해석에서 분말 X선 회절(powder X-ray diffraction; XRD)은 필수 불가결하다. 무기물질에 있어서 결정구조는 소위 지문과도 같기 때문이다. 프로브(probe)가 되는 X선은 금속(Cu, Mo, W 등)에 가속 전자빔을 조사하면, 음극인 금속에서 특유한 특성 X선(characteristic X-ray)을 발생한다. 이 X선을 시료에 조사하면 결정 격자면에서 회절하여 서로 보강 간섭이나 상쇄 간섭이 일어난다. **〈그림 6.2.1〉**에 나타낸 것처럼, 파장 $\lambda$의 X선을 격자 면간격 d 인 결정면에 입사각 $\theta$로 조사했다면, 경로 차이에 해당하는 AB + BC = 2dsin$\theta$가 X선 파장의 정수배와 같을 때, 회절 X선은 서로 보강 간섭이 일어난다. 이것을 Bragg의 회절 조건이라고 하고, (6.2)식으로 표현된다.

$$2d\sin\theta = n\lambda \ (n : \text{반사차수}) \qquad (6.2)$$

가로 축에 $2\theta$, 세로 축에 회절선의 강도로 그려진 회절 패턴의 회절각이나 피크 상대강도를 결정구조(결정계, 결정상)를 미리 알고 있는 물질의 데이터 파일(JCPDS, Joint Committee on Powder Diffraction Standard File)과 비교해서 시료의 결정구조를 결정한다. 또한, Bragg의 회절 조건에서 일반적으로 n = 1로 놓고, 회절선 강도가 강해지는 $\theta$를 측정하여 격자 면간격 d가 산출된다. 피크 회절각 $2\theta$, 피크 반치폭(full width at half maximum; FWHM)을 B(rad, radian),

X선 파장을 $\lambda$라고 하면, 나노콜로이드의 결정립 크기 t는 아래의 Scherrer 식 (6.3)식을 적용하면 구할 수 있다.

$$t = \frac{0.94\ \lambda}{B\cos\theta} \tag{6.3}$$

TEM 상으로 결정한 나노콜로이드의 입경과 비교하면 나노콜로이드의 결정성(단결정인지 다결정인지)이 논의될 수 있다. 〈그림 6.2.2〉에 여러 가지 입경을 갖는 Au 나노콜로이드의 XRD 패턴을 나타내었다. 어느 패턴도 벌크 금(Au)과 같은 회절 각에 같은 상대강도가 나타나 있으며, 입경(결정 입자의 크기)의 감소와 함께 피크의 반치폭이 증가하고 있음을 알 수 있다.

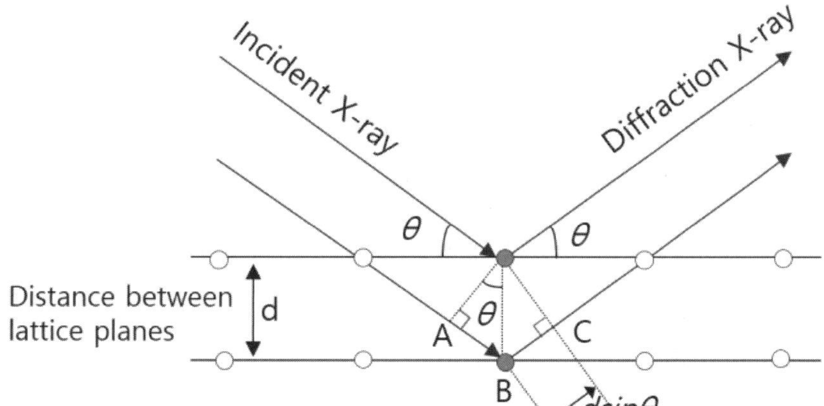


〈그림 6.2.1〉 분말 X선 회절의 원리

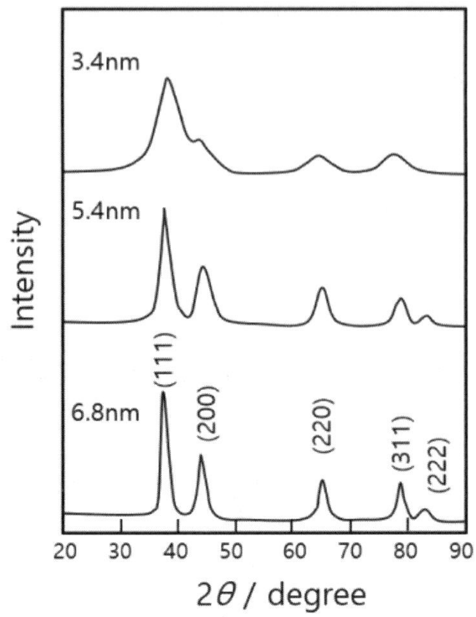


〈그림 6.2.2〉 여러 가지 입경을 갖는 Au 나노콜로이드의 XRD 패턴

### 6.2.2. 전자선 회절

TEM 측정에서는 시료에 전자선을 조사하는 장치이지만, X선과 같이 전자선도 결정 격자면에서 회절하여 간섭한다. 이 회절 패턴으로부터 시료의 결정구조를 측정한 것이 전자회절선(electron diffraction; ED)이다. 회절조건은 Bragg의 (6.2)식에 따른다. 나노콜로이드의 TEM 시료는 일반적으로 미세결정이 무질서하게 집합되어 있는 상태여서, ED 패턴은 동심원상의 회절선인 Debye-Scherrer 환(Debye-Scherrer ring)으로서 얻어진다(**〈그림 6.2.3〉**). 회절패턴 반경 r, 전자선의 파장 $\lambda$, 격자 면간격 d, 카메라 높이 L(시료부터 형광판까지의 광학적 거리)에는 (6.4)식의 관계가 있다.

$$d \cdot r = L \cdot \lambda = C(\text{카메라 상수}) \qquad (6.4)$$

d를 알고 있는 표준물질(Au, ZnO 등)을 이용하여 각 d에 대한 실측정 값

r과의 곱으로부터 카메라 상수 C의 평균치를 구하면 측정 시료의 격자 면간격을 측정할 수 있다. XRD 측정과 병행하면 결정계 분석에도 사용될 수 있다.

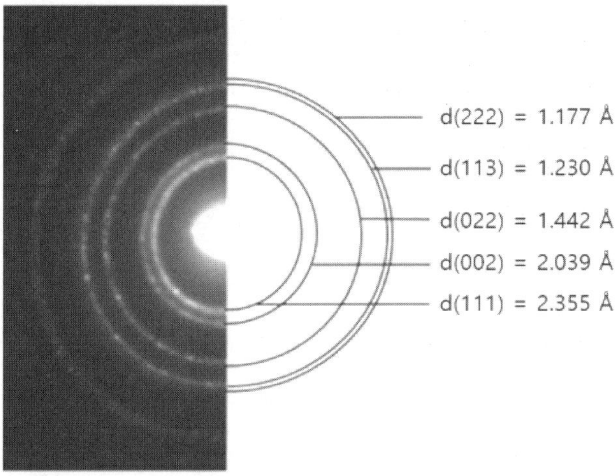


**〈그림 6.2.3〉** Au 나노콜로이드의 전자선 회절패턴

### 6.2.3. X선 흡수 미세구조 해석(EXAFS, XANES)

UV(ultraviolet) 또는 IR(infrared)을 이용하는 전통적인 분광학과 X선을 이용하는 분광학의 가장 큰 차이점은 UV/IR 분광학에서는 물질이 외부로부터 에너지를 흡수할 때 가전자대에 위치한 전자들이 여기되는 현상을 이용하는 반면, X선을 이용하는 분광학에서는 K edge(또는 L edge)로부터 여기되는 전자를 이용한다는 것이다. 이것은 원자핵에 가장 가까운 1s 전자 궤도에 분포되어 있는 전자들이 여기되는 것을 의미한다. 그래서 이들 core level 전자들의 높은 결합에너지를 극복하여 전자들을 여기시키고 스펙트럼의 분해능을 더욱 높이기 위해서는 방사광가속기로부터 얻을 수 있는 X선과 같이 강력한 X선 소스가 더 유리하다. 다음에는 X선 흡수를 이용하는 분광 분석법인 EXAFS(Extended X-ray Absorption Fine Structure)와 XANES(X-ray Absorption Near Edge Structure)분석법의 기본 원리에 대해서 기술한다.

(a) EXAFS(Extended X-ray Absorption Fine Structure)

XRD(X-ray diffraction) 및 ED(electron diffraction) 분석은 무기물질 전체의 결정구조를 결정하는 반면에, 광역X선흡수 미세구조(extended X-ray absorption fine structure; EXAFS) 해석은 어떤 원자 주변의 미시적 정보(최근접 원자의 종류, 배위수, 결합거리)를 제공한다. 우선 주변의 미시적 정보를 구하고자 하는 원자의 X선 흡수단(광전자가 방출되는 가장 낮은 에너지)에 주목하자. X선 흡수단 보다도 고에너지 영역에서는 X선 흡수에 의해 방출되는 광전자의 강도는 극적으로 증가하지만, 방출되는 광전자의 전자파와 이 광전자가 인접하는 원자에 충돌하여 발생하는 산란파는 간섭하기 때문에 가로축에 광에너지, 세로축에 광전자의 강도를 도식화하면 이 간섭효과에 의해서 진동구조가 나타난다(**〈그림 6.2.5〉** 참조). 이 진동구조로부터 목적한 원자의 주변 환경을 해석할 수 있다.

EXAFS의 분석 원리를 이해하기 위해서는 X선 흡수단의 이해가 먼저 요구된다. X선을 물질에 조사하면 X선의 강도 $I$는 점점 약해진다. 만일 X선의 파장이 일정하다고 하면, 일정 거리를 통과할 때 일어나는 강도 감소율은 전체 경로을 통해서 일정하다. 따라서 물질 층의 두께 d$x$에 따른 강도 감소를 dI라고 하면 (6.5)식이 얻어진다. 그리고 이것을 적분하면 (6.6)식을 얻을 수 있다.

$$\frac{dI}{I} = -\mu dx \qquad (6.5)$$

$$I = I_0 \exp(-\mu x) \qquad (6.6)$$

이것은 광에 관련된 통상적인 Lambert-Beer 법칙에 해당한다. 여기서 $x$는 물질의 두께, $I_0$는 $x$=0 일 때 $I$값이고, $\mu$는 흡수계수(X선의 파장과 물질에 의존)이다. 이식을 통해 $\mu$가 클수록 통과하는 X선의 강도는 약해진다는 것을 알 수 있다. 물질이 X선을 흡수하는 원인에는 2가지가 있다. 하나는 산란흡수라고 하는데, X선 중의 광자가 물질의 원자와 충돌해서 주변으로 산란되는 현상이다. 다른 하나는 광전흡수라고 해서 물질 원자가 X선의 에너지를 흡수하여 원자 자신이 일시적으로 높은 에너지 상태로 여기되는 것이다.

흡수계수는 밀도 $\rho$에 비례하기 때문에 $\mu/\rho$을 질량흡수계수라 하고, 물질의 집합 상태에 관계없이, 즉 기체, 액체, 고체의 각 상태에 대해 상수로서 이용되고 있다. $\mu$ 에는 산란흡수계수 $\sigma$와 광전흡수계수 $\tau$는 (6.7)식과 같은 관계가 있다.

$$\mu = \sigma + \tau \tag{6.7}$$

질량흡수계수 값은 어떤 원소에 대해서도 일반적으로 파장이 짧아지면 작아지는 경향이 있지만, 중간중간에 불연속 부분이 있어 비약적으로 증가하는데, 이러한 원인은 광전흡수계수 $\tau$에 기인한다. 이 질량흡수계수와 X선 파장과의 관계를 **〈그림 6.2.4〉**에 나타내었다. 질량흡수계수와 파장 사이의 불연속 부분은 흡수단이라고 부르고, K 각에서는 K 흡수단, L 각의 경우는 이온화에너지가 3개이기 때문에 $L_{I}$흡수단, $L_{II}$ 흡수단 $L_{III}$ 흡수단이 존재한다[7].

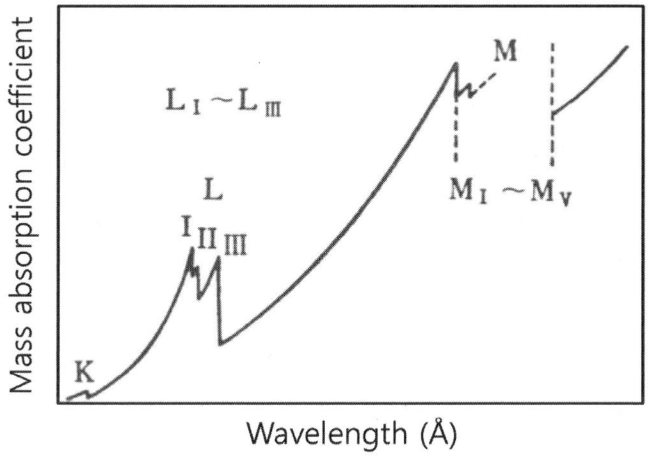


**〈그림 6.2.4〉** X선 파장에 따른 질량흡수계수의 변화

EXAFS의 현상은 내각 준위(시작 상태)에서 연속 준위(종료 상태)로 방출(천이)된 광전자파와 이것이 주변의 원자에 산란되어 원래의 원자로 되돌아오는 광전자파의 간섭 효과 때문에 천이 확률이 증감하는 것에 기인한다. 예를 들어, Ni의 X선 흡수스펙트럼을 측정하면 **〈그림 6.2.5〉** (a)와 같이 얻어지는데, X선 에너지가 원자 내각 전자의 속박에너지 보다 높은 영역(흡수단 이상 30 ~ 1,000 eV 정도)에서 X선 흡수계수 $\mu$ 값은 복잡한 파형의 미세구조를 나타내지만, EXAFS는 $\mu$의 진동부분을 완만한 평균적 흡수계수 $\mu_0$(고립원자의 $\mu$)로 백그라운드를 제거하면 **〈그림 6.2.5〉** (b)의 형태가 된다. 이 곡선에 Fourier 변환을 적용하면 **〈그림 6.2.5〉** (c)와 같은 동경분포함수를 얻을 수 있고, 이것으로부터 중심원자로부터 떨어진 어떤 원자 사이의 거리 r을 구할 수 있다[(7,8)].

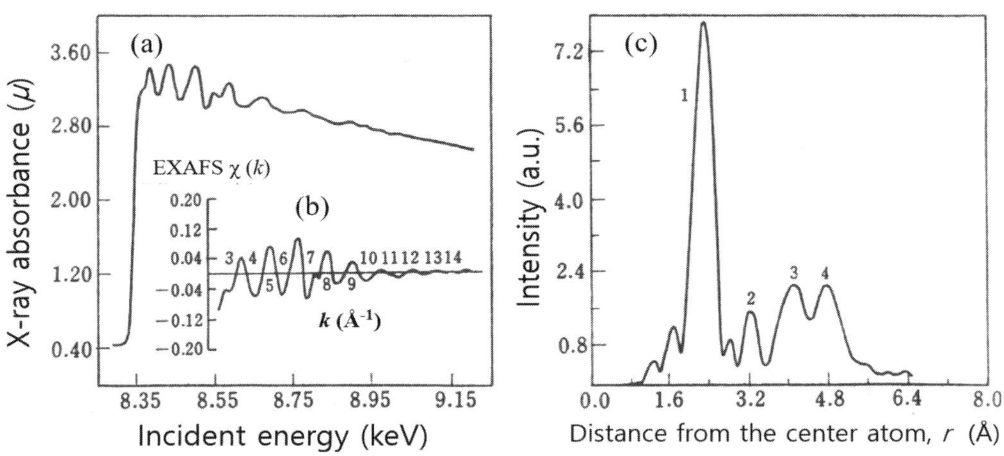


**〈그림 6.2.5〉** Ni 필름의 X선 흡수스펙트럼
(a) EXAFS(300 K), (b) 백그라운드 제거 후, (c) Fourier 변환한 동경분포곡선

EXAFS의 특징은 결정구조해석의 대상이 되지 않는 결정성이 낮은 물질, 예를 들면 비정질, 용액, 기체, 생체 고분자, 표면 단분자막과 같은 물질도, 각 원자 마다의 국소 구조를 알 수 있다는 점이다. EXAFS 라는 현상은 1930년대

에 발견되었는데, 당시 사용되던 1 kW 정도의 밀봉형 X선 발생 장치로는 백색 X선의 강도가 너무 약해서 거의 이용되지 못 하였다. 그러다가 1970년대 이후에 종래의 백색 X선 강도의 $10^4 \sim 10^7$배 정도로 강력한 X선 발생 장치들이 개발되고, Fourier 변환법 등과 같은 데이터 해석 방법의 발전으로 EXAFS는 물질의 구조연구에 적극적으로 활용되는 수단이 되었다.

(b) XANES(X-ray Absorption Near Edge Structure)

XANES 분석법도 EXAFS 분석법과 동일하게 X선 흡수를 이용하지만, **〈그림 6.2.6〉**에 나타낸 것처럼 사용되는 스펙트럼의 에너지 범위가 다르다[9~11]. XANES는 흡수 edge로부터 25 ~ 40 eV 이내에서 나타나는 미세스펙트럼을 분석하는 것이고(XANES라는 명칭에 near edge라는 단어가 있는 이유임), EXAFS는 흡수 edge로부터 150 ~ 10,000 eV 에너지 범위의 스펙트럼을 이용하는 분석방법이다. 일반적으로 흡수에너지가 크면 물질의 흡수계수는 급격히 감소한다. 고에너지 범위에서는 광전자 산란의 크기가 작기 때문에 주변의 한 원자만이 관계되는 단일 후방산란(single backscattering)만이 발생하게 된다. 그 결과 고에너지 범위의 스펙트럼을 이용하는 EXAFS에서는 방출된 광전자와 단일 후방산란에 의해 반사된 광전자 사이의 공명에 의해 피크가 나타난다. 이 두 종류의 광전자파 사이의 간섭현상에 의해 발생되는 흡수계수의 진동(oscillation) 주기는 원자간 거리와 밀접한 관계가 있고, 그래서 EXAFS는 서로 인접한 원자간 거리의 측정에 활용된다. 이와 비교하여 XANES 분석법은 저에너지 범위의 스펙트럼을 이용하기 때문에 이 에너지 범위에서는 흡수계수가 더 높다. 그래서 많은 에너지가 흡수된 후 방출된 광전자는 낮은 에너지를 갖지만, 주위 여러 개의 원자들과 연관되는 다중 후방산란(multiple backscattering)을 일으키게 되고, 이들과 방출된 광전자파 사이의 간섭현상에 의해 스펙트럼이 언어진다. XANES 기술의 가장 큰 특징은 물질 표면으로부터 약 10 nm 이내의 범위에서 분자결합의 평균적인 방향성 및 조성을 수% 이하의 오차 범위 내에서 정량할 수 있다는 것이다.

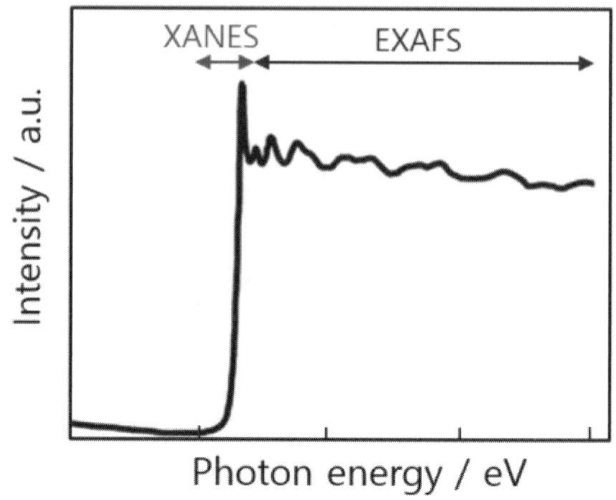


〈그림 6.2.6〉 X선 흡수스펙트럼 XANES 및 EXAFS 영역

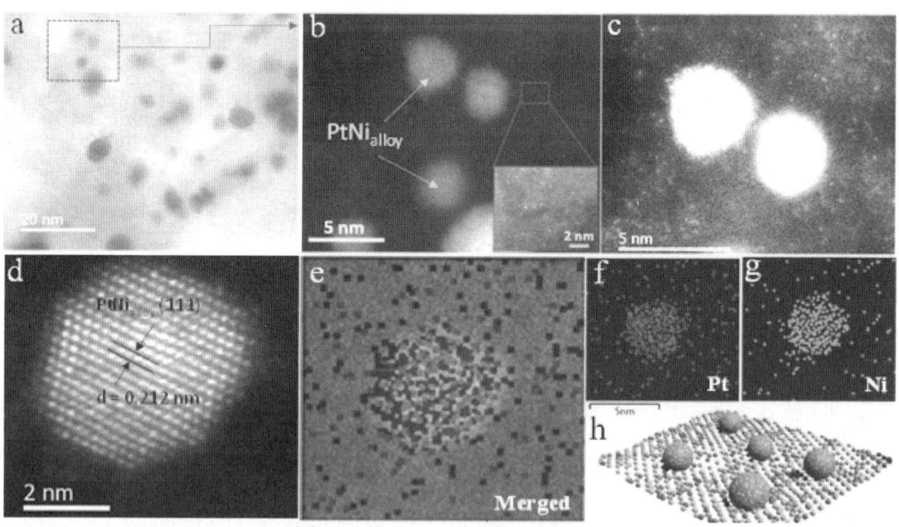


〈그림 6.2.7〉 Pt, Ni single atom(SA) clusters 및 Pt-$Ni_{alloy}$ 나노입자를 담지한 N-doped carbon(NDC) 복합촉매, (a-c) SA(Pt, Ni)-$PtNi_{alloy}$-NDC 촉매의 TEM 이미지, (d) Pt-$Ni_{alloy}$ 나노입자의 고해상도 TEM 이미지, (e-g) EDX 맵핑 이미지, (h) SA(Pt, Ni)-$PtNi_{alloy}$-NDC 촉매의 그래픽 이미지

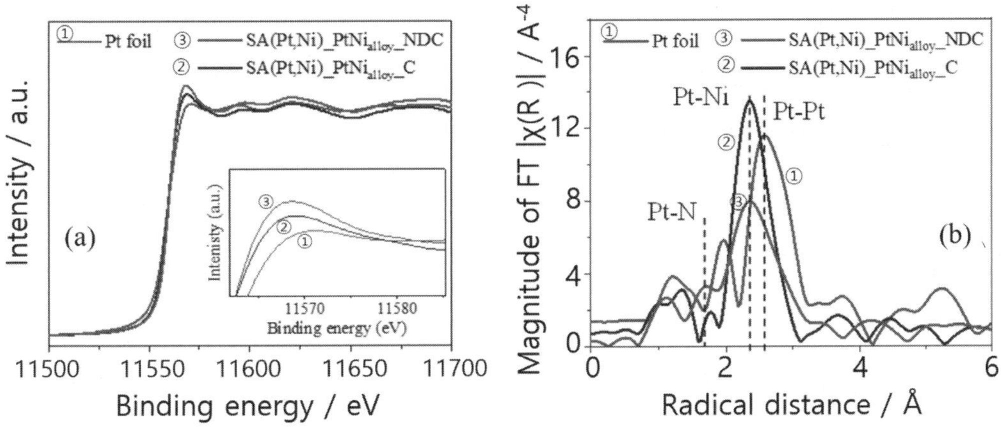


〈그림 6.2.8〉 SA(Pt, Ni)-$PtNi_{alloy}$-NDC 복합촉매의 Pt L3-edge에 대한 X선 흡수스펙트럼, (a) XANES 스펙트럼, (b) Fourier 변환 EXAFS 스펙트럼

다음으로는 XANES 및 EXAFS 분석에 대한 이해를 높이기 위해, PEM(polymer electrolyte membrane) 연료전지용 촉매로 최근에 개발된 원자 사이즈에 가까운 Pt, Ni 촉매가 담지된 N-doped carbon 복합촉매의 X선 흡수스펙트럼을 예로 XANES 및 EXAFS 분석의 의미를 다시 한번 설명한다[(12)]. 이 복합촉매의 고분해능 TEM 및 EDX 맵핑 이미지는 〈그림 6.2.7〉에 나타내었다. 이 사진에서 알 수 있듯이 이 복합촉매는 single atom(SA) 크기에 가까운 Pt, Ni 촉매와 3 ~ 4 nm 크기의 Pt-Ni 합금 나노입자가 N-doped carbon 상에 균일하게 분포되어 있다. 그래서 이 복합촉매의 명칭을 SA(Pt,Ni)-$PtNi_{alloy}$-NDC 복합촉매로 하고, N(질소)를 도핑하지 않은 carbon을 지지체로 사용한 경우에는 SA(Pt,Ni)-$PtNi_{alloy}$-C 복합촉매로 명명하였다. 〈그림 6.2.8〉은 이 두 시료의 Pt L3-edge에 대한 X선 흡수스펙트럼을 나타내고 있다. 이때 X선 소스로는 방사선가속기로부터 얻어지는 X선 빔을 이용하였다. 〈그림 6.2.8〉 (a)는 XANES 영역보다 약간 넓은 영역의 X선 흡수스펙트럼이고 XANES 영역인 11,560 ~ 11,570 eV 영역의 스펙트럼은 그림 내부에 표시하였다. 비교 시편인 Pt 호일과 비교하여 두 복합촉매의 스펙트

럼 강도가 더 높은 것을 알 수 있는데, 이것은 두 복합촉매의 산화 상태(oxidation state)(전자의 여기에 의한 산화로 $Pt^{2+}$생성)가 Pt 호일보다 높다는 것이고, 이것은 이들 촉매가 입사 X선에 대하여 더 많은 내부전자를 여기시킬 수 있어서 촉매적으로 더 활성이 높다는 것을 의미한다. 또한 두 복합촉매 중에서는 N-doped carbon을 지지체로 이용하고 있는 SA(Pt,Ni)-$PtNi_{alloy}$-NDC 촉매가 더 높은 활성을 가지고 있다고 할 수 있다. 〈그림 6.2.8〉 (b)는 X선흡수스펙트럼을 Fourier 변환하여 얻은 EXAFS 스펙트럼을 보여주고 있는데, Pt와 주변 원소 간 결합거리를 보여주고 있다. 비교 시편인 Pt 호일의 Pt-Pt 결합거리는 2.55Å인데, 이와 비교하여 SA(Pt,Ni)- $PtNi_{alloy}$-C 복합촉매에서 강하게 나타나는 2.35Å 피크는 Pt-Ni 간 결합거리에 해당하며, SA(Pt,Ni)-$PtNi_{alloy}$-NDC 복합촉매에서 나타나는 1.7Å 피크는 Pt-N 간 결합거리에 해당한다. 이 결과로부터 Pt-Ni 합금 나노입자의 형성을 확인할 수 있었고, 또한 Pt single atom들은 N-doped carbon 지지체 상에 더 높은 확률로 형성된다는 사실을 알 수 있다.

## 6.3. 조성분석 및 화학상태 해석

### 6.3.1. 형광X선분석·에너지분산형 X선분석·파장분산형 X선분석

합금 나노콜로이드 또는 화합물 반도체 나노콜로이드의 경우, 하나의 나노콜로이드가 복수의 원소로 구성되어 있다. 이 때문에 형상관찰과 결정구조해석에 더하여 조성분석이 필요하게 된다. 형광X선분석(X-ray fluoresence analysis; XRF)은 투과성이 높은 X선을 프로브와 검출 신호로 사용하고 있기 때문에 나노콜로이드 전체의 평균 조성분석에 적합하다. 시료에 X선을 조사하면 원소의 특유한 X선이 발생한다. 특성 X선이란 에너지 준위가 낮은(원자핵에 가까운) 내각 전자가 X선에 의해 외부에 방출된 후, 보다 에너지 준위가 높은 내각 전자의 차이에 의해 발생하는 소위 형광X선이며 원소 고유의 전자 준위 간 천이에너지와 같다. 이 형광X선의 에너지 값으로부터 시료 중에 함유되어 있는 원소 종류의 분석과 형광X선의 상대강도에 의한 시료 중의 원소 조성비를 결정한다. 보론(B) 이상의 원소에 대하여 분석이 가능하며 검량선에 의한 정량분석도 가능하다. 또한 X선 대신에 전자선을 프로브로 한 에너지분산형 X선 분석법(energy dispersive X-ray spectrometry; EDX, EDS)나 파장분산형 X선 분석법(wave dispersive X-ray spectrometry; WDX, WDS)도 조성분석에 자주 이용되고 있다. EDX 및 WDX는 TEM 및 SEM 장치에 장착하여 나노영역에서의 원소분석이나 원소 mapping을 할 수 있다(<그림 6.3.1>). 이 Ag@$SiO_2$ 나노콜로이드의 예에서는 3가지 원소가 뚜렷하게 분포되어 있는 것을 알 수 있다. 이들 분석법 중에서 WDX가 가장 분석 정밀도가 높다[(13)].

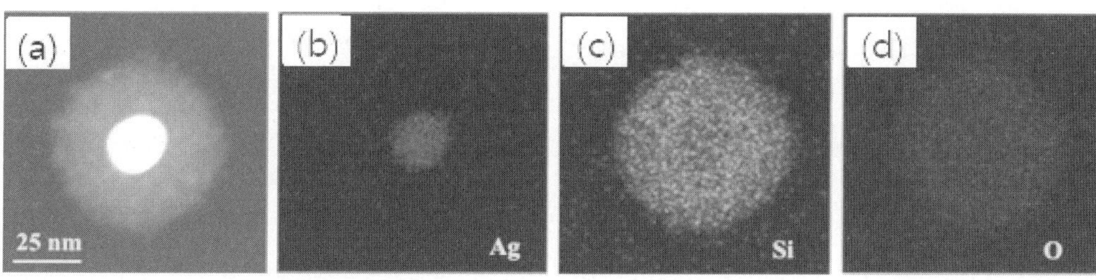


<그림 6.3.1> Ag@$SiO_2$ 코어-쉘 구조 나노입자의 EDX 분석에 의한 원소 mapping

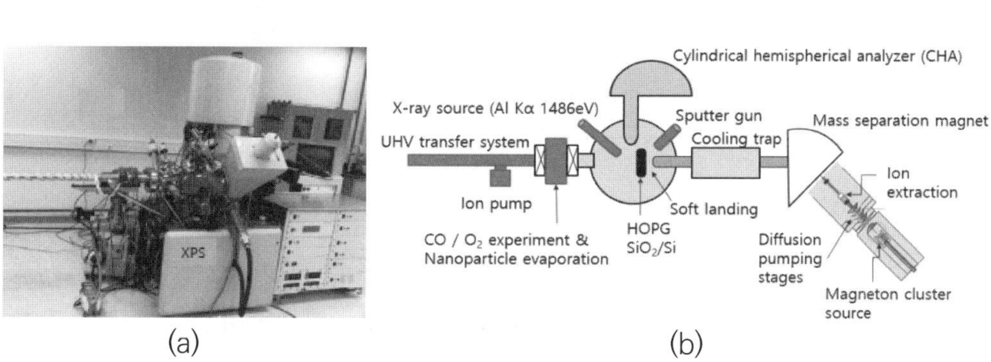


<그림 6.3.2> (a) XPS 외관 사진 및 (b) XPS 장치 구성도

## 6.3.2. X선광전자분광법(XPS)

X선 분석법이 시료의 평균 조성을 제공하는데 비해, X선광전자분광법(X-ray photoelectron spectroscopy; XPS)은 시료 표면의 조성과 화학적 상태에 관한 정보를 제공한다. XPS 분석법은 나노콜로이드를 포함한 나노 스케일 물질 연구에서 그 역할이 매우 중요하다고 생각되기 때문에 작동원리 및 데이터 해석 방법에 대해 상세히 기술한다.

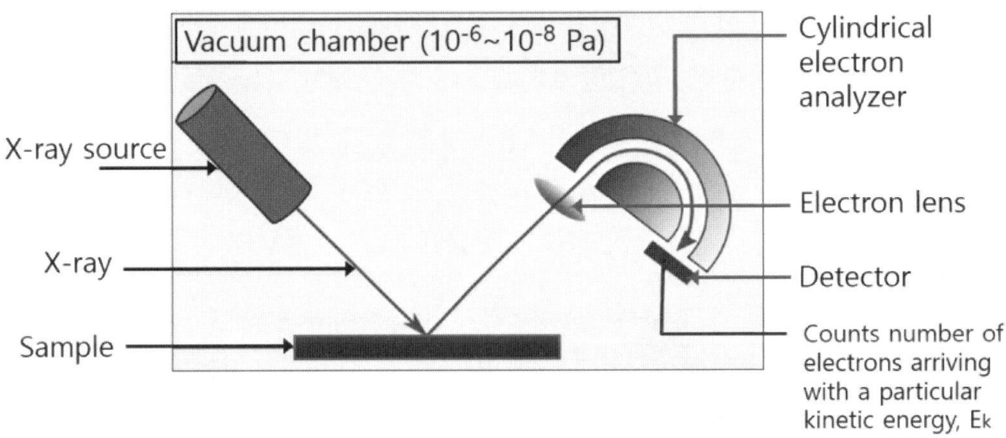


〈그림 6.3.3〉 XPS 내부의 주요부품 구성도

〈그림 6.3.2〉는 대표적인 XPS의 외관 모습과 장치의 주요 부품 별 명칭을 나타내고 있다. XPS의 핵심 부품인 장치 중앙의 X-ray source 및 cylindrical hemispherical analyzer(CHA) 장치의 구성도는 〈그림 6.3.3〉에 나타내었다. X선 source로서 Al $K_\alpha$(1,486 eV) 또는 Mg $K_\alpha$(1,253 eV) 선이 사용될 수 있는데 주로 Al $K_\alpha$선이 사용된다. 이 X선을 시료에 조사하면 광에너지의 흡수에 의한 광전효과로서 〈그림 6.3.4〉에서처럼 각 원소의 내각(內殼) 전자가 방출되면서 이 원자는 이온화된다. 이때 원자에 조사된 X선에 의해 인가되는 에너지의 변화를 생각해 보면 다음과 같은 식이 성립한다.

$$h\upsilon + E_i = E_k(e^-) + E_f \quad (6.8)$$

$$h\upsilon - E_k(e^-) = E_f - E_i = E_b \quad (6.9)$$

여기서 $E_i$는 원자가 가지고 있는 X선($h\upsilon$) 조사 전 초기상태의 에너지이고, $E_f$는 X선 조사 후 이온화된 원자가 갖는 에너지이고, $E_k$는 원자로부터 방출된 전자(광전자)가 가지고 있는 에너지이다. XPS의 분석법은 표면에 존재하는 원자 내부의 전자들에 대한 결합에너지(binding energy) $E_b$를 구하는 수단이고, 이를 통하여 원자의 종류, 조성, 결합 상태를 알 수 있다. 위 식에서 X선의 조사 에너지인 $h\upsilon$는 정해진 값이기 때문에 원자로부터 방출된 광전자의 운동에너지 $E_k$를 검출하면 전자의 결합에너지 $E_b$를 구할 수 있다. 〈그림 6.3.5〉를 이용하여 광전자의 결합에너지 $E_b$를 구하는 원리에 대하여 좀 더 상세히 설명한다. X-ray source로부터 에너지 $h\upsilon$가 시료에 흡수되어 1s 전자 중 하나가 방출되었다고 하면, 이 방출 전자가 1s 에너지 준위에 결합되었던 에너지 $E_b$는, $E_b = h\upsilon - E_k - W_f$ ($W_f$, 일함수; 원소마다 가지고 있는 고유 값을 적용하거나, 다른 변수에 비교해 매우 작은 값으로 무시할 수 있음)로부터 구할 수 있다. 검출 시그널이 광전자이기 때문에, 시료 내부에서 발생한 광전자는 표면에 나올 때까지 산란되어 검출하기 어렵게 되고, 시료로부터 5 nm 정도가 분석 대상이 된다. 결합에너지 $E_b$는 원소의 산화

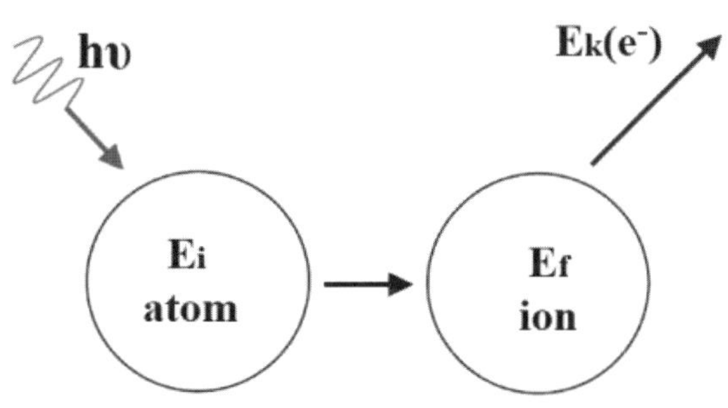


〈그림 6.3.4〉 X-ray($h\upsilon$) 조사 전후의 시편 원소의 에너지 변화

상태에 고유한 값을 취하기 때문에, 시료에 포함되어 있는 원소의 상대량(피크 면적비)과 동시에 화학 상태도 알 수 있다.

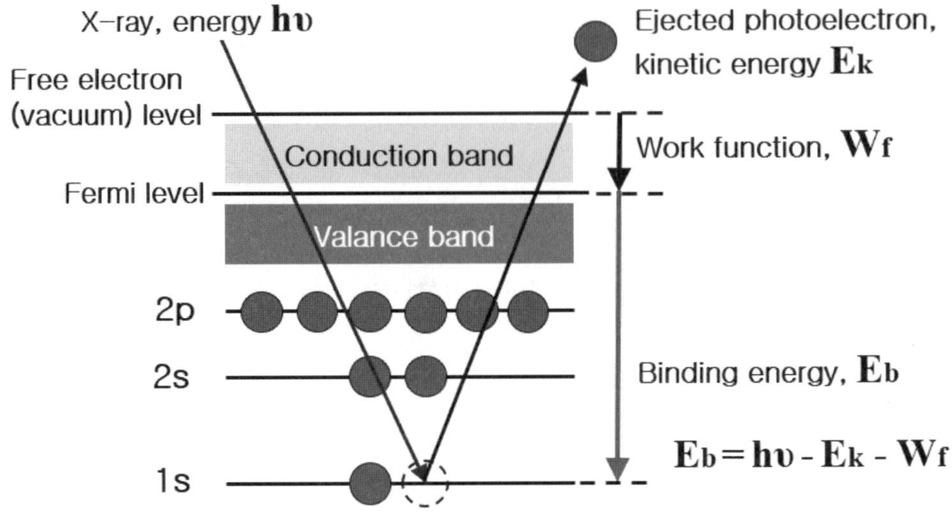


〈그림 6.3.5〉 XPS의 구동원리 및 $E_b$ 계산법

XPS의 측정방법은 일반적으로, 먼저 0 ~ 1,000 eV의 wide scan 측정으로 함유되어있는 원소들을 확인하고 나서, 각각의 원소의 $E_b$ 부근에서 narrow scan으로 정확한 $E_b$값을 결정한다. 불순물 C1s 궤도의 $E_b$(284.8 eV) 또는 참조물질의 Au4$f_{7/2}$ 궤도의 $E_b$(84.0 eV) 등에 의해 피크의 위치 보정을 행한다. $Ar^+$이온으로 시료 표면을 가격하면 시료의 깊이 방향의 분석도 가능하다. 대전(charged up)에 의해 $E_b$에 부정확한 요소가 생기는 도전성이 낮은 나노콜로이드의 분석에는 주의가 필요하다. 원소분석이 가능하다는 점에서 별칭으로 ESCA(electron spectroscopy for chemical analysis)라고도 불리운다.

다음은 $CuInS_2$ 결정에 대한 XPS 분석결과의 예로 하여 XPS 스펙트럼 및 해석 방법을 설명한다. 〈그림 6.3.6〉 (a)는 $CuInS_2$ 결정의 wide scan 스펙트럼이다. 이 스펙트럼에는 광전자(photoelectron) 뿐만 아니라 Auger electron, 산란전자(background), valence band, X-ray 위성 피크 등이 포함되어 있다. 〈그림 6.3.6〉 (b)는 s, p, d subshell를 가지고 있는 순수한 원자의 XPS peak의 subshell별 위치를 나타내고 있다. 또한 s subshell에 대한 피크는 하나이지만, p, d, f.... subshell에 대한 피크는 두 개로 이루어져 있음을 보여주고 있다.

〈그림 6.3.7〉 (a)는 $CuInS_2$ 결정에서 발생한 전 피크 중 Cu 원소에 관련된 피크를 나타낸 것이고, 〈그림 6.3.7〉 (b)는 In 원소에 관련된 피크이다. 이들 피크 중 p, d subshell에서 방출된 전자들의 피크는 하나로 보이지만, 실제는 두 개의 피크로 되어 있다. 예를 들어 In3d 피크를 확대해 보면, 〈그림 6.3.7〉 (c)와 같이 $In3d_{3/2}$와 $In3d_{5/2}$ 피크로 분리되어 있다. 이러한 이유는 L-S coupling에 의해 생기는 현상이다. 전자의 spin과 orbit 운동은 사실 분리되어 있지 않아서, 전자가 핵 주위를 빨리 돌면 전자의 자전도 빨라진다. 즉 total angular momentum J = L+S(orbit 각운동량의 합 + spin 각운동량의 합)으로 나타내고, 이를 spin-orbit coupling(또는 L-S coupling)이라고 하며, 이 운동량은 벡터적인 결합이다. 전자 1개에 대해서는 $j = l + s$로 표기한다. Subshell s에 존재하는 전자의 L-S coupling은 $l = 0$이므로 1/2 또는 −1/2 뿐이고, subshell p, d, f...에 존재하는 전자들

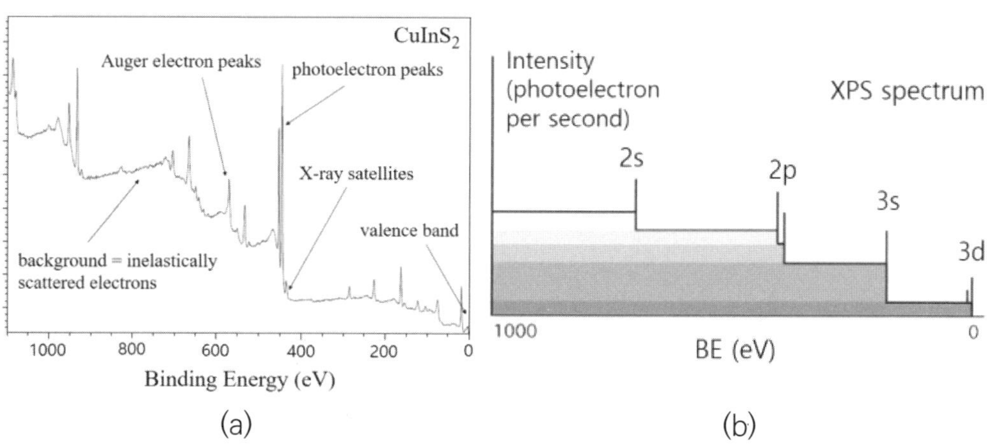


〈그림 6.3.6〉 XPS의 측정 spectrum의 종류 및 원자 내 전자들의 관측 위치

은 $l$ = 1, 2, 3...이므로 각 subshell 마다 다른 두 개의 L-S coupling 값을 갖는다(**〈그림 6.3.7〉** (c)와 **〈그림 6.3.8〉** 참조). 즉 subshell p, d, f 등에 대한 L-S coupling 값(total angular momentum)을 수학적으로 계산해보면 결과는 **〈그림 6.3.7〉** (c)에 나타낸 것처럼 두 개의 값만 나온다. 따라서, XPS 분석 시 피크는 s subshell 전자에 대해서는 한 개이고, 그 밖의 p, d, f... subshell 전자에 대해서는 2개가 나오는 것이다.

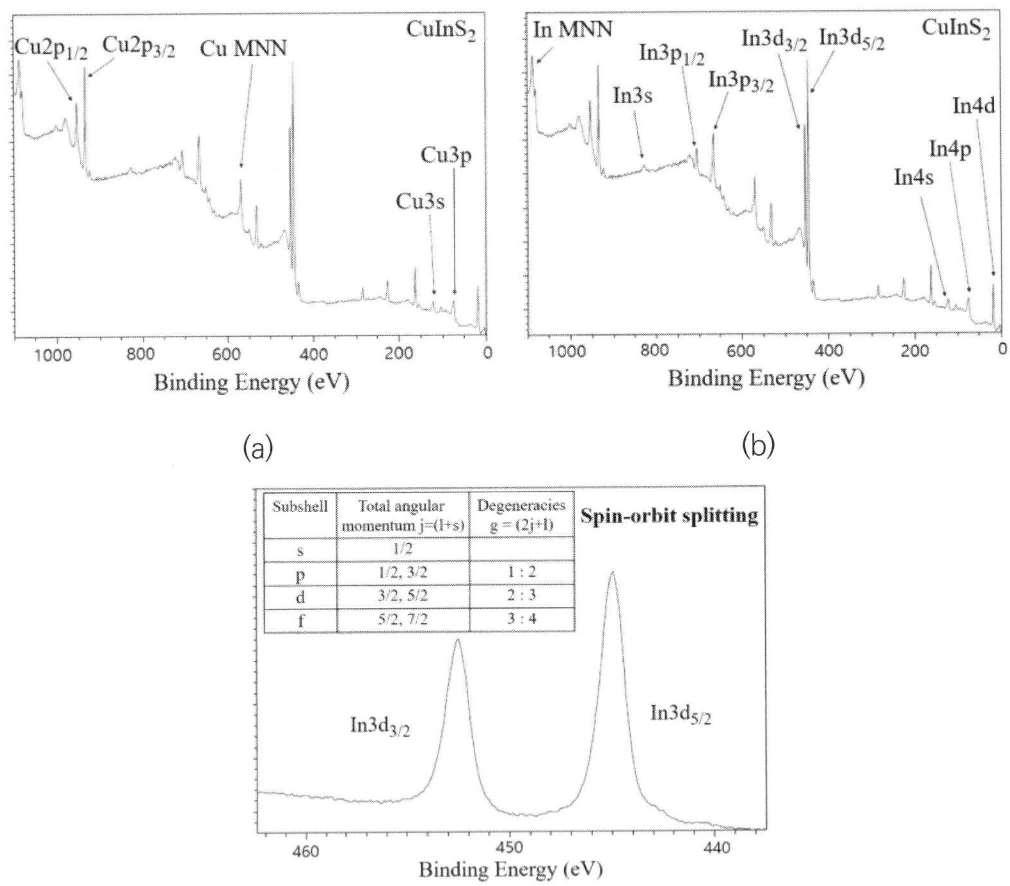


(c)

**〈그림 6.3.7〉** $CuInS_2$ 결정의 XPS의 측정 결과, (a) Cu에 대한 XPS 피크, (b) In에 대한 XPS 피크, (c) In3d의 두 개의 XPS 피크

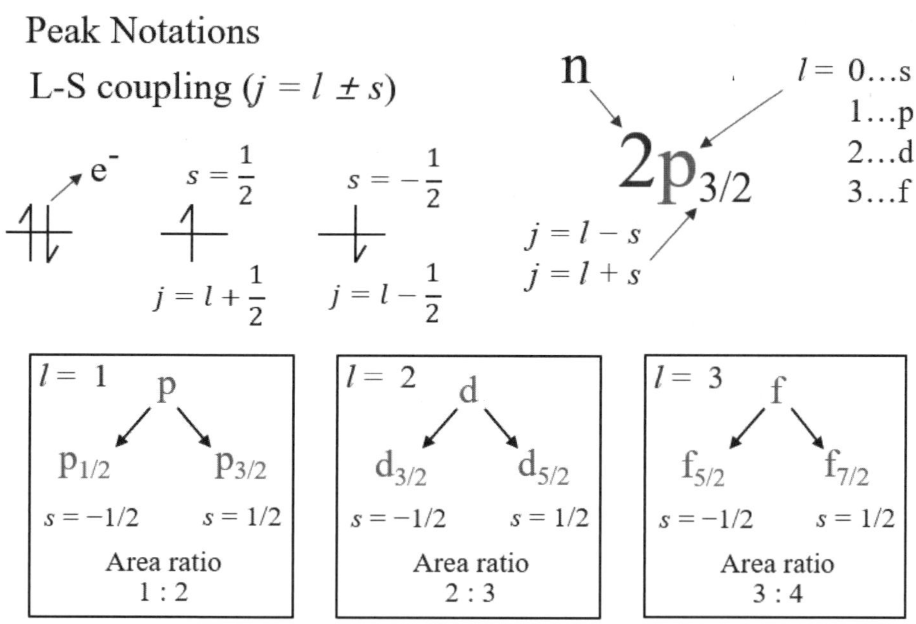


〈그림 6.3.8〉 Subshell 별 전자의 L-S coupling 값 및 XPS 피크 표기법

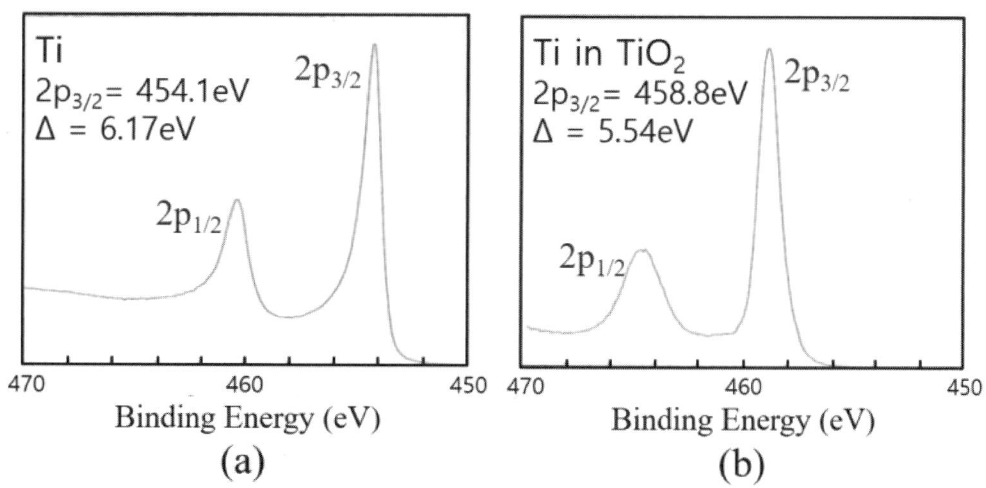


〈그림 6.3.9〉 (a) metal Ti 및 (b) $TiO_2$의 2p subshell에 대한 XPS 스펙트럼

〈그림 6.3.9〉는 금속 Ti와 $TiO_2$ 내의 Ti의 2p subshell에 대한 XPS 스펙트럼이고, 금속일 때의 Ti와 산소와 결합된 Ti의 XPS 스펙트럼이 확연히 다르다는

것을 알 수 있다. $2p_{3/2}$의 binding energy 피크 위치는 금속 Ti와 $TiO_2$ 내의 Ti의 피크 위치는 각각 454.1 eV와 458.8 eV로 다르고, $2p_{3/2}$ 피크와 $2p_{1/2}$ 피크의 간격이 각각 6.17 eV와 5.54 eV로 다르다는 사실을 알 수 있다. 이와 같이 XPS 스펙트럼 측정으로 임의 금속에 대한 화학적 상태를 확인할 수 있고, 이들 물질이 혼합되어 있을 때 정성적 분석뿐만 아니라 정량적 분석도 가능하게 된다.

### 6.3.3. 고주파유도결합 플라즈마 발광 분광분석법

시료의 조성분석의 정밀도가 가장 높은 것이 고주파유도결합 플라즈마 발광 분광분석법(inductively coupled plasma-atomic emission spectrometry; ICP-AES)이다. 고주파유도에 의해 여기되어 일부 전리된 아르곤 플라즈마에 시료 수용액을 분사하면, 6,000 ~ 8,000 K의 고온 플라즈마에 의해 순식간에 원자가 여기되어 원자 스펙트럼 선을 발광한다. 이 고유 스펙트럼으로부터 정성분석 및 검량선에 의한 정량분석을 행한다. 시료에 유기물이 함유되어 있는 경우, 가열에 의한 유기물 분해 후, 산 등에 의해 시료 수용액을 제작한다. 파괴 분석이지만, 일부의 원소(희가스, 할로겐 등)를 제외하고 거의 모든 원소를 $10^{-6}$ ~ $10^{-9}$ g/mL(ppm ~ ppb)의 고감도・고정밀 분석이 신속히 동시에 정량될 수 있다. 또한 발광과 동시에 원자의 원자의 이온화가 발생하고, 이온 종(種)의 질량을 분석하는 ICP 질량분석법(ICP mass spectrometry; ICP-MS)에서는 더욱 고감도로 $10^{-12}$ g/mL(ppt) 수준까지 분석 가능하다. 비슷한 측정법으로서 원자흡광분석법(atomic absorption spectrometry)가 있지만 원소 마다 광원을 준비할 필요가 있으며 동시 조성분석이 곤란한 단점이 있다.

# 6.4. 광학적 특성분석

## 6.4.1. 자외-가시광선(UV-Vis.) 분광법

분자(또는 원자)가 외부에서 빛 에너지를 흡수하면 내부의 전자는 전이, 진동, 회전, 병진 운동을 하게 되고, 그 종류에 따라 특정 파장의 자외 및 가시광선을 흡수하여 스펙트럼을 나타낸다. 이 흡수 파장은 분자의 전자구조 및 조성에 따라 달라지고, 흡수하는 빛의 세기(흡광도)가 분자의 농도를 결정한다. 자외-가시광선 분광광도계(UV-visible spectrophotometer)는 어떤 시료 분자가 자외-가시광선을 받아서 어느 파장의 빛을 흡수하며, 그 흡광도는 얼마나 되는지를 측정하는 장치이다.

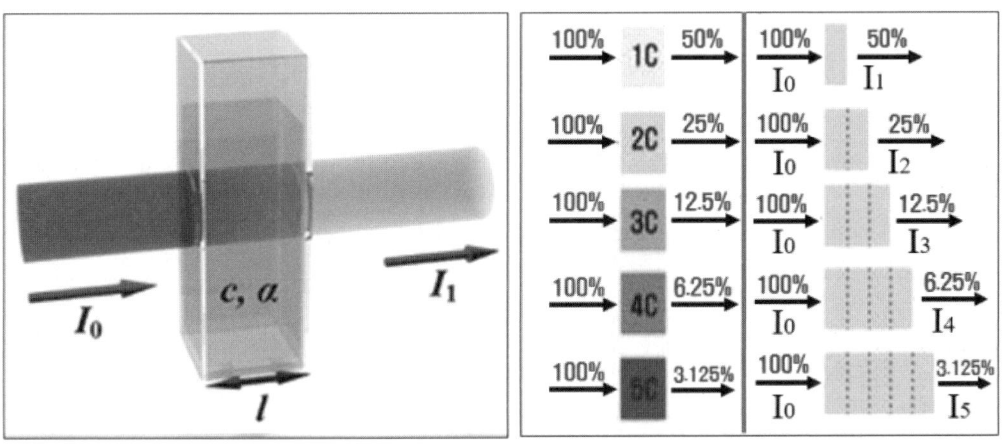


〈그림 6.4.1〉 용액의 분자(또는 원자)의 농도에 따른 흡광도 변화

자외-가시광선 분광광도계를 이용한 흡수스펙트럼의 측정원리는 다음과 같다. 일반적으로 빛이 물체에 닿으면 그 빛은 물체의 표면에서 반사되거나 물체의 표면에서 약간 내부로 들어가 간 후 반사되며, 일부의 빛은 물체에 흡수되거나 통과하는 과정을 거치게 된다. 이때 흡수되는 빛의 양은 물체(원자 또는 분

자)의 농도에 따라 다르다. 따라서 빛의 흡수 현상을 이용하면 시료 용액 중의 빛을 흡수하는 화학물질의 양을 정량할 수 있다. **〈그림 6.4.1〉**은 용액 중 분자의 농도가 2배씩 증가할 때 입사광의 세기 변화를 나타낸 것이다. 용액 중 어떤 분자의 농도가 1C일 때 입사광(초기 입사광의 세기; $I_0$)의 50%가 흡수되고 50%만 투과(투과 후 광세기; $I_1$)되었다고 하자. 이 용액의 농도가 2배로 증가하여 2C가 되면 75%의 빛이 흡수되고 25%만 투과하게 되고, 농도가 3배인 3C가 되면 흡수된 빛은 87.5%이고 투과된 빛은 12.5%로 줄게 된다. 이와같이 용액의 농도에 비례하여 흡수되는 빛의 양이 증가하는 것이고, 이를 이용하여 용액 중에 이온, 분자 및 나노콜로이드의 농도를 정량할 수 있다.

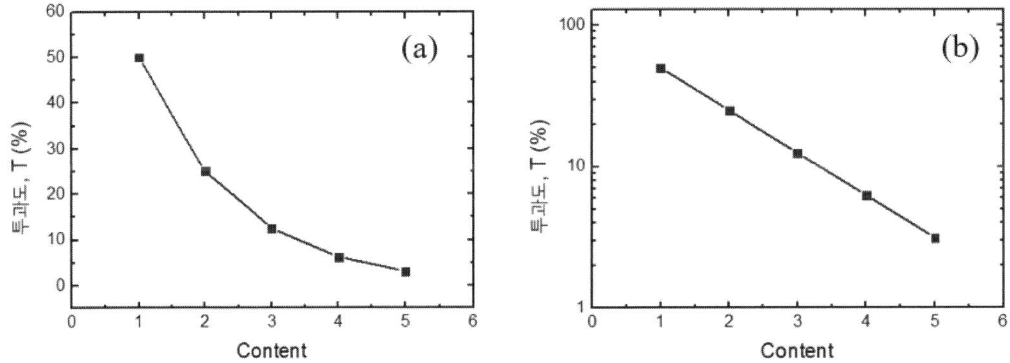


**〈그림 6.4.2〉** 농도와 투과도의 관계, (a) 일반 도표, (b) Y축 로그 도표

시료용액을 통과한 빛의 양(Transmittance, T)은 흡광 물질이 존재하지 않았을 때 빛의 강도($I_0$)에 대한 흡광 물질이 존재할 때의 빛의 강도(I)로, $T = I/I_0$으로 표기되기 때문에 빛의 통과율은 항상 1보다 작고, 투과도 T(%)는 (6.10)식과 같이 표시할 수 있다.

$$T(\%) = T \times 100 \qquad (6.10)$$

빛의 통과율은 시료의 농도와 상관관계를 나타내는데, 일반적으로 **〈그림 6.4.2〉** (a)와 같이 투과도는 농도에 반비례하지만 직선적으로 감소하지는 않는다. 이 도표의 Y축을 로그로 나타내면 **〈그림 6.4.2〉** (b)와 같이 직선적 감소 관계를 보이고, 이것을 식으로 나타내면, 다음과 같은 관계식 (6.11)식을 얻을 수 있다.

$$-\log T = K \times C \qquad (6.11)$$

여기서 C는 시료 중의 흡광물질의 농도이고 K는 상수이다. 위의 식에서 -logT를 흡광도(absorbance, A)라고 한다면 흡광도는 시료의 농도와 비례적인 특별한 상관관계를 가지며 (6.12)식과 같이 나타낼 수 있다.

$$A = K * C \qquad (6.12)$$

(흡광도 = 흡광물질의 상수 × 흡광물질의 농도)

UV-visible Spectrophotometer의 실제 형태는 매우 다양하지만 기본적인 구성요소는 비슷하며, 최근 많이 이용되는 double-beam UV-visible spectrophotometer의 구조는 **〈그림 6.4.3〉**과 같다. 광원의 빛은 자외-가시광선의 모든 파장 성분을 포함하는 백색광이며, 회절격자와 프리즘으로 이루어진 단색광장치(monochromater)에 의해 백색광을 파장별로 분류하여 참조물질(reference)과 시료(sample)를 통과한 후 검출기에서 양쪽의 빛의 강도를 측정하고, 이 두 개의 빛의 강도를 비교하여 최종적인 흡수스펙트럼 또는 투과스펙트럼을 표시부에 나타내게 된다. 일반적으로 자외부 광원은 제논(xenon) 아크 램프가 가시부 광원은 텡스텐 필라멘트 램프가 사용된다. 단색광기(monochromator)는 프리즘(prism)이나 회절격자(deffraction grating)를 이용하여 빛을 분리하고, 단색광기의 입구나 출구에 슬릿, 렌즈, 거울 등을 보조적으로 사용하여 특정 파장의 빛을 선택하여 시료에 입사시킨다. 시료 용액을 담는 용기는 측정하고자 하는 파장의 빛을 흡수하지 않아야 하며, 자외-가시광선에 대하여 투명한 석영으로 만든 큐벳(cuvette)이 가장 널리 사용된다.

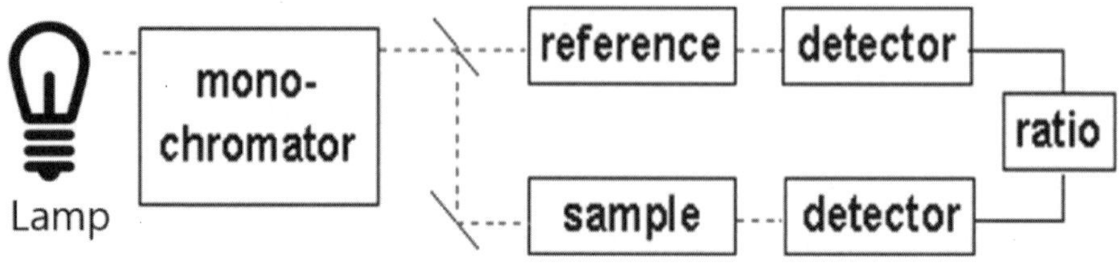


〈그림 6.4.3〉 UV-visible spectrophotometer의 구조

〈그림 6.4.4〉에는 Au 및 Au@$SnO_2$ 코어-쉘 나노입자 콜로이드를 분석용 큐벳에 담아 놓은 사진을 포함하여 TEM 이미지와 UV-visible 스펙트럼의 측정 예를 보여주고 있다. 〈그림 6.4.4〉 (A)에서 Au 나노입자 콜로이드는 와인 색이고 그 입경은 약 15 nm인데 반해, Au@$SnO_2$ 코어-쉘 나노입자 콜로이드는 보라색을 띠고 있고 입경은 25 ~ 30 nm 임을 알 수 있다. 이들 콜로이드를 대상으로 UV-visible 흡수스펙트럼을 측정한 결과가 〈그림 6.4.4〉 (B)이다. 여기서 Au 나

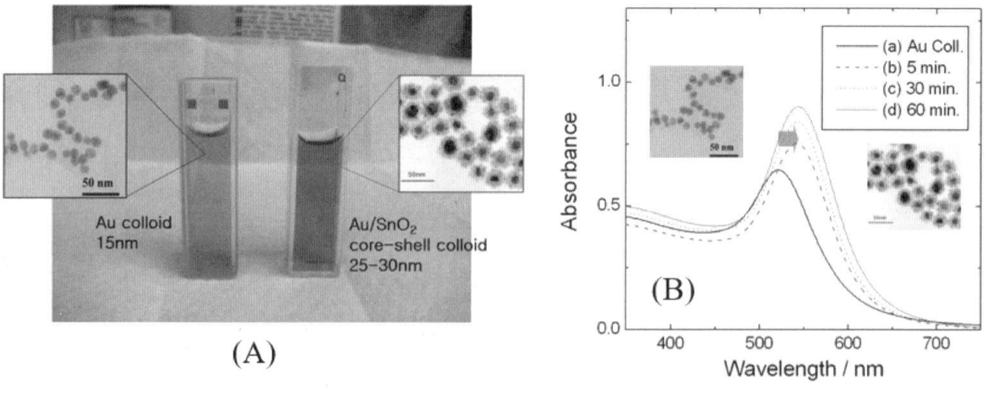


〈그림 6.4.4〉 Au 및 Au@$SnO_2$ core-shell 나노입자 콜로이드의 (A) TEM 이미지 및 (B) UV-visible 흡수스펙트럼 예 [14]

노입자 콜로이드의 흡수스펙트럼 피크는 520 nm를 나타내었고, Au@$SnO_2$ 코어-쉘 나노입자 콜로이드의 흡수스펙트럼 피크는 542 nm에서 관측되어서, $SnO_2$ 쉘이 Au 나노입자 콜로이드의 광학적 특성에 미치는 영향을 UV-visible 분광법을 이용하여 관찰한 예이다(Au 콜로이드가 흡수스펙트럼을 보이는 이유에 대해서는 본 책의 "2.8. 표면플라즈몬 공명"을 참고하기 바란다).

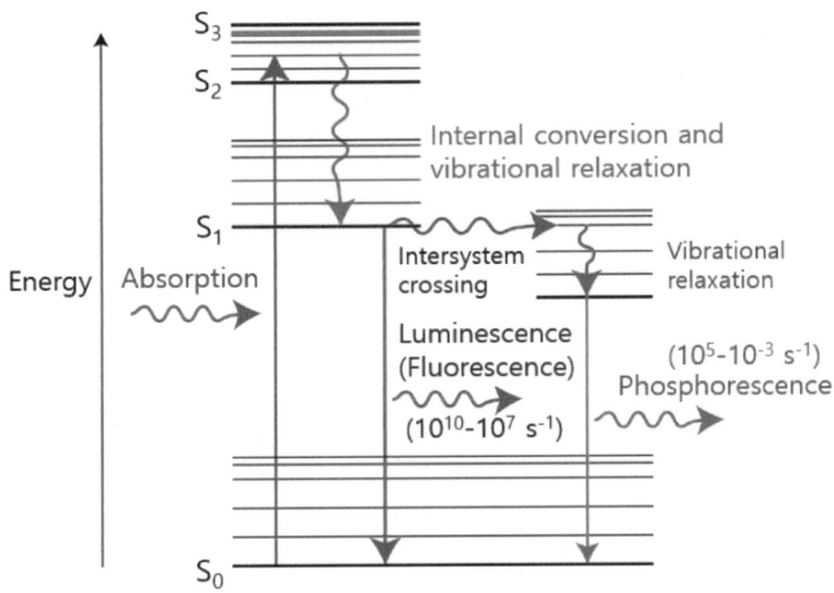


〈그림 6.4.5〉 Luminescence(Fluoresence)와 phosphorescence의 차이

### 6.4.2. 광발광(PL) 분광법

발광특성을 나타내는 반도체 나노입자 콜로이드의 광학적 특성을 평가하는 수단으로 가장 기본인 광발광(photoluminescence; PL) 분광법이 사용되는데, 외부에서 에너지를 받아 내부의 전자가 여기된 발광물질에서 발생하는 빛의 종류에는 〈그림 6.4.5〉와 같이 두 가지 종류가 있다. 하나는 형광(fluorescence)이고, 다른 하나는 인광(phosphorescence)이다. 발광물질이 빛 에너지를 받아서 내부 전자가 $S_0$ 상태에서 $S_2$ 상태로 여기된 후 다시 전도대의 $S_1$ 상태로 낮아지는데,

여기서 전자가 에너지를 내어놓고 바로 가전자대의 $S_0$ 상태로 되돌아오게 될 때 발생하는 빛을 형광이라고 하고, 반면에 전자가 계간전이(intersystem crossing)라는 현상을 거쳐 $S_0$ 상태로 되돌아오는데 이때 발생하는 발광현상을 인광이라고 한다. 형광 현상은 보통 $10^{-9}$초(1 ns) 이하로 매우 빠르게 일어나고, 인광 현상은 $10^{-3}$초(1 ms) 정도로 비교적 느리게 일어나는 현상이다.

광발광(PL) 분광법을 이용하여 발광 나노콜로이드의 광학적 특성을 분석하는 장치를 일반적으로 형광분광광도계(fluorescence spectrophotometer)라고 하고, 광원에 종류 및 계측기의 성능에 따라 형광 수명(lifetime) 및 양자효율(quantum yield)의 측정이 가능하다. 다음에는 기본적인 형광광도계의 기능 및 이를 이용하여 형광수명 및 양자효율을 측정하는 방법에 대해서 기술한다.

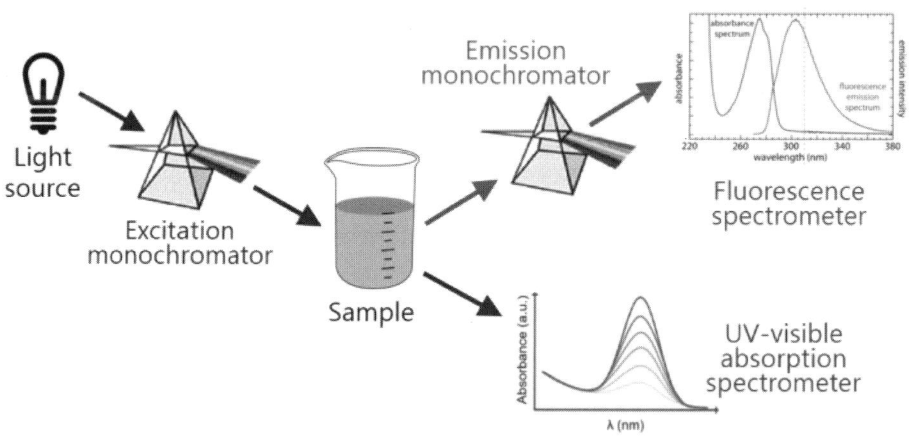


〈그림 6.4.6〉 Fluorescence spectrometer와 UV-visible spectrometer의 차이

(a) 형광분광광도계의 일반적 기능

보통 형광분광광도계는 〈그림 6.4.6〉과 같이 두 개의 monochromater를 가지고 있기 때문에 〈그림 6.4.7〉과 같은 흡광스펙트럼과 발광스펙트럼을 제공한다. 형광분광광도계의 광원으로는 high-pressure Xenon lamp와 pulsed Xenon lamp

가 가장 일반적으로 적용되고 있으며, 이외에도 용도에 따라 Xe-Hg arc lamp, tungsten halogen lamp, LED, laser diode 등이 사용되고 있다.

형광분광광도계의 측정방법은 크게 세 단계로 나눌 수 있다. 첫 번째 단계에서는 빛을 시료에 조사하여 어느 파장에서 빛을 가장 많이 흡수하는지를 측정한다. 두 번째 단계로, 측정된 가장 높은 흡광 강도의 파장으로 고정하고 이때 발생하는 형광 파장의 종류를 관측하는데, 이것이 형광스펙트럼이다. 세 번째 단계로 형광스펙트럼에서 형광이 최대로 되는 형광 파장을 고정시키고 이때 흡광 파장의 변화를 측정하는데, 이것이 얻고자 하는 흡광스펙트럼이다.

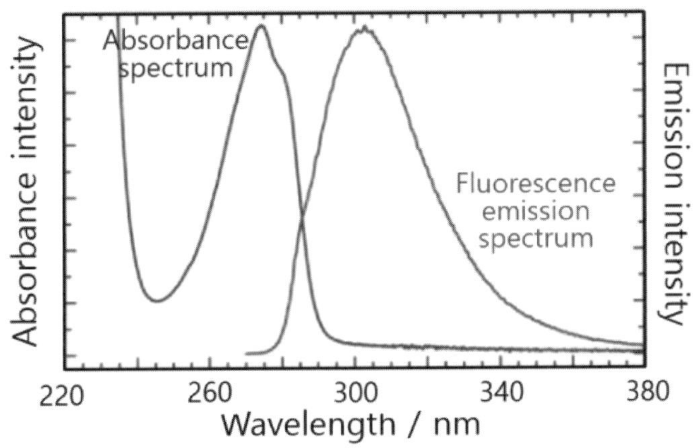


〈그림 6.4.7〉 형광분광광도계로부터 얻어지는 흡광 및 발광 스펙트럼

형광분광광도계는 형광물질에 대한 정량 및 정성 분석이 가능하다. 이론적으로 방출하는 형광 강도는 형광물질의 농도와 조사하는 빛의 세기에 비례하기 때문에, 농도를 알고 있은 기준물질로 농도에 따른 광도 변화에 대한 검량선을 만들어 미지 농도의 형광물질의 광도와 비교하면 그 농도 값을 구할 수 있다. 또한 형광분석은 흡광 및 형광 파장이라는 물질 특성을 나타내는 두 가지의 고유한 물성 값을 확보할 수 있으므로, 이를 이용하여 물질의 정성적 분석도 가능하다.

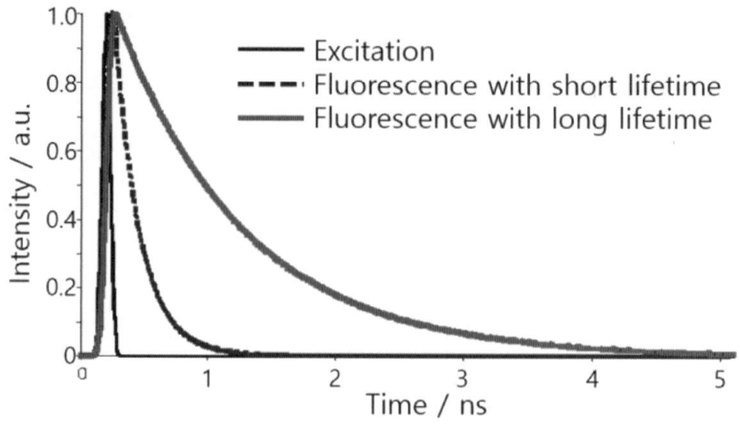


〈그림 6.4.8〉 일반적인 발광 소멸 곡선

(b) 형광수명측정(fluorescence lifetime measurement)

형광(또는 인광)의 소멸시간은 형광(또는 인광) 물질의 특징을 나타내는 중요한 인자 중의 하나이다. 형광분광광도계의 시간 스캔 기능을 이용하면 전자적으로 들뜬 분자가 시간이 지나감에 따라 얼마나 형광 또는 인광이 줄어드는지를 측정할 수 있다. 즉, 분자에 excitation 광을 인가하여 전자를 들뜬 상태로 만들고, excitation 광을 차단한 상태에서 형광(또는 인광)이 얼마나 지속되는지를 측정하면 형광(또는 인광)의 수명이 구해진다. 이렇게 얻은 형광 또는 인광의 발광 소멸 곡선은 **〈그림 6.4.8〉**과 같은 모습을 가지고 있으며, 이것을 Time-Resolved Photoluminescence (TRPL) 곡선이라고 한다. 이 TRPL 곡선은 발광스펙트럼의 중심 파장에서의 발광 세기의 변화를 시간에 따라 도시한 것인데, (6.13)식을 이용하여 지수감쇄곡선으로 최적화하면 발광소멸시간을 구할 수 있다.

$$y = y_0 + A_1 e^{-(x-x_0)/t_1} + A_2 e^{-(x-x_0)/t_2} + \cdots \qquad (6.13)$$

여기서 $y_o$는 빛이 없을 때의 형광의 세기 값이고, $x_0$는 발광 검출시작 시각, $A$는 $x$ 시각에서의 발광 세기, $t$는 발광소멸시간을 나타낸다.

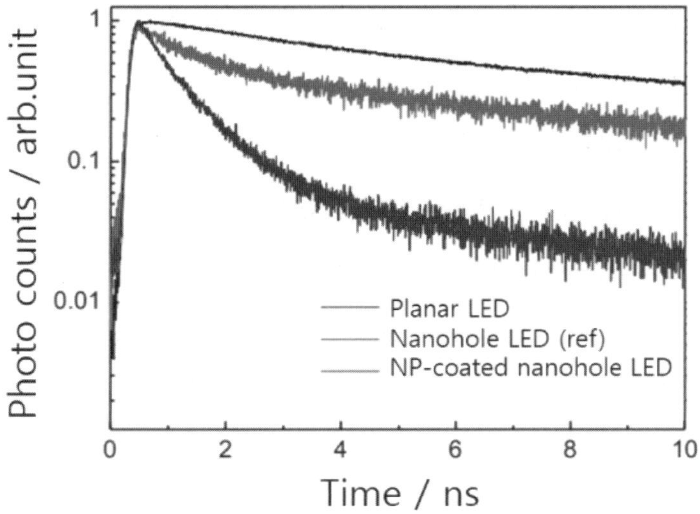


〈그림 6.4.9〉 Planner LED, nonohole LED 및 NP-coated nonohole LED의 TRPL decay 곡선

발광소멸곡선을 최적화를 위해서는 bi-exponential 또는 three-exponetioal decay function을 이용하여 curve fitting을 해야 한다. 〈그림 6.4.9〉에는 InGaN/GaN LED, nanohole을 가지고 있는 InGaN/GaN LED, nanohole 내부에 Ag@$SiO_2$ core-shell 나노입자(NP)를 로딩한 LED에 대한 TRPL decay 곡선을 보여주고 있다. 이 경우에는 TRPL 곡선이 fast decay 부분과 slow decay 부분을 가지고 있어서 발광 후 10 ns 이내의 TRPL 곡선을 bi-exponential decay curve fitting에 의해 최적화한 것이다. Planar LED, nanohole LED, NP-coated nanohole LED의 발광소멸시간은 각각 2.24, 0.962, 0.533 ns 이었다 [15].

일반적인 xenon 램프를 광원으로 사용하는 형광분광광도계로는 수명이 수 $\mu$s 이상의 인광에 대한 TRPL 곡선 정도를 얻을 수 있다. 수명이 수십 ns 이하의 형광에 대한 TRPL 곡선을 얻기 위해서는 laser diode와 같은 광원을 장착한 고정밀 형광분광광도계가 별도로 필요하다.

(c) 절대양자효율측정(absolute PL quantum yield measurement)

양자효율은 형광물질의 중요한 발광 특성 중의 하나인데, 상대양자효율과 절대양자효율이 있다. 상대양자효율은 외부양자효율을 의미하고, 절대 양자효율은 내부양자효율을 의미한다. 상대양자효율은 투과 및 반사와 같은 광학적 손실 영향을 포함하는 반면에, 절대양자효율은 시료에 흡수된 광자가 수에 대한 발광에 의해 발생한 광자 수의 비를 의미한다. 이것을 식으로 표현하면 아래와 같고, **〈그림 6.4.10〉**에서 청색 부분(300 ~ 360 nm 영역)이 시료에 흡수된 광자 수이고 녹색 부분(490 ~ 650 nm 영역)이 시료에서 발광에 의해 발생한 광자 수에 해당하여 이들의 비를 절대양자효율이라 부르고 백분율(%)로 나타낸다.

$$\text{Photoluminescence quantum yield (QY)} = \frac{\text{Number of photons emitted as photoluminescence from sample}}{\text{Number of photons absorbed by sample}}$$

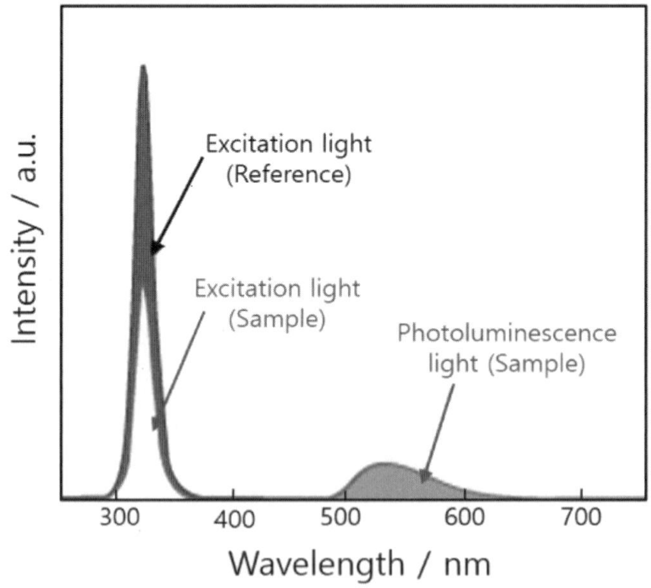


**〈그림 6.4.10〉** Reference에서 발생한 excitation light spectrum 및 시료에서 발생한 excitation과 photoluminescence spectrum

절대양자효율 측정장치는 여기광원(제논, 레이저 등), 분광기, 적분구, 멀티채널 검출기(다파장 동시 계측)로 구성되어 있다. 시료로는 원리적으로 용액, 분말, 고체, 박막 모두 가능하다. 용액 시료에 대한 절대양자효율의 측정방법은 먼저 빈 석영 큐벳을 레퍼런스로 하여 발광스펙트럼을 측정하고, 다음으로 시료 용액을 담고 있는 석영 큐벳에 대한 발광스펙트럼을 측정하게 된다.

Nanoscale colloid chemistry

나노콜로이드 화학

Chapter 07

# 제7장 나노콜로이드의 산업적 응용

금속 및 반도체 나노콜로이드는 그 입경과 형상에 의존하여 크게 변화하는 물리화학적 특성을 갖는다. 나노콜로이드를 기능재료로 이용하는 경우, 입경 및 형상 제어는 목적하는 기능의 발현과 고성능화를 위하여 매우 중요하다. 본 장에서는 나노콜로이드을 이용한 차세대 기능재료인 촉매재료, 광학재료, 전자재료 및 자성재료의 특성에 대하여 기술함과 동시에, 나노콜로이드의 구조에 의존하여 변화하는 기능을 소개한다.

## 7.1. 금속 나노콜로이드의 촉매적 이용

금속 나노콜로이드는 오래 전부터 촉매로서 이용되고 있으며, 많은 공업 프로세스에서 중요하다. 〈표 7.1.1〉은 촉매반응에 이용되는 금속 나노콜로이드의 예를 나타낸다. 나노콜로이드를 담지시키기 위한 담체는 촉매활성에 크게 영향을 주지만 여기서는 생략한다. 이 표로부터 Pt 나노콜로이드는 수소화 반응에, Au 나노콜로이드는 산화반응에 자주 이용되는 촉매이라는 것을 알 수 있다. 나노콜로이드에서는 이것을 구성하고 있는 금속 원자 수에 대한 표면에 노출되어 있는 원자 수의 비율이 매우 크고, 또한 나노콜로이드 표면에는 다른 배위수를 갖는 금속원자가 존재하기 때문에, 입경이 보다 큰 벌크 입자나 단결정 표면과는 다른 독특한 촉매 특성을 발현한다. 그리고 앞 장에서 기술한 바와 같이, 최근 급속히 발전한 나노콜로이드 합성기술에 의해 금속 나노콜로이드의 입경 및 형상의 정밀제어가 가능하게 되고, 이들 나노구조가 촉매 활성에 크게 영향을 주고 있다는 것이 많은 연구에서 보고되었다. 또한 여러 원소로 구성되는 다원 금속 나노콜로이드도 단일 원소의 나노콜로이드와는 다른 물리화학적 특성을 나타내기 때문에, 이는 고활성 촉매의 개발을 목적으로 활발히 연구되고 있다. 본 절에서는 이들의 최근 연구 사례로 금속 나노콜로이드의 입경, 형상 및 다원 금속 나노콜로이드의 조성이 촉매반응에 미치는 영향을 기술한다.

〈표 7.1.1〉 금속나노콜로이드에 의한 촉매반응 예

<table>
<tr><th colspan="2">촉매반응</th><th>금속 나노콜로이드</th></tr>
<tr><td rowspan="6">수소화 반응</td><td>올레핀, 디엔</td><td>Au, Pd, Pt, Rh, AuPd, PdPt</td></tr>
<tr><td>알킨</td><td>Pt, Pd, Rh, Ru</td></tr>
<tr><td>방향환</td><td>Pd, Pt, Rh, Ru</td></tr>
<tr><td>알데하이드, 케톤, 니트롤</td><td>Au, Pd, Pt, Ru</td></tr>
<tr><td>니트로벤젠</td><td>Cu, Ni, Pt, Pd, NiPd, PdPt</td></tr>
<tr><td>$N_2$에서 $NH_3$ 합성</td><td>Fe, Ru</td></tr>
<tr><td rowspan="2">C-C 커플링</td><td>Heck 커플링<br>(ArX+Olefin → Arylolefin)</td><td>Pd</td></tr>
<tr><td>Suzuki 커플링<br>(ArX+Ar′B(OH)$_2$ → Ar-Ar)</td><td>Cu, Pd, Ru, CuPd, PdPt</td></tr>
<tr><td rowspan="5">산화 반응</td><td>CO</td><td>Au, Pd, Pt, Rh, Ru</td></tr>
<tr><td>사이클로헥산</td><td>Au</td></tr>
<tr><td>알콜의 효소 산화</td><td>Au, Pd, AuAg, AuPd</td></tr>
<tr><td>에폭시화</td><td>Au, Ag</td></tr>
<tr><td>알콜의 전해 산화</td><td>Pt, Pd, AuPd, AuPt, NiPd<br>PtPd, PtRu, PdRu</td></tr>
<tr><td colspan="2">아미노화</td><td>Pd</td></tr>
<tr><td colspan="2">카르보닐화</td><td>Au, Rh</td></tr>
<tr><td colspan="2">연소</td><td>Au, Pd, Pt</td></tr>
<tr><td colspan="2">수소발생반응(광촉매)</td><td>Ir, Pt, Pd, Rh, Ru</td></tr>
</table>

### 7.1.1. 금속 나노콜로이드의 입경·형상에 의존하는 촉매특성

촉매 활성평가의 지표로서 턴오버 빈도(turnover frequency, TOF)가 자주 사용된다. 이것은 얻어진 반응속도를 반응에 관여하는 표면 금속 원자수로 규격화한 값으로, 표면에 노출되어 있는 금속원자 1개당에 해당하는 반응속도이다. 촉매인 금속 나노콜로이드의 입경에 의해 턴오버 빈도가 크게 변하는 촉매반응을 구조민감반응(structure sensitive reaction)이라고 부르고, 반대로 촉매의 입경에 턴오버 빈도가 의존하지 않는 반응을 구조비민감반응(구조둔감반응)(structure insensitive reaction)이라고 한다. 전자에서는 촉매의 나노구조(표면원자배열, 배위수, 전자상태, 담체의 영향)의 차이에 의해 촉매반응의 활성이나 선택성이 변화하는 것을 의미한다. 예를 들기 위해 fcc 구조를 갖는 금속 나노콜로이드의 미시적 구조를 〈그림 7.1.1〉에 나타내었다. 입방팔면체 형상을 갖는 나노콜로이드에서 표면에는 다른 결정면 (100)과 (111)이 함께 노출되어 있고, 표면 금속원자의 배위수(최근접 원자수)는 {100}에서 8, {111}에서 9, 모서리에 있는 원자에서는 7, 정점의 원자에서는 6 이다. 이와 같이 표면에는 그 환경이 다른 원자가 존재하고, 촉매작용이 금속원자의 위치에 따라 다를 거라고 생각된다. 한편, 구조둔감반응의 경우에는 촉매반응속도가 표면에 노출되어 있는

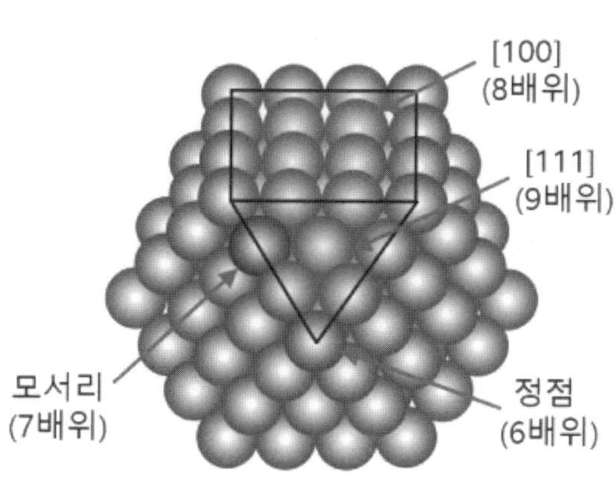


〈그림 7.1.1〉 입방팔면체 형상 fcc 구조 금속 나노콜로이드의 표면구조

금속원자의 수만으로 결정되고, 표면원자의 환경에 의해서는 결정되지 않는다. 이러한 경우를 몇 가지 들어보자.

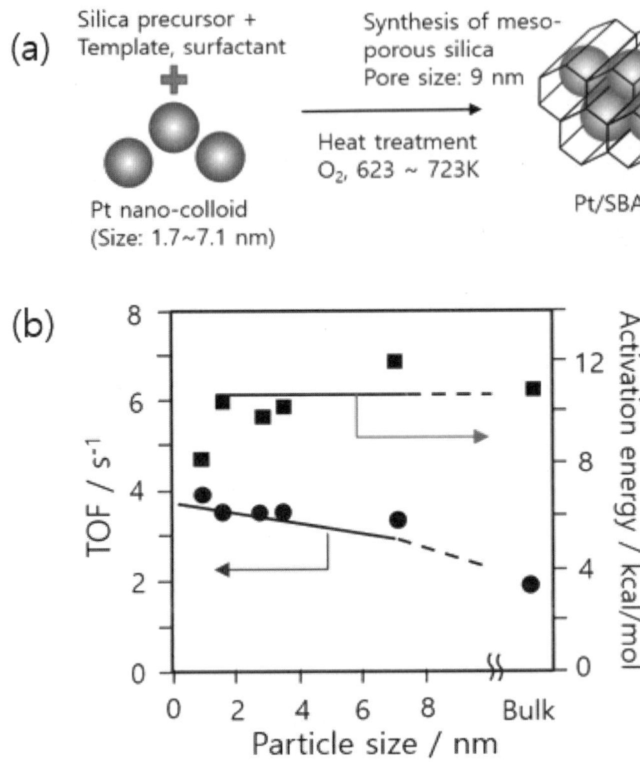


〈그림 7.1.2〉 (a) Pt 나노콜로이드를 혼합한 메조포러스 실리카(SBA-15)의 합성법, (b) Pt/SBA-15를 촉매로 하는 에틸렌의 수소화 반응의 턴오버 빈도(TOF)와 활성화에너지. 반응조건: 298 K, 10 Torr $C_2H_4$, 100 Torr $H_2$ [(1)]

구조둔감반응으로서 잘 알려져 있는 에틸렌의 수소화에 의한 에탄(또는 에테인, $C_2H_6$) 생성반응에서, Pt 나노콜로이드 촉매의 입경과 촉매반응의 턴오버 빈도 및 활성화 에너지와의 관계를 〈그림 7.1.2〉 (b)에 나타낸다. 촉매로는 Pt 나노콜로이드를 담지시킨 메조포러스 실리카(Pt/SBA-15)를 이용하였다. Pt 입경을 1.7 nm에서 7.1 nm로 증가시켜도 Pt 활성점의 턴오버 빈도는 거의 변화하지 않고(약 3.5 $s^{-1}$), 촉매반응의 활성화 에너지도 변화하지 않는다. 또한, 이들의

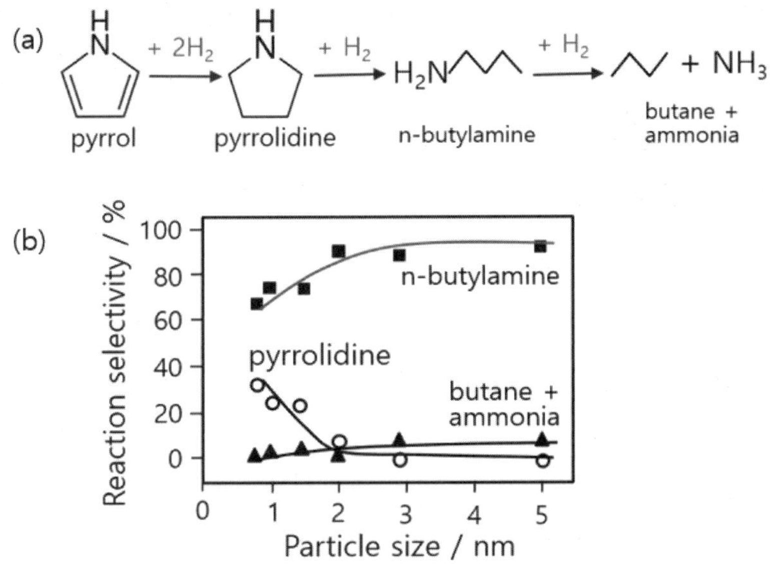


〈그림 7.1.3〉 (a) pyrrole($C_4H_5N$)의 수소화 반응, (b) Pt 나노콜로이드 담지 SBA-15에 의한 pyrrole의 수소화 반응의 선택성에 미치는 Pt 입경의 영향

값이 단결정 Pt(111) 면에 대한 것과 동일한 정도라는 것을 알 수 있다. 이러한 유사한 거동은 사이클로헥세인($C_6H_{10}$)의 수소화에 의한 사이클로헥산($C_6H_{12}$)의 생성반응에서도 관찰된다.

반면, 백금 나노콜로이드가 촉매라 해도 입경과 형상에 의존하여 반응속도가 크게 변화하는 구조민감반응은 많은 경우가 있다. 예를 들면, pyrrole($C_4H_5N$)의 수소화 반응에서는 pyrrolidine이 생성하지만, 반응이 더욱 진행되어 분자가 개환(開環)된 n-butylamine 이후에는 이것이 더욱 분해된 butane 또는 ammonia도 동시에 생성된다(〈그림 7.1.3〉 (a)). 이 반응의 선택성은 사용되는 Pt 나노콜로이드의 입경에 따라 크게 변화한다. 〈그림 7.1.3〉 (b)에 나타낸 것처럼, 입경이 2 nm 이상에서는 어떤 것도 n-butylamine의 선택성이 100%에 가깝게 일정하다. 그러나 2 nm 이하의 나노콜로이드에서는 반응 선택성에 대한 강한 입자 의존성이 나타나고, 입경 감소에 따라서 n-butylamine의 선택성이 감소하며, pyrrolidine의 생성 비율이 증가한다. 이것은 n-butylamine에 의한 촉매 피독이 작은 입경의 나노콜로이드에 대해 보다 현저하게 나타나기 때문이라고 생각된다. 입경이 작은 Pt 나노콜로이드는 큰 나노콜로이드와 비교하여 표면에 kink, step 등 배위 불포화 상태인 금속 사이트를 많이 가지고 있다. 따라서 pyrrole 혹은 pyrolidine 보다도 전자가 풍부한 n-butylamine은 이와 같은 Pt 나노콜로이드 표면의 금속 사이트에 강하게 흡착한다. 그 결과 작은 Pt 나노콜로이드에서는 pyrrole 수소화 반응의 턴오버 빈도가 저하하고, n-butylamine이 생성할 때까지의 반응이 진행되기 어려워진다[(2)].

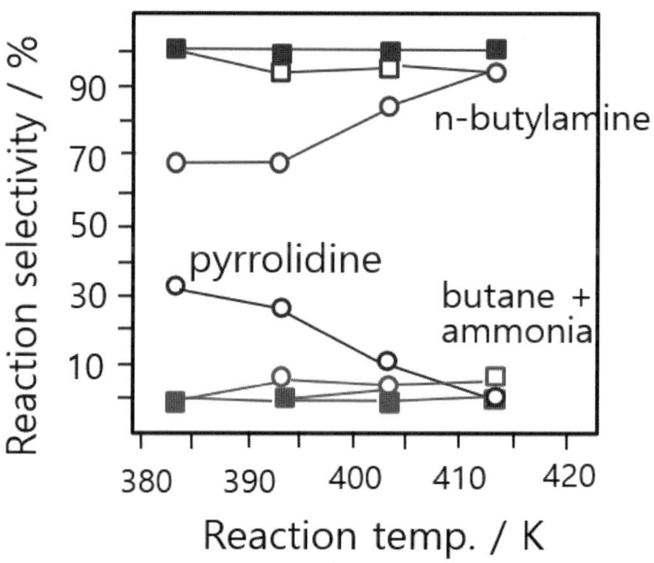


〈그림 7.1.4〉 형상이 다른 Pt 나노콜로이드에 의한 pyrrole의 수소화 반응의 선택성, ■ : 입방체 Pt 나노콜로이드(입경: 9 nm), □ : 입방체 Pt 나노콜로이드(입경: 5 nm), ○ : 다면체 Pt 나노콜로이드(입경: 5 nm)

Pyrrole의 수소화 반응에서는 사용되는 Pt 나노콜로이드의 형상도 반응선택성에 크게 영향을 준다[(3)]. 〈그림 7.1.4〉는 입방체 Pt 나노콜로이드(입경 5 nm 및 9 nm)와 다면체 Pt 나노콜로이드(입경: 5 nm)를 촉매로 반응을 일으켜, 그

생성물의 선택성과 반응온도의 관계이다. 입방체 Pt 나노콜로이드에서는 입경에 관계없이 어느 온도에서도 n-butylamine이 90% 이상의 높은 선택성으로 생성된다. 한편, 다면체 Pt 나노콜로이드({100}과 {111}을 그 표면에 가짐)는 낮은 온도 영역에서는 n-butylamine과 함께 pyrrolidine이 생성되는데 그 선택성은 최대 30%로 높고, 입방체 Pt 나노콜로이드가 주로 Pt {100}면을 노출하고 있다고 생각하면, pyrrolidine의 수소화에 의한 n-butylamine의 생성이 {111}면 등의 열역학적으로 안정한 결정면 보다도 {100}면에서 더 높은 효율로 생성된다고 할 수 있다. 이것은 Pt 단결정 표면에 대한 pyrrole 수소화 반응의 분광 측정 결과와 일치한다.

여러 가지의 반응 경로를 갖는 촉매반응에서는 각 과정의 반응속도나 생성물의 반응 선택성이 금속 표면의 원자배열 구조에 크게 의존하여 변화한다. 따라서 목적하는 반응물을 선택적으로 생성시켜서 불필요한 부생성물을 줄이기 위해서는, 특정 결정표면만이 노출된 나노콜로이드를 사용하는 것이 효과적이다. 기상 중 벤젠에 대한 수소화 반응에서는 포화탄화수소의 사이크로헥산과 이중결합을 하나 갖는 사이크로헥세인이 생성물로 생성된다. 이 선택성은 사용하는 Pt 나노콜로이드 촉매의 형상에 의존한다. 표면이 {100}면만으로 둘러싸여 있는 입방체 Pt 나노콜로이드에서는 사이크로헥산만이 생성되고, {100}면과 {111}면이 함께 노출되어 있는 입방팔면체 형상의 Pt 나노콜로이드를 촉매로 하면 사이크로헥산과 함께 사이크로헥세인도 생성된다. 이러한 Pt 나노콜로이드의 반응 선택성에 대한 변화는 단결정 Pt 표면의 반응 선택성 차이로부터 쉽게 설명될 수 있다. 벤젠 수소화 반응을 단결정 Pt {111}면으로 일으키면 사이크로헥산과 사이크로헥세인이 동시에 생성하지만, Pt {100}면에서는 사이크로헥산만 생성한다.

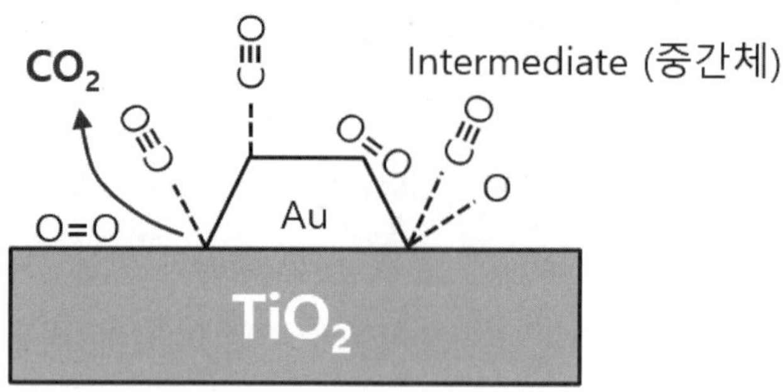


〈그림 7.1.5〉 $TiO_2$ 상에 담지된 Au 나노콜로이드 촉매에 의한 CO 산화반응 메카니즘

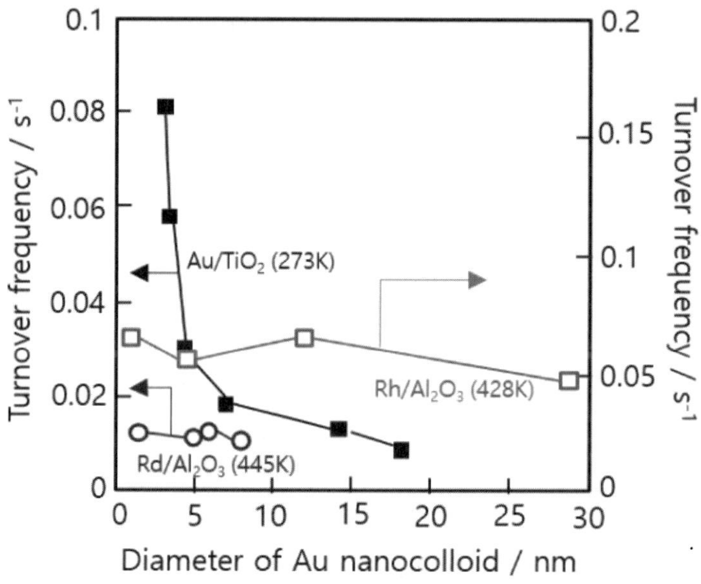


〈그림 7.1.6〉 CO 산화반응의 촉매 활성에 미치는 금속 나노콜로이드의 입경 영향(사용된 담지 금속 나노콜로이드 촉매의 종류와 반응온도를 그림 중에 나타냄)

벌크 재료로는 매우 안정한 금속이고 촉매활성이 없는 Au에 있어서도 나노콜로이드화 하면 특이한 촉매 활성을 발현할 수 있다. 금속 산화물 상에 나노사이즈의 Au 나노콜로이드를 담지시키면, 다음과 같은 CO 산화반응이 높은 효율로 일어난다.

$$CO + 1/2\ O_2 \rightarrow CO_2 \qquad (7.1)$$

Au 나노콜로이드의 촉매활성은 담체로서 사용되는 금속산화물의 종류에 의존하여 크게 변화한다. $Al_2O_3$, $SiO_2$와 같은 절연성 금속산화물 보다도 $TiO_2$, $Fe_2O_3$, $Co_3O_4$, NiO와 같은 반도체성 금속산화물을 이용하는 것이 보다 활성이 높다. 이 촉매에는 추가적으로 몇 가지의 특징이 있다. 촉매활성은 수분 농도가 0.1 ~ 1,000 ppm 범위에서는 가스 중의 수분 농도가 증가하면 할수록 촉매의 활성은 증가한다. Au 담지 $TiO_2$ 촉매에 의한 CO의 산화반응에 활성화 에너지는 300 K 이하의 온도에서 20 ~ 40 kJ/mol, 300 K 이상의 온도에서는 거의 제로가 된다. 이 값은 Pt 나노콜로이드 촉매를 사용하는 경우의 80 ~ 170 kJ/mol(단 500 K 이상) 보다도 훨씬 낮다. 제안되어 있는 반응 메카니즘을 〈그림 7.1.5〉에 나타내었다 [(4)]. 율속단계는 Au 표면에 흡착한 CO와 Au-$TiO_2$ 접합 계면의 주변부에 흡착한 산소분자와의 반응이라고 생각된다.

〈그림 7.1.6〉에는 Au 나노콜로이드의 입경과 CO 산화활성과의 관계를 나타내었다. $Al_2O_3$ 상에 담지된 Pd, Rh 또는 Pt 나노콜로이드 담지 $SiO_2$에서는 촉매활성에 담지 귀금속의 입경 의존성이 나타나지 않지만, Au 나노콜로이드 담지 $TiO_2$에서는 큰 입경 의존성을 보인다 [(5,6)]. Au 나노콜로이드의 입경은 약 7 nm 이하가 되면 입경 감소와 함께 CO 산화활성이 급격히 증가한다. 금속산화물에 담지한 Au 나노콜로이드는 CO 산화 이외에도 여러 가지 유기물의 완전 산화 및 부분 산화에 대해 활성을 나타내고, 그 강도는 사용하는 담체의 종류에 따라 제어가 가능하다.

금속 나노콜로이드의 담지에 사용되는 담체는 촉매반응에 크게 영향을 준다. 이것은 담지 금속과 담체의 강한 상호작용(strong metal-support interaction; SMSI)에 의해 담지된 금속 나노콜로이드의 전자상태가 변화하는 것이 주요 원인이다. Ru 나노콜로이드를 적당한 담체에 담지시키면, SMSI가 발현되어 $N_2$ 수소화에 의한 암모니아($NH_3$) 합성반응이 높은 효율로 진행된다. 전자를 내부에 가두어 둔 복합산화물인 전자화물(electride) (예: $[Ca_{14}Al_{28}O_{64}]^{4+}(e^-)_4$)를 담체로 하고, 이것에 Ru 나노콜로이드를 담지시키면 400℃의 고온이지만 0.1 MPa의 상압에서 높은 효율로 $NH_3$가 생성한다. 이 촉매의 턴오버 빈도는 종래의 촉매(Cs/MgO 또는 Ba/활성탄에 담지한 Ru 나노콜로이드) 보다도 10 ~ 100배 정도 큰 값이 된다. 제안된 반응 메카니즘은 전자화물 중에 가두어져 있던 전자가 Ru 나노콜로이드에 이전되고, Ru 금속의 페르미 레벨을 상승시켜 work function 함수를 낮춘다. 이것이 흡착된 $N_2$의 N≡N 결합을 약하게 하는 역할을 한다. 또한 Ru 표면에 해리 흡착한 수소 원자가 전자화물 내부에 가두어져 $H^-$가 되어, Ru 나노콜로이드 표면의 수소 피독을 저감한다. 마지막으로 Ru 나노콜로이드의 표면에 활성화된 N 화학종과 전자화물 내부의 $H^-$가 반응해서 $NH_3$가 생성한다. $NH_3$는 매우 유용한 물질로, 현재 공업적으로는 고온 고압을 사용하는 Haber-Bosch 프로세스에 의해 Fe 촉매를 이용해서 고온 고압 하(400 ~ 600℃, 20 ~ 40 MPa)에서 합성되고 있다. 이 반응 프로세스는 고온 고압이 필요하기 때문에 매우 많은 에너지가 소비되고 있다. 이것과 비교하여 Ru 나노콜로이드 촉매는 상압에서 사용할 수 있는 $NH_3$ 합성 촉매이고, 환경 부하가 적은 촉매로서 주목을 받고 있다.

위에서 언급한 촉매반응은 고체 담체 상에 담지한 금속 나노콜로이드에 의한 것이었지만, 소프트한 폴리머를 이용해서 안정화시킨 금속 콜로이드도 촉매로서 효과적으로 작용하고, 이러한 촉매는 액상 반응에서 사용되는 경우가 많다. 앞 장에서 언급한 것처럼, 여러 가지 안정제를 사용하여 금속 나노콜로이드를 합성할 수 있지만, 촉매로서 이용하려고 하면 나노콜로이드의 표면에 존재하는 촉매반응의 활성점을 피독할수록 강한 활성을 갖지 못한다. 따라서 촉매

반응 중에도 나노콜로이드들이 서로 응집하지 않도록 안정하게 보호할 안정화제를 선택할 필요가 있다. 이와 같은 안정화제의 하나로서, 폴리비닐필로리던(polyvinylpyrrolidone; PVP)이 있다. PVP는 비교적 약한 배위자(配位子)이며, 여러 지점에서 약한 배위 상태를 만들어 나노콜로이드를 안정화한다. 이 때문에 반응 기질이 충분히 나노콜로이드에 가까워 질 수 있으며 금속 나노콜로이드의 촉매반응이 방해되지 않는다.

PVP 수용액 중에서 $HAuCl_4$를 $NaBH_4$로 환원하여 입경 1.3 nm의 PVP 안정화 Au 나노콜로이드(Au:PVP)를 합성할 수 있다. 또한, 이것을 seed로 하여 Au 원자를 석출시켜 나노콜로이드의 입경분포를 넓히지 않고, 2 ~ 10 nm 범위의 입경을 갖는 PVP 안정화 Au 나노콜로이드를 합성하였다[7,8]. Au:PVP 나노콜로이드는 공기 중에서 여러 가지 방향족 및 지방족의 1급 또는 2급 알콜을 산화시킬 수 있으며, 카르복실산 또는 케톤을 고선택적으로 생성한다. 이와 같은 산소의 산화반응은 공기 중의 분자 상 산소를 사용하기 때문에, 그린 케미스트의 관점에서 매우 유용한 반응이다. 예를 들어, Au:PVP를 이용하여 p-하이드록시벤질 알콜(p-hydroxybenzyl alcohol)의 공기산화반응을 일으키면, 촉매활성은 Au 나노콜로이드의 입경에 의존하여 크게 변화한다. 〈그림 7.1.7〉에 나노콜로이드의 표면적으로 나타낸 반응속도상수와 Au 나노콜로이드의 입경과의 관계이다. 입경이 5 nm 이상의 Au 나노콜로이드는 낮은 촉매활성 밖에 나타내지 못하지만, 5 nm 이하의 나노콜로이드로는 입경 감소와 더불어 급속히 촉매활성이 증가한다. Au:PVP 나노콜로이드가 이와 같이 높은 활성을 나타내는 이유는 안정화제의 PVP와 Au 나노콜로이드 사이의 전자적인 상호작용으로 생각된다.

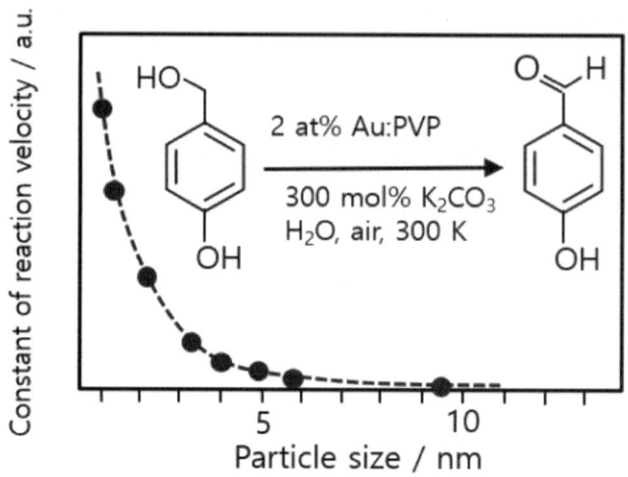


〈그림 7.1.7〉 p-hydroxybenzyl alcohol 산화반응속도에 미치는 PVP 안정화 Au 나노콜로이드의 입경 영향

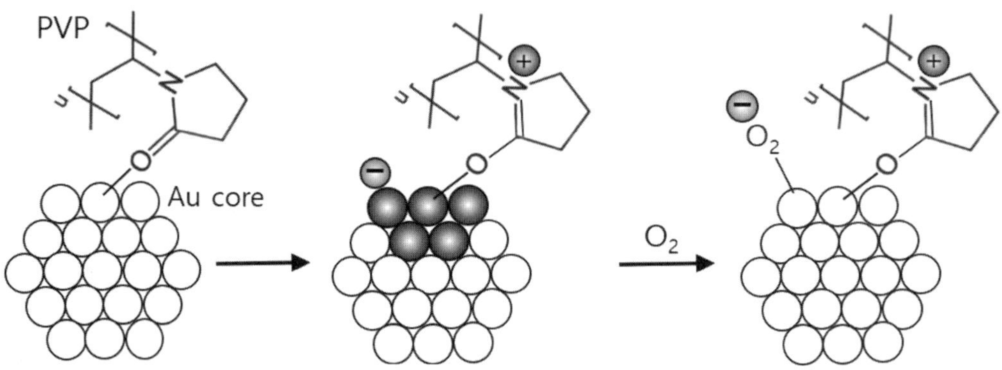


〈그림 7.1.8〉 PVP 안정화 Au 나노콜로이드를 이용한 p-benzyl alcohol의 공기산화에 있어서 산소분자의 활성화 모식도

〈그림 7.1.8〉에 나타낸 것처럼, PVP의 흡착에 의해 PVP 로부터 Au 나노콜로이드로 음전하가 주입된다. 이 잉여 전하는 Au 나노콜로이드의 입경 감소와 함께 커져서, 작은 Au 나노콜로이드에 흡착한 $O_2$ 분자가 음전하를 띠기 쉽게 한다. 이것에 의해 작은 입경의 Au 나노콜로이드에 있어서 높은 촉매 활성이 발현된다.

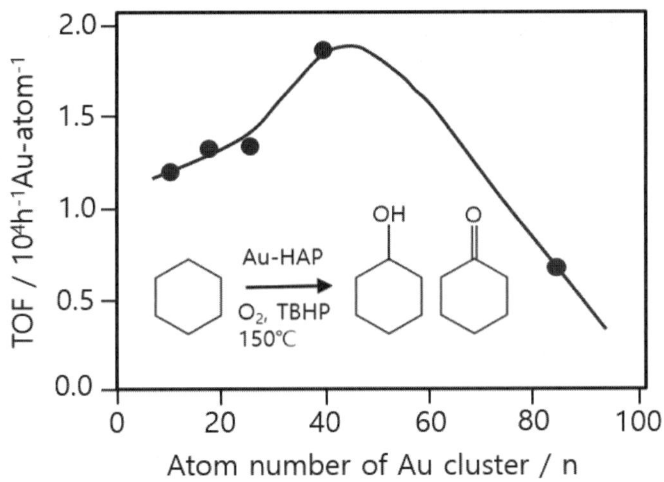


〈그림 7.1.9〉 사이크로헥산 산화반응속도에 미치는 Au 클러스터 구성원자 수의 영향

이와 같은 Au 나노콜로이드의 촉매작용은 입경에 크게 의존하여 변화하고, 입경 감소에 의해 촉매활성이 증가된다. 그러면 Au 나노콜로이드는 어느 정도 작은 크기까지 촉매적 활성이 증가하는 걸까? 이 의문에 대한 답은 수십 개의 원자로 되어 있는 $Au_n$ 클러스터의 촉매활성을 평가하여 클러스터 구성원자 수 n과 촉매활성의 관계를 보면 알 수 있다. 〈그림 7.1.9〉는 $Au_n$ 클러스터 구성원자 수가 사이크로엑산 산화반응속도에 미치는 영향이다[(9)]. 글루타싸이온으로 안정화된 $Au_n$ 클러스터를 하이드록시아파타이트(HAP) 상에 담지하고, 이것을 300℃로 소성하여 Au 표면을 노출시킨 것을 이용하였다. 사이크로헥산의 산화반응에서는 사이크로헥사놀(cyclohexanol)과 사이크로헥사논(cyclohexanone)이 주 생성물로서 약 1:1의 비율로 생성한다. 작은 $Au_n$ 클러스터($n = 10 \sim 39$)를 이용하는 경우, 반응의 선택율은 약 99%가 되고 종래의 Au 나노콜로이드 담지 촉매보다도 높다. 반응속도는 사용하는 $Au_n$ 클러스터 구성원자 수에 따라서 크게 다르다. 〈그림 7.1.9〉에 표시한 것처럼, 클러스터의 구성원자 수가 $n = 10$에서 39로 증가하면 턴오버 빈도는 증가하지만, $n = 85$까지 커지면 턴오버 빈도는 역

으로 저하한다. 사이크로헥산의 산소산화반응에 있어서는 n = 40 정도의 $Au_n$ 클러스터가 가장 높은 활성을 나타낸다는 사실을 알 수 있다. 이 촉매활성의 클러스터 구성원자 수 의존성은 $Au_n$ 클러스터의 전자구조의 변화에 의한 것이라고 생각된다.

### 7.1.2. 다원금속 나노콜로이드의 촉매 특성

금속 나노콜로이드의 물리화학적 특성을 제어하여 기능을 향상시키기 위해서는, 입경 및 형상 제어에 더하여 다른 금속과 결합시키는 것에 의한 다원화가 효과적이다. 특히 나노콜로이드의 촉매 응용에서는 부가적으로 첨가하는 금속에 촉매작용이 거의 없다 하더라도, 얻어지는 다원계 금속 나노콜로이드의 촉매활성은 크게 향상되는 일이 있어 매우 흥미롭다. 다른 종류의 금속 원소를 서로 합한 금속 나노콜로이드에서는 이종원소 간의 상호작용에 의해 단일 원소로 이루어진 금속 나노콜로이드에서는 보이지 않는 촉매 특성이 나타난다. 이러한 상승효과는 크게 두 가지로 분류할 수 있다(〈그림 7.1.10〉). 첫 번째는 배위자 효과(配位子 效果, ligand effect)(또는 전자적 효과, electronic effect)이다. 다른 금속원자를 복합화했을 때에 원자 간에 전자이동이 일어나고, 그 결과 단일 원소

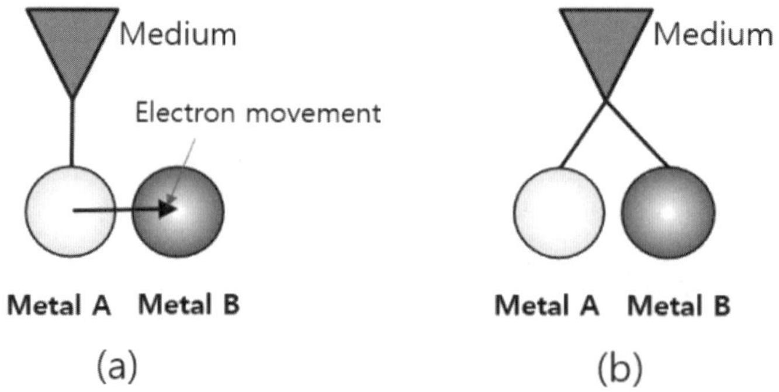


〈그림 7.1.10〉 합금 나노콜로이드의 촉매활성에 미치는 금속 A와 금속 B의 복합화 영향의 모식도 (a) 배위자 효과, (b) 입체 효과

의 나노콜로이드와는 다른 전자밀도를 나타내거나 전하가 다원금속 나노콜로이드의 표면에 나타나서 촉매활성이 변화한다. 두 번째는 입체 효과(立體 效果, steric effect)(또는 협주 효과, ensemble effect)이다. 복합화된 이종 금속원자에 의해 형성된 특이한 구조(입체적 배치)가 반응 활성에 영향을 주는 것이다.

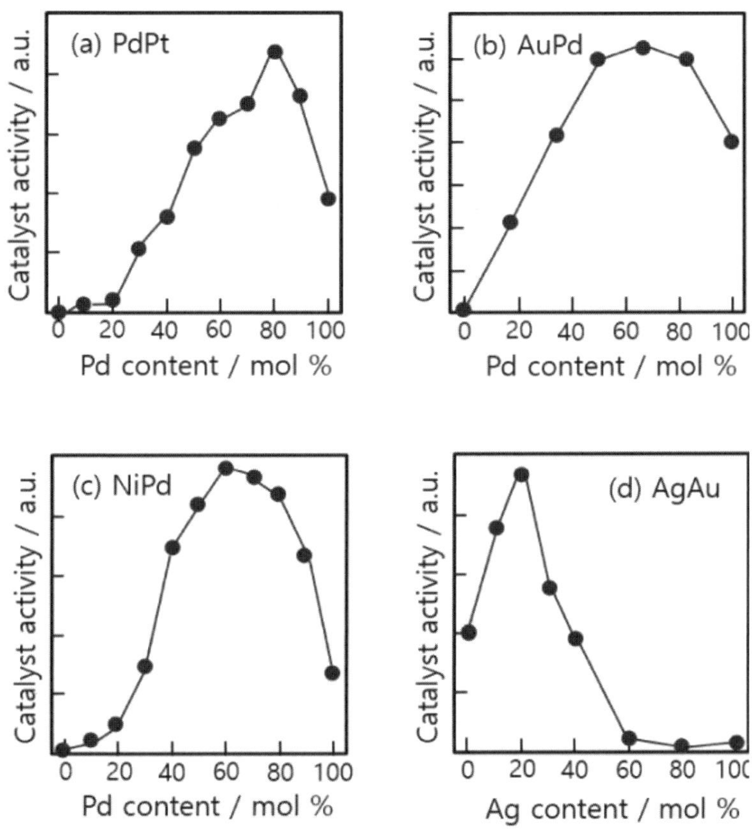


〈그림 7.1.11〉 이원합금 나노콜로이드의 촉매활성에 미치는 나노콜로이드 조성의 영향

Tozuru 등은 안정화제로서 PVP가 공존하고, 대응하는 금속염을 동시 화학 환원시켜, PdPt 나노콜로이드(입경: 1.5 ~ 2.5 nm)를 합성했다. 얻어진 나노콜로이드를 에탄올에 분산시켜, 수소 분위기 하에서 1,3-cyclooctadiene의 수소화 반응에 대한 촉매활성(반응온도 30℃, 수소압 0.1 MPa)을 평가하였다. 반응속도와

조성의 관계를 〈그림 7.1.11〉 (a)에 나타내었다[10]. 순수한 Pt 나노콜로이드는 거의 촉매활성을 발현하지 않지만, 순수한 Pd 나노콜로이드는 비교적 큰 촉매활성을 보인다. 한편, PdPt 나노콜로이드를 이용하면, 촉매활성이 조성에 의존하여 크게 반응속도가 변화하고, Pt 함량의 증가에 따른 촉매활성의 변화 양상이 뾰족한 산과 같은 모습을 보인다. Pd:Pt = 4:1의 조성인 PdPt 나노콜로이드가 가장 높은 활성을 나타내고, 순수한 Pd 나노콜로이드의 두 배의 촉매활성이 된다. Pd:Pt = 4:1 조성의 촉매구조는 EXAFS 측정에 의해 Pt가 코어(core), Pd가 쉘(shell)의 구조를 갖는 것으로 확인되었다. 표면에 노출된 Pd 원자 당 활성을 비교하면, PdPt 나노콜로이드(Pd:Pt = 4:1, Pd 함유량 80%)가 순수한 Pd 나노콜로이드 보다도 약 1.5배 높다. 이것은 이원화에 의한 배위자 효과의 발현으로 설명된다. Pt 보다도 Pd의 이온화에너지가 작기 때문에, PdPt 나노콜로이드에서는 Pt 코어와 Pd 쉘 간의 전자적 상호작용에 의해 표면의 Pd 쪽에 전자밀도가 작아진다($Pd^{\delta+}$가 된다). 이중결합을 갖는 분자는 전자가 부족한 사이트에 강하게 결합하기 때문에 PdPt 나노콜로이드에 의해 강한 촉매활성이 나타난다.

덴드리머(dendrimer)의 내부 공극에 생성시킨 이원계 합금 AuPd 나노콜로이드를 이용한 아릴 알콜(allyl alcohol)의 수소화 반응에 있어서도 촉매활성에 높은 조성 의존성이 나타난다(〈그림 7.1.11〉 (b))[11]. 이용된 AuPd 나노콜로이드는 입경이 약 1.8 nm의 완전 고용된 합금이다. 나노콜로이드 중의 Pd 함량이 약 60%일 때에 가장 큰 촉매활성이 얻어진다는 것을 알 수 있다. 산 모습과 비슷한 조성 의존성은 NiPd 나노콜로이드를 이용한 니트로벤젠(nitrobenzene)의 수소화 반응(〈그림 7.1.11〉 (c))[12], AgAu 나노콜로이드에 의한 글루코스(glucose)의 공기 산화반응(〈그림 7.1.11〉 (d))[13]에 있어서도 나타난다. 이들은 배위자 효과에 의해서 이종 금속 간에 전자의 이동이 일어나고, 구성하는 각 금속원자의 전자밀도 혹은 전하가 단일 원소의 나노콜로이드와 다르기 때문이다.

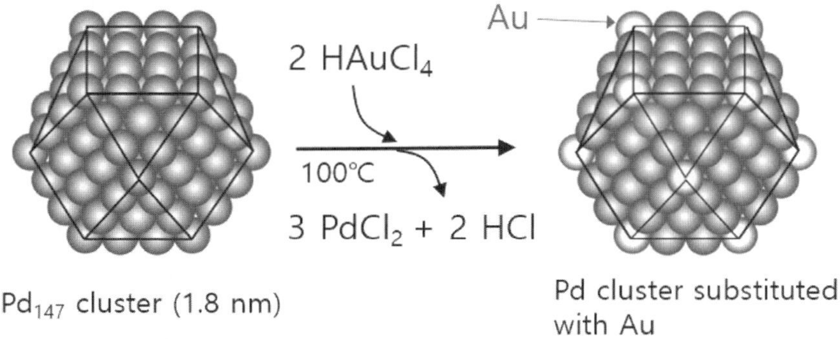


〈그림 7.1.12〉 Crown jewel 구조를 갖는 AuPd 클러스터의 합성 모식도

동일한 형상을 갖는 금속 클러스터에서는 그 표면에 선택적으로 이종 금속원자를 배치시키면 촉매적 활성이 매우 크게 증가한다. Tozuru 등은 갈바닉 치환반응(galvanic replacement reaction)을 이용해서 Au가 표면에 선택적으로 배치된 이원 AuPd 나노콜로이드를 합성하였다(〈그림 7.1.12〉)[14]. 안정화제로서 PVP을 사용하고, 입방팔면체 형상을 갖는 $Pd_{147}$ 클러스터(사이즈 1.8 nm)를 $HAuCl_4$와 반응시켜 클러스터 표면의 Pd 원자를 Au 원자로 치환했다. HAADF-STEM 관찰 및 EELS 해석에 의해, 이원 AuPd 클러스터는 $Pd_{147}$의 꼭지점 Pd 원자가 Au 원자로 치환된 구조라고 하는 것을 확인해 주고 있다. $Pd_{147}$ 클러스터를 왕관으로 간주하면, Au 원자는 이들에 붙어 있는 보석(crown jewel)과 같은 위치에 있는 구조로 되어 있다. 〈그림 7.1.1〉로부터 예측할 수 있는 것처럼, Pd 클러스터 표면의 꼭지점, 모서리, 결정면에서는, 배위수가 가장 적은 꼭지점 원자가 가장 높은 표면에너지를 갖는다. 따라서 갈바닉 치환반응에서는 우선적으로 꼭지점의 Pd 원자가 $HAuCl_4$와 반응하여 치환되고, 클러스터의 꼭지점에 Au 원자가 식출한 crown jewel 구조의 AuPd 글라스터(CJ-AuPd)가 생성한다.

〈표 7.1.2〉 Au, Pd 및 crown jewel(CJ) 구조 AuPd 클러스터의 글루코스 산화반응에 대한 촉매활성

| 촉매 | 이론 Pd/Au 비율 | 글루코스 산화반응 속도 | |
|---|---|---|---|
| | | $10^3$mol-Glucose / (h · mol-M) | $10^3$mol-Glucose / (h · mol-Au)[b] |
| Au | - | 6.23 | - |
| Pd | - | 5.19 | - |
| CJ-1[a] | 138/6 | 13.9 | 195 |
| CJ-2[a] | 129/12 | 19.5 | 194 |
| CJ-3[a] | 111/24 | 18.2 | 90 |

[a] Crown jewel 구조 AuPd 클러스터, [b] 표면 Au 사이트에 대한 반응속도

산소의 존재 하에서 글루코스 산화반응을 진행하면 〈표 7.1.2〉에 나타낸 것처럼 Au 및 Pd 클러스터도 어느 정도 촉매활성을 나타낸다. 따라서 CJ-AuPd 클러스터(CJ-1 ~ 3)는 이들 순금속 클러스터보다도 더욱 높은 촉매활성이 관측된다. CJ-AuPd 클러스터의 표면 Au 원자당 활성은 CJ-1 및 CJ-2에서 거의 일정하게 되고, CJ-3에서는 이들 보다 낮은 값이 된다. 모든 꼭지점이 Au 원자로 치환한 CJ-2는 클러스터 1개당 12개의 Au 원자가 존재한다. CJ-1은 Au 원자가 이것보다 적어, 6개/클러스터, CJ-3에서는 24개/클러스터 존재하고, 꼭지점뿐만 아니라 모서리 부분에도 존재한다. 이 때문에 모서리에 존재하는 Au 원자보다도 클러스터 꼭지점에 존재하는 Au 원자에 대하여 글로코스 산화반응이 보다 높은 것을 알 수 있다. CJ-AuPd 클러스터의 매우 높은 촉매활성은 배위자 효과에 의한 것이라고 말 할 수 있다. 즉, Pd 원자로부터 표면 Au 원자로 전자가 공급되어 Au 원자가 약간의 음전하를 띠는 효과, $O_2$ 분자로 전자이동이 촉진되어 높은 촉매활성을 나타낸다. 이와 같이 촉매가 되는 나노콜로이드의 구조와 활성의 관계를 원자 레벨에서 이해하는 것에 의해 보다 더 고활성인 나노콜로이드 촉매의 개발이 가능하게 될 것으로 기대된다.

연료전지의 촉매반응에 종래에는 Pt 나노콜로이드가 사용되어 왔지만 보다 고활성인 촉매의 개발과 Pt 사용량의 저감을 목적으로 여러 가지 조성의 합금 나노콜로이드 촉매가 연구되고 있다. 이중에서도 Pd계 합금인 AuPd 나노콜로이드가 높은 촉매활성을 보이고 있어 특히 주목을 받고 있다. 균일하게 Au와 Pd가 혼합된 합금 나노콜로이드는 산화환원전위가 크게 다르기 때문에 액상 화학합성법으로는 합성이 어렵다. 반면 이온 액체에 대한 금속 스퍼터링에 의해 합금 나노콜로이드를 합성하는 새로운 합성법이 개발되었다. 감압 아르곤 가스 중에 놓인 이온 액체에 대하여 Au 및 Pd를 동시에 스퍼터 증착을 하면, 여러 가지 조성의 AuPd 나노콜로이드(입경: ca. 2 nm)가 이온 액체 중에 생성한다. 동시 스퍼터링에서는 Au-Pd 교대배열 타겟을 사용하고, 나노콜로이드 조성은 타겟 중의 Au 플레이트 면적비($f_{Au}$)에 의해 제어한다. $f_{Au}$가 큰 타겟을 사용하면 얻어지는 AuPd 나노콜로이드 중의 Au 함유 비율이 거의 비례적으로 증가한다[(15)].

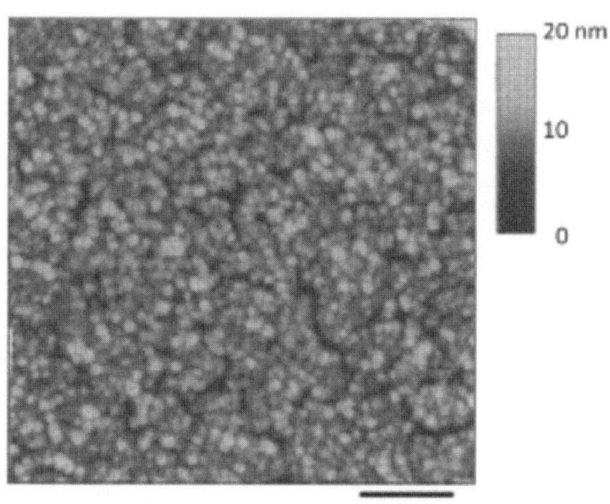


〈그림 7.1.13〉 AuPd 나노콜로이드를 담지한 HOPG 전극의 AFM 사진

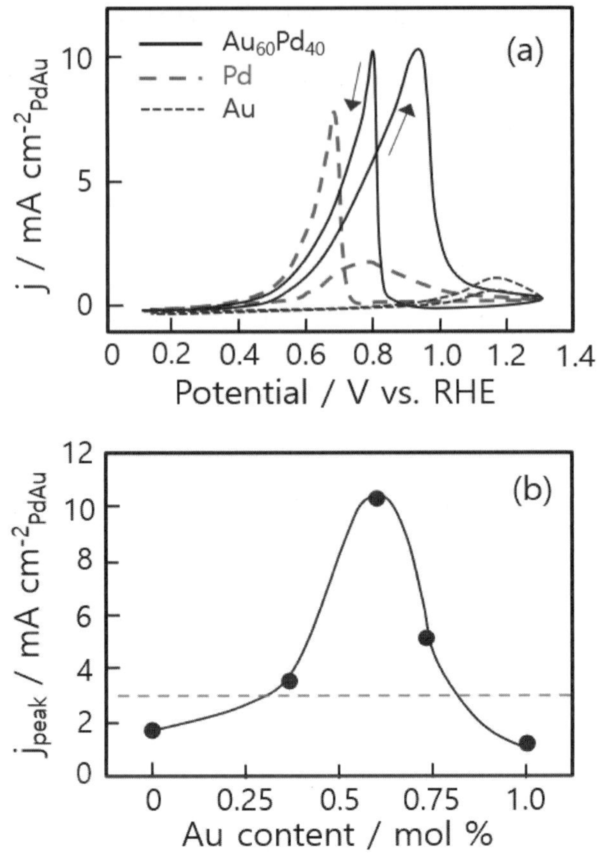


〈그림 7.1.14〉 (a) 60% Au를 포함한 AuPd 나노클러스터를 담지한 HOPG 전극의 에탄올 수용액 중에서의 cyclic voltamogram, (b) 에탄올 산화전류피크에 미치는 AuPd 나노콜로이드의 조성 영향(점선은 벌크 Pt 전극의 값)

이온 액체 중의 AuPd 클러스터는 고배향 열분석 흑연(HOPG, Highly Ordered Pyrolytic Graphite) 상에 균일하게 고정할 수가 있다(〈그림 7.1.13〉). 이 전극을 이용하여 에탄올 산화반응의 전극촉매활성을 평가하였다. 〈그림 7.1.14〉 (a)는 0.5 mol/dm$^3$ 에탄올을 함유한 0.5 mol/dm$^3$ KOH 수용액 중에서 AuPd 나노콜로이드 고정 전극의 cyclic voltamogram이다. 순수한 Au 나노콜로이드를 담지시킨 전극에서는 작은 산화전류 밖에 관측되지 않는다. 그러나 AuPd 나노콜로이드(Au 함유량 60%)를 담지한 전극에서는 높은 에탄올 산화전류가 관측되어, 0.9 V vs.

RHE 부근에 피크를 나타내었다. 〈그림 7.1.14〉 (b)에 에탄올 산화전류의 피크전류 값과 나노콜로이드 조성의 관계를 보였다. Au 함유량이 36 ~ 73%의 AuPd 나노콜로이드는 벌크 Pt 전극보다도 높은 피크전류 값을 나타내고, Au 함유량 60%의 AuPd 나노콜로이드가 가장 높은 전극촉매활성을 나타내었다. 같은 방법을 이용하여 AuPt 함금 나노콜로이드도 합성할 수가 있었으며, 얻어진 나노콜로이드(Au:Pt ≈ 1:1)는 메탄올 산화에 대한 높은 전극촉매활성을 나타내었다.

## 7.1.3. 다공질 쉘 형성에 의한 나노콜로이드의 안정성과 촉매활성의 향상

금속 나노콜로이드를 보다 더 이용하기 쉬운 촉매 형태로 만들기 위해서 이 나노콜로이드를 담체에 고정화하여 이용하는 경우가 많다. 그래서 메조포러스 실리카의 세공 내부나 담체 분말의 표면에 담지하는 경우가 많지만, 담지시킬 때나 촉매반응 중에 응집 또는 융합이 일어나기 쉽다. 여기서 보다 안정한 촉매를 얻기 위하여 금속 나노콜로이드 촉매를 코어로 하는 코어-쉘 구조체의 합성이 이루어지고 있다.

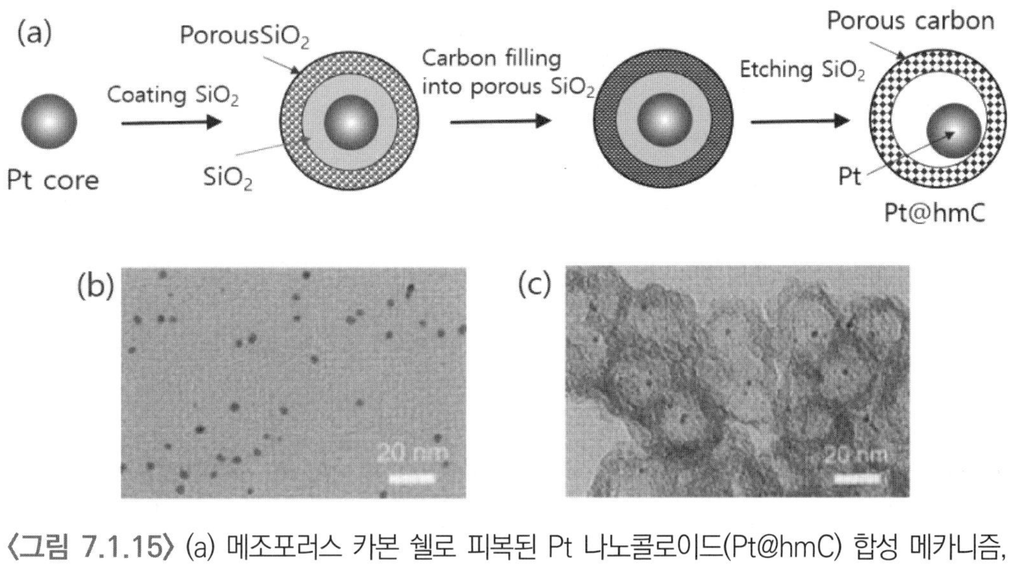


〈그림 7.1.15〉 (a) 메조포러스 카본 쉘로 피복된 Pt 나노콜로이드(Pt@hmC) 합성 메카니즘, (b) PVP 안정화 Pt 나노콜로이드와 (c) Pt@hmC의 TEM 사진

Ikeda 등은 입경이 균일한 금속 나노콜로이드를 중공 다공성 카본(hollow mesoporous carbon; hmC) 입자 중에 집어넣은 복합입자를 합성하면, 코어인 나노콜로이드가 고온에서도 응집하지 않고 안정하게 높은 촉매활성을 나타낸다는 사실을 보고했다[16]. 촉매의 합성 방법을 〈그림 7.1.15〉 (a)에 나타내었다. PVP로 안정화한 Pt 나노콜로이드(Pt-PVP, 입경: 약 2 nm)를 $SiO_2$ 쉘과 다공성 카본(hmC) 쉘로 피복한 후, 내부의 $SiO_2$ 쉘 층을 불산으로 화학에칭하는 것으로, Pt 나노콜로이드를 품은 다공성 카본 중공입자(Pt@hmC, Pt 입경: 약 2 nm, 전체입경: 30 ~ 40 nm)가 얻어진다. 〈그림 7.1.15〉 (b)와 (c)는 사용한 Pt-PVP 및 Pt@hmC의 TEM 사진이다. Pt@hmC 중에서도 Pt 나노콜로이드는 응집 없이 다공성 카본 중공입자에 존재하고 있다.

〈표 7.1.3〉 메조포러스 카본 쉘 피복 Pt 나노콜로이드(Pt@hmC), PVP 안정화 Pt 나노콜로이드(Pt-PVP) 및 Pt 나노콜로이드 담지 활성탄(Pt/AC)에 의한 알켄 수소화 반응

| 기질 | 촉매 | 생성물 | 반응시간 / h | 효율 / % |
|---|---|---|---|---|
| 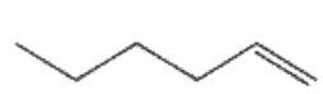 | Pt@hmC<br>Pt-PVP<br>Pt/AC |  | 2<br>2<br>2 | 〉99<br>91<br>7 |
| 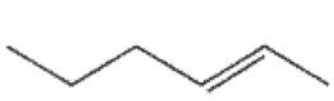 | Pt@hmC<br>Pt-PVP<br>Pt/AC |  | 2<br>2<br>2 | 96<br>70<br>16 |
|  | Pt@hmC<br>Pt-PVP<br>Pt/AC | 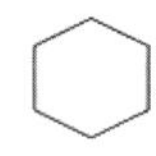 | 1<br>1<br>1 | 91<br>42<br>3 |
| 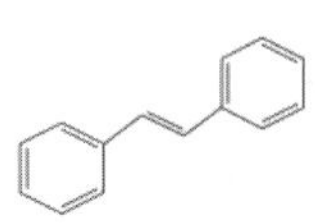 | Pt@hmC<br>Pt-PVP<br>Pt/AC | 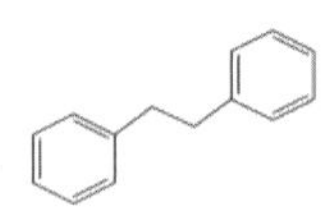 | 15<br>15<br>15 | 72<br>46<br>16 |

Pt@hmC는 알켄(alkene)의 수소화 촉매로서 높은 활성을 나타낸다. 〈표

7.1.3〉에 여러 가지 알켄분자의 수소화 반응 결과를 나타낸다. 어떠한 기질을 이용한 경우에도 Pt-PVP 또는 시판되는 Pt 나노콜로이드 담지 활성탄(Pt/AC)보다도 Pt@hmC가 높은 반응 효율을 나타낸다. 반응 후의 Pt@hmC 나노콜로이드는 원심 분리에 의해 쉽게 회수될 수 있으며, 동일한 방법으로 Pt 이외에도 Rh 또는 Pd 등의 귀금속 나노콜로이드을 내포한 다공성 카본 중공입자의 합성이 가능하고 여러 가지 촉매반응에 대하여 높은 활성을 나타낸다.

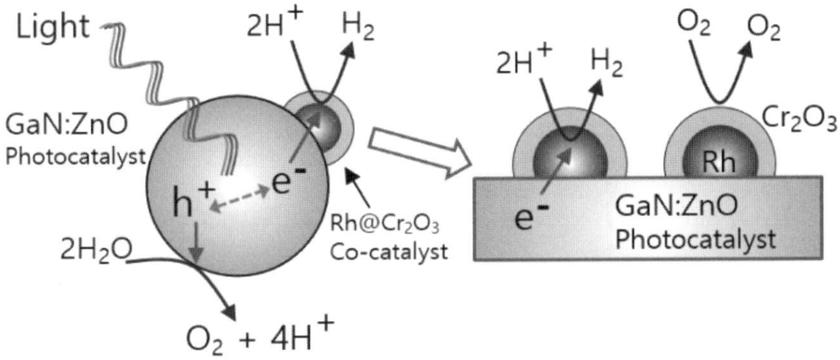


〈그림 7.1.16〉 코어-쉘 구조 $Rh@Cr_2O_3$를 조촉매로서 담지시킨 GaN:ZnO 광촉매에 의한 수소의 완전 광분해반응

Somorjai 등은 Pt 나노콜로이드를 메조포러스 $SiO_2$($mSiO_2$, 세공입경: 23 nm)로 피복한 코어-쉘 구조체($Pt@mSiO_2$)를 합성하였다[17]. 이 $Pt@mSiO_2$ 촉매는 전구체 Pt 나노콜로이드와 동등한 높은 CO 산화반응활성을 나타내지만, 열안정성은 종래의 촉매보다도 높다. Pt 나노콜로이드를 메조포러스 $SiO_2$ 세공(細孔) 중에 담지시킨 종래형 촉매(〈그림 7.1.2〉 (a))에서는 300℃의 열처리에 의해 Pt 콜로이드가 쉽게 융합하여 큰 입경의 Pt 콜로이드를 생성한다. 반면에, $Pt@mSiO_2$ 촉매에서는 $mSiO_2$ 쉘 때문에 Pt 콜로이드들은 서로 융합이 억제되어 높은 열안정성을 보이고, 550℃의 열처리에서도 그 구조는 변화하지 않는다. 이와 같이 금속 나노콜로이드를 다공질 재료로 피복하여 코어-쉘 구조체로 하면, 높은 열안정성 및

구조 안정성과 높은 촉매활성을 함께 갖는 고기능성 촉매를 합성할 수 있다.

목적으로 하는 촉매반응에 활성이 높은 금속 나노콜로이드는 원하지 않는 부반응이나 역반응에 대해서도 촉매 활성이 높은 경우가 많다. 반응 효율이나 생성물의 선택성 향상을 위해서는 많은 연구가 필요한데, 이것을 해결하는 하나의 수단으로서 촉매반응에는 직접 관계하지 않는 물질로 금속 나노콜로이드를 피복하면(코어-쉘 구조체로 하면) 반응 기질이나 반응 생성물이 금속 나노콜로이드로 확산하는 것을 억제할 수 있다. Domen 등은 광촉매 반응의 조촉매로서 $Cr_2O_3$를 피복한 Rh 촉매를 사용하면 물의 완전분해가 높은 효율로 진행한다는 사실을 알아내었다. 광촉매로서 가시광에 반응하는$(Ga_{1-x}Zn_x)(N_{1-x}O_x)$ 입자(GaN:ZnO)를 이용하고, $H_2$ 발생 조촉매로서 Rh 나노콜로이드를 담지시킨 후 여기에 $K_2CrO_4$를 광환원하여 Rh 나노콜로이드 표면에 $Cr_2O_3$(약 2 nm)를 피복하였다(Rh@$Cr_2O_3$ / GaN:ZnO)(〈그림 7.1.16〉). Rh만을 담지시킨 GaN:ZnO 광촉매에 광조사를 하여도 $H_2$와 $O_2$가 거의 발생하지 않았다. 이것은 Rh 나노콜로이드가 역반응($H_2$와 $O_2$로부터 물의 생성반응)에 대해서도 높은 활성을 가지고 있어, 광촉매 반응에 의해서 생성한 $H_2$와 $O_2$가 역반응으로 소비되기 때문이다. 그러나 Rh@$Cr_2O_3$/GaN:ZnO 광촉매를 사용하면, 400 nm 이상의 가시광선에 의해 물의 완전분해 반응이 진행되어, $H_2$와 $O_2$가 2:1로 생성되고 그 생성량은 시간에 따라 증가한다(〈그림 7.1.17〉). 또한, $Cr_2O_3$만을 담지한 촉매에서는 물의 분해반응이 일어나지 않는다. 이와 같은 결과로부터 이 광촉매 반응의 메카니즘은 〈그림 7.1.16〉과 같이 생각된다. 즉, Rh 조촉매 상에 석출한 $Cr_2O_3$ 쉘은 $H^+$ 및 $H_2$는 잘 투과시키지만, $O_2$를 거의 투과시키기 때문에 Rh 조촉매 상에서의 역반응이 억제된다. 또한, 광촉매 활성은 담지되는 Rh 나노콜로이드의 입경에 의해서도 크게 변화한다. 〈그림 7.1.17〉 (b)에 나타낸 것처럼, 담지되는 Rh 나노콜로이드의 입경을 6.5 nm에서 1.5 nm로 작게 하면 물의 완전분해반응이 크게 촉진된다. 이것은 $H_2$ 발생이 구조민감반응이어서 Rh 나노콜로이드의 입경이 감소함에 따라 $H_2$ 발생 반응 사이트가 급격히 증가하기 때문이다. 또한 담지된 Rh 나노콜로이드의 입경이 작아지면 그 전자에너지 구조가 변화하기 때문에 GaN:ZnO 광촉매 내부에 광생성한 전자가 Rh 나노콜로이드에 의해 높은 효율로 포획되는 것도 활성 향상의 하나의 원인으로 생각된다 (18,19).

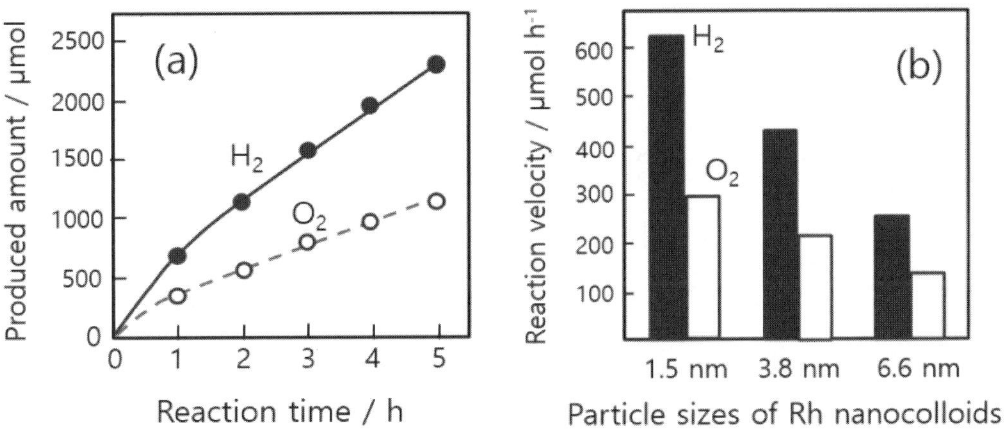


〈그림 7.1.17〉 (a) Rh(1.5 nm)@$Cr_2O_3$를 담지한 GaN:ZnO 광촉매에 가시광선을 조사하여 $H_2$ 및 $O_2$ 발생의 시간적 변화, (b) GaN:ZnO 광촉매에 담지한 Rh 나노콜로이드의 입경과 $H_2$ 및 $O_2$ 발생 초기속도의 관계

## 7.2. 금속 나노콜로이드의 국부 표면플라즈몬 이용

2.8절에서 언급한 바와 같이, 금속 나노콜로이드(또는 나노입자)는 입경이 광의 파장보다도 작게 되면 금속 나노콜로이드 중의 자유전자의 집단진동이 광(전자기파)과 공명하게 되고, 이러한 현상을 국부 또는 국소 표면플라즈몬 공명(localized surface plasmon resonance; LSPR)이라고 부른다. 예를 들면, 벌크의 Au는 금속광택을 나타내어 황색으로 반짝거리는 것에 반해, 그 입경이 수~수십 nm까지 작아지면 이 Au 나노콜로이드는 선명한 적자색을 띠게 된다. 이러

한 착색은 Au 나노콜로이드의 국부 표면플라즈몬 공명에 의한 것이다. 금속의 이러한 발색 현상은 예전부터 이용되어 왔고, Au 나노콜로이드 및 Ag 나노콜로이드에 의한 유리의 발색에 이용한 로마시대 후기의 라이커거스 컵(The Lycurgus cup)(〈그림 1.4.1〉) 또는 Au 나노콜로이드를 이용한 스테인드글라스의 착색이 유명하다. 본 절에서는 금속 나노콜로이드, 특히 Au 및 Ag 등의 가시광선~근적외선 영역에서 국부 표면플라즈몬 공명을 나타내는 나노콜로이드에 관점을 두고 그 응용 분야에 대하여 기술한다.

### 7.2.1. 화학 센싱기술에 응용

금속나노콜로이드 적층박막이나 금속 나노구조체에서는 라만산란 강도가 통상의 $10^4$배 이상 증가되는 현상인 표면증강라만산란(surface enhanced Raman scattering; SERS)이 관측되기도 한다. 라만분광법에서는 분자의 결합에서 유래되는 진동스펙트럼을 계측하는 것으로, 대상으로 하는 분자의 상태나 주변에 존재하는 화학종과의 상호작용에 관한 정보를 얻을 수 있다. 일반적인 라만산란강도는 그다지 높지는 않아 미량분석에 적합하다고 볼 수는 없지만, SERS 효과를 이용하면 고-액 계면에 존재하는 분자의 in-situ에서의 고감도 검출이 가능하게 되어, 화학・미생물 물질 등의 센싱에 매우 유용한 수단이 된다. SERS 효과의 메카니즘은 불분명한 점이 있어 아직까지 완전히 해명되었다고는 할 수 없다. 그러나 그 증가율은 금속의 종류, 전자밀도, 나노구조에 의존하여 크게 변화한다는 것은 밝혀져 있다. SERS 효과에 대한 원인 중 하나로는 근접한 금속 나노콜로이드 간에 생성하는 매우 강한 플라즈몬 증강 전장(電場)이 있다. Ag 나노콜로이드가 가까울 경우 형성되는 국소 전장에 의해 라만산란강도가 $10^{11}$배 정도까지 증강된다는 것이 이론적으로 증명되었다.

금속나노구조를 제어해서 고체표면에 고정하여 여러 가지 SERS 기판이 제작되었다. 그 일례로 nano-sphere lithography(NSL)을 이용한 SERS 기판 제조법을 〈그림 7.2.1〉에 표시하였다. NRL법에서는 polystyrene bead 등의 sub-micron 사이즈의 micro-sphere를 기판 상에 단층으로 2차원으로 조밀충진시켜 배열시키고 이것을 주형으로 이용한다. 기판의 상부에 금속을 증착시킨 후, 주형인 polystyrene bead를 제거하면 기판 상에 피라미드 형상의 금속 나노콜로이드로 된 2차원 배열 패턴이 형성된다[(20)]. 주형으로 이용한 micro-sphere의 직경을 변화시키면, 생성되는 피라미드 형상 금속 나노콜로이드의 사이즈와 2차원 배열 구조체의 배열 주기를 쉽게 제어할 수 있다. 금속 증착의 각도를 바꾸어 반복적으로 행하면, 금속 나노콜로이드 이량체(dimer)를 구성단위로 한 2차원 규칙배열 구조체를 제작할 수 있다. 더욱이 종래의 SERS 기판과 같은 금속 콜로이드 응집체를 고정한 것과 비교하여 최적인 구조를 보다 정밀하게 제작할 수 있다는 점과, 전자선 lithography와 같은 고가의 장치가 필요 없다는 점 등 NSL법으로 제작하는 SERS 기판에는 많은 장점이 있다.

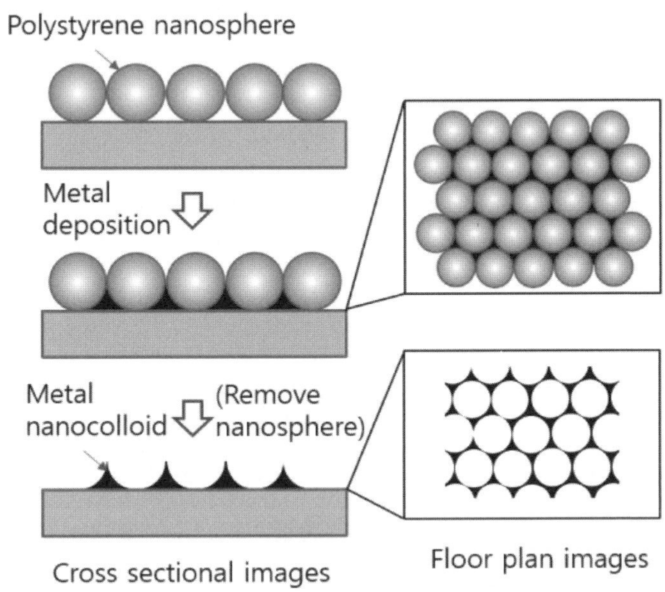


〈그림 7.2.1〉 Nano-Sphere Lithography(NSR)를 이용한 SERS 기판 작성법의 모식도

〈그림 7.2.2〉에 NSL법을 이용해서 18°의 증착 각도로 제작한 Ag 나노콜로이드 이량체 규칙배열 구조체와, 이것을 SERS 기판으로 이용한 4,4'-bipyridine(BPy)의 라만 신호를 나타낸다[21]. 형성된 프라즈몬 증강 전장이 가장 강해지는 Ag 나노콜로이드 이량체(dimer)의 나노 갭에 대해서 SERS 증강율이 가장 높게 된다. BPy의 고농도(20 mmol/dm$^3$) 수용액 중이나 고체 상태의 스펙트럼(각각 〈그림 7.2.2〉 (b)의 (ii) 및 (iii))에 비교하여 미약한 여기광 강도와 단시간 측정으로 보다 큰 감도의 라만 신호가 얻어진다.

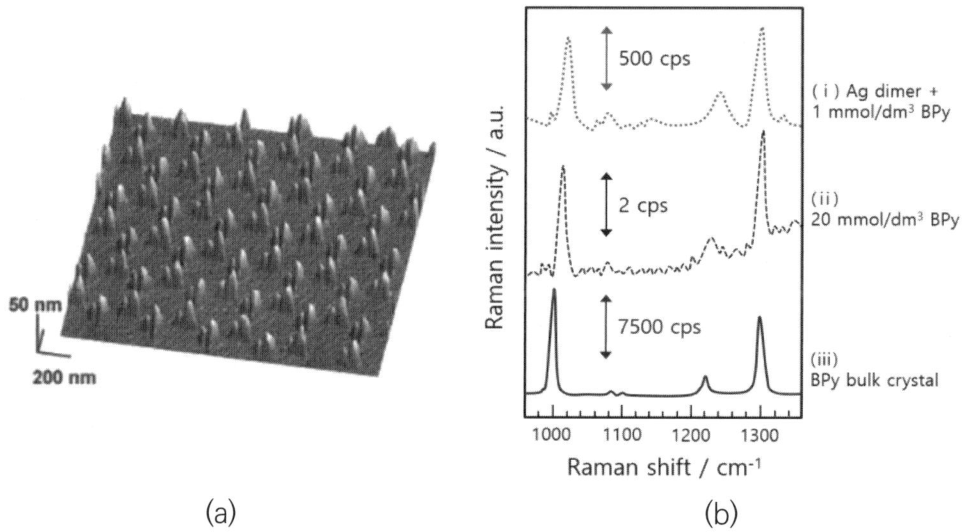


〈그림 7.2.2〉 (a) NSL법을 이용하여 18°의 증착 각도로 제작한 Ag 나노콜로이드 이량체 규칙배열 구조체의 AFM 상과, (b) 이것을 SERS 기판으로 이용한 4,4'-bipyridine(BPy)의 라만 스펙트럼

앞서 기술한 바와 같이 고정된 금속 나노콜로이드 구조체가 아닌 금속 나노콜로이드의 분산-응집이라고 하는 동적인 변화에 동반되는 LSPR 피크의 이동을 이용하여 생체분자 센서가 개발되어 있다. Au 나노콜로이드 끼리의 거리가 충분히 가까워지면(나노콜로이드의 입경 정도 이하가 되는), 표면플라즈몬 여

기에 의해 생성되는 쌍극자들의 상호작용에 의해 단일 나노콜로이드의 것과는 다른 광흡수·산란 특성을 나타내게 된다. 즉 단일 Au 나노콜로이드는 LSPR 피크에 의해 적색으로 색을 띠지만, 외부 자극에 의해 응집되면 Au 나노콜로이드 끼리의 융합에 의한 입경의 증대가 일어나지 않아도, 나노콜로이드 끼리의 거리가 가까워지는 것만으로 LSPR 피크가 장파장 쪽으로 이동하고 용액은 보라색에서 청색을 띠게 된다. 이 색 변화을 이용하여 DNA 분자를 검출하는 센싱 기술이 개발되어 있다.

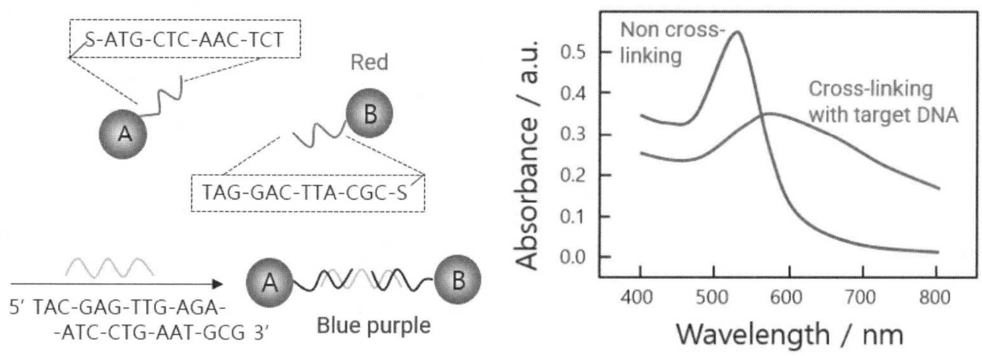


〈그림 7.2.3〉 (a) 타겟 DNA에 의한 Au 나노콜로이드 가교의 모식도, (b) 타겟 DNA의 첨가에 의한 Au 나노콜로이드의 흡수스펙트럼 변화(타겟 DNA에 의한 입자간 가교에 의해 LSPR 피크가 장파장 쪽으로 이동함)

〈그림 7.2.3〉에 DNA 센싱에 대한 예를 나타내었다. 우선 목적으로 하는 DNA 염기배열의 절반에 보완적인 염기배열을 갖는 단일 사슬의 프로브 DNA의 말단에 sulfanyl radical을 도입하여 Au 나노콜로이드 표면에 결합시킨다(그림에서 나노콜로이드 A). 그리고 목적으로 하는 DNA 염기배율의 다른 절반에 보완적인 염기배열을 갖는 단일 사슬 DNA를 동일하게 표면에 결합시킨 나노콜로이드 B를 만든다. 나노콜로이드 A와 B를 혼합하는 것만으로는 이들의 응

집은 일어나지 않고, 용액은 여전히 적색을 띠게 되며 LSPR 피크의 위치에 변화는 없다. 그러나 이 나노콜로이드 A 및 B를 함유한 분산용액에 타겟 단일 사슬 DNA를 첨가하면 나노콜로이드 표면의 DNA와 결합하여 이중 나선이 형성되어 Au 나노콜로이드들이 가교되고, 이로 인하여 콜로이드 간 거리가 매우 가까워진다. 이 결과 Au 콜로이드 간의 쌍극자 상호작용이 발현하고, LSPR 피크가 520 nm에서 600 nm로 장파장 이동하여 색상이 적색에서 청자색으로 변화한다(〈그림 7.2.3〉 (b))[(22)].

이 방법에서는 타겟 DNA 분자에 의한 Au 나노콜로이드 간의 가교가 일어나도록 Au 나노콜로이드 표면에 보완적인 단일 사슬 DNA를 도입할 필요가 있으며, 목적하는 타겟 DNA의 염기배열이 제한되어 있다는 단점이 있다. 이것에 반하여, 단일 사슬 DNA로 피복된 Au 나노콜로이드와 이중 사슬 DNA로 피복된 Au 나노콜로이드의 분산 안정성의 차이를 이용하는 보다 간단한 DNA 센싱 메카니즘이 고안되어 있다. 단일 사슬 DNA 프로브를 Au 나노콜로이드 표면에 도입하는 것만으로는 고농도 NaCl 용액 중에서도 응집하지 않고 용액은 적색인 채로 있다. 하지만 이 Au 나노콜로이드 용액에 프로브 DNA와 보완적인 타겟 단일 사슬 DNA를 첨가하면, Au 나노콜로이드는 이 표면에 이중 사슬 DNA가 형성되어 용액 중에서의 안정성이 저하한다. 이 결과 Au 나노콜로이드 들의 응집이 일어나 용액은 청색으로 변화한다.

### 7.2.2. 플라즈몬 증강전장에 의한 고효율 광여기와 광에너지 변환재료에 응용

금속 나노콜로이드나 이 나노 구조체의 주변에 생성하는 프라즈몬 증강 광전장(光電場)은 일반적인 광 전장과 같이 색소분자나 반도체 나노콜로이드를 광여기할 수 있다. 금속 나노콜로이드와 색소분자의 거리를 적절히 조절하면 색소분자의 여기확률이 증가하여 형광강도의 증강이나 광-전기 에너지 변환효율의 증대가 관찰된다.

금속 나노콜로이드의 근처에 존재하는 색소분자는 단독으로 존재하는 경우와 비교하여 그 형광(fluorescence) 강도가 크게 변화한다. 더욱이 이 변화의 정도는 금속-색소 간의 거리에 의존한다[23]. 〈그림 7.2.4〉는 단독으로 존재하는 색소에 대하여 Au 나노콜로이드 근처에 있는 색소의 광여기 확률의 증강율($\gamma_{exc}/\gamma^0_{exc}$), 색소의 형광양자효율($q_a$) 및 형광강도의 증강율($\gamma_{em}/\gamma^0_{em}$)을 다중극자(多重極子) 모델을 이용해서 이론적으로 계산한 것이다. 색소와 Au 나노콜로이드 표면과의 사이 거리(z)가 작아짐에 따라 Au 나노콜로이드의 근처에 형성되는 플라즈몬 증강전장에 의해 효과적으로 색소가 광여기되어 $\gamma_{exc}/\gamma^0_{exc}$가 급격히 증대된다. 한편, 형광양자효율은 색소-Au 나노콜로이드 간 거리의 감소에 따라 색소에서 Au로 에너지 이동이 일어나기 때문에 급격히 감소한다. 에너지 이동이 일어나는 거리보다도 먼 거리까지 플라즈몬 증강전장이 이르기 때문에, 형광 증강도는 색소-Au 나노콜로이드 사이의 거리별로 의존해서 크게 변화하여 〈그림 7.2.4〉 (b)와 같이 되며 어떤 거리 z에서 극대값을 갖는다. 그리고 Au 나노콜로이드의 입경이 클수록 그 증강율도 커진다. 〈그림 7.2.4〉 (c)에 이 메카니즘을 도식적으로 나타낸다.

색소-Au 나노콜로이드 간 거리에 의존하여 변화하는 형광강도는 프로브 현미경을 이용하여 실험적으로 확인할 수 있다. 〈그림 7.2.5〉는 색소분자의 하나인 nile blue($C_{20}H_{20}ClN_3O$)에 Au 나노콜로이드(사이즈: 80 nm)를 가까이 붙였을 때 형광강도가 변화한다. 이는 〈그림 7.2.4〉 (b)의 이론적인 예상에 잘 일치하는 것을 알 수 있다. 색소-Au 나노콜로이드 간 거리가 가까워짐에 따라 플라즈몬 증강전장에 의한 여기확률이 증가하고 형광강도가 급격히 커진다. 그러나 5 nm 보다도 거리가 짧아지면 에너지 이동에 의해 여기색소의 비활성이 현저해지기 때문에 역으로 형광강도가 감소한다. 형광이 가장 강해지는 색소-금속 나노콜로이드

간 거리는 문헌에 의해 여러 가지 값이 보고되고 있지만, 5 ~ 20 nm 사이에서 형광강도의 증배율이 최대가 되는 경우가 비교적 많다.

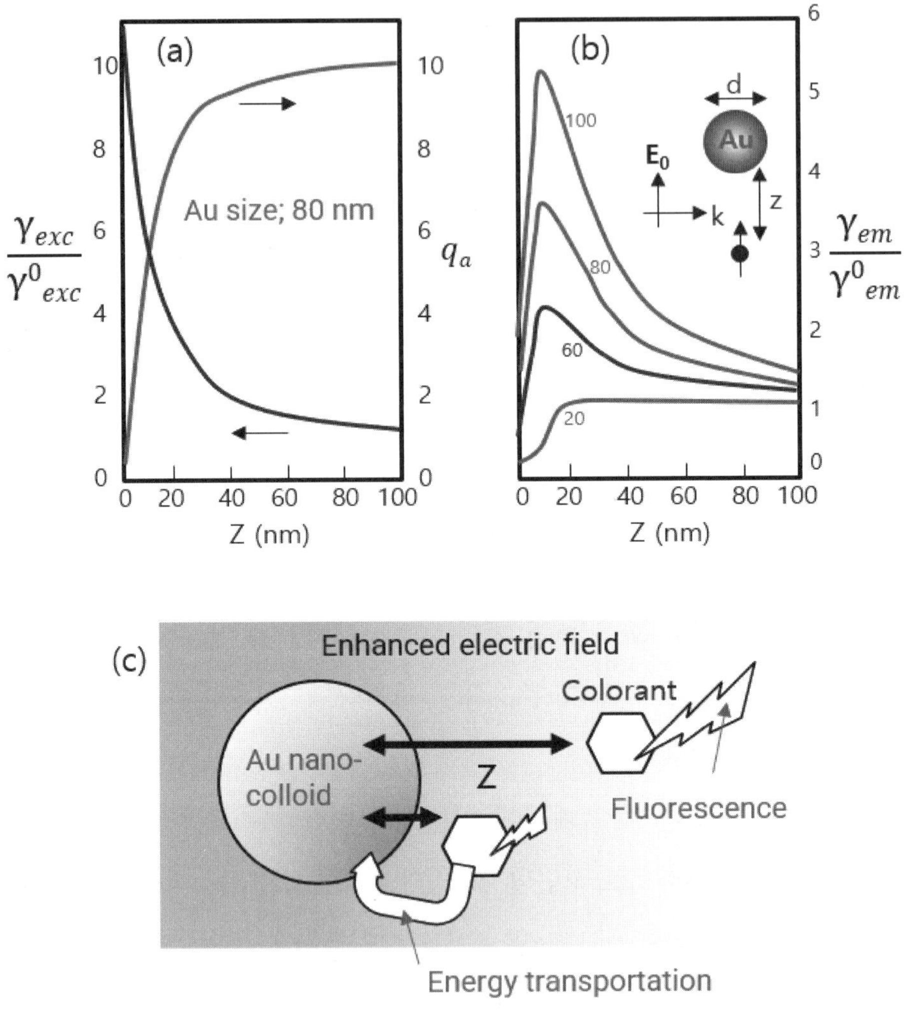


〈그림 7.2.4〉 (a,b) Au 나노콜로이드 근처에 존재하는 색소분자의 광여기 확률의 증강율($\gamma_{exc}/\gamma^0_{exc}$), 색소의 형광양자효율($q_a$) 및 형광강도의 증강율($\gamma_{em}/\gamma^0_{em}$)에 미치는 색소분자-Au 나노콜로이드 간 거리(z)의 영향(이론계산), 그림 (b)안의 숫자는 Au 나노콜로이드의 입경(nm), (c) 색소분자-Au 나노콜로이드 간의 상호작용에 대한 거리 의존성의 모식도

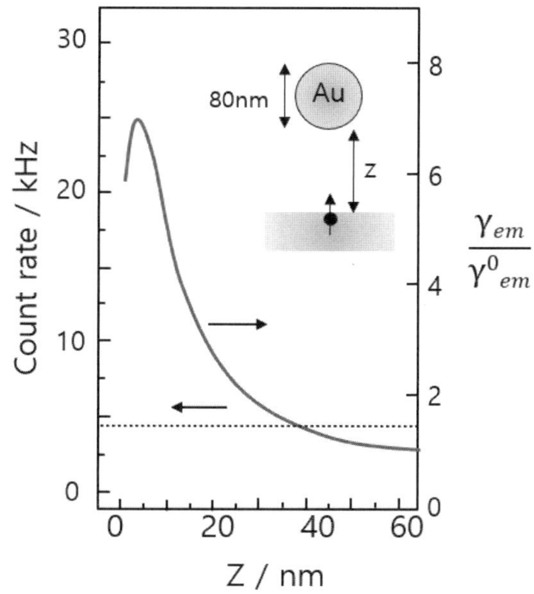


〈그림 7.2.5〉 Nile blue 분자의 발광강도에 미치는 분자-금속 나노콜로이드 간 거리의 영향 (Au 나노콜로이드의 입경 : 80 nm)

이와 같이 LSPR 피크를 나타내는 금속 나노콜로이드 근처에 색소분자를 적절히 배치하는 것으로 색소의 광여기 확률을 증가시킬 수가 있다. 이 현상은 형광증강만이 아니라 광에너지 변환 시스템의 고효율화에도 이용된다. 예를 들면, 색소부착 전극에서는 평면 Au 전극을 이용하는 것보다도 Au 나노콜로이드 상에 색소를 흡착시킨 전극이 더 큰 광전류(photocurrent)를 생성한다. Au 나노콜로이드(입경: 14 nm)를 정밀하게 ITO 상에 집적시킨 박막에 포르피린(porphyrin) 유도체의 자기조립막을 고정하여 광전극을 제작할 수 있다(〈그림 7.2.6〉)[(24)]. 이 Au 나노콜로이드 집적 전극에 광을 조사하여 Au 표면의 포르피린을 광여기하면, 전극에서 포르피린으로 전자이동이 일어나고 캐소드 광전류가 관측된다. 이 광전류 값은 평면 Au 전극을 이용한 것에 비교하여 10배 이상 크고, 특히 Au 나노콜로이드 집적 막의 LSPR 피크 파장 부근의 광을 조사했을 때에 광전류의 증강률은 가장 커지게 된다. 이것은 Au 나노콜로이드 표면 부근의 플라즈몬 증강전장에 의해 색소의 광여기 효율이 향상되었기 때문이다.

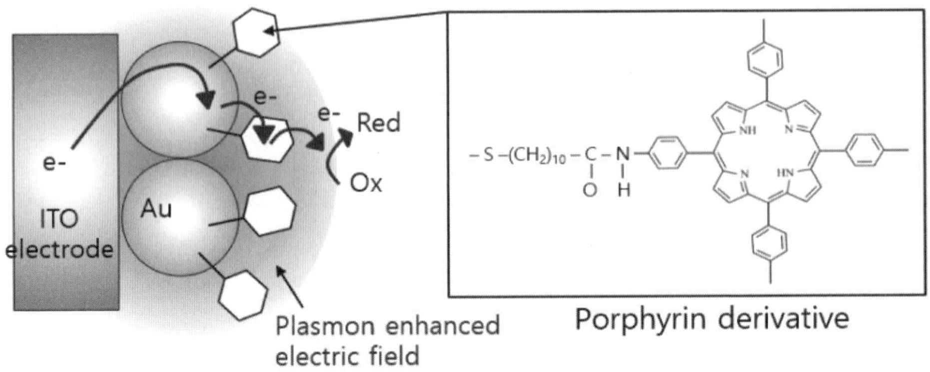


〈그림 7.2.6〉 포르피린 유도체를 고정한 Au 나노콜로이드 집적 전극에 의한 광전류의 생성 메카니즘

플라즈몬 증강전장은 색소 이외에도 반도체 나노콜로이드(quantum dot)를 효과적으로 여기시킬 수 있으며 이 발광강도 및 광촉매 반응 활성을 증가시킨다. 〈그림 7.2.7〉 (a)는 광촉매(photocatalyst)로서 CdS 나노콜로이드(입경: 50 nm) 또는 이것을 $SiO_2$ 피복 Au 나노콜로이드(Au@$SiO_2$)와 복합화시킨 것(CdS/Au@$SiO_2$)을 이용하여(〈그림 7.2.7〉 (c)), 이것을 2-프로페놀 수용액에 분산시켜 광조사했을 때에 발생한 수소량의 시간별 변화이다[25]. CdS/Au@$SiO_2$ 복합체 내부에서는 $SiO_2$ 피복층이 절연층으로 작용하기 때문에 CdS에서 Au로 직접적인 광여기 전자의 이동은 일어나지 않고, Au-CdS 나노콜로이드 사이의 거리($d_{Au\text{-}CdS}$)는 Au 나노콜로이드 표면의 $SiO_2$ 쉘 두께에 의해 제어될 수 있다. 어떠한 구조의 광촉매를 이용해도 광조사와 함께 수소 발생량이 직선적으로 증가하지만, 그 반응속도는 $d_{Au\text{-}CdS}$에 의존하여 크게 변화한다. 〈그림 7.2.7〉 (b)에 광촉매 활성의 $d_{Au\text{-}CdS}$ 의존성을 나타내었다. 여기서 Y축은 CdS 나노콜로이드 광촉매의 수소발생속도에 대한 CdS/Au@$SiO_2$ 복합체 광촉매에 의한 반응속도의 비(증강율, $f_{enhance}$)를 나타낸다. $SiO_2$ 쉘 두께가 얇아서 $d_{Au\text{-}CdS}$가 작은 복합체 광촉매의 활성은

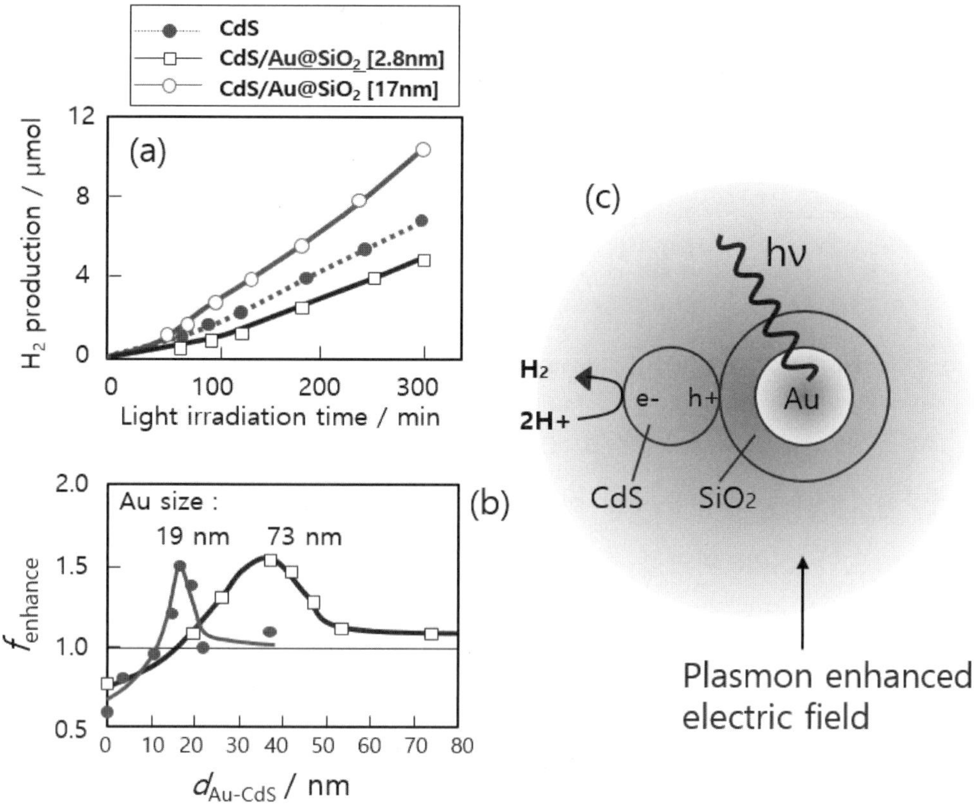


〈그림 7.2.7〉 CdS 및 CdS/Au@$SiO_2$의 광촉매 반응성. (a) 수소발생량의 시간별 변화, Au 입경 : 19 nm, $SiO_2$ 쉘 두께 : 2.8 nm(□), 17 nm(○), (b) 입경이 다른 Au 나노콜로이드를 이용하여 합성한 복합체 광촉매의 활성 증강률($f_{enhance}$)과 Au-CdS 나노콜로이드 간 거리($d_{Au-CdS}$)의 관계, (c) 표면플라즈몬 증강장을 이용한 CdS/Au@$SiO_2$ 광촉매의 수소발생반응 모식도

CdS 단독보다도 크게 감소한다. 한편 $d_{Au-CdS}$가 커지면 복합체 광촉매의 활성은 CdS 단복보다도 증가하여 $f_{enhance}$가 1을 넘는다. 최대의 $f_{enhance}$을 나타내는 $d_{Au-CdS}$는 사용하는 Au 나노콜로이드의 입경에 따라 변화하고 Au 입경이 19 nm에서 73 nm로 증가하면 최적인 $d_{Au-CdS}$ 값도 17 nm에서 36 nm로 증가한다. 이것은 〈그림 7.2.4〉의 색소 형광증대와 유사한 메카니즘으로 설명되고, CdS에서 Au로 에너지 이동에 의해 여기된 CdS가 비활성화되는 비율과, Au 플라즈몬 증강전장에 의한 CdS의

광여기 확률의 증가가 $d_{Au\text{-}CdS}$에 의존하여 크게 변화하기 때문이다. 이들 두 가지 인자가 잘 균형잡힌 $d_{Au\text{-}CdS}$에서 $f_{enhance}$는 최대가 된다.

이들의 예 이외에도, pn 접합 태양전지나 유기박막 태양전지의 광여기 효율을 금속 나노콜로이드의 표면 플라즈몬 여기에 의해 증가시킬 수 있으며, 디바이스의 광에너지 변환효율 향상에 사용될 수 있다.

### 7.2.3. 표면플라즈몬 공명여기에 의한 금속-반도체의 직접 전자이동

Au 또는 Ag 등의 표면플라즈몬 공명을 나타내는 금속 나노콜로이드를 산화티타늄($TiO_2$) 등의 반도체에 직접 접합시킨 복합재료에서는 담지한 금속 나노콜로이드의 LSPR 피크를 광여기하면 금속 나노콜로이드로부터 반도체의 전도대로 광여기 전자가 주입된다(광증감, photosensitization). 이것은 금속 나노콜로이드가 흡수한 가시~근적외 광의 에너지를 전기에너지로 직접 변환할 수 있는 반응계라고 할 수 있다. 또한, 이 현상을 이용하면 가시광 조사에 의해 구동하는 광촉매를 만들 수 있다.

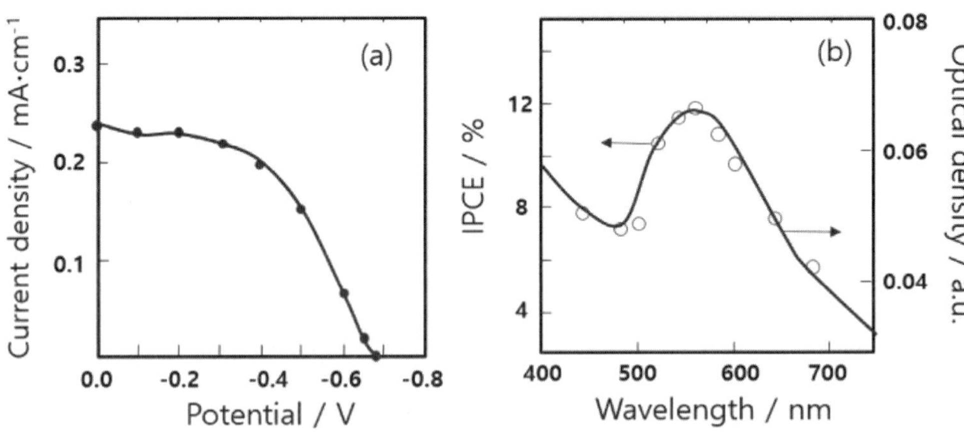


〈그림 7.2.8〉 (a) Au 나노콜로이드 담지 $TiO_2$ 전극을 이용한 샌드위치 형 태양전지의 광전류-전압곡선과 (b) 이 광전류의 작용 스펙트럼, 그림 (b)의 실선은 Au 나노콜로이드의 흡수스펙트럼

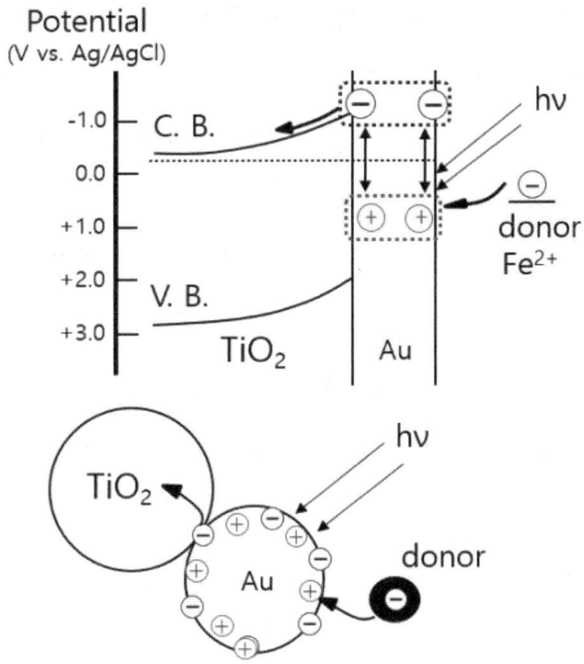


〈그림 7.2.9〉 Au 나노콜로이드 담지 $TiO_2$ 전극의 광전류 생성 메카니즘(표면플라즈몬 공명에 의해 Au 나노콜로이드 중의 전자가 $TiO_2$ 전도대에 이동함)

다공성 $TiO_2$ 전극 상에 담지한 Au 나노콜로이드에 광조사하면, 〈그림 7.2.8〉(a)에 나타내는 광전류가 관측된다[(26)]. 이 작용 스펙트럼은 전극에 담지된 Au 나노콜로이드의 LSPR 피크 형상과 잘 일치한다(〈그림 7.2.8〉 (b)). 이 현상의 상세한 메카니즘은 아직 명확히 밝혀져 있지 않지만, Au 나노콜로이드의 LSPR 피크의 광여기에 의해 Au에서 $TiO_2$ 전도대로 전자가 주입되어 애노드 광전류를 생성시키는 메카니즘이 제안되어 있다(〈그림 7.2.9〉). 광전류가 흐르는 방향은 전극 상에 Au 층과 $TiO_2$ 층의 적층 순서에 의존한다. ITO 전극 상에 $TiO_2$ 층, Au 나노콜로이드 층 순으로 적층하면 애노드 광전류가 생성되지만, 반대로 적층하면 캐소드 광전류가 관찰된다. 그러나 두 경우 모두에서 Au 나노콜로이드의 LSPR 피크의 광여기에 의해서 Au에서 $TiO_2$로 광전류 주입이 일어난다[(27)]. 또한, $TiO_2$ 중에 주입된 여기전자는 물의 환원에 의한 수소 발생에 충분한 전위를 가지고 있다. 한편, LSPR 피크의 여기에 의해 생성된 Au 나노콜로이드 중의 정공(hole)은 이것의 정확한 전위는 결정되어 있지는 않지만, 근적외선 광으로 LSPR 피크를 여기하여 Au 중에 생성시킨 정공에 대해서도 물의 산화 분해에 의한 산소발생을 진행시키기에 충분한 전위를 갖는 것으로 밝혀져 있다[(28)].

$TiO_2$ 나노콜로이드에 Au 나노콜로이드를 담지한 복합체($Au/TiO_2$) 나노콜로이드에 대해서도 LSPR 피크의 광여기에 의해 Au 로부터 $TiO_2$로의 광전자 이동 반응이 발생하며, 이것을 가시광 광촉매 반응에 이용하는 연구가 보고되었다. 예를 들면, 산소의 존재 하에서 $Au/TiO_2$에 가시광선을 조사하면, 공존하는 유기물을 효과적으로 광분해할 수 있다. 반응효율의 조사광 파장 의존성(작용 스펙트럼)은 전극의 경우와 같이 복합체 중의 Au 나노콜로이드의 LSPR에 잘 일치한다. 이 광촉매 반응에서는 LSPR 피크의 광여기에 의해 Au 나노콜로이드에서 $TiO_2$의 전도대로 주입된 여기전자가 $O_2$ 분자를 환원하는 것에 소비되고, Au 나노콜로이드에 남은 정공이 유기물을 산화한다[(29)].

## 7.3. 반도체 양자점 나노콜로이드의 광학적 이용

반도체 나노콜로이드가 작아져서 입경이 약 10 nm 이하가 되면, 벌크 결정과는 다른 물리화학적 특성을 나타내게 된다(〈그림 7.3.1〉). 이 현상은 주로 양자사이즈 효과(quantum size effect)에 기초를 둔 전자 에너지 구조 변화에 따른 것이다. 이와 같은 영역의 반도체 나노콜로이드는 양자점(quantum dot, QD)이라고도 불리 운다. 양자점 나노콜로이드의 결정 반경이 엑시톤 보어(exciton Bohr) 반경보다 작으면 전자와 정공이 운동의 제한을 받게 되어 모든 방향에 대해 양자 효과를 느끼게 된다.

양자점 나노콜로이드의 전자 에너지 구조는 〈그림 7.3.1〉에 도식적으로 표시한 것처럼, 벌크 반도체에서 보여지는 에너지 밴드의 압축이 풀리고(연속성이 감소되고), 에너지 준위의 간격이 넓어져 궤도가 이산화(離散化, 또는 분리)되며, 결과적으로 전도대의 하단(conduction band edge)이 음전위 쪽으로, 가전자대의 상단(valence band edge)이 양전위 쪽으로 이동한다. 이 때문에 입경 감소에 따라 이 밴드갭(band gap)이 증가한다. 한편, 반도체 나노콜로이드는 입경이 매우 작기 때문에 비표면적(specific surface area)이 급격히 커지고, 물리화학적 특성이 나노콜로이드의 표면 상태에 따라 크게 영향을 받는다. 〈그림 7.3.2〉는 섬아연광(zinc blende)형(입방정) 결정구조를 갖는 구상 CdS 나노콜로이드에 대하여, 한 개의 입자 당 구성원자 수, 표면에 노출된 원자 수 및 구성원자 수에 대한 표면원자 수의 비율을 입경의 함수로 나타낸 것이다. 입경이 5 nm의 나노콜로이

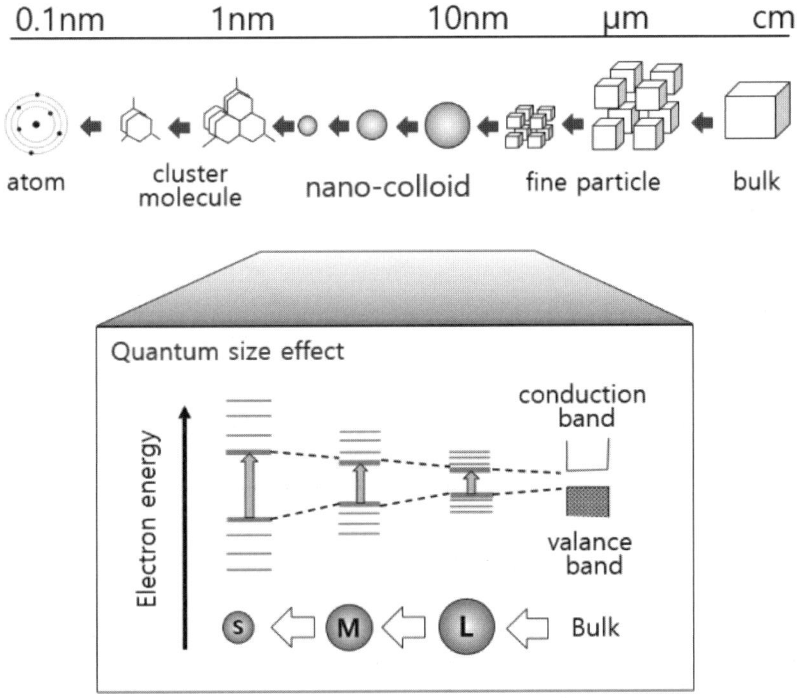


〈그림 7.3.1〉 양자사이즈 효과에 의한 반도체 나노콜로이드의 전자 에너지 구조의 변화의 모식도

드는 구성원자의 약 20%가 나노콜로이드 표면에 존재한다. 이 값은 나노콜로이드 사이즈 감소와 함께 급격히 증가하고, 입경이 약 2 nm인 나노콜로이드에서는 구성원자의 약 50%가 표면에 노출된다.

이 때문에 반도체 나노콜로이드를 기능재료로서 이용하기 위해서는 사이즈에 의해 변화하는 나노콜로이드의 전자 에너지 구조와 이 표면상태를 정밀하게 제어하는 것이 필수 불가결하다. 본 절에서는 입경에 의존하여 크게 변화하는 반도체 나노콜로이드의 물리화학적 특성 제어와 이를 이용한 광기능 재료의 응용에 대하여 기술한다.

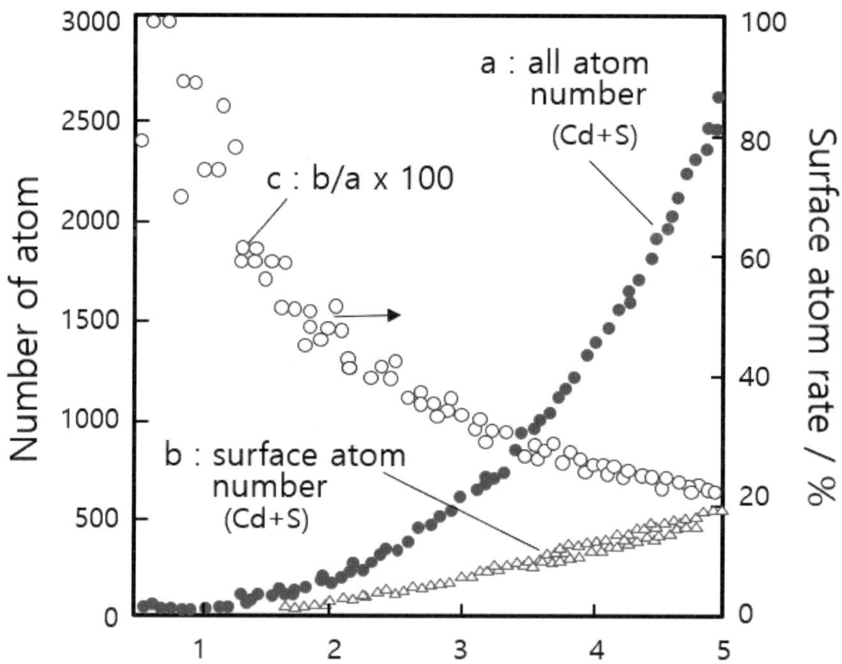


〈그림 7.3.2〉 (a) 섬아연광형 구조를 갖는 구상 CdS 나노콜로이드의 입경(직경)과 나노콜로이드 한 개 입자를 구성하는 원자 수, (b) 표면에 노출한 원자 수, (c) 전구성 원자 수에 대한 표면원자수의 비율

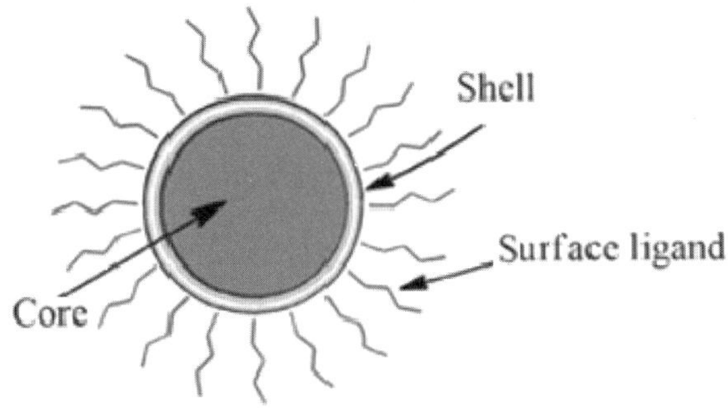


〈그림 7.3.3〉 양자점 나노콜로이드의 형태학적 구조

## 7.3.1. 반도체 양자점 나노콜로이드의 형태학적 구조

용액 공정법에 의해 합성되는 양자점은 〈그림 7.3.3〉과 같이 무기 물질로 이루어진 나노 크기의 코어(core) - 쉘(shell) 입자와 이를 안정화시켜 주는 유기 리간드로 구성되어 있다. 코어는 실제 발광이 일어나는 부분으로 코어의 크기가 발광 파장을 결정하고, 쉘(shell)은 코어의 발광 효율과 안정성을 높여주는 역할을 하며, 리간드(ligand)는 양자점 입자 분산과 뭉침을 막아주고 용도에 따라 chain이 긴 리간드 또는 짧은 리간드로 분산 환경에 따라 리간드를 변경할 수 있다.

양자점의 조성은 Ⅱ-Ⅵ족, Ⅲ-Ⅴ족, Ⅳ-Ⅵ족, Ⅰ-Ⅲ-Ⅴ족 등이 연구되고 있으며, 코어는 표면에 존재하는 분자의 비중이 내부에 존재하는 분자의 비중과 비교하여 높기 때문에 불안정하다. 불안정한 표면에 여기자의 광 결합을 억제하는 트랩이 존재하게 되어 양자효율이 낮아지기 때문에 코어에 무기물로 이루어진 쉘을 쌓아 양자점을 안정화하는 코어 - 쉘 구조가 개발되었다.

〈그림 7.3.4〉는 코어의 밴드갭과 쉘의 밴드갭 구조에 따른 3가지 종류의 양자점을 나타내고 있다[30]. Type I은 코어의 밴드갭이 쉘의 밴드갭 사이에 위치하여 코어와 쉘에 존재하는 전자와 정공이 코어의 내부에 갇히게 된다(〈그림 7.3.5〉 (a) 참조). 이로 인해 코어와 쉘 구조를 갖는 양자점에서 일어나는 재결합(recombination)이 코어만 존재하는 양자점에 비해 증가하게 되며 양자효율

이 증가하게 된다. 또한, 코어 표면을 무기물질인 쉘이 보호해주기 때문에 표면의 트랩에 의한 영향이 줄어들 수 있으며 외부요인 즉 물의 흡습 또는 산화로 인한 광퇴화 현상을 줄이고 외부 환경에 대한 민감성을 줄일 수 있다. Reverse type I의 경우 type I과 반대되는 밴드 갭 구조로 쉘의 밴드 갭보다 코어의 밴드 갭이 크다. 따라서 전자와 전공은 상대적으로 외각 쉘에 위치하게 되며 쉘의 두께에 따라 발광 파장 조절이 가능하다. 하지만 type II와 같이 레드 시프트가 많이 된다. Reverse type I의 경우에도 type I과 마찬가지로 쉘을 쌓은 후에 양자효율이 더 높아졌다는 보고가 있다.

Type II의 경우에는 계단식의 밴드 갭 구조를 가지며 쉘의 두께와 밴드 갭의 위치에 따라 전자와 정공의 갇힘 정도가 달라지게 된다. 〈그림 7.3.5〉 (b)를 보면 전자의 경우 쉘에 모일 확률이 높고 정공의 경우 코어 쪽에 위치할 확률이 높다. 이러한 계단구조는 밴드 구조에서 밴드 갭 차가 적은 부분이 코어 - 쉘의 밴드 갭으로서 역할을 하게 된다. 이 구조는 쉘의 두께에 따라 레드 시프트 된다. 쉘의 두께가 증가하면 외각 쉘에도 전자와 정공이 존재하게 되므로 type I과 마찬가지로 양자효율이 증가하고 광 안정성이 향상된다. 또한, 이 구조는 발광의 감쇠시간(decay time)이 늘어난다는 것이며 이는 전자와 정공이 분리되어 파동함수의 겹침 현상이 줄었기 때문이다.

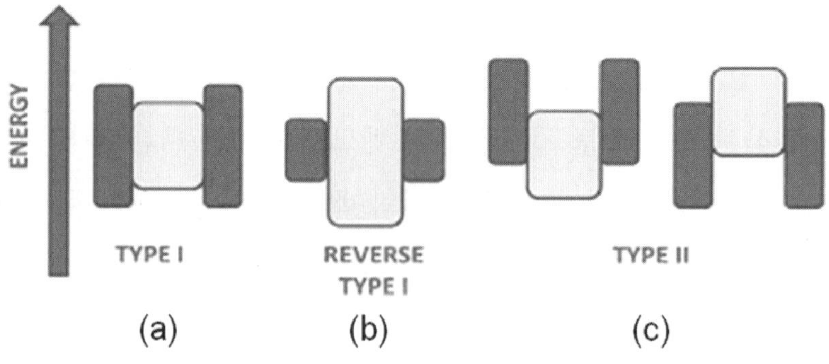


〈그림 7.3.4〉 양자점의 에너지 밴드갭 구조 (a) type I, (b) reverse type I, (c) type II

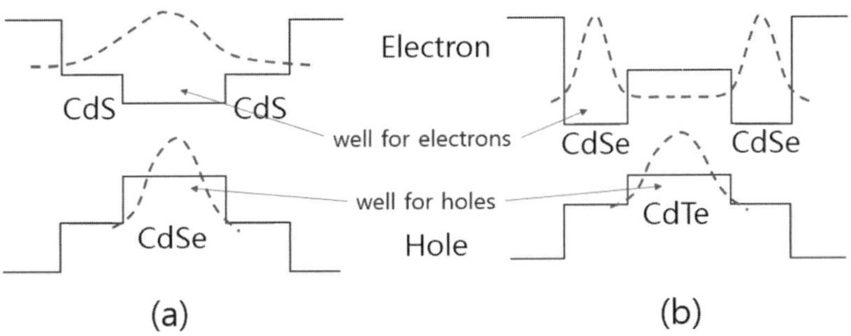


〈그림 7.3.5〉 QD 구조에 따른 전자와 정공의 분포 (a) type Ⅰ, (b) type Ⅱ

최근에는 이러한 3가지 type의 코어 - 쉘 구조 외에 〈그림 7.3.6〉과 같이 다중 코어 - 쉘 구조가 보고되고 있다. 특히 2층 또는 3층의 쉘을 쌓아 쉘의 효과를 증가시킨 연구가 발표되었다. 쉘의 물질과 두께를 조절하여 양자점의 효율을 변화시킬 수도 있다. 예를 들어 CdSe/ZnSe/ZnS의 경우 바깥으로 갈수록 밴드갭이 커지는 구조를 가지고 있다. 또한, 카드뮴 계열뿐 아니라 비카드뮴 III-V족 양자점인 InP에 GaP와 ZnS 쉘을 쌓아 InP의 양자효율을 85%로 향상시켰다.

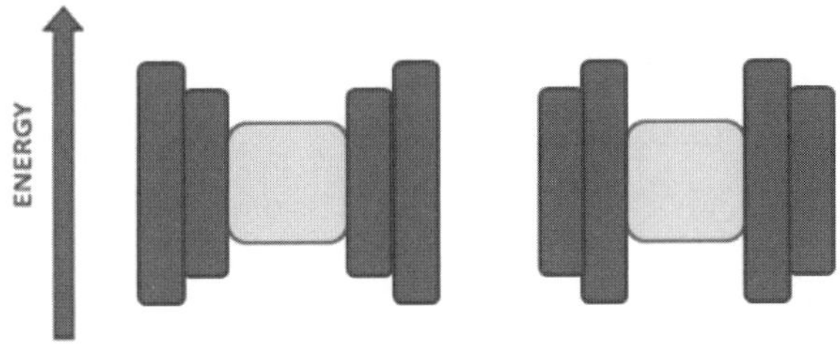


〈그림 7.3.6〉 Multi core - shell type 양자점의 에너지 밴드 갭 구조

양자점의 특성이 변화하는 가장 큰 이유는 양자 제한 효과이며 이는 밴드 갭의 변화를 야기한다. 따라서 양자점 특성을 변화시키기 위해서는 밴드 갭의 변화가 반드시 필요하며 이를 위한 연구의 하나로 쉘에 대한 연구와 더불어 합금(alloy) 양자점에 대한 연구가 진행되고 있다. 합금 양자점은 양자점의 조성을 변화하여 양자점의 밴드 갭을 조절하는 방법으로 상대적으로 밴드 갭이 큰

물질의 비율이 높으면 알로이 양자점의 밴드 갭이 증가한다. 합금 양자점은 균일(homogeneous) 합금과 구배(gradient) 합금으로 나뉠 수 있지만, 코어 - 쉘 구조에 비해 특성이 분명히 나뉘지는 않는다. 합금 양자점은 구성된 원소에 따라서 3개에서 4개로 이루어 질 수 있으며 예를 들어 CdSe와 CdS가 섞여 있을 시 $CdS_xSe_{1-x}$로 표시할 수 있다.

### 7.3.2. 입경에 의존하여 변화하는 반도체 나노콜로이드의 전자 에너지 구조

반도체에 밴드 갭 이상의 에너지를 갖는 광을 조사하면, 광이 흡수되어 가전자대에서 전도대로 전자가 여기되고 가전자대에 정공을 생성한다. 이 전자와 정공은 각각 음과 양의 단위 전하를 가지고 있기 때문에 서로 쿨롱 인력이 작용하여 속박 상태를 형성한다. 이 전자-정공 쌍을 여기자(exciton, 엑시톤)라고 부르며, 이 여기자(보다 정확하게는 Mott-Wannier exciton)의 공간적 크기가 유효 보어 반경(effective Bohr radius; $a_B$)으로 표시되며, 수소원자의 경우에 (7.2) 식으로 구할 수 있다.

$$a_B = \frac{4\lambda \varepsilon_0 \varepsilon_r \bar{h}^2}{m^* e^2} \tag{7.2}$$

$$\frac{1}{m^*} = \frac{1}{m_e} + \frac{1}{m_h} \tag{7.3}$$

여기서, $\varepsilon_0$는 진공 유전률, $\varepsilon_r$은 벌크 반도체의 비유전률, $\bar{h}$는 플랭크 상수($h$)를 $2\pi$로 나눈 값($\bar{h} \equiv h/2\pi$)을 나타내고, 반도체 중의 전자 및 정공의 유효질량을 각각 $m_e$ 및 $m_h$로 한다($m^*$는 치환질량, reduced mass). 대표적인 반도체에 대해 $a_B$를 계산하면 〈표 7.3.1〉와 같이 구해지고 반도체의 종류에 따라 다르다.

〈표 7.3.1〉 반도체의 엑시톤의 유효 보어반경($a_B$)

| 반도체 | $a_B$(nm) |
|---|---|
| Si | 4.0 |
| CdS | 3.7 |
| CdSe | 6.0 |
| PbS | 20.0 |
| InAs | 34.0 |

반도체 나노콜로이드의 입경이 $a_B$의 2배 정도 보다도 더 감소하면, 양자 사이즈 효과가 현저히 나타나기 시작한다. 이 영역에서는 입경의 감소에 따라 나노콜로이드의 밴드 갭이 급격히 증가하고, 광여기시키 위해 필요한 광자의 최소에너지가 증대된다. 이것에 의해 반도체 나노콜로이드의 흡수스펙트럼은 입경 감소와 함께 단파장으로 이동한다. 〈그림 7.3.7〉에 대표적인 반도체의 구상 나노콜로이드에 대하여 입경과 밴드 갭(band gap) $E_g$의 관계를 나타낸다. 어느 반도체에 대해서도 나노콜로이드의 입경 감소에 의해 $E_g$가 급격히 증가하는 것

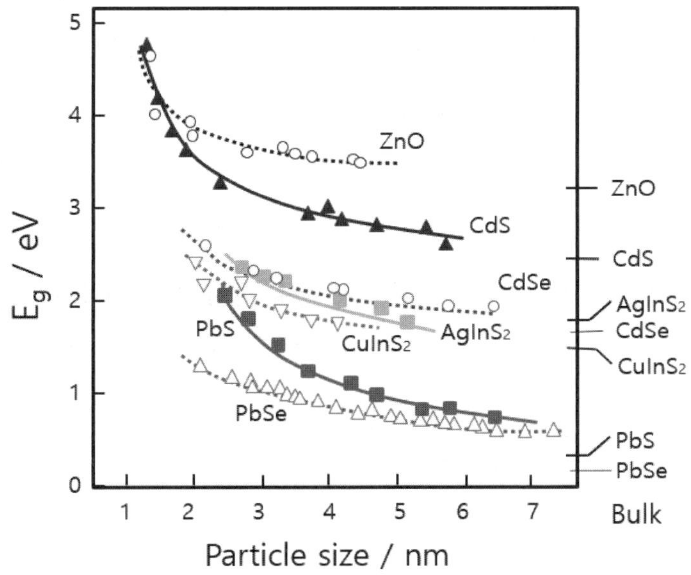


〈그림 7.3.7〉 구형 반도체 나노콜로이드의 입경과 밴드 갭($E_g$)의 관계

을 확인할 수 있다.

무한 에너지 장벽을 갖는 구형 입자 중에 전자 및 정공이 갇혀 있는 최대한 단순한 모델인 유효질량근사모델(effective mass approximation model)을 이용하여 슈레딩거 방정식을 풀면, 반도체 나노콜로이드 입경과 밴드 갭 사이의 관계식을 얻을 수 있다. 벌크 반도체의 밴드 갭을 $E_g{}^B$라고 하면, 입경 d의 반도체 나노콜로이드의 밴드 갭 $E_g(d)$는 다음 식으로 표시된다.

$$E_g(d) = E_g{}^B + \frac{h^2}{2m^* d^2} - \frac{1.8e^2}{2\pi\varepsilon_0\varepsilon_r d} \qquad (7.4)$$

(7.4)식의 우변 2항은 전자 및 정공이 입경 d의 구 내에 갇혀 있는 것에 의한 에너지 증가를 나타내고, 우변 3항은 전자 및 정공의 쿨롱 상호작용을 나타낸다. 유효질량근사모델에 의해 얻어지는 (7.4)식은 밴드 갭을 과잉으로 계산하는 경향이 있으며, 입경이 작은 나노콜로이드에 대해서는 실제 값과의 차이가 매우 커진다. 현재에는 나노콜로이드의 밴드 갭의 입경 의존성을 보다 정밀하게 구하기 위하여, 유사포텐셜모델(pseudo-potential model), 밀접결합모델(tight-binding model), 유한포텐셜우물모델(finite-potential well model) 등 여러 가지 이론적 방법이 있으며, 각종 반도체 나노콜로이드에 대하여 얻어진 실험값과 잘 일치한다고 보고되어 있다[(31)].

반도체 나노콜로이드는 입경이 감소하면 양자사이즈 효과에 의한 밴드 갭이 증가함과 동시에 그 전도대 하단의 전위($E_{CB}$)가 보다 음 전위 쪽으로 또는 가전자대 상단의 전위($E_{VB}$)가 보다 양 전위 쪽으로 이동한다(**〈그림 7.3.1〉**). 이러한 나노콜로이드의 입경에 의존하여 변화하는 $E_{CB}$ 및 $E_{VB}$는 지금까지 여러 가지 방법에 의해 실험적으로 구해져 왔다. 예를 들면, 용액 중의 산화환원 종과 반도체 나노콜로이드 사이의 전기화학 평형을 이용하는 방법이 있다. 펄스방사선분해(pulse

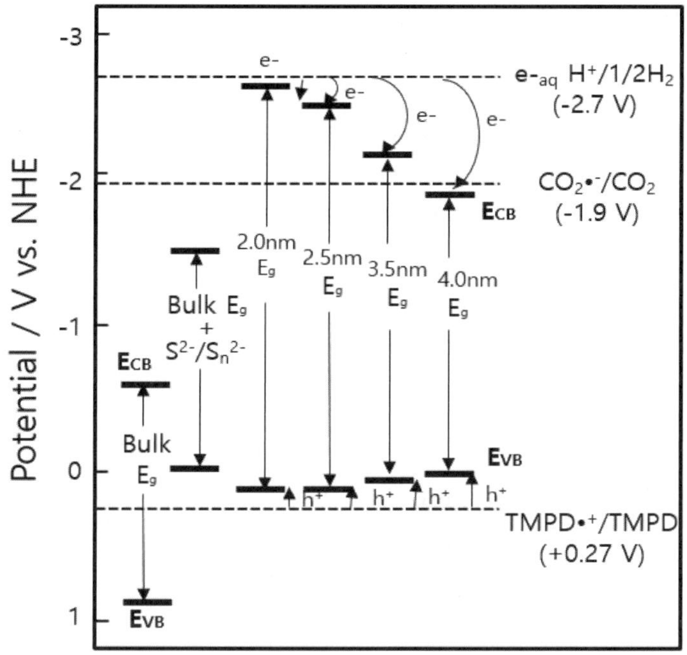


〈그림 7.3.8〉 CdTe 나노콜로이드의 전자 에너지 구조와 입경과의 관계

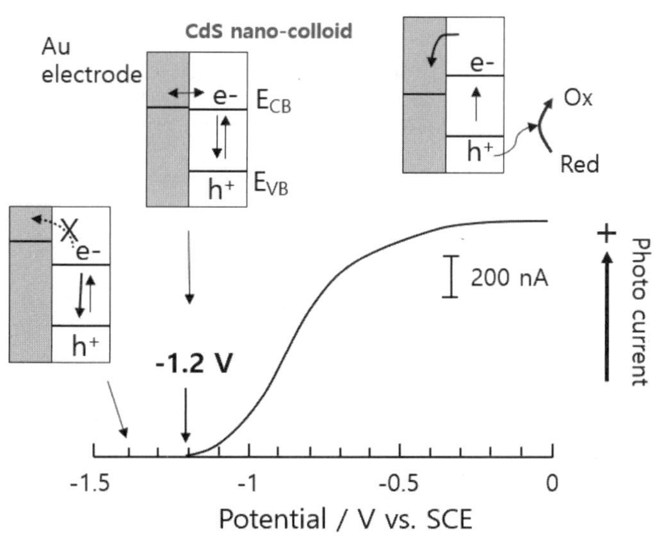


〈그림 7.3.9〉 CdS 나노콜로이드 담지 Au 전극에 광조사에 의해 흐르는 아노드 광전류와 인가한 전극전위의 관계(CdS 나노콜로이드의 입경: 2.9 nm, 삽입된 그림은 각 전위에서의 광전류의 생성 메카니즘의 모식도)

radiolysis)에 의해 생성한 $CO^{\bullet-}$ 또는 $TMPD^{\bullet-}$(TMPD: N,N,N',N'-tetramethyl-1, 2-phenylenediamine)은 CdTe 나노콜로이드에 각각 전자 또는 정공을 주입할 수 있다. 반응이 평형에 도달한 후, 용액 중에 산화환원 종의 농도에 네른스트 식을 적용하면 CdTe 나노콜로이드의 $E_{CB}$ 및 $E_{VB}$의 입경 의존성을 구할 수 있다(〈그림 7.3.8〉)[32].

반도체 나노콜로이드를 고정하여 제작한 광전극(photoelectrode)의 광전기화학적 특성을 측정하는 것으로도 나노콜로이드의 전자 에너지 구조의 변화를 조사할 수 있다. Au 또는 ITO 등의 전극 상에 CdS 나노콜로이드를 조밀하게 고정한 전극에 광을 조사하면, 〈그림 7.3.9〉에 보인 것처럼, 아노드 광전류(anodic photo-current)가 관찰되고, n형 반도체 전극과 유사한 광응답을 나타낸다[33]. 얻어진 광전류 값은 인가한 전극전위에 의존하여 변화하고, 충분히 음 전위를 인가한 상태에서는 거의 관찰되지 않는다. 그림 중에는 CdS 나노콜로이드와 Au 전극 사이의 전자이동에 대한 모식도를 나타낸 것이다. n형 반도체 전극과 유사한 광응답을 보이는 경우, 전극전위가 반도체 나노콜로이드의 $E_{CB}$ 보다도 양 전위 쪽으로 위치할 때에는 반도체 나노콜로이드의 전도대 중에 남은 정공은 용액 중에 존재하는 화학종을 산화시켜 소비된다. 한편, 전극전위가 $E_{CB}$ 보다도 음 전위 쪽으로 되면 전도대 중의 광여기 전자는 이윽고 전극으로 이동할 수 없기 때문에 정공과의 재결합이 우선하고 광전류가 관측되지 않는다. 따라서 아노드 광전류의 상승 개시전위(onset potential)는 $E_{CB}$와 같다고 간주할 수 있다. 이와 같이 구해진 $E_{CB}$ 값으로부터 흡수스펙트럼에 의해 구해진 CdS 나노콜로이드의 밴드 갭을 빼면 $E_{VB}$ 값을 구할 수 있다. 〈그림 7.3.10〉에 고정한 CdS 나노콜로이드의 입경과 $E_{CB}$ 및 $E_{VB}$의 관계를 나타낸다. 입경의 감소와 함께 $E_{CB}$ 및 $E_{VB}$가 각각 음 전위 및 양 전위 쪽으로 이동한다는 것을 알 수 있다. 그림 중의 실선은 유한포텐셜우물모델에 의해 이론적으로 예상되는 각각의 전위이며, 광전기화학 측정에 의해 구해진 실험값과 이 이론값이 잘 일치한다.

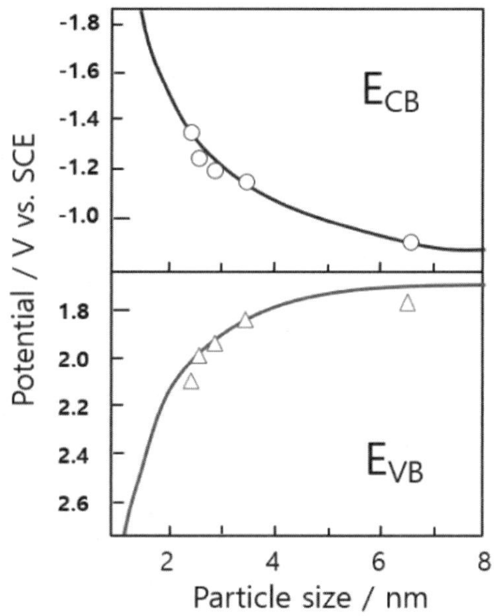


〈그림 7.3.10〉 CdS 나노콜로이드 담지 Au 전극의 광전기화학 측정으로 구한 CdS의 $E_{CB}$(○) 및 $E_{VB}$(△)의 입경 의존성

또한, 여기서는 상세히 기술하지 않지만, $Cu_2ZnSnS_4$ 등의 p형 반도체 나노콜로이드를 고정한 광전극에서는 반도체 중에 광생성한 정공이 전극에 주입되어 캐소드 광전류(cathode photocurrent)가 관측된다. 이 경우에는 광전류의 상승 개시전위를 반도체 나노콜로이드의 $E_{VB}$로 간주할 수 있으며, 같은 방법으로 계산하여 $E_{CB}$를 구할 수 있다. 이와 같이 나노콜로이드를 고정한 전극의 광전기화학특성을 측정하여 나노콜로이드의 전자 에너지 구조를 간편하게 구할 수 있다. 그러나 측정 시에는 나노콜로이드를 고정하기 위해서 사용한 전극 상에서의 전기화학반응이나 사용하는 용매의 분해를 억제할 필요가 있으며, 측정할 수 있는 전위의 범위가 한정되어 있다는 결점이 있다. 그리고 반도체 나노콜로이드 자신의 산화반응 또는 환원반응에 의한 분해도 고려하지 않으면 안 되는 경우도 있어서 데이터 해석에는 주의가 필요하다.

여기에서는 액상 중의 시료에 대한 측정법을 소개했지만, 이 이외에도 반도체 나노콜로이드의 입경에 의존하여 변화하는 전자 에너지 구조를 구하는 방법으로서 광전자 분광법(XPS, UPS) 등이 있다.

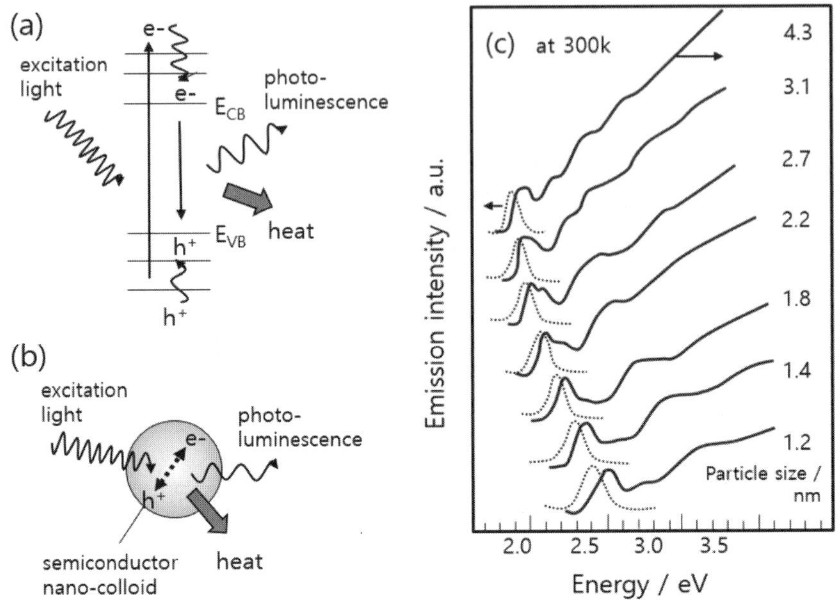


〈그림 7.3.11〉 (a,b) 반도체 나노콜로이드의 광여기에 의한 포토 루미네슨스의 모식도. (a) 발광 과정의 에너지 다이아그램과 (b) 나노콜로이드 중에 생성한 여기자, (c) 여러 가지 입경의 CdSe 나노콜로이드의 흡수 스펙트럼과 발광 스펙트럼

### 7.3.3. 반도체 나노콜로이드의 발광파장 제어

자외선 등의 에너지가 높은 광자를 흡수하면 반도체 중에서는 보다 에너지가 높은 준위에 전자와 정공이 여기된다. 이들은 핫 캐리어(hot carrier)라고 불리우는 것으로, 일반적으로 매우 짧은 시간에 전자는 전도대 하단으로 정공은 가전자대 상단으로 열을 발산하면서 이동한다(〈그림 7.3.11〉 (a)). 이와 같이 최저 여기준위에 위치하는 전자와 정공에 대해서도 유한의 수명을 가져 재결합에 의해 소실되고, 기저상태의 반도체 나노콜로이드에 되돌아온다. 전자-정공 쌍의 소실에 의해 생성되는 에너지는 광 또는 무방사(無放射) 과정에 의해 열로서 방출된다(〈그림 7.3.11〉 (a), (b)). 반도체 나노콜로이드의 전도대 하단에 존재하는 여기전

자가 가전자대 상단에 있는 정공과 방사 재결합에 의한 발광(photoluminescence; PL)은 특히 밴드단 발광(band-edge emission)이라고 불리우며, 반도체 나노콜로이드의 흡수단(absorption edge) 가까이에 날카로운 발광 피크로서 나타난다[34].

〈그림 7.3.11〉 (c)에 여러 가지 입경의 CdSe 나노콜로이드의 흡수 스펙트럼과 그 발광 스펙트럼을 나타낸다. 양자 사이즈 효과에 의한 밴드 갭 증대에 의해 CdSe 나노콜로이드의 입경이 감소하면 흡수 및 발광 스펙트럼의 어느 쪽이나 단파장으로 이동한다. 어떠한 입경의 나노콜로이드도 밴드 갭 이상의 에너지를 갖는 광조사에 의해 강한 밴드단 발광을 나타낸다. 발광 피크는 매우 날카로우며, 이 반값폭(Full-Width at Half Maximum; FWHM)은 0.1 ~ 0.15 eV 정도(파장으로는 30 nm 정도)이다. 그리고 흡수스펙트럼의 에너지 피크와 밴드단 발광피크의 차이인 Stokes shift는 약 100 meV 이하로 매우 작다.

앞서 언급한 것처럼, 나노콜로이드는 그 체적에 대하여 큰 표면적을 가지고 있기 때문에 나노콜로이드의 표면상태는 발광 특성에 크게 영향을 미친다. 예를 들어 나노콜로이드 표면에 결함 사이트나 표면준위가 존재하면, 이것에 기인하는 브로드한 발광이 밴드단 발광보다도 장파장 영역에서 관찰되고, 발광양자효율도 낮아지는 경우가 많다. 이러한 표면결함 사이트를 제거하고 발광특성을 향상시키기 위해서, 여러 가지 유기분자나 무기재료를 이용하여 나노콜로이드 표면에 화학처리를 행하고 있다. 이 한 가지 방법으로서 대상으로 하는 반도체 나노콜로이드보다도 큰 밴드 갭을 갖는 반도체 재료로 나노콜로이드의 표면을 완전히 피복하는 방법이 있으며, ZnS 또는 ZnSe 등 여러 가지 화합물 반도체가 이용된다. 〈그림 7.3.12〉 (b)는 CdSe 나노콜로이드의 표면을 ZnS 박막으로 피복함으로서 생기는 발광 스펙트럼의 변화를 나타낸다. ZnS 피복에 의해 얻어지는 CdSe 코어 - ZnS 쉘 구조(CdSe@ZnS) 나노콜로이드는 원래의 CdSe 나노콜로이드 보다도 강하게 발광한다. PL 양자수율(quantum yield; QY)은 표면 미처리

CdSe 나노콜로이드에서는 5 ~ 15%로 낮은 값인 것에 반하여, CdSe@ZnS에서는 보다 높은 값인 30 ~ 50% 이상이 된다. 이것은 다음의 두 가지 효과에 의한 것으로 보고되고 있다(〈그림 7.3.12〉 (a))[35,36].

(1) ZnS 쉘 형성에 의해 CdSe 표면에 존재하는 댕글링 본드(dangling bond)가 제거되어, 광생성 캐리어의 무복사(無輻射) 재결합을 일으키는 나노콜로이드 표면의 결함 사이트가 제거된다. (2) 밴드 갭(band gap)이 큰 반도체 재료로 반도체 코어를 피복해서 코어-쉘 구조로 하면, 나노콜로이드 전체의 전자 에너지 구조가 양자우물 구조가 된다. 그 결과 코어인 CdSe 나노콜로이드 중에서 생성한

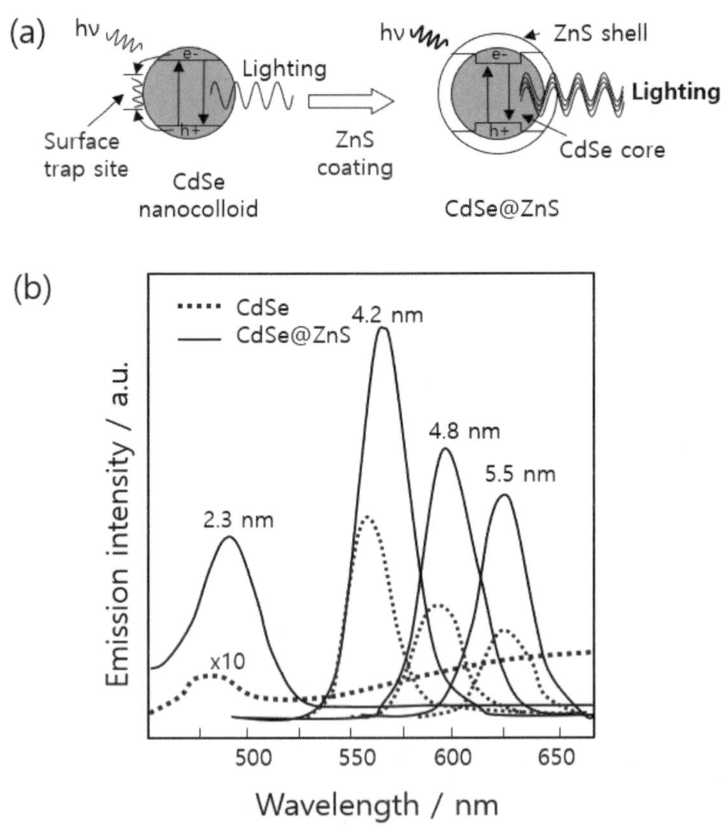


〈그림 7.3.12〉 ZnS 피복에 의한 CdSe 나노콜로이드의 발광 증대. (a) 발광 증강의 모식도, (b) ZnS 쉘에 의한 CdSe 코아 피복 전후의 발광 스펙트럼의 변화(그림 중의 숫자는 CdSe 나노콜로이드의 입경을 나타냄)

전자-정공 쌍은 ZnS 쉘에 의해 형성된 포텐셜 장벽에 의해 갇혀, 그 방사(放射) 재결합의 확률이 증가된다.

이와 같이 반도체 나노콜로이드 합성법의 최적화와 나노콜로이드 표면처리법의 개발에 의해 90% 이상의 발광양자수율로 발광하는 반도체 나노콜로이드를 합성할 수 있다. CdSe 등의 이원계의 화합물 반도체에 있어서는 어느 재료에서도 입경의 감소와 함께 발광피크 파장이 보다 짧아진다. 〈그림 7.3.13〉에 나타낸 바와 같이, 이원계 나노콜로이드의 입경제어에 의해 조절할 수 있는 발광파장영역은 반도체의 종류에 따라 다르고, 일반적으로 동일 입경의 반도체 나노콜로이드에서는 벌크 반도체의 밴드 갭이 작은 재료를 이용할수록 보다 장파장에서 발광한다.

유기색소와 비교하면 발광재료로서의 반도체 나노콜로이드의 특징은 다음과 같다.

(i) 유기형광색소는 많은 경우 띠 상의 흡수스펙트럼을 갖기 때문에 여기파장이 한정되어 있지만, 반도체 나노콜로이드는 흡수단 파장 이하의 광을 모두 높은 효율로 흡수하기 때문에 넓은 파장영역의 광으로 여기가 가능하다.

(ii) 다른 발광색을 나타내는 반도체 나노콜로이드를 단일 파장의 여기광에 의해 동시에 여기하는 것이 가능하다.

(iii) 반도체 나노콜로이드의 조성과 입경을 제어하면 그 발광 파장을 자유자재로 제어할 수 있다.

(iv) 반도체 나노콜로이드에서는 일반적으로 밴드 단 발광피크가 유기색소와 비교하여 매우 좁다.

(v) 유기형광색소와 비교하여 내광성이 높다.

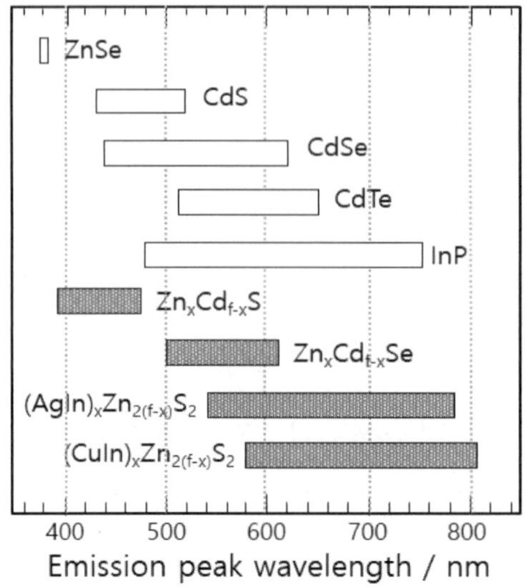


〈그림 7.3.13〉 대표적인 반도체 나노콜로이드에 대한 발광파장의 제어가능 범위(이원계 나노콜로이드는 입경제어에 의한 발광파장 제어(백색 막대), 고용체 나노콜로이드는 주로 조성제어에 의해 발광파장 제어(사선 막대)를 나타냄)

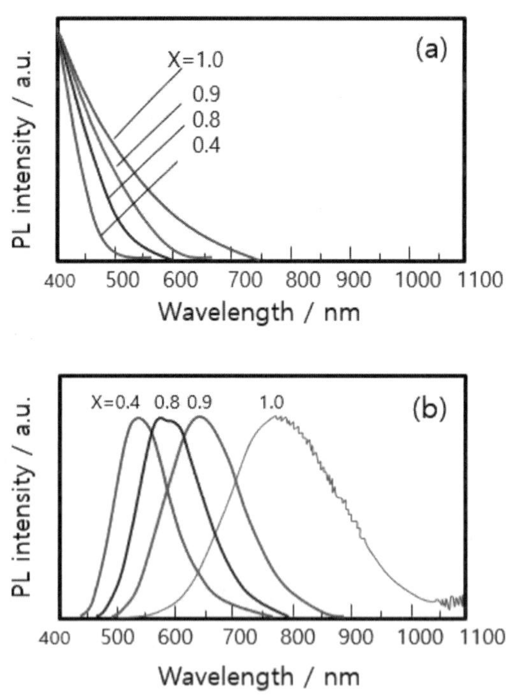


〈그림 7.3.14〉 (a) $AgInS_2$-ZnS 고용체(ZAIS) 나노콜로이드의 흡수스펙트럼과 (b) 발광스펙트럼(그림 중의 x는 $(AgIn)_xZn_{2(1-x)}S_2$의 조성을 나타냄)

한편 지금까지 개발된 고발광성 반도체 나노콜로이드의 대부분은 II-VI족 또는 III-V족 반도체이며, 많은 경우에 Cd, Se, Te, As 등의 유독한 금속원소를 함유한다. 이와 같이 환경 및 생체에 부하가 큰 화합물의 규제는 강화되고 있는 경향이 있으며, 보다 광범위한 응용을 위해서는 규제 대상원소를 함유하지 않는 나노콜로이드의 개발이 필요하다. 이러한 관점에서 Si 등의 VI족, InP 등의 III-V족 반도체는 유력한 대체재료가 될 수 있지만, 이들 반도체 나노콜로이드의 간단한 합성 방법이 개발되어 있지 않고, 이 합성에는 고도의 기술이 필요하다. 최근 주목되기 시작한 것은 I-III-$VI_2$족(chalcopyrite type, 칼코파이라이트형) 반도체이다. $CuInS_2$ 또는 $Cu(InGa)(SSe)_2$ 등으로 대표되는 이들 반도체는 박막 태양전지로의 응용이 기대되고 있는 재료이며, 이 콜로이드는 CdSe 등과 같은 방법으로 합성할 수 있다.

예를 들면, 대응하는 금속염과 유황의 원료가 되는 재료를 고온 유기용매 중에서 반응시키면, $CuInS_2$ 나노콜로이드를 합성할 수 있다. 표면 미처리 $CuInS_2$ 나노콜로이드는 그다지 강하게 발광하지 않지만, 이 나노콜로이드의 표면을 ZnS 쉘로 피복하면 그 발광 강도가 크게 증가하여, 약 60%로 높은 발광양자효율이 얻어 진다. 더욱이 입경제어에 의한 밴드 갭 제어에 더하여, 칼코파이라이트형 반도체에서는 II-VI족 반도체와 고용체(solid solution)를 형성시키는 것으로도 넓은 파장범위에서 밴드 갭을 제어할 수 있다. $AgInS_2$와 ZnS 간의 고용체($(AgIn)_xZn_{2(1-x)}S_2$, ZAIS)를 나노콜로이드화 하면 실온에서 발광을 나타내게 된다.

〈그림 7.3.14〉는 전구체 물질을 고온의 올레일아민(oleylamine) 중에서 열분해에 의해 합성한 ZAIS 나노콜로이드의 흡수 및 발광 스펙트럼이다[(37)]. 이 나노콜로이드에서는 고용체 조성을 제어하는 것으로 밴드 갭을 변조할 수 있다. ZAIS 고용체 조성의 x값을 1.0에서 0.4로 감소시켜 ZnS의 함유량 증가시키면, 나노콜로이드의 흡수단 파장이 700 nm에서 480 nm으로 단파장 이동시킬 수 있

으며, 그리고 여기에 동반하여 발광 피크파장은 800 nm에서 540 nm까지 연속적으로 변화한다. 그러나 II-VI 족 반도체 나노콜로이드와는 크게 다르며, 〈그림 7.3.14〉 (b)에 보여지는 발광 스펙트럼은 나노콜로이드 내부의 결정결함(crystal defect) 또는 도너-억셉터 쌍재결합(donor-acceptor pair recombination)에 의해 매우 브로드(반치폭: > 100 nm)하며, 흡수 스펙트럼과 비교하여 장파장 쪽으로 크게 이동된다(큰 Stocks' shift를 나타낸다). 3원소 이상의 구성원소로 이루어지는 반도체에서는 화학 합성되는 나노콜로이드의 조성이 화학양론비에서 벗어나기 쉬워 대부분의 경우는 결정 중에 어떤 식으로든 결함이 생긴다. 이것에 의해 형성되는 여러 가지 전자 준위가 발광에 기여하기 때문에, 얻어지는 발광 피크는 매우 브로드하게 된다고 생각된다. 흥미로운 점은 나노콜로이드 내부에 결정결함이 존재하기 때문에 밴드단 발광을 나타내지 않아도 ZAIS 나노콜로이드는 강하게 발광하고, 표면처리하지 않은 ZAIS 나노콜로이드의 발광양자수율은 60% 이상, ZnS로 피복하면 80%로 매우 높은 값이 된다.

II-VI족 반도체들의 고용체 나노콜로이드와 함께 I-III-VI$_2$족 반도체($CuInS_2$ 또는 $AgInS_2$)와 ZnS 사이의 고용체 나노콜로이드의 발광파장 제어범위를 〈그림 7.3.13〉에 나타내었다. ZnS-CdS 또는 ZnSe-CdSe의 고용체 나노콜로이드는 어느 조성에서도 밴드단 발광을 나타낸다. 이에 반해서 I-III-VI$_2$족 반도체-ZnS 사이의 고용체 나노콜로이드에서는 고용체 조성에 관계없이 발광피크는 어느 것도 매우 브로드하게 된다. 이 때문에 I-III-VI$_2$족으로 되어진 고용체 나노콜로이드는 II-VI족 반도체 또는 II-VI족 반도체 사이의 고용체 나노콜로이드 보다도 발광피크 파장의 제어가능 범위가 폭넓게 된다. 밴드단 발광만을 나타내는 I-III-VI$_2$족 나노콜로이드는 아직 성공적으로 합성한 사례가 없고, 앞으로의 과제로 남아 있다.

## 7.3.4. 발광재료로 반도체 양자점 나노콜로이드의 이용

(a) 생체분자마커로 응용

반도체 양자점 나노콜로이드는 밴드단 발광에 의한 좁은 발광피크폭, 입경과 조성에 의한 발광파장의 제어, 단색광 여기에 의한 높은 발광효율 등의 유기색소에는 없는 특징을 가지고 있기 때문에, DNA 등의 생체분자마커(biomarker)로의 응용이 기대되고 있다. 특히 유기형광색소에 비교하여 반도체 나노콜로이드는 내광성이 높고 광조사 하에서도 장시간 발광한다. 반도체 나노콜로이드로 표식된 생체분자를 이용하면 생체 중에 있는 분자의 상호작용이나 이동을 관찰할 수 있다.

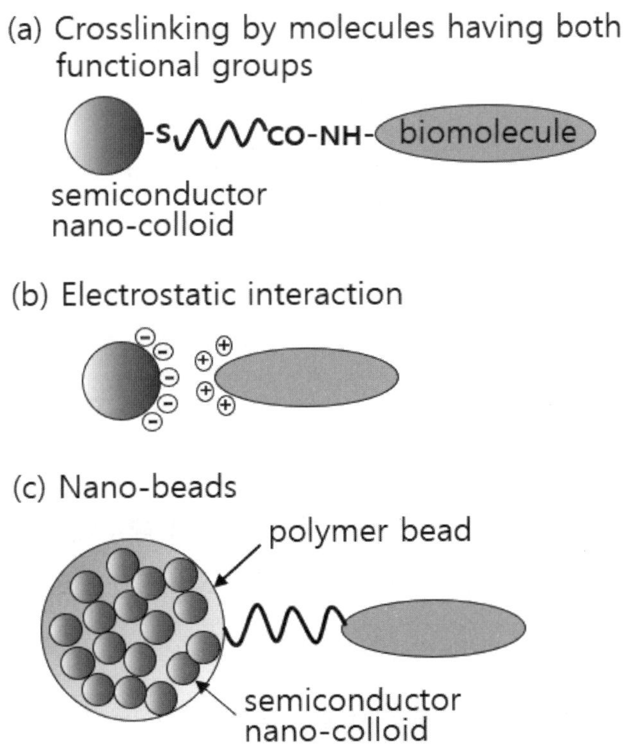


〈그림 7.3.15〉 나노콜로이드와 생체분자의 결합방법의 모식도. (a) 카르복실기를 갖는 싸이올 화합물 등 양쪽 관능기를 갖는 분자에 의한 가교, (b) 나노콜로이드와 생체분자가 가지는 전하를 이용한 정전기적 상호작용, (c) 나노콜로이드를 함유한 폴리머 마이크로 구에 생체분자의 고정

생체분자와 결합시키는 방법은 지금까지 여러 가지가 개발되어 있다(〈그림 7.3.15〉)[38]. 메르캅토프로피온산(mercaptopropionic acid) 등의 카르복실기를 갖는 싸이올화합물로 나노콜로이드 표면을 피복하면, 합성 시에는 소수성이었던 나노콜로이드도 물에 분산될 수 있다. 〈그림 7.3.15〉 (a)에 나타낸 바와 같이, 단백질이나 펩타이드 분자를 갖는 아미노기와 나노콜로이드 표면의 카르복실기 사이에 아미드 결합을 시키면, 반도체 나노콜로이드와 생체분자를 직접 결합시킬 수 있다. 또한 나노콜로이드 표면을 $SiO_2$ 쉘로 피복한 후 실란 커플링제로 $SiO_2$ 표면을 처리하여 생체분자를 나노콜로이드 표면에 결합시키는 방법도 개발되어 있다. 한편, 〈그림 7.3.15〉 (b)와 같이, 생체분자와 나노콜로이드 사이에 정전기적 상호작용이나 수소결합이 강하게 작용하는 경우에는 이들을 이용한 복합체 합성이 가능하다. 발광성 나노콜로이드를 주입한 폴리머 구를 이용하여 그 표면에 목적하는 분자를 결합시키려는 〈그림 7.3.15〉 (c)의 방법도 생체분자를 발광으로 나타나게 하는 수단으로서 유용하다.

종래의 유기형광색소에서는 다색형광 현미경 이미지를 얻으려면 색소의 종류마다 여기파장을 바꾸어 형광 사진을 촬영할 필요가 있었다. 그러나 형광색소로서 반도체 나노콜로이드를 이용하면 그 흡수스펙트럼이 폭 넓기 때문에 단파장의 단색광을 조사하여 여러 종류의 나노콜로이드를 한 번에 고효율로 광여기할 수 있으며, 다색 발광 상을 얻을 수 있다. 또한, 반도체 나노콜로이드의 내광성이 높아서 비교적 장시간 안정하게 발광하기 때문에, 생체 내의 같은 세포를 연속하여 관찰할 수 있다. 예를 들면, 인지질(燐脂質, phospholipid) 2 분자막으로 안정화한 발광성 나노콜로이드로 개구리 알의 일부를 염색하면, 알의 성장과 함께 발광 부위가 변화해 가는 모습을 관찰할 수 있으며, 성장의 초기단계에서 세포의 이동을 직접 관찰할 수 있다. 또한 폴리에틸렌글리콜 등의 적당한 고분자로 나노콜로이드 표면을 피복하는 것으로도 생체 내에서 나노콜로이드를 안정화시킬 수 있다.

Cd계의 II-VI족 반도체 나노콜로이드는 유독한 원소인 카드뮴을 함유하고 있으며, 적절한 표면처리를 행하지 않으면 높은 세포 독성을 나타낸다. 이것은 CdSe 나노콜로이드로 염색한 세포에 적외선 등의 여기광을 장시간 조사하면, CdSe가 부분적으로 광산화 용해하여 $Cd^{2+}$ 이온과 $SeO_2$를 방출하기 때문이다. 이것을 막기 위해서는 CdSe 나노콜로이드 표면을 ZnS 피복에 의해 CdSe 코어 부분의 산화용해 반응이 억제되어 $Cd^{2+}$ 이온의 용액 중으로의 방출량이 낮게 억제되기 때문에 나노콜로이드의 세포 독성이 저감된다.

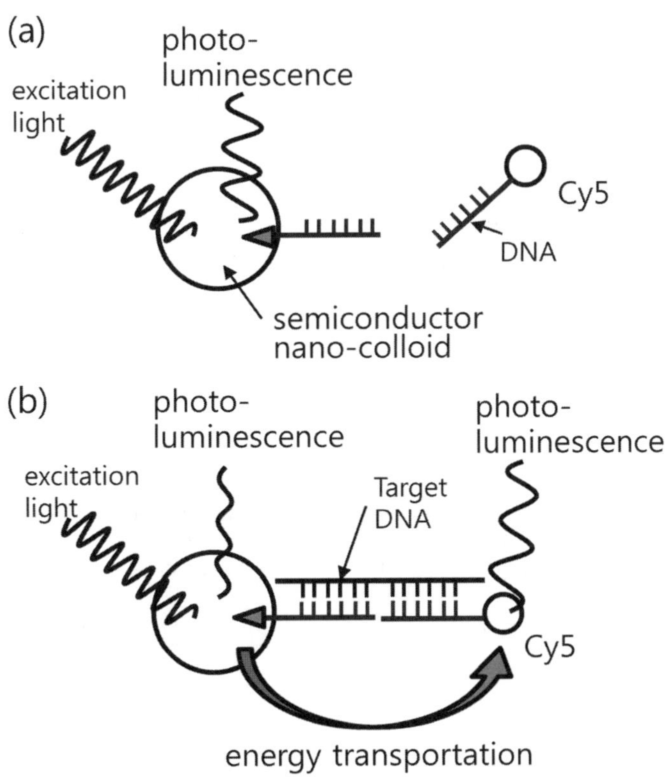


〈그림 7.3.16〉 반도체 나노콜로이드를 이용한 유전자 진단을 위한 센서 프로브의 모식도 (a) 타겟 DNA가 없는 경우 반도체 나노콜로이드 발광 모식도, (b) 타겟 DNA가 있는 경우에는 이중사슬 DNA 형성이 일어나 나노콜로이드에서 Cy5로 에너지 이동에 의한 Cy5 발광 모식도

나노콜로이드를 이용하여 DNA를 표식하는 것으로, 유전자 진단을 위한 센서 프로브가 개발되어 있다. 하나의 예를 〈그림 7.3.16〉에 나타낸다[39]. 타겟이 되는 단일사슬 DNA가 존재하는 용액에 이 염기배열에 상호 보완적인 염기배열을 갖는 두 개의 DNA, 즉 바이오틴(biotin)으로 표식한 단일사슬 DNA와 형광색소로서 Cy5가 결합된 단일사슬 DNA를 첨가하면, 하이브리드화하여 양단에 비오틴과 Cy5를 갖는 이중사슬 DNA가 형성한다. 이것에 스트렙타비딘(streptavidin)을 표면에 결합시킨 반도체 나노콜로이드를 작용시키고, 타겟 DNA를 포함하는 이중사슬 DNA를 반도체 나노콜로이드 표면에 고정한다(〈그림 7.3.16〉 (b)). 이때 최종적으로 얻어진 이중사슬 DNA-반도체 나노콜로이드에 있어서, 형광색소인 Cy5와 반도체 나노콜로이드 사이의 거리가 충분히 작고, 이들 사이의 에너지 이동이 일어나도록 미리 설계해 둔다. Cy5를 여기하지 않는 단색광을 이 복합체에 조사하여 반도체 나노콜로이드만을 광여기하면, 나노콜로이드로부터 Cy5에 펠스타형 공명에너지 이동(Förster resonance energy transfer; FRET)이 일어나고, 나노콜로이드 발광에 더하여 Cy5의 형광이 관찰된다. 한편, 타겟 DNA가 없는 경우에는, 반도체 나노콜로이드를 광여기해도 Cy5의 발광은 전혀 검출되지 않는다(〈그림 7.3.16〉 (a)). 이것은 타겟 DNA에 의한 이중사슬 DNA의 형성이 없기 때문에, 반도체 나노콜로이드 표면에 Cy5가 담지 되어있지 않아 에너지 이동에 의한 Cy5의 여기가 일어나지 않기 때문이다. 이와 같이 타겟 DNA가 존재하면 특징적인 발광을 나타내는 프로브를 제작하는 것으로 DNA의 고감도 검출을 할 수 있다. 또한, 유사한 방법으로 RNA 검출을 위한 마이크로 어레이도 제작되어 있다.

(b) 발광디바이스로 응용

액상 합성한 많은 반도체 나노콜로이드는 용액 중에서 균일하게 분산한 상태로 얻어지지만, 이것을 기판에 고정할 수 있다면 발광 디바이스로서 이용하는 것이 가능하다. 〈그림 7.3.17〉은 자외선 조사 하에서 발광하는 (a) 다양한 색상의 CdTe 나노콜로이드와 (b) PL 스펙트럼을 나타내고 있다[(40)]. 이러한 CdTe 나노콜로이드를 이용하면 유리 기판에 자외선 하에서 발광하는 패턴 상을 다음과 같이 만들 수 있다. 아미노프로필트리메톡시실란(aminopropyltrimethoxysilane)을 가수분해한 졸 용액에 CdTe 나노콜로이드(입경: 3 ~ 6 nm)를 첨가한 후 겔화시켜 유리 속에 CeTe 나노콜로이드를 넣은 것이다. 여러 가지 입경의 나노콜로이드를 집어넣은 졸겔 유리를 팬턴 상으로 형성시키고, 자외선을 조사하여 다색 발광하는 디바이스가 제작된다. 유리의 제작 조건을 적절히 선택하면 용액 중에 있는 나노콜로이드의 발광 특성을 손실시키지 않고 유리 매트릭스 중에 넣을 수 있으며, 이 발광양자효율은 35% 이상이다. CdTe 나노콜로이드를 유리 중에 넣으면, 그 공기 중에서의 안정성이 극단적으로 향상한다.

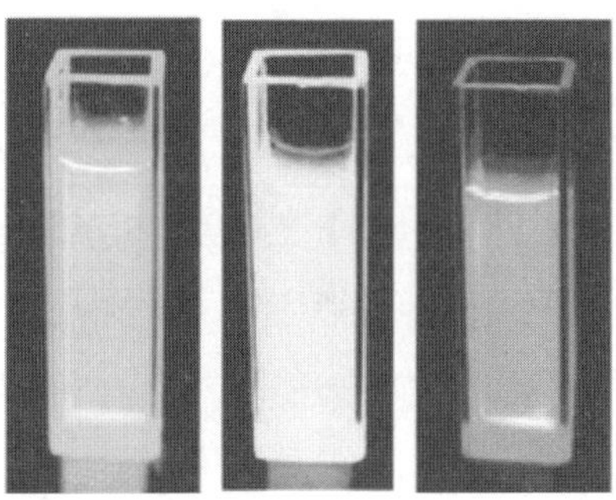


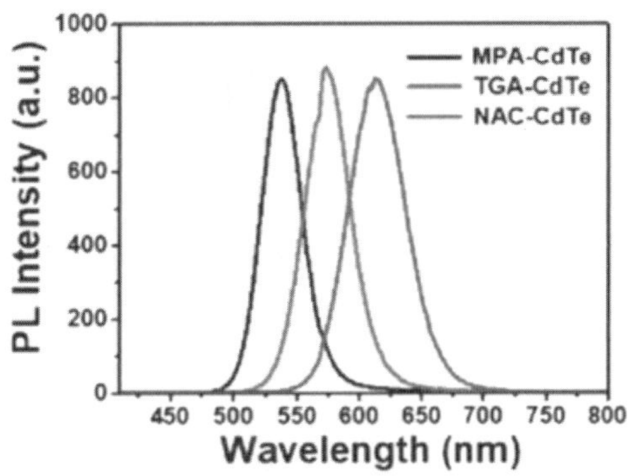


〈그림 7.3.17〉 자외선 조사 하에서 발광하는 (a) 다양한 색상의 CdTe 나노콜로이드와 (b) PL 스펙트럼

반도체 나노콜로이드에서는 일단 기판 상에 고정해 버리면 그 입경을 제어하는 것은 일반적으로 곤란하기 때문에, 그 발색광을 디바이스 제작 후에 제어하는 것은 곤란하다. 그러나 광화학적인 방법인 사이즈 선택적 광에칭법(size-selective photoetching)(4.1.4항 참조)을 이용하면, 반도체 나노콜로이드의 고정상태에 관

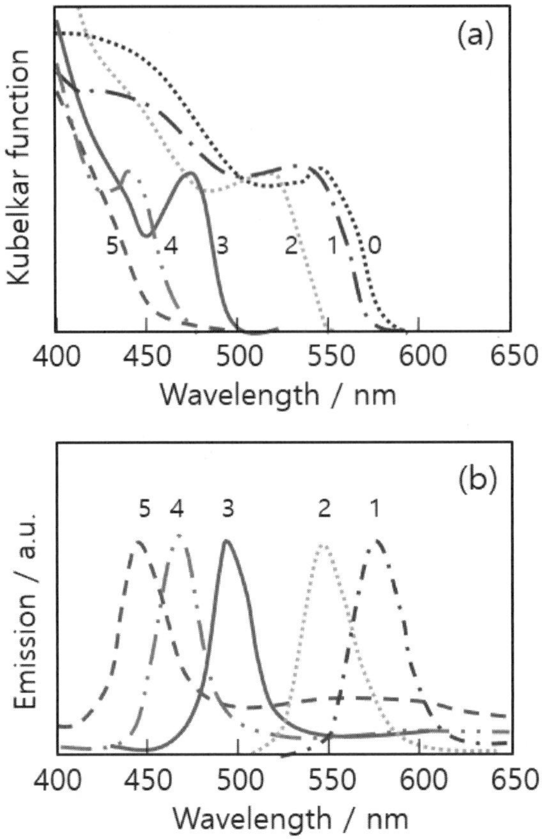


〈그림 7.3.18〉 유리 기판에 고정한 CdSe@$SiO_2$ 박막의 확산반사 스펙트럼 (a)와 발광 스펙트럼 (b), 사이즈 선택적 광에칭에 이용한 조사 단색광 파장: 590 nm(1), 560 nm(2), 514 nm(3), 488 nm(4), 460 nm(5), 광을 조사하지 않은 박막(0)

계없이 그 입경을 제어할 수 있기 때문에, 디바이스 제작 후에도 그 발광색을 자유롭게 제어할 수 있다. CdSe 나노콜로이드를 $SiO_2$ 박막으로 피복하여 코어-쉘 구조를 갖는 $SiO_2$ 피복 CdSe 나노콜로이드(CdSe@$SiO_2$)를 합성하고, Si-O-Si 네트워크 구조를 통해 유리 기판에 고정한다. 이 CdSe@$SiO_2$ 박막에 산소 존재 하에서 단백광을 조사하여 사이즈 선택적 에칭을 수행하면, 광조사와 함께 CdSe 코어의 입경이 감소하고 그 흡수스펙트럼의 흡수단이 광에칭에 이용된 조사 단색광 파장에 일치할 때까지 단파장 쪽으로 이동한다(〈그림 7.3.18〉)[41]. 광조사 전의

CdSe@$SiO_2$는 거의 발광하지 않지만, 광에칭 후의 CdSe@$SiO_2$는 강한 밴드 단 발광을 나타낸다. 어느 경우도 CdSe 나노콜로이드의 발광 피크파장은 광 에칭에 사용한 단색광 파장보다도 약 15 nm 단파장 측에 위치하고 있으며, 가시광선 영역의 모든 영역에 걸쳐서 발광파장의 제어가 가능하다는 사실을 알 수 있다.

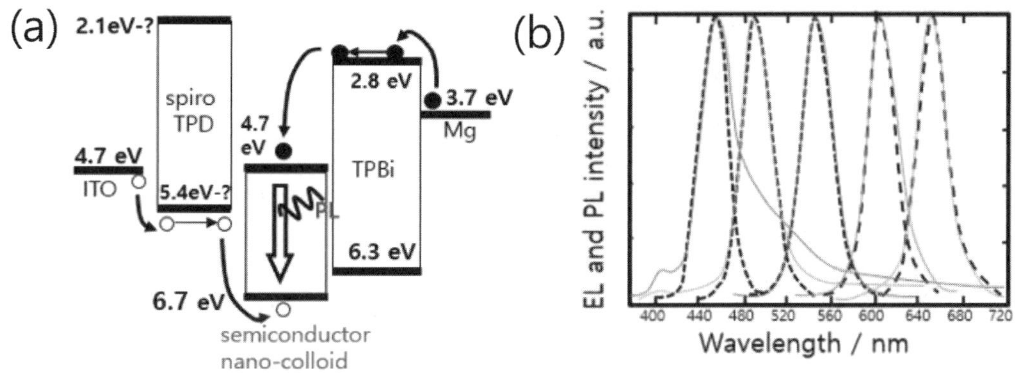


〈그림 7.3.19〉 (a) 정공 수송층(spiro TPD)과 전자 수송층(TPBi) 사이에 반도체 나노콜로이드 층을 끼운 소자의 구조 모식도, (b) 종류가 다른 반도체 나노콜로이드를 이용하여 제작한 소자의 electroluminescence(EL) 스펙트럼(실선)과 사용된 반도체 나노콜로이드 단입자 막의 photoluminescence(PL) 스펙트럼(점선)

발광 층으로서 반도체 나노콜로이드를 이용하여 여러 가지 발광 다이오드(light emitting diode; LED)가 개발되어 있다. 박막 LED의 전형적인 소자구조는 고발광성 나노콜로이드의 박막 층을 전자 수송층과 정공 수송층으로 샌드위치한 것이다. 이 소자에 충분한 바이어스를 인가하면 전자 수송층과 정공 수송층으로부터 각각 전자 및 정공이 반도체 나노콜로이드에 주입되어 재결합한다. 이때 생성되는 에너지가 빛으로서 방출되면 소자는 LED가 된다. EL(electroluminescence) 효율을 향상시키기 위해서는 반도체 나노콜로이드에 전하 주입 효율을 향상시켜 나노콜로이드의 전자-정공 재결합 확률을 증가시키는 것이 중요하다. 이렇게 하기 위해서는 적절한 Fermi 준위를 갖는 전자재료를 선택하고,

전자 수송층의 LUMO 레벨과 반도체 나노콜로이드의 전도대 위치, 그리고 정공 수송층의 HOMO 레벨과 나노콜로이드의 가전자대 위치를 보다 잘 매칭시킬 필요가 있다. 일례로서 〈그림 7.3.19〉에 LED 소자의 구조 모식도와 그 발광 스펙트럼을 나타낸다[(42)]. 여기서는 정공 수송층으로서 spiro-N,N'-diphenyl-N,N'-bis(3-methylphenyl)-(1,1'-biphenyl)-4,4'-diamine (spiro TPD), 전자 수송층으로서 2,2',2''-(1,3,5-benzentriol)-tris(L-phenyl-1-H-benzimidazole) (TPBi)를 이용하여, 이들의 층간에 Cd계 Ⅱ-Ⅵ족 반도체 나노콜로이드 층을 끼우고 있다. LED의 EL 피크는 반도체 나노콜로이드의 종류와 입경에 의해 변화한다. 그리고 그 발광 피크의 형상은 나노콜로이드의 PL 스펙트럼과 잘 일치하고, 밴드단 발광에 해당한다. 이것으로부터 EL은 소자에 끼워져 있는 반도체 나노콜로이드에 전자와 정공이 함께 주입된 후, 재결합하여 생성한다는 것을 알 수 있다.

### 7.3.5. 광에너지 변환시스템에 응용(양자점 태양전지)

우리 주변에 자주 보이는 대표적인 태양전지인 실리콘 태양전지는 1세대 태양전지라고도 불리우며, 이 에너지 변환효율은 시판 모듈로 13~18%, 연구 수준에서 24%이다. 현재 실리콘 태양전지의 보급이 이미 진행되고 있는 가운데, 보다 환경 부하가 적고 값싸게 대량생산이 가능한 차세대 태양전지가 절실히 요구되고 있다. 2세대 태양전지라고 불리우는 화합물 반도체 태양전지나 유기박막 태양전지가 개발되고 있는데, 이들 태양전지는 단일 접합형(pn 접합이 1개) 태양전지이며, Shockeley-Queisser 모델로 계산된 에너지 변환효율의 이론적 최대값은 태양광(AM 1.5) 조사 조건에서 31%가 된다. 종래와는 다른 동작 원리, 재료, 구조를 사용하기 때문에 Schockeley-Queisser 모델의 한계를 깨고 에너지 변환효율은 40% 이상을 나타내는 초고효율 태양전지(제3세대 태양전지)를 개발하고자 하는 연구가 활발히 진행되고 있다. 이 중에서도 직접천이(direct transition)형 반도체 나노콜로이드가 큰 흡수계수의 폭 넓은 흡수대를 가지며, 입경과 입형 제어로 그 광흡수 파장을 제어할 수 있다는 특징을 가지고 있기 때문에, 이들 나노콜로이드를 광흡수층으로 하는 양자점 태양전지(quantum dot solar cell) 개발에 관심이 모아지고 있다. 더욱이 액상 합성된 반도체 나노콜로이드는 벌크 무기재료와 다르게 일반적인 유기재료와 같은 용액에 균일하게 분산된 상태로 취급할 수 있기 때문에, 스핀 코터나 딥 코터 등의 종래의 간단한 박막 제조법을 이용하여 태양전지의 광흡수층을 제작할 수 있다.

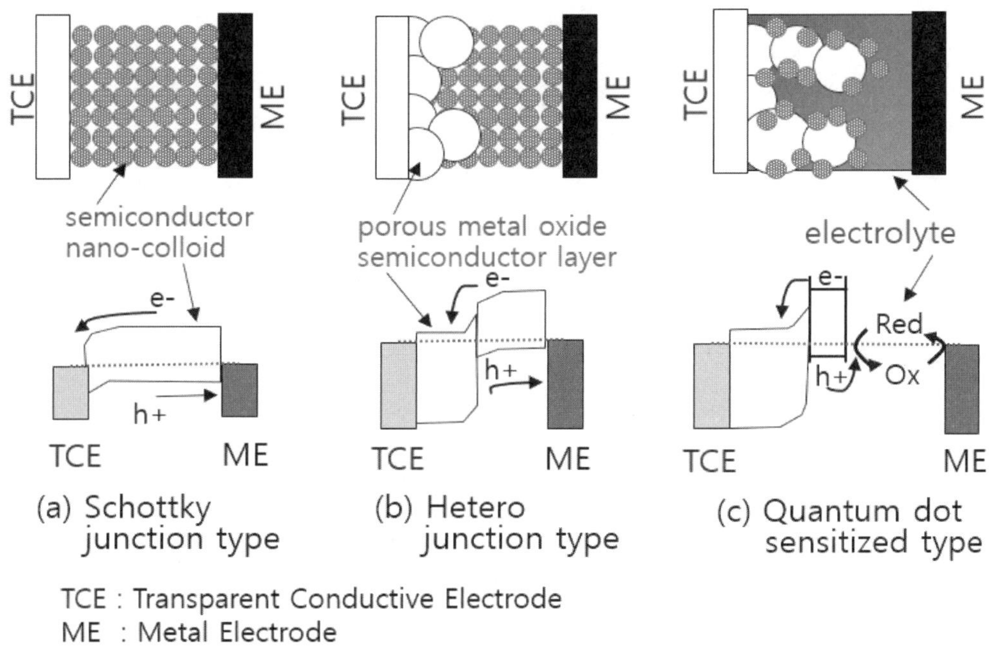


〈그림 7.3.20〉 화학합성한 반도체 나노콜로이드를 광흡수층으로 하는 양자점 태양전지의 구조와 광전류 생성메카니즘(단락 시)의 모식도

제안되고 있는 양자점 태양전지의 몇 가지는 화학공정을 이용하여 제조할 수 있다. 〈그림 7.3.20〉에 그 대표적인 디바이스 구조의 모식도를 나타낸다[43,44]. 금속전극과 p형 반도체 나노콜로이드 적층막 사이에 형성된 전위 구배를 이용한 Schottky 접합형 (a), 금속산화물로 이루어진 다공질 반도체 전극과

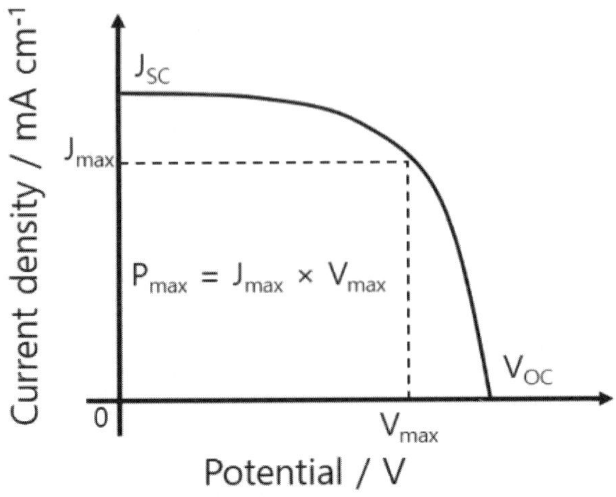


〈그림 7.3.21〉 태양전지에 광조사에 의해 얻어지는 전류-전압 곡선
$J_{sc}$ : 단락전류, $V_{oc}$ : 개방전압, $P_{max}$ : 최대전류

반도체 나노콜로이드 사이에 생성하는 전하 공빈층을 이용한 헤테로(hetero) 접합형 (b), 색소증감형 태양전지와 유사한 구조를 가지며 반도체 나노콜로이드에서 금속산화물 반도체의 다공질 전극으로 광유기 전자이동반응을 이용하는 증감(增感)형 (c)가 있다. 어느 경우에도 태양광의 효율적인 광흡수로 인하여, 근적외선에서 가시광선 영역에 흡수단을 갖는 반도체 나노콜로이드가 이용되고 있다.

양자점 태양전지의 구체적인 특성을 기술하기 전에, 태양전지의 특성평가에 필요한 요소에 대해서 간단히 기술한다. 전형적인 태양전지는 〈그림 7.3.21〉과 같은 전류-전압 특성을 나타낸다. 출력전압 V가 “0”일 때 얻어지는 전류 값을 단락전류(短絡電流, short circuit current) $J_{SC}$, 전류가 “0”일 때 얻어지는 전압을 개방전압(開放電壓, open circuit voltage) $V_{OC}$라고 부른다. 어떤 부하에 있는 태양전지의 출력 P는 그때에 얻어지는 전류 J와 전압 V의 곱으로서, $P = J \times V$에 의해 계산된다. 또한 전류-전압 곡선의 형상은, 태양전지의 최대출력 $P_{max}$와 큰 관계가 있다. 곡선의 형상을 나타내는 요소로서 (7.5)식으로 표현되는 fill factor(충진계수) FF가 있다.

$$FF = \frac{P_{\max}}{J_{SC} V_{OC}} = \frac{J_{\max} V_{\max}}{J_{SC} V_{OC}} \tag{7.5}$$

태양전지 특성을 나타내기 위한 가장 중요한 요소는 에너지 변환효율 $\eta$이며, (7.6)식으로 표시된다.

$$\eta = \frac{P_{\max}}{P_{solar}} \tag{7.6}$$

여기서 $P_{solar}$는 태양전지에 입사한 태양광 강도이며, 중위도(AM 1.5) 부근에서는 100 mW/cm$^2$이다.

〈그림 7.3.22〉 (a)에 헤테로 접합형 태양전지(heterojunction solar cell)의 전류-전압 곡선을 나타낸다. 이 디바이스는 불소(F) 도핑 $SnO_2$ 투명전극(Fluorine-doped Tin Oxide; FTO)에 고정한 n형 $TiO_2$ 다공질층 위에 p형 PbS 나노콜로이드 집적층을 담지하고, 여기에 Au 박막을 후면전극으로 적층한 것이다. 입사한 광은 PbS 나노콜로이드(입경: 3.7 nm)에 흡수되어 광여기 전자와 정공을 생성한다. PbS 중의 광여기 전자는 $TiO_2$ 전극에 주입되어 정공은 PbS 나노콜로이드 집적층에 확산하여 Au 후면전극에 포집된다. 〈그림 7.3.22〉 (b)에 이 광전류의 조사광 파장 의존성(작용 스펙트럼, action spectrum)을 나타낸다. Y축은 조사 단색광 중의 광자 수에 대한 광전류로서 관찰되는 전자수의 비율, 즉 외부양자효율(external quantum efficiency; EQE)의 값이다. 작용 스펙트럼은 사용하는 PbS 나노콜로이드의 흡수스펙트럼과 잘 일치한다는 것으로부터, 이 태양전지가 PbS의 광여기에 의해 동작하고 있다는 것이 확인되고, 더욱이 이 광응답 파장은 약 1,100 nm의 근자외선 광까지 이른다는 것을 알 수 있다[45].

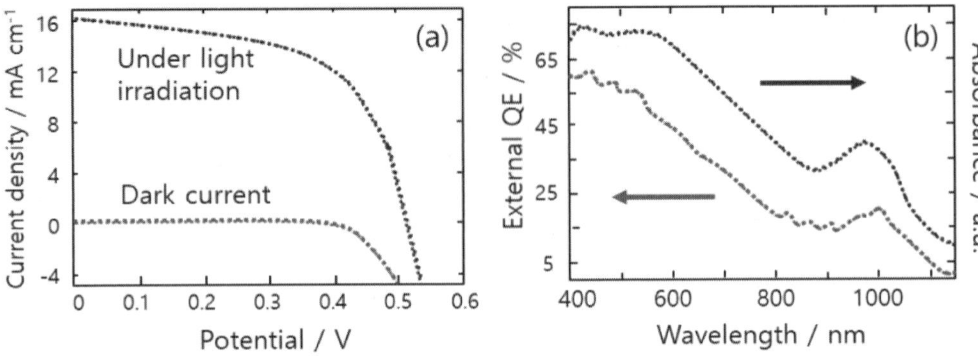


〈그림 7.3.22〉 (a) FTO/다공질 $TiO_2$/PbS 나노콜로이드/Au 디바이스 구조를 갖는 양자점 태양전지의 전류-전압 곡선, $J_{SC}$ = 16.2 mA/cm$^2$, $V_{OC}$ = 0.51 V, FF = 58%, $\eta$ = 5.1% (인공태양광 AM 1.5 조사 시) (이용한 PbS 나노콜로이드는 입경: 3.7 nm, 밴드 갭: 1.3 eV), (b) 태양전지의 광전류($J_{SC}$)의 작용 스펙트럼과 PbS 나노콜로이드의 흡수스펙트럼

담지하는 PbS 나노콜로이드의 입경을 3.7 nm에서 5.5 nm로 크게 해서 밴드 갭을 1.3 eV에서 0.9 eV 줄이면, $V_{OC}$ 및 $J_{SC}$ 어느 것도 감소하여, $\eta$도 5.1%에서 0.93%로 작게 된다. 이것은 양자사이즈 효과에 의한 전도대 전위($E_{CB}$)의 양 전위 쪽 이동으로 설명할 수 있다. 입경이 3.7 nm로 작은 PbS 나노콜로이드에서는 이 $E_{CB}$가 $TiO_2$의 $E_{CB}$ 보다도 충분히 음 전위 쪽으로 위치하고 있기 때문에 PbS에서 $TiO_2$ 로의 광전자 이동이 고효율로 일어나지만, 입경이 5 nm까지 커지면 PbS 나노콜로이드의 $E_{CB}$는 $TiO_2$와 거의 같기 때문에 $TiO_2$로의 광전자 이동이 일어나기 어렵게 된다. 이 태양전지에서는 입경 3.7 nm의 PbS 나노콜로이드(밴드 갭: 1.3 eV)을 이용했을 때에 광에너지 변환효율이 가장 커지며, 인공태양광(AM 1.5)조사 하에서 $\eta$는 5.1%이다. 이 디바이스의 $V_{OC}$ 값은 0.53 V가 되고, n-$TiO_2$ 전극과 p-PbS 나노콜로이드의 Fermi level의 차이와 잘 일치한다. 다른 요소는 $J_{SC}$ = 16.2 mA/cm$^2$, FF = 58%가 되어 비교적 양호한 값이라고 할 수 있다. 또한 반도체 나노콜로이드를 담지하는 다공질 반도체 전극으로는 $TiO_2$ 이외에도 큰 밴드 갭을 갖는 ZnO 등의 금속산화물 반도체가 사용된다.

한편, Schottky 접합형 태양전지에서는 금속산화물 다공질층을 이용하지 않고, p형 반도체인 PbSe 나노콜로이드를 적층한 박막을 광흡수층으로서 이용하고, 여기에 일함수가 작은 금속전극을 직접 연결시켜 제작된다. 근적외선 영역의 광조사에 의해도 고효율로 발전되는 디바이스가 되고, AM 1.5의 인공태양 조사에 의해 $J_{SC}$는 21 mA/cm$^2$, $\eta$는 2.1%가 되는 것으로 보고된 바 있다.

양자점 증감 태양전지(quantum dot sensitized solar cell)은 습식태양전지라고도 불리우는 것 중의 하나이며, 거의 완전히 용액화학 프로세스로 제작 가능하다. 특히 각각의 반도체 나노콜로이드의 전자적 접속을 나노콜로이드 / 용액 계면에 의해 달성할 수 있다는 이점이 있다. 이 디바이스의 구조는 Gräzel들이 개발한 염료감응형 태양전지와 유사한 구조이며, 화학분야의 연구자에게 특히 친숙하다. Kamat들은 다공질 $TiO_2$ 전극 상에 CdS 나노콜로이드를 적층시키고, 상대전극으로 $Cu_2S$ / graphene oxide, 전해액으로서 $S^{2-}$/S redox 쌍을 포함하는 수용액을 이용하여, 샌드위치형 셀을 제작하였다. 이 셀은 600 nm 이하의 파장을 갖는 빛에 응답하여 광전류를 생성하고, 이 EQE는 60% 이상의 높은 값을 보였다. 태양광 조사에 대한 에너지 변환효율은 1.6%이었다. CdS 나노콜로이드 적층 후에 CdSe 나노콜로이드를 더 적층하여, 광응답 파장이 700 nm에 까지 이르고, $\eta$는 4.2%로 증가했다. 또한 Mn을 도핑한 CdS 나노콜로이드를 이용하여 CdSe 나노콜로이드와 함께 적층하면, 더욱 $\eta$가 증가하여 5.4%에 이른다고 보고되고 있다.

위에서 기술한 것처럼 무기재료로 구성되는 디바이스 이외에도, 유기박막 태양전지에 대한 광흡수층으로서 반도체 나노콜로이드를 이용하는 연구가 있다. 〈그림 7.3.23〉에 모식적으로 표시된 것처럼 로드(rod) 형상의 CdSe 나노콜로이드와 도전성 폴리머를 복합화시킨 반도체 나노콜로이드 / 폴리머 하이브리드 태양전지가 개발되어 있다[(46)]. 로드의 두께 7 nm, 길이 60 nm인 CdSe 로드

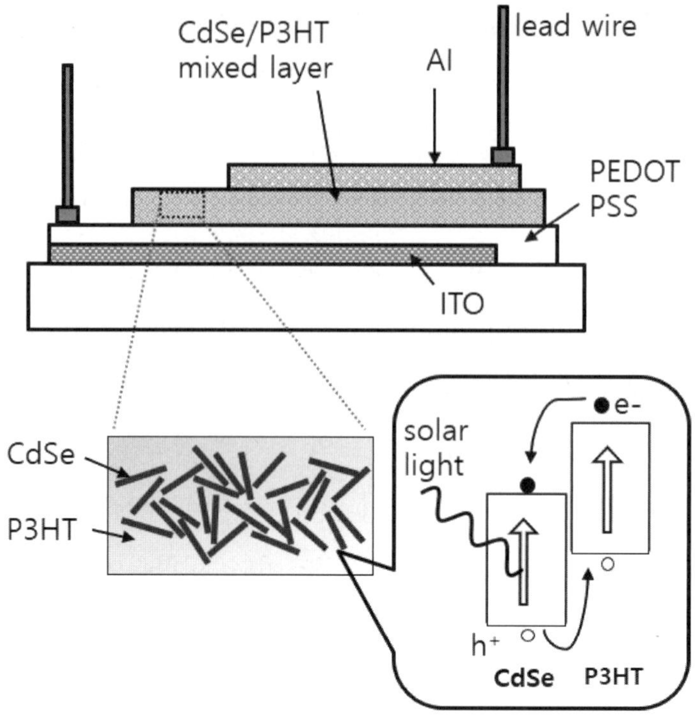


〈그림 7.3.23〉 반도체 나노콜로이드(CdSe) / 도전성 폴리머(P3HT) 하이브리드 태양전지의 구조 모식도

를 poly(3-hexylthiophene)(P3HT) 중에 분산시켜 제작한 태양전지에서는, AM 1.5의 인공태양광 조사에 의해, $\eta = 1.72\%$, $V_{OC} = 0.7$ V, FF = 40%가 얻어진다. 이 태양전지에서는 CdSe가 효과적인 전자 수송층, P3HT가 정공 수송층으로서 작동하고, 광조사에 의해 CdSe 나노콜로이드 중에서 광 생성한 정공이 P3HT에 이동하여, 이들 계면에서 효과적인 광전하 분리가 일어나 광전류가 생성된다. 태양전지의 광응답 특성은 사용되는 CdSe 로드의 형상에 의해 제어할 수 있으며, 로드의 길이가 같아도 두께를 3 nm에서 7 nm로 증가시키면, 광응답 파장영역을 600 nm에서 700 nm로 장파장 쪽으로 넓힐 수 있다. 또한 CdSe 로드의 길이에 의해서도 태양전지 특성이 크게 변화한다. 로드 형상의 CdSe 나노콜

로이드의 종횡비가 1에서 10으로 증가하면 EQE 값이 약 3배로 증가한다. 이것은 나노콜로이드의 형상에 의존하여 CdSe/ P3HT층 중에서 전하이동효율이 변화하기 때문이고, CdSe 로드의 길이가 길수록 그 장축 방향에 따른 입자내 전자이동이 가능해져 CdSe/P3HT층 속의 전하이동효율이 향상한다.

본 절에서 소개한 것 이외에도 반도체 나노콜로이드를 이용한 여러 가지의 태양전지가 개발되고 있다. 또한 반도체 나노콜로이드는 광촉매로서도 작용하고, 나노콜로이드 중에 광 생성한 전자 및 정공을 용액 중의 화학종과 반응시켜 고효율의 광-화학 에너지변환 시스템의 개발이 가능하다.

## 7.4. 나노일렉트로닉스를 선도하는 나노콜로이드

유기 배위자로 안정화된 미세한 금속 나노콜로이드에서는 대전효과에 의해 실온에서 전자 1개를 집어넣는 것이 가능하고 다른 전자가 들어가지 않게 할 수 있다. 이 성질을 이용하면 나노콜로이드를 저소비 전력 나노일렉트로닉스에 응용할 수 있다. 본 절에서는 단전자 디바이스(single electron device)에 사용되기 위한 나노콜로이드의 조건 및 단전자 디바이스의 동작원리에 대하여 기술한다.

### 7.4.1. 나노콜로이드와 나노일렉트로닉스의 연결

현대의 마이크로 일렉트로닉스는 1940년대에 달성한 트랜지스터의 소형화를 시작으로 보다 집적도를 높이는 방향으로 진행되고 있다. 트랜지스터의 고집적화는 점점 우리 생활에서 없어서는 안될 기본 테크놀로지가 되어 있다. 트랜지스터의 최소 크기는 <그림 7.4.1>에 나타낸 Moore's law에 따라서 1960년 이래 직선적으로 작아져 왔다. 현재에는 나노리쏘그라피(nano-lithography)에 의해 50 nm 이하까지 축소가 가능하게 되었다. 트랜지스터는 현재 금속산화물 반도체를 기초로 한 전계효과형 트랜지스터(metal oxide semiconductor field effect transistor; MOSFET)나 반도체 pn 접합을 이용한 바이폴라형 트랜지스터(bipolar transistor)가 주류이다. Moore의 법칙은 이제 한계를 맞고 있으며, 더욱이 고밀도로 집적화한 디바이스 제작을 목표로 하여 나노스케일의 새로운 원리에 기초한 트랜지스터의 개발이 요구되고 있다.

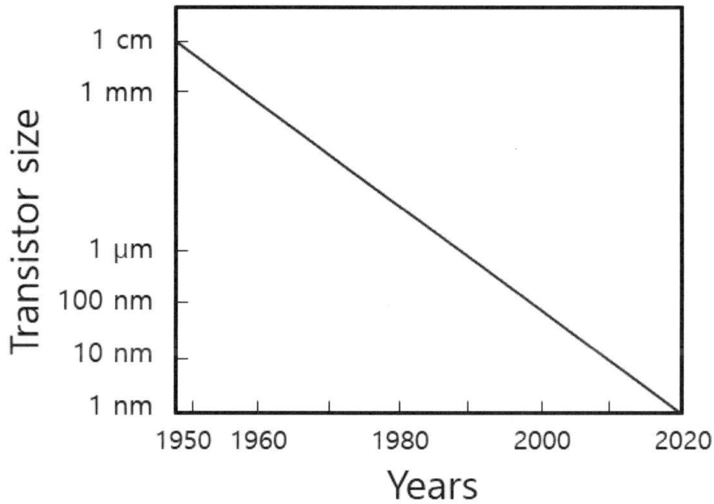


〈그림 7.4.1〉 Moore's law에 따른 트랜지스터 크기의 감소

그렇다면 종래의 트랜지스터의 성능을 크게 향상시키기 위해서는 어떻게 하면 될까? 여기서 일렉트로닉스와는 별로 관계가 없어 보이는 나노콜로이드가 등장한다. 전자의 흐름을 조작하는 일렉트로닉스와 전기적 특성을 정밀하게 제어할 수 있는 나노콜로이드의 사이에는 이외로 큰 관련성이 있다. 종래의 트랜지스터에서는 한 번 스위치 동작으로 만 개 이상의 전자를 사용하지만, 이것을 단지 한 개의 전자로 동작시킬 수 있다면 비약적인 성능 향상과 소비전력을 낮출 수 있다. 전자 한 개로 동작하는 트랜지스터, 소위 단전자 트랜지스터(single electron transister; SET)는 나노콜로이드의 대전효과(charging effect, 쿨롱 효과)를 이용해서 개별의 전하 캐리어를 조작한다고 하는 새로운 원리로 구동하는 차세대 트랜지스터의 하나로서 중요하고, 나노콜로이드가 큰 역할을 담당하고 있다.

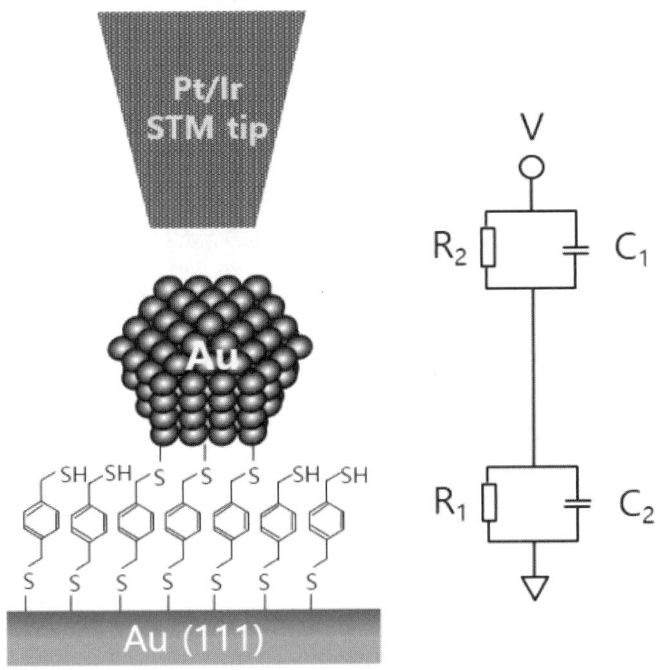


〈그림 7.4.2〉 Au(111) 기판 상의에 형성한 싸이올 자기집적 단분자막 상에 고정화된 1.8 nm Au 나노콜로이드의 STS 측정도(우측 그림은 한 쌍의 캐퍼시터로서의 등가회로를 나타냄)

### 7.4.2. 나노콜로이드를 이용한 SET의 기초

단일 전자를 조작하는 일렉트로닉스, 즉 단전자 일렉트로닉스(single electronics)는 1980년대 말에 미세한 금속/절연체/금속 터널접합(tunnelling junction) 구조(금속 사이를 전자가 터널을 뚫음)로 된 시스템으로 실험과 이론이 연구된 이래 주목을 모으고 있다. 전하의 이산성(離散性) (또는 분리성)이 본질적인 의미를 갖게 되어, 터널접합에서 전자의 터널링을 외부인가 전기장이나 주입 전하에 의해 변화시키는 것이 가능하게 되었다. 유기 배위자로 안정화된 입경 2 nm 이하의 미세 금속 나노콜로이드에서는 대전효과에 의해 실온에서 전자 한 개를 가둘 수 있으며 다른 전자가 들어가지 않게 된다. 이 단전자 갇힘을 이용한 금속 나노콜로이드의 SET로의 응용연구는 1966년 R. P. Andres들에 의한 이중터널접합(double tunnelling junction)을 통한 쿨롱계단(Coulomb staircase)의 발견에 의해 시작되었다. Andres 들은 **〈그림 7.4.2〉**에 나타낸 것처럼, Au(111) 기판 상에 $\alpha,\alpha'$-xylyldithiol(크실릴다이싸이올) 자기조립화 단분산막(self-assembled monolayer; SAM)을 형성시켜 입경 1.8 nm의 Au 나노콜로이드를 고정하는 것으로, SAM 칩 / 진공 / Au 나노콜로이드 / dithiol / Au(111) 기판으로 된 이중터널접합 시스템을 제작하였다(진공과 dithiol이 터널저항이 된다). 주사터널분광(scanning tunneling spectroscopy; STS)에 의해 전류-전압 특성을 측정하면(bias voltage: -1.75 V, tunnel current set points: 2 ~ 5 nA), 실온에서 명확한 쿨롱계단을 나타내고, 1.8 nm Au 나노콜로이드가 SET에서 단전자 수송하는 단전자 섬(single electron island)으로서 이용할 수 있다는 사실이 실증되었다[47]. 그럼 다음으로 단전자 터널링와 금속 나노콜로이드를 이용한 단전자 터널링 및 SET의 동작 원리에 대해서 기술한다.

### 7.4.3. 단전자 터널링

벌크 금속을 수십 ~ 수백개 정도의 원자로 되는 금속 나노콜로이드(클러스터)까지 미세화하면, 가전자대 및 전도대의 상태밀도(density of state; DOS)가 감소하고, 전자 특성의 극적인 변화에 의한 전도성, 자성, 국부표면플라즈몬 공명 등의 손실을 볼 수 있게 된다. 금속 나노콜로이드의 입경에 의한 전기 특성의 조정에 있어서 가장 중요한 것은 전기적으로 중성인 나노콜로이드에 한 개의 전자를 주입하기 위해 필요한 에너지 양(대전에너지, charging energy)이다.

대전에너지는 중성 원자의 전자 친화력에 대응하는 것으로 대략 나노콜로이드의 반경에 반비례한다. 나노콜로이드의 대전에너지가 열에너지보다 충분히 크면 두 번째 이후 전자의 나노콜로이드에 주입이 차단된다. 소위 쿨롱패쇄(Coulomb blockade)가 관측된다. 일반적으로 금속전도체에서 전하수송에는 대량의 자유전자가 관여하고 있지만, 금속 나노콜로이드 중의 전자 수는 정수이어서 외부 전기장에 의해 전자 수를 제어할 수 있다. 이때 금속 나노콜로이드를 이용한 회로에서 전자의 수송은 양자역학적 터널링을 사용하여 일어나게 된다.

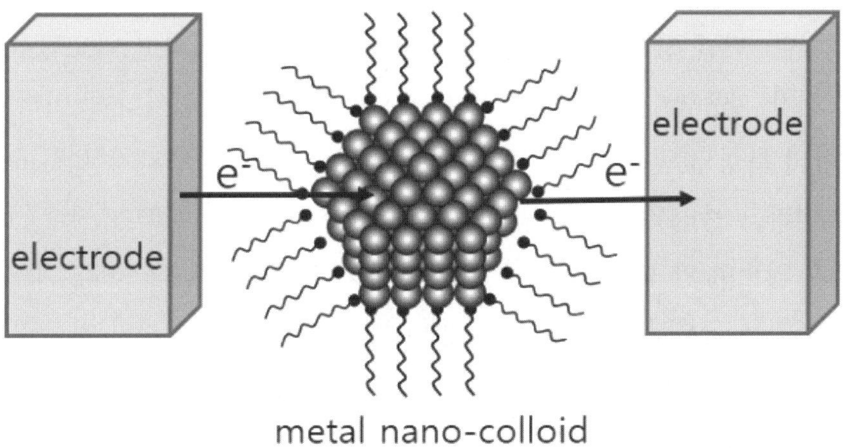


〈그림 7.4.3〉 단전자 섬으로서 금속 나노콜로이드를 경유하는 두 전극 사이에서의 단전자 터널링

〈그림 7.4.3〉에 금속 나노콜로이드를 단전자 섬으로 이용한 회로에서의 전자의 수송은 양자역학적 터널링의 모습을 나타내고 있다. 터널링의 확률은 회로에 인가한 전압과 나노콜로이드에 존재하는 과잉전자의 분포에 크게 의존하기 때문에, 나노콜로이드는 전자가 통과하기 어려운 장벽으로 격리된 자유전자의 저장소로서 역할을 한다. 단전자 섬으로서의 금속 나노콜로이드의 정전용량 C가 충분히 작은(나노콜로이드의 크기가 충분히 작은) 경우, 전하 캐리어를 개

별적으로 취급하는 것이 가능하게 되어 한 개의 과잉전자를 갖는 나노콜로이드의 전위변화 $\triangle V = e/C$(e: 전기량)가 상당히 높아진다. 터널링에 의해 나노콜로이드에 들어 있는 전자수가 증가하여 포텐셜이 높아지면 다음의 전자 주입에 의한 계 에너지가 너무 증가하기 때문에 터너링 확률은 낮아진다. 여기서 게이트 전위 등에 의해 나노콜로이드의 전위를 변화시키면 터널링 확률이 원래로 돌아가서 단 한 개의 전자 터널링을 일으킬 수 있다(48).

단전자 터널링을 실현시키기 위해서는 다음의 두 가지 조건을 만족할 필요가 있다. 첫 번째는 파동함수(wave function)로 기술되는 전자의 터널 수송은 터널 장벽(나노콜로이드에서는 유기 배위자 분자)의 성질로 결정되기 때문에 나노콜로이드와 전극 사이의 절연성 터널 장벽(tunnel barrier)의 높이와 두께를 조정할 필요가 있다. 터널 장벽이 충분한 높이와 두께를 가져 버리면 나노콜로이드와 전극의 전자 파동함수 들의 중첩이 작아져서 터널링이 일어나기 어려워진다. 터널접합의 특성 값인 터널저항(tunneling resistance) $R_t$는 양자저항(quantum resistance)이라고 불리우는 기본정수 $R_q$(=$h/e^2$ = 25.8 k$\Omega$, h: 프랭크 상수) 보다 훨씬 커지지 않으면 안 되지만, 100 k$\Omega$ 정도가 기준이 될 것이다. 이때 나노콜로이드 안의 전자는 국부적으로 존재하고 있는 한편, 그 수는 고전적인 거동을 나타낼 것으로 생각할 수 있지만, 전자 수는 당연히 열진동의 영향을 받는다.

단전자 터널링을 실현하기 위한 두 번째 조건은, 이 열진동에 의한 전자 수의 변화를 충분히 작게하지 않으면 안 되고, 그렇게 하기 위해서는 한 개의 전자를 여분으로 나노콜로이드에 주입하기 위한 대전에너지 $E_c$를 열에너지 $k_BT$($k_B$: 볼쯔만 상수, T: 절대온도) 보다 훨씬 크게 할 필요가 있다. 예를 들면 20℃에서 단전자 터널링을 실현하기 위해서는 25 meV 이상의 대전에너지를 갖는 나노콜로이드를 사용하지 않으면 안 된다. 나노콜로이드의 입경이 전기적 차폐 길이(~ 0.1 nm) 보다 큰 경우에는 나노콜로이드의 전하 Q와 유기 배위자를 포함하는 나노콜로이드의 정전용량 C를 이용하여, 대전에너지는 $E_c = Q^2/2C$로 단순한 형태가 된다. 즉 $E_c = Q^2/2C >> k_BT$를 만족하면 된다. 구체적으로는 작은 나노콜로이드일수록 정전용량이 작기 때문에 대전에너지가 커지고, 단전자 터널링이 관측되는 온도도 올라간다. 20℃에서 단전자 터널링을 관측하기 위해선는 열에너지의 10배 이상, 즉 250 meV 이상의 대전에너지를 갖는 단분산 나노콜로이드를 이용할 필요가 있다.

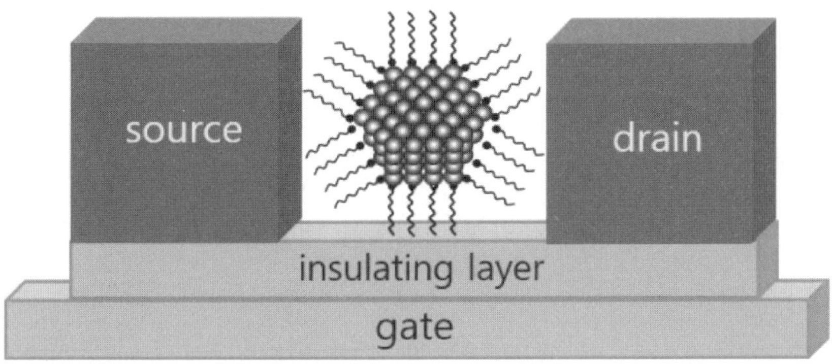


〈그림 7.4.4〉 금속 나노콜로이드를 단분자 섬으로 사용한 단전자 디바이스의 기본 구조

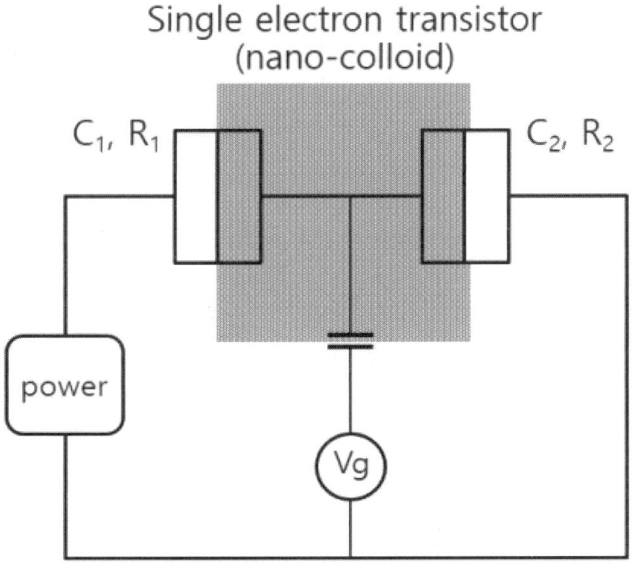


〈그림 7.4.5〉 2중 터널접합으로 구성된 단전자 트랜지스터의 등가회로

### 7.4.4. 나노콜로이드를 이용한 SET 동작원리

〈그림 7.4.4〉에 금속 나노콜로이드를 이용한 SET 소자의 기본구조를 나타낸다. 기본적으로는 종래의 MOS형 소자와 구조적으로 유사하지만, 단전자 섬인 미세 금속 나노콜로이드를 2중 터널접합(나노콜로이드-전극 간 유기 배위자 분자)를 통하여 나노갭 전극 사이에 선택적으로 배치시켰다는 것이 상이한 점이다. 이 소자의 전극인가전압 V와 게이트 전압(gate voltage) $V_g$를 적당히 선택하면 전자가 한 개씩 순차적으로 소스에서 터널접합을 빠져나가 나노콜로이드에 들어가고 드레인 쪽으로 빠져나가도록 조정할 수가 있다.

한 개의 전자가 어느 쪽인가의 터널접합을 터널링할 때에 발생하는 계의 전에너지 변화 △E는 나노콜로이드의 대전에너지와 전원이 행하는 일로 표시되고, 게이트 전압 $V_g = 0$ 일 때는 다음과 같이 된다(〈그림 7.4.5〉 참조).

$$\Delta E = Q_f^{\,2}/2C - Q_i^{\,2}/2C - qV \qquad (7.7)$$

여기서, $Q_f$ 및 $Q_i$는 각각 나노콜로이드의 초기 축적전하 및 최종 축적전하, q는 전원에서 주입되는 전하이고, $C = C_1 + C_2$ ($C_1$, $C_2$은 접합정전용량으로, 여기서는 $C_1 = C_2$로 생각한다)로 한다. 나노콜로이드에 전하가 들어 있을 때($Q_i = 0$, $Q_f = e$)는 $q = \pm e/2$가 되며(전자의 터널링 방향에 의해 부호가 결정된다), $\triangle E = e^2/2C \pm eV/2$가 된다. $-e/C \leq V \leq e/C$에서는 에너지 변화가 양(positive)이 되고, 계의 에너지를 증가시키기 때문에 충분한 열에너지가 없는 경우는 터널링이 일어나지 않는 편이 안정하고, 단전자 트랜지스터는 쿨롱패쇄 상태가 된다. 이 범위 외에서는 전자의 터널링이 차례차례로 일어난다.

게이트 전압 $V_g \neq 0$ 일 때는 게이트 전압에 의한 부가적인 정전분극이 나노콜로이드에 유발되기 때문에, 단전자 터널링에 의한 에너지 변화가 $V_g = 0$일 때와는 다르다. 〈그림 7.4.6〉에 쿨롱패쇄에 대한 전극인가전압 V와 전압 $V_g$에 대한 관계를 그래프로 나타내었다. 이것은 쿨롱 다이아몬드(Coulomb diamond)라고 불리 우며, 전극인가전압 V를 일정하게 유지하고 게이트 전압 $V_g$를 변화시키면 디바이스를 흐르는 전류가 on/off 를 반복한다.

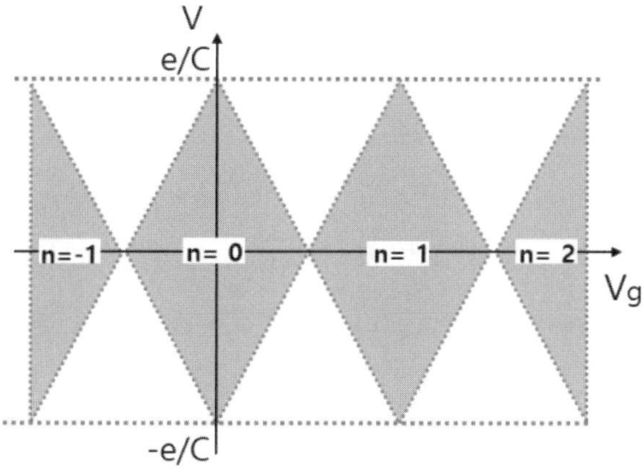


〈그림 7.4.6〉 V/$V_g$ 전압평면에서 이상적인 Coulomb blockade 영역의 마름모꼴 반복(쿨롱 다이아몬드) (n; blockade 상태 시에 나노콜로이드에 들어있는 전자 수)

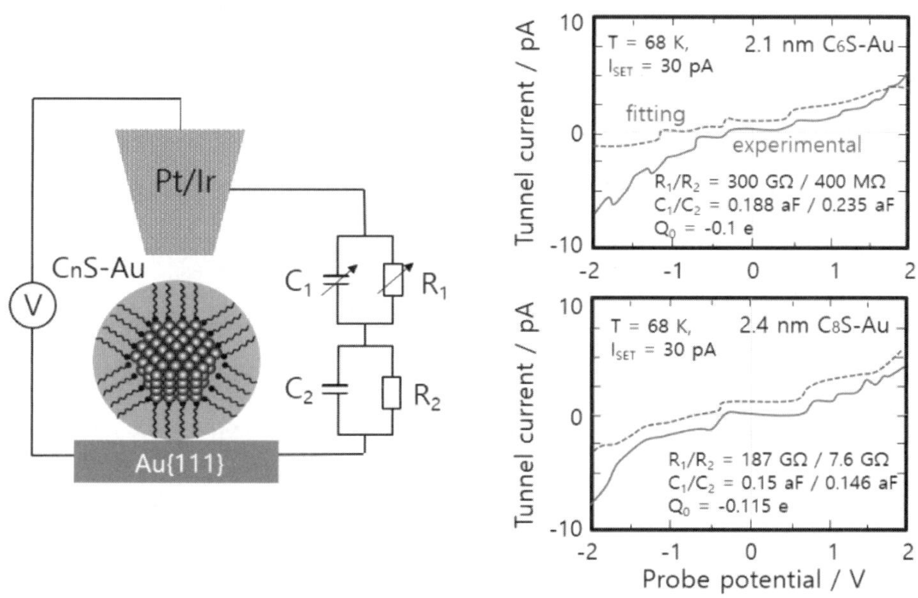


〈그림 7.4.7〉 2.1 nm $C_6S$-Au 나노콜로이드 및 2.4 nm $C_8S$-Au 나노콜로이드의 STS 측정과 해석결과

### 7.4.5. Au 나노콜로이드를 이용한 단전자 터널링

7.4.3항에서 기술한 바와 같이, 실온에서 단전자 터널링을 행하기 위해서는, 유기 배위자의 터널저항의 감소와 미세(1 ~ 2 nm)한 크기 차이가 없는 금속 나노콜로이드의 합성이 중요하다. 여기서는 Au 나노콜로이드를 이용한 SET에 대해서 기술하고자 한다.

전극 사이에 배치된 Au 나노콜로이드의 단전자 터널링을 지배하는 요인의 하나는 유기 배위자의 터널저항이며, 양자저항(25.8 k$\Omega$) 보다 약간 큰 값(100 k$\Omega$ 정도)으로 할 필요가 있다. 즉 옥탄싸이올($C_8SH$) 또는 헥산싸이올($C_6SH$)로 표면을 보호한 입경 2 nm 정도의 Au 나노콜로이드($C_8S$-Au 또는 $C_6S$-Au)의 주사터널분광(scanning tunneling spectroscopy; STS)에 의한 측정(〈그림 7.4.7〉)에서는 실온에서 쿨롱계단이 발현하는 것 이외에, 알칸싸이올 층의 터널저항(Au 나노콜로이드 - Au(111) 기판 사이의 고정저항)이 알킬기의 길이에 의해 7.6 G$\Omega$ ±10%(옥탄싸이올)에서 460 M$\Omega$±10%(헥산싸이올)까지 급격히 변화하는 것을 알 수 있다[(49)]. 이것은 $\sigma$ 결합만으로 구성되는 유기분자의 터널저항이 얼마나 높은 것인지를 나타내주고 있다. 그러면 터널저항의 대폭적인 저감은 단순히 $\sigma$ 결합으로 되어 있는 유기 배위자 층을 얇게 하면 되는 것일까? 유감스럽게도 나노콜로이드의 합성 입장에서 보면 헥산싸이올 보다 짧은 알칸싸이올을 이용한 내열성 강한 미세 Au 나노콜로이드의 합성은 매우 곤란하다. 터널저항 저감을 위한 다른 방법으로서 유기 배위자 층 자체에 어느 정도 도전성을 부여하는 것을 생각할 수 있다. 예를 들면, 대환상(大環狀) $\pi$ 공역분자(供役分子)를 Au 나노콜로이드 표면에 평면 배위시켜 유기분자 $\pi$ 궤도와 Au 나노콜로이드 궤도를 직접 중첩하면 터널저항의 대폭적인 감소를 기대할 수 있다.

실온에서 단전자 터널링에 필요한 또 하나의 조건이 미세하고 단분산인 나노콜로이드의 합성이다. 열적으로 안정하고 단분산인 Au 나노콜로이드를 합성하기 위해서는 복수의 설포닐기를 갖는 다좌 배위자(多座 配位子)를 이용하는

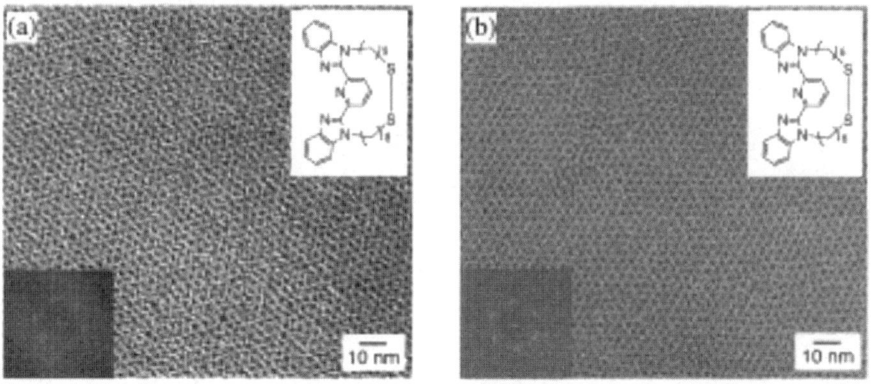

〈그림 7.4.8〉 (a) 1.5±0.2 nm, (b) 1.6±0.2 nm Au 나노콜로이드의 TEM 사진
(삽입 그림은 유기배위자의 화학구조 및 FFT spot을 나타냄)

것이 매우 유용하다. 〈그림 7.4.8〉에 설포닐 2좌 배위자로 표면이 보호된 단분산이면서 미세한 Au 나노콜로이드의 TEM 상을 나타내고 있다. 더욱이 입경 차이(표준편차)를 작게 하기 위해서는 나노콜로이드의 구성 원자수 제어가 필요하다. 현재 나노콜로이드의 합성기술로는 1 nm 전후의 나노콜로이드의 원자수 제어가 가능하고, 터널저항이 충분히 작은 Au 클러스터가 합성되고 있다[50].

## 7.4.6. 나노콜로이드를 이용한 반도체식 가스센서

(a) 반도체식 가스센서의 일반적인 특성

산화물 반도체의 전기저항 변화를 전기신호로 감지하는 반도체식 가스센서의 감지물질로는 $SnO_2$와 ZnO 나노분말이 가장 많이 이용되고 있으며, VOCs를 비롯한 환원성 가스(CO, $H_2$, VOCs, $CH_4$, NO, $H_2S$, $NH_3$ 등) 또는 산화성 가스($NO_2$, $O_3$, $CH_3CN$, $CH_3NO_2$ 등)에 모두 사용이 가능하다.

반도체식 가스센서의 일반적인 특성은 다음과 같다. ① 저가 및 소형화 가능, ② 높은 신뢰성(단순 전자 공학적 구조), ③ 부식성 가스에 대한 좋은 저항성, ④ 우수한 기계적 강도, ⑤ 낮은 고장률을 들 수 있다. 반면 단점도 있는데, ①

짧은 수명(감지물질인 촉매의 산화 또는 grain size 증가가 원인), ② 높은 전력소모(VOCs 센서의 경우 구동 온도는 보통 300 ~ 400℃로 고온), ③ 동기화 후의 긴 안정화 시간, ④ 취약한 선택성(모든 환원성 가스에 반응)을 들 수 있다.

금속산화물 반도체식 가스센서의 구조에 대한 이해를 돕기 위해, 현재 상용화되어 있는 후막형(thick film) 가스센서의 구조를 <그림 7.4.9>에 표시한다.

반도체식 가스센서의 감지물질로는 금속 산화물 반도체(Metal Oxide Semiconductor; MOS)가 사용된다. 일반적으로 MOS 가스센서로 표기하기도 한다. MOS를 이용한 가스센서의 경우, MOS 만으로는 감도가 낮기 때문에 Pt, Pd 등과 같은 귀금속 촉매를 함침시켜 감도를 향상시키고 있다. 현재 상용화되어 있는 환원성 가스 감지용 반도체식 가스센서에는 $SnO_2$와 ZnO 나노입자의 혼합 분말이 감지물질로 널리 사용되고 있으며, 이들 혼합분말 표면에 4 ~ 5 nm의 귀금속 촉매를 담지시켜 가스감지 능력을 활성화하고 있다. 이렇게 제조한 귀금속 담지 MOS 분말은 페이스트로 만들어져 스크린 프린팅 방식에 의해 전극회로기판 위에 후막(thick film) 형태로 도포된다. 전극회로기판에는 전극과 히터가 부착되어 있어 약 350 ~ 400℃에서 센서의 동작이 가능하다(<그림 7.4.9> 참고).

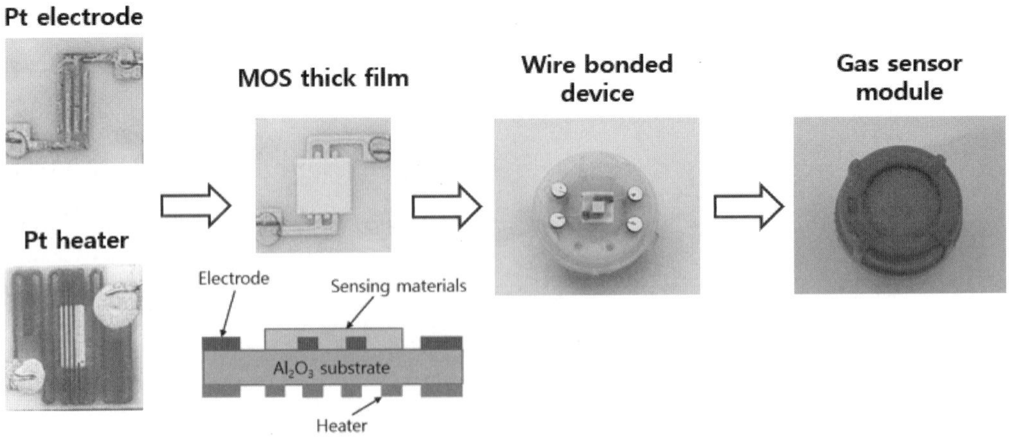


<그림 7.4.9> 후막형 가스센서 소자 및 모듈 구조

(b) 반도체식 가스센서의 작동원리

반도체식 가스센서는 〈표 7.4.1〉에 나타낸 것처럼 사용되는 반도체의 종류에 따라 n-형 및 p-형으로 나뉠 수 있다. 본 항에서는 이 두 종류의 반도체식 가스센서의 작동원리에 대해서 기술한다.

〈표 7.4.1〉 n-type 및 p-type 반도체 물질

| Class | Metal oxide semiconductors (MOS) |
|---|---|
| n-type | $SnO_2$, $TiO_2$, ZnO, $In_2O_3$, $WO_3$, $CeO_2$, $\alpha$-$Fe_2O_3$ |
| p-type | $Cu_2O$, CuO, NiO, $Co_3O_4$, $Cr_2O_3$, SnO, MnO, $Ag_2O$ |

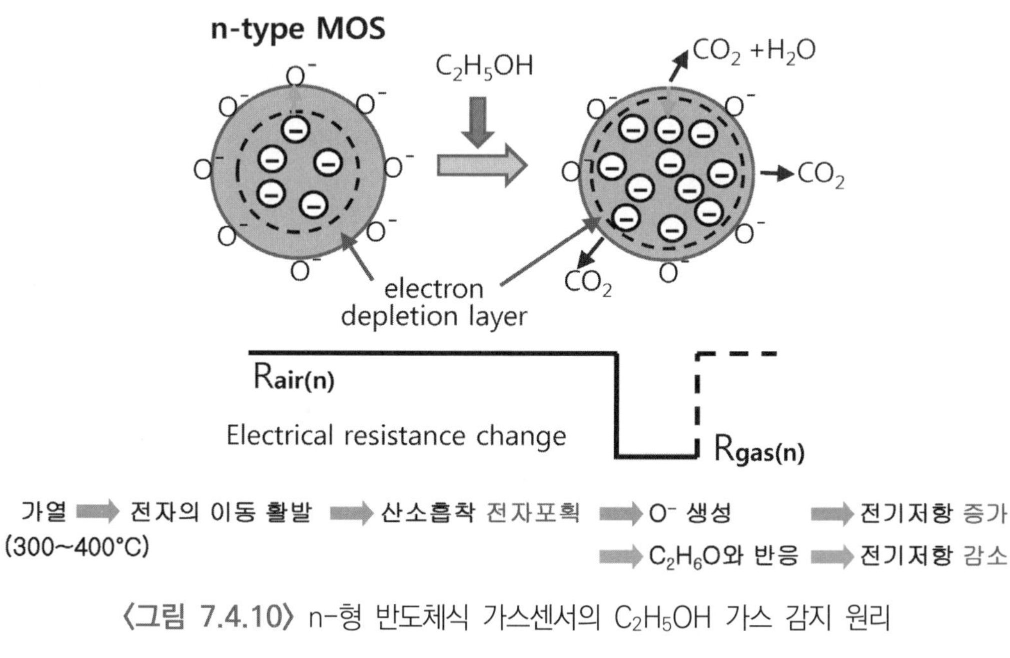


〈그림 7.4.10〉 n-형 반도체식 가스센서의 $C_2H_5OH$ 가스 감지 원리

① n-형 금속산화물 반도체 가스센서의 동작원리

〈그림 7.4.10〉에 나타낸 것처럼, n-형 금속산화물 반도체(n-MOS)를 대기 중에서 300 ~ 400℃로 가열하게 되면, n-MOS 입자 내에는 열에너지가 주어져 전하의 주캐리어인 전자(electron)가 많아지고, n-MOS 표면상에 산소기체($O_2$)가 흡착되면 n-MOS 내의 전자를 포획하여 $O^-$의 상태가 된다. 이로 인하여 n-MOS의 표면층에는 넓은 전자공핍층(electron depletion layer)이 형성되며, 결과적으로 n-MOS의 전위장벽은 높아지고 전기저항은 높아진다. 환원성 가스인 $C_2H_5OH$가 n-MOS 주변에 존재하게 되면, 이 기체들은 산소와 만나 산화되기 때문에 산소기체에 포획되었던 자유전자는 n-MOS 입자 내로 다시 돌아가게 되고 전위장벽은 낮아져 입자 간의 전기저항은 감소된다. 이러한 전기저항의 변화가 클수록 감지물질은 높은 감도를 나타내게 된다. 따라서 전자공핍층 영역의 제어가 반도체식 가스센서의 감도 향상의 핵심 요소라고 할 수 있다. MOS 내에 전자공핍층을 확대시킬 수 있는 가장 간단한 방법은 감지물질의 사이즈를 줄이는 것이고, 또는 MOS 나노입자 내부에 p-n junction과 같은 nano hetero-junction 구조를 도입하는 것이다.

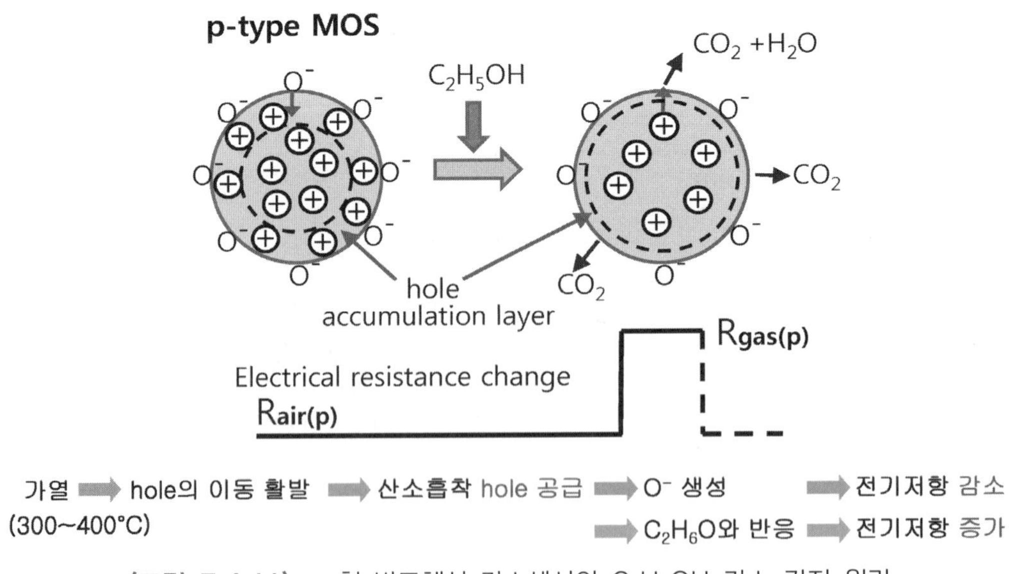


〈그림 7.4.11〉 p-형 반도체식 가스센서의 $C_2H_5OH$ 가스 감지 원리

② p-형 금속산화물 반도체 가스센서의 동작원리

〈그림 7.4.11〉에 나타낸 것처럼, p-형 금속산화물 반도체(p-MOS)를 대기 중에서 300 ~ 400°C로 가열하게 되면, p-MOS 입자 내에는 열에너지가 주어져 전하의 주캐리어인 정공(hole)이 많아지고, 여기에 산소기체($O_2$)가 흡착하면 p-MOS 내로 정공(hole)을 공급하면서 산소 원자는 $O^-$의 상태가 된다. 이로 인하여 p-MOS 입자의 표면 주변에는 정공축적층(hole accumulation layer)이 형성되어 전위장벽은 낮아지고 전기저항도 낮아진다. 이때 환원성 가스인 $C_2H_5OH$가 p-MOS 주변에 존재하게 되면, 이 가스는 산소와 만나 산화되는데 이때 산소 원자는 p-MOS에게 주었던 정공(hole)을 다시 받게 되고, 결과적으로 p-MOS의 전기저항은 증가하게 된다. 역시 이러한 전기저항의 변화가 클수록 감지물질은 높은 감도를 나타낸다고 할 수 있다.

(c) 금속@산화물 코어-쉘 구조 나노입자 적용 센서의 가스감지 특성

금속@산화물(metal@MOS) 코어-쉘 나노입자는 반도체식 가스센서의 감지물질로 활용이 가능하고, 센서의 반응성을 향상시킬 수 있는 구조를 갖고 있다. 본 항에서는 금속@산화물 코어-쉘 구조 나노입자가 가스센서의 감지물질로서 가지고 있는 물리적 및 형태학적 특성을 소개하고, metal@n-MOS(n-type) 및 metal@p-MOS(p-type) 코어-쉘 구조 나노입자를 감지물질로 하는 가스 센서의 작동원리 및 특성을 전기저항의 변화에 기초를 두고 설명한다.

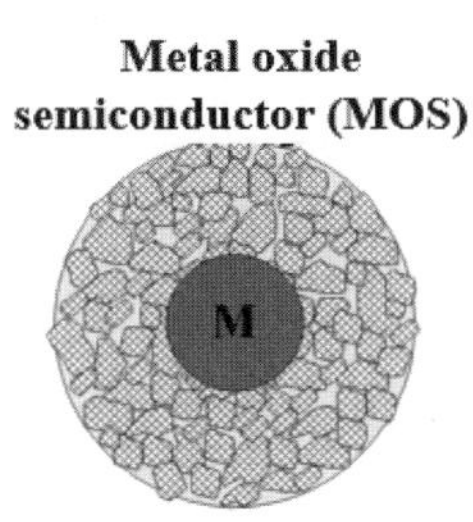


〈그림 7.4.12〉 Metal@oxide 코어-쉘 구조 나노입자의 단면

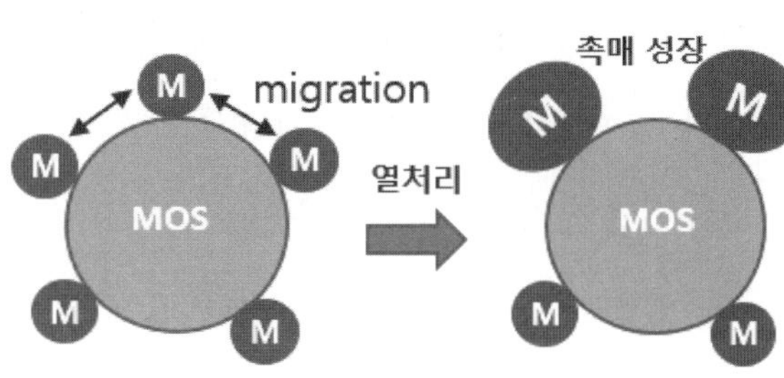


〈그림 7.4.13〉 열처리에 의한 MOS 상 금속 나노촉매의 입경 변화 모식도

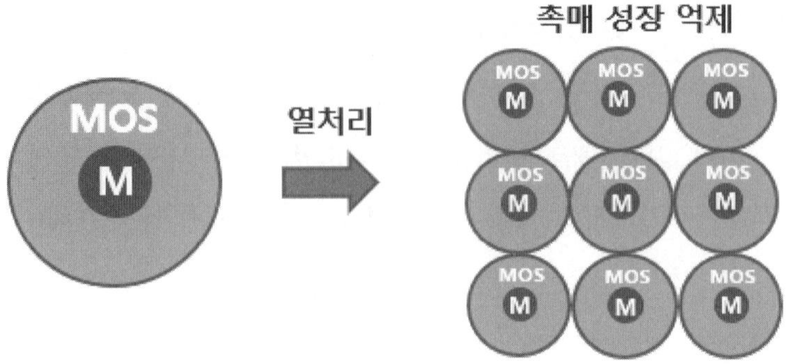


〈그림 7.4.14〉 Metal@MOS 코어-쉘 나노입자의 열처리 후 금속 나노촉매 코어의 입경 성장 억제 효과 모식도

Metal@MOS 코어-쉘 구조 나노입자는 〈그림 7.4.12〉에 나타낸 것처럼 금속 나노입자 코어와 금속산화물 반도체(MOS) 쉘 층으로 구성되어 있다. 일반적으로 쉘 층은 작은 MOS 나노입자의 응집체이고 많은 나노기공(nano-pore)을 가지고 있다. 이러한 나노기공 구조는 반응가스가 금속 코어까지 침투할 수 있도록 할 뿐만 아니라 MOS 쉘 층이 반응가스와 접촉할 충분한 반응 사이트를 제공하게 되고 결과적으로 반응가스와의 감도를 크게 향상시킨다. 반응가스와의 감도는 쉘 층의 MOS 나노입자 및 미세기공의 크기에 따라 변화할 수 있다. Metal@MOS 코어-쉘 구조 나노입자의 또 다른 특징은 MOS 감지물질의 감도를 향상시킬 수 있는 금속 촉매가 MOS 나노입자의 쉘 층으로 보호되고 있다는 것이다. 종래의 반도체식 가스센서용 감지물질에서는 금속 나노촉매(Pt, Pd, Au 등)가 MOS의 외부에 담지되기 때문에 300℃ 이상의 고온에서 작동하는 가스센서의 특성 상 〈그림 7.4.13〉에 나타낸 것처럼 금속 나노촉매가 사용시간에 따라 서로 응집 소결되어 감지물질의 성능이 크게 저하되는 문제가 있었다. 반면에 metal@MOS 코어-쉘 나노입자는 〈그림 7.4.14〉과 같이 금속 촉매가 MOS로 보호되고 있고 3차원적으로 볼 때 금속 나노촉매가 응집되기 어려운 구조를 갖는다. 그래서 metal@MOS 코어-쉘 나노입자를

가스센서의 감지물질로 사용하면 센서의 수명을 연장할 수 있다. 또한 쉘층의 다공성 구조 때문에 반응 가스와 금속 코어 촉매의 원활한 반응이 가능하고, 따라서 금속 코어의 촉매적 성능이 충분히 발휘될 수 있다.

다음은 metal@MOS 코어-쉘 나노입자의 전기적 저항 변화에 따른 반응가스와의 감도 향상을 metal@n-MOS와 metal@p-MOS 코어-쉘 나노입자로 나누어 설명한다.

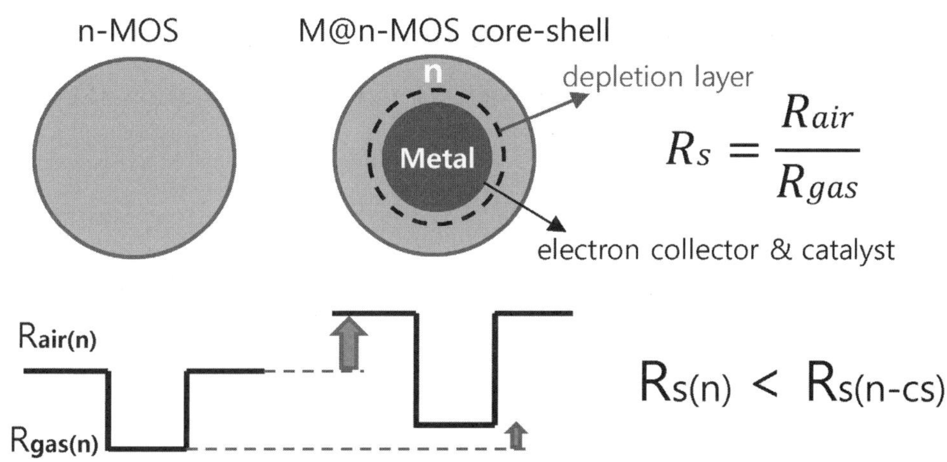


〈그림 7.4.15〉 Metal@n-MOS 코어-쉘 나노입자의 가스반응 시 전기저항 변화 모델

① **Metal@n-MOS 코어-쉘 나노입자 적용 가스센서**

〈그림 7.4.15〉은 순수한 n-형 MOS 나노입자와 metal/n-MOS 코어-쉘 구조 나노입자가 환원성 가스(VOCs, CO 등)와 반응 시 전기저항의 변화를 모식적으로 비교하여 나타낸 것이다. Metal@n-MOS 코어-쉘 구조 나노입자 내부의 금속 코어는 촉매적 역할 뿐만 아니라 n-MOS 층의 전자를 포획하는 electron collector의 역할을 수행한다. 따라서 metal@n-MOS 코어-쉘 나노입자의 내부에 또 다른 전자결핍층을 형성하게 되고 결과적으로 전기저항은 순수한 n-MOS 보다 훨씬 높은 전기저항을 나타낸다. 환원성 가스와의 반응 시 metal@n-MOS

코어-쉘 나노입자의 초기저항($R_{air}$)이 높기 때문에 측정가스와 반응 후 저항($R_{gas}$)과의 차이가 〈그림 7.4.15〉와 같이 큰 폭으로 넓어지는 효과가 발생하고, 그 결과 가스 반응성($R_s = R_{air} / R_{gas}$)의 값이 크게 상승하여 고활성을 나타내게 된다.

〈그림 7.4.16〉 (a)는 Au@$SnO_2$ 코어-쉘 나노입자의 TEM 사진을 나타내고 있다. Au 코어 나노입자의 크기는 12 ~ 18 nm이고, 쉘 층의 두께는 8 ~ 10 nm이다. 쉘 층의 $SnO_2$ 입자의 입경은 약 5 nm 이하로 매우 미세하다. 〈그림 7.4.16〉 (b)는 순수한 $SnO_2$와 Au@$SnO_2$ 코어-쉘 나노입자로 제작된 각각의 센서를 측정온도 300℃에서 1,000 ppm CO가스에 대해 CO가스 도입 전후의 전기저항 변화를 조사한 결과이다. CO가스 도입 전 Au@$SnO_2$ 코어-쉘 나노입자의 초기저항 $R_{air}$는 2 M$\Omega$ 이상으로 $SnO_2$ 나노입자와 비교하여 훨씬 높은 상태이다. 반면에 CO가스 도입 후 $R_{gas}$ 값은 Au@$SnO_2$ 코어-쉘 나노입자가 더 낮다. 따라서 Au@$SnO_2$ 코어-쉘 나노입자 센서의 CO 반응성 $R_s$($R_{air}$/$R_{gas}$)가 $SnO_2$ 나노입자 센서보다 더 높은 것이다[(51)].

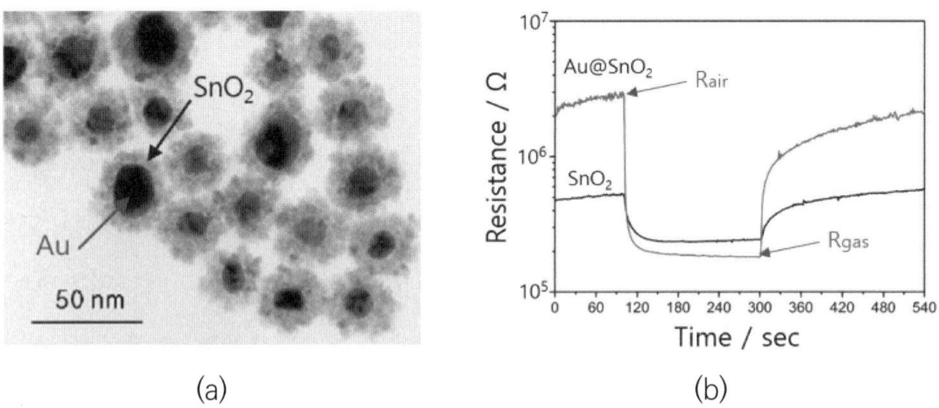

(a) (b)

〈그림 7.4.16〉 (a) Au@$SnO_2$ core-shell 나노입자의 TEM 사진, (b) $SnO_2$와 Au@$SnO_2$(core-shell) 나노입자의 1,000 ppm CO가스에 대한 저항변화

Au@$SnO_2$ 코어-쉘 나노입자 센서의 CO가스에 대한 감지 메카니즘은 〈그림 7.4.17〉에 나타내었고, 감도가 우수한 이유는 다음과 같이 3가지로 요약할 수 있다.

첫째는 쉘 층을 구성하고 있는 $SnO_2$ 나노입자의 표면효과 및 전자적 효과이다. $SnO_2$ 쉘 층을 구성하고 있는 $SnO_2$ 나노입자는 입경이 5 nm 이하이기 때문에 비표면적이 매우 넓고 산소원자와 반응하여 입자 전체에 걸쳐서 전자공핍층 형성이 매우 용이한 구조이다. 결과적으로 낮은 온도에서는 많은 산소를 흡착할 수 있으며, $SnO_2$ 입자는 표면에서 CO와의 산화반응에 따라 큰 폭으로 전기저항의 변화를 겪게 된다. 둘째는 금속 코어인 Au 나노입자의 촉매적 효과이다(이것은 저온 구동 특성의 주원인이 된다). 금속 코어인 Au 나노입자는 상온에서 산소를 $O_2^-$ 또는 $O^-$로 환원시키는 촉매로서 작용한다. 따라서 Au 나노입

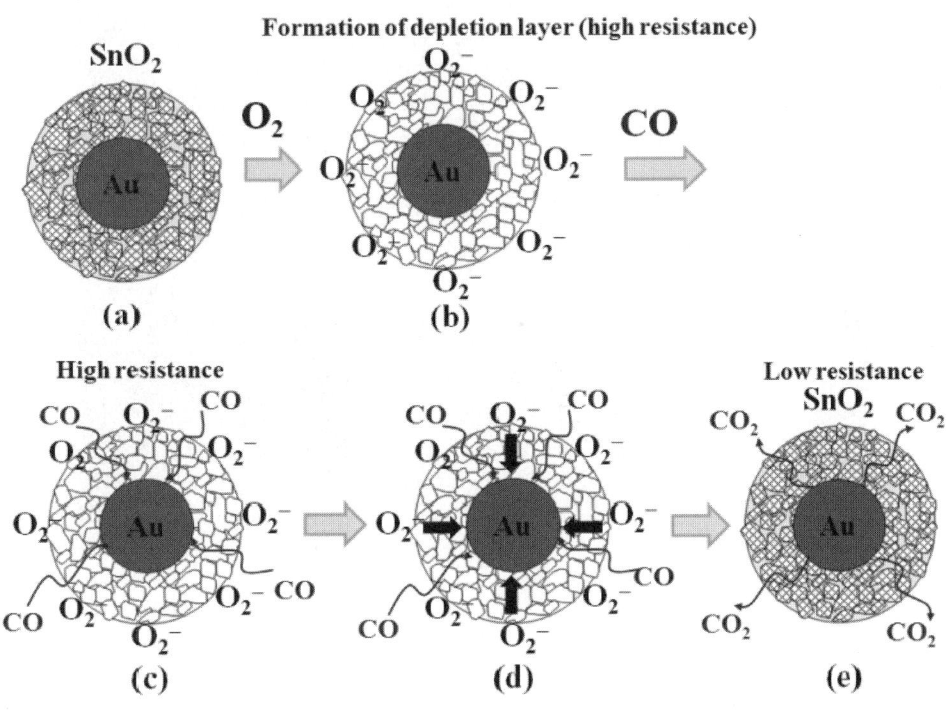


〈그림 7.4.17〉 Au@$SnO_2$ 코어-쉘 나노입자의 CO가스 감지 메카니즘 모델

자가 산소원자의 이온화 반응을 가속시킬 수 있으며, 결과적으로 $SnO_2$ 나노입자 표면에 $O_2^-$ 또는 $O^-$의 흡착량을 증가시켜 환원성가스의 산화반응을 촉진한다. 셋째는 $SnO_2$ shell 층의 다공성 효과이다. $SnO_2$ shell 층은 5 nm 이하의 $SnO_2$ 나노입자로 구성되어 있으며 입자 간에 공극을 가지고 있어 반응가스와 금속 코어 촉매인 Au 나노입자와의 접촉을 원활하게 하고 있다 (52).

다음은 Ag-$Au_{alloy}$@ZnO 코어-쉘 나노입자의 에탄올 가스 감지 특성에 대해

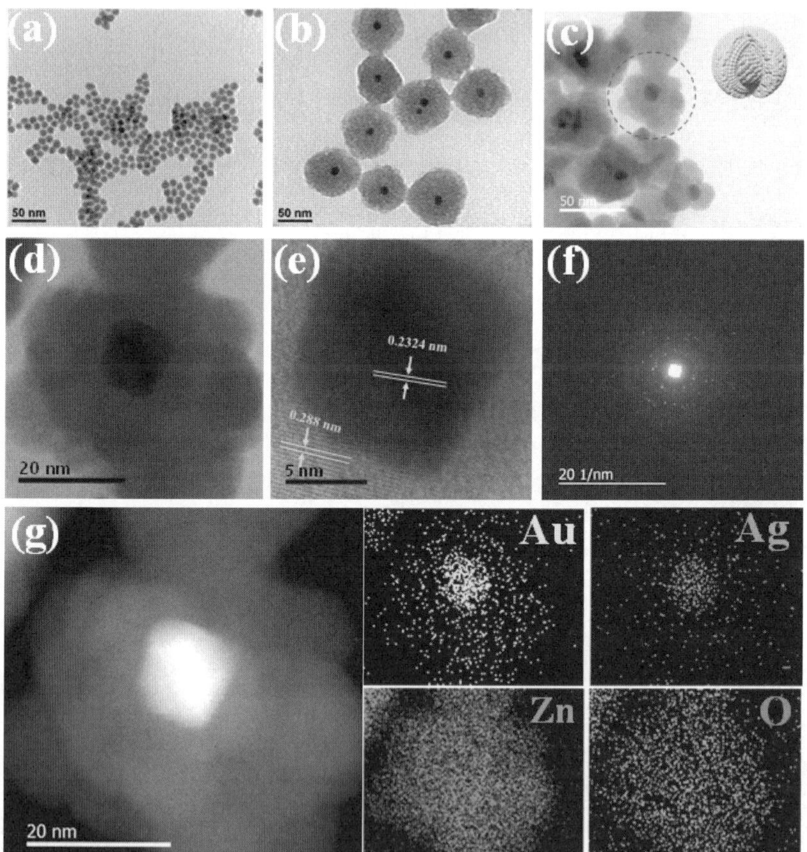


〈그림 7.4.18〉 Ag-$Au_{alloy}$@ZnO 코어-쉘 나노입자의 TEM과 EDX 맵핑 이미지, (a) $Ag_{50}Au_{50}$(alloy) 나노입자, (b) $Ag_{50}Au_{50}$(alloy)@ZnO 코어-쉘 나노입자, (c, d) 500℃ 열처리 후 $Au_{50}Ag_{50}$(alloy)@ZnO 코어-쉘 나노입자, (e) $Ag_{50}Au_{50}$(alloy) 코어 및 ZnO 쉘의 lattice distance, (g) 구성원소에 대한 EDX 맵핑 이미지

서 소개한다. 〈그림 7.4.18〉는 $Au_{50}Ag_{50}$ 합금 나노입자와 $Ag_{50}Au_{50}$(alloy)@ZnO 코어-쉘 나노입자의 TEM 이미지, 전자선 회절패턴, EDX 맵핑 이미지를 나타내고 있다. 이 관찰 결과에서 Ag-$Au_{alloy}$@ZnO 코어-쉘 구조의 나노입자가 완전하게 형성되어 있으며 500℃에서 2시간 동안 열처리 후에도 그 구조가 그대로 유지되는 것을 확인할 수 있다[53].

〈그림 7.4.19〉 (a)는 여러 가지 합금 조성을 갖는 Ag-Au(alloy)@ZnO 코어-쉘 나노입자로 제작한 가스센서와, Au@ZnO 및 Ag@ZnO 코어-쉘 나노입자, 순수한 ZnO 나노입자를 감지물질로 구성한 가스센서의 에탄올(100 ppm) 가스에 대한 온도별 반응성과 에탄올 가스 도입 전후의 전기저항 변화를 조사한 결과이다. 여기에서$Ag_{70}Au_{30}$(alloy)@ZnO 코어-쉘 나노입자 센서가 작동온도 300℃에서 다른 센서들과 비교하여 가장 높은 감도를 나타내었다. 이때 $Ag_{70}Au_{30}$(alloy)@ZnO 나노입자 센서는 〈그림 7.4.19〉 (b)에서 알 수 있듯이 초기저항인 $R_{air}$ 값은 약 7 M$\Omega$으로 다른 센서와 비교하여 가장 높은 저항값을 보였고, 반면에 $R_{gas}$ 값은 0.1 M$\Omega$ 정도의 매우 낮은 저항값을 나타내고 있는데, 이 때문에 가장 우수한 감도($R_s$=1755)를 나타낸 것이다.

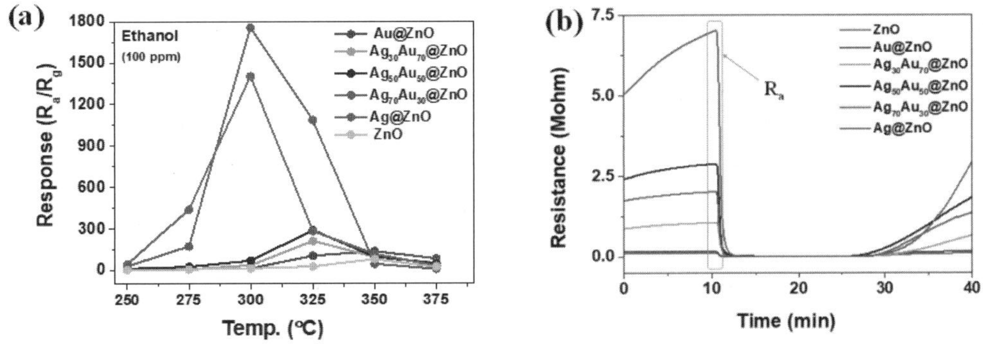


〈그림 7.4.19〉 (a) Au@ZnO, $Au_xAg_y$(alloy)@ZnO, Ag@ZnO 코어-쉘 나노입자 및 순수한 ZnO 나노입자의 100 ppm 에탄올 가스에 대한 온도별 반응성과 (b) 전기저항 변화(at 300℃)

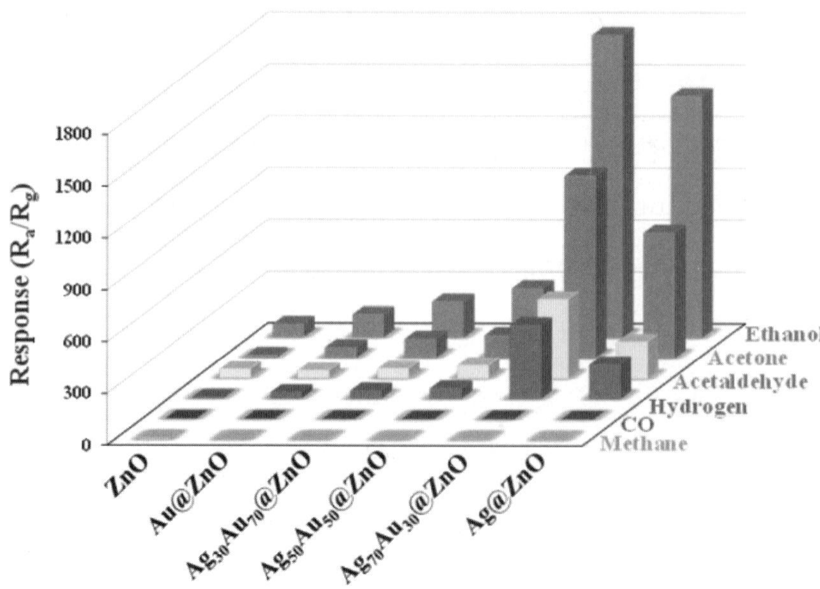


〈그림 7.4.20〉 ZnO, Au@ZnO, Ag@ZnO 및 Ag-$Au_{alloy}$@ZnO 나노입자의 여러 가지 가스에 대한 반응성

〈그림 7.4.20〉은 ZnO, Au@ZnO, Ag@ZnO 및 Ag-$Au_{alloy}$@ZnO 나노입자로 제작한 가스센서의 에탄올 가스외에 타 가스와의 반응성을 조사한 결과이다. 이 결과로부터, $Ag_{70}Au_{3}0$@ZnO 코어-쉘 나노입자가 에탄올을 비롯한 유기용매(아세톤, 아세트알데하이드)에 높은 감도를 나타내고 있음을 확인할 수 있다. 이것은 Ag-Au 합금 나노입자가의 유기용매 산화반응에 대한 촉매적 효과와 ZnO를 쉘로 하는 코어-쉘 구조의 효과가 더해져 시너지 효과를 나타내기 때문이다. 그래서 이 가스센서는 에탄올를 비롯한 유기용매에 선택적으로 반응하는 센서라고 할 수 있다.

〈그림 7.4.21〉는 Ag-$Au_{alloy}$@ZnO 코어-쉘 나노입자 센서의 촉매적 효과와 구조적 효과에 기반하여 에탄올 가스 감지 메카니즘에 대해 좀 더 상세히 설명하고 있다. 〈그림 7.4.21〉 (a)와 (d)는 ZnO와 Au-Ag 합금 나노입자가 분리되어 있을 때 갖는 고유한 work function($\phi$)의 위치를 나타내고 있으며, 이들의 work

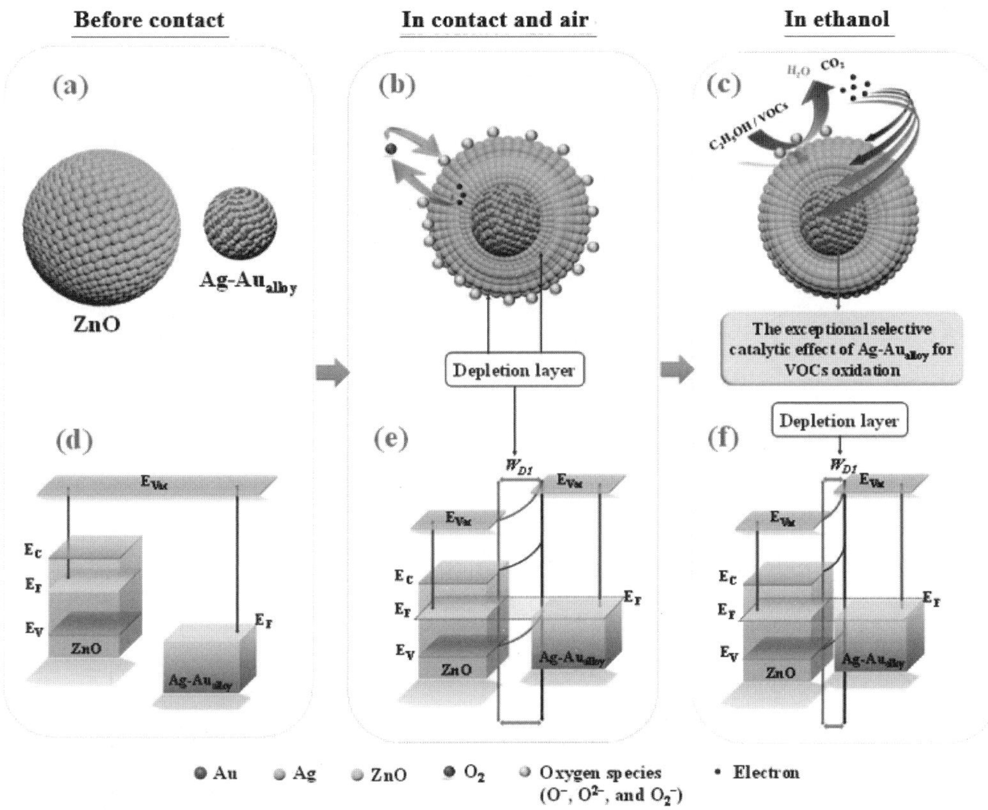


〈그림 7.4.21〉 Au-$Ag_{alloy}$@ZnO 코어-쉘 나노입자의 에탄올($C_2H_5OH$) 가스감지 메카니즘

founction($\phi$)는 ZnO는 4.1 eV이고 Ag-$Au_{alloy}$ 합금은 4.63 ~ 4.82 eV($\phi_{Ag}$ = 4.63 eV, and $\phi_{Au}$ = 4.82 eV) 이다. 이 두 물질이 metal(alloy)@MOS 형태의 코어-쉘 구조를 이루고 300℃의 공기에 노출된다면 〈그림 7.4.21〉 (b)와 (e)와 같이 된다. 〈그림 7.4.21〉 (b)의 노란색 부분은 전자공핍층(electron depletion layer)을 나타내고 있는데, ZnO 쉘의 바깥쪽 흡착산소에 의해 안쪽은 Ag-Au 합금의 electron collector 역할 때문에 형성되고 이로 인하여 매우 높은 초기저항($R_{air}$) 값을 나타낸다. 이때 Ag-$Au_{alloy}$@ZnO 코어-쉘 나노입자의 밴드 갭 구조는 〈그림 7.4.21〉 (e)와 같이 표시할 수 있다. 즉 Ag-$Au_{alloy}$@ZnO 코어-쉘 나노입자 내부에 Schottky junction이 형성되면서 ZnO의 전도대에 존재하는 전자들은 Ag-Au 합

금 코어로 이동하여 ZnO와 Ag-Au 합금의 페르미 레벨을 평형 상태로 만들게 되고, 동시에 ZnO의 에너지 밴드에 밴딩(bending) 현상이 발생하게 된다. 결과적으로 이 Schottky junction이 ZnO에 넓은 전자공핍영역(electron depletion region)을 만드는 것이고, 이것이 $Ag\text{-}Au_{alloy}@ZnO$ 코어-쉘 나노입자의 전기저항을 더욱 높이게 되는 것이다. 한편, 이 상태에서 에탄올 가스가 유입되면 $Ag\text{-}Au_{alloy}@ZnO$ 코어-쉘 나노입자는 〈그림 7.4.21〉 (c)와 (f)와 같이 변화한다. Ag-Au 합금 나노입자는 다음과 같은 에탄올 산화반응의 선택적 촉매 작용을 갖고 있다.

$$C_2H_5OH + 6O^{2-}(ads) \rightarrow 2CO_2 + 3H_2O + 12e^-$$

따라서 외부에서 계속 유입되는 에탄올 가스는 Ag-Au 합금 코어의 촉매 작용에 의해 활발한 에탄올 산화반응이 일어나고 이때 발생하는 많은 전자들이 ZnO 쉘 안과 밖에 형성된 전자공핍층에 되돌려져 좁아지고 결과적으로 $Ag\text{-}Au_{alloy}@ZnO$ 코어-쉘 나노입자의 전기저항($R_{gas}$) 값은 큰 폭으로 감소하게 된다. 이러한 이유 때문에 $Ag\text{-}Au_{alloy}@ZnO$ 코어-쉘 나노입자 센서는 매우 높은 반응성을 나타내고, Ag-Au 합금 코어로 에탄올 가스에 선택적으로 반응하는 것이다.

#### ② Metal@p-MOS 코어-쉘 나노입자 적용 가스센서

〈그림 7.4.22〉는 p-MOS 나노입자 및 metal@p-MOS 코어-쉘 나노입자에 대하여 대상 가스와 접촉 전후의 전기저항 변화를 나타내고 있다. 이 경우 감지물질의 반응성 $R_s$는 $R_{gas}/R_{air}$(n-MOS와 반대)로 나타낼 수 있다. Metal@p-MOS 코어-쉘 나노입자 내에는 metal@p-MOS 계면에 hetero-junction을 형성하고 있고, 여기서 금속 나노입자는 p형 반도체 내의 소수 캐리어인 전자를 포획하여 상대적으로 p형 반도체 내의 다수 캐리어인 정공의 수를 늘리는 효과를 제공한

다. 따라서 p형 반도체의 초기 전기저항을 크게 낮추게 되고 결과적으로 $R_{air}$의 값이 낮아져 $R_s$ 값이 상승하는 효과를 나타낸다(〈그림 7.4.22〉 참조). 따라서 metal@p-MOS 코어-쉘 구조 나노입자에서 가스감지 반응성을 향상시키기 위해서는 $R_{air}$의 값을 낮출 필요가 있다.

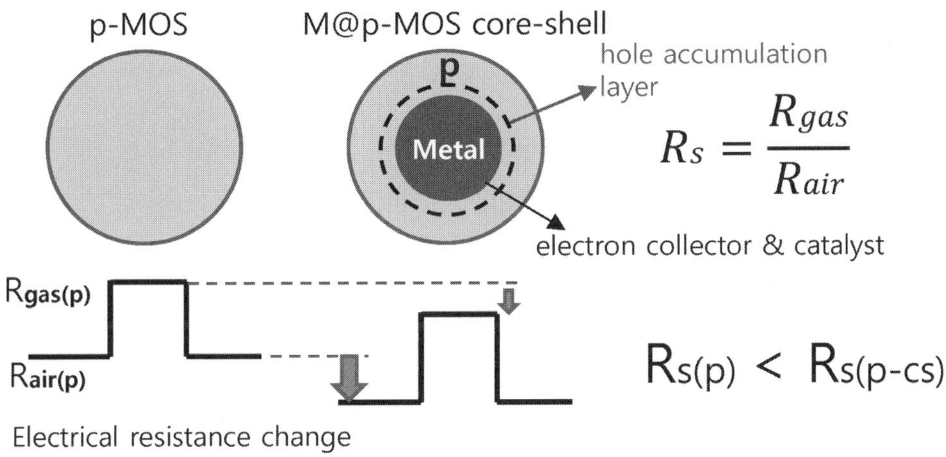


〈그림 7.4.22〉 p-MOS 및 M@p-MOS 코어-쉘 나노입자의 대상 가스와 접촉 전후의 전기저항 변화 모델

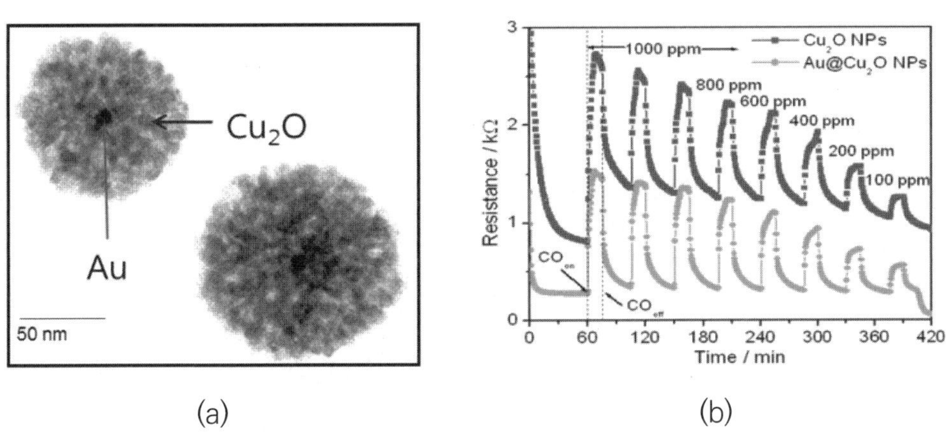


〈그림 7.4.23〉 (a) $Au@Cu_2O$ 코어-쉘 나노입자의 TEM 사진, (b) $Cu_2O$와 $Au@Cu_2O$ 코어-쉘 나노입자의 CO가스에 대한 저항변화

〈그림 7.4.23〉 (a)는 대표적인 metal@p-MOS 형 코어-쉘 구조 나노입자인 Au@$Cu_2O$ 나노입자를 수열합성법으로 제작하여 관찰한 TEM 사진이다. 코어인 Au 나노입자의 입경은 약 15 nm이고, $Cu_2O$ 쉘 층의 두께는 약 45 nm이다. 〈그림 7.4.23〉 (b)는 이 코어-쉘 나노입자로 제작한 가스센서의 CO 가스 반응성을 순수한 p형 반도체인 $Cu_2O$ 나노입자 센서와 비교한 결과이다. 이 결과에서 알 수 있듯이 Au@$Cu_2O$ 코어-쉘 나노입자의 CO가스 주입 전인 초기저항($R_{air}$)은 $Cu_2O$와 비교하여 훨씬 낮으며, 이 효과 때문에 Au@$Cu_2O$ 코어-쉘 나노입자의 CO가스 반응성이 순수한 $Cu_2O$ 나노입자 보다 더 높은 값을 보이는 것이다[(54)].

다음은 Au@NiO 나노입자를 예로 들어 metal@p-MOS 코어-쉘 구조 나노입자의 가스 감지 메카니즘에 대해 좀 더 상세히 설명한다. 〈그림 7.4.24〉은 수열합성법으로 합성한 Au@NiO 코어-쉘 나노입자를 TEM으로 관찰한 결과로, Au 코어 나노입자의 입경은 15 ~ 20 nm이고 NiO 쉘 층의 두께는 20 ~ 30 nm이다. 〈그림 7.4.25〉은 Au@NiO 코어-쉘 나노입자로 제작된 센서의 100 ppm 에탄올 가스의 농도에 따른 전기저항의 변화와 순수한 NiO 나노입자로 제작한 센서와 그 반응성을 비교한 결과이다. 〈그림 7.4.25〉 (a)에서 NiO 나노입자 센서의 초기저항 $R_{air}$ 값은 약 3,000 $\Omega$인데 반하여, Au@NiO 코어-쉘 나노입자 센서의 초기저항 $R_{air}$ 값은 약 500 $\Omega$에 불과하다. NiO 나노입자 센서의 에탄올 가스 도입 후 전기저항 $R_{gas}$ 값이 Au@NiO 나노입자 센서의 전기저항 $R_{gas}$ 값보다도 높다고 할지라도, Au@NiO 나노입자 센서의 초기저항 $R_{air}$ 값이 훨씬 낮기 때문에 에탄올에 대한 반응성은 Au@NiO 나노입자 센서가 더 높은 것이다. 〈그림 7.4.25〉 (b)는 에탄올 이외에 타 가스에 대한 반응성을 비교 조사한 결과로, 모든 가스에 대해서 Au@NiO 코어-쉘 나노입자 센서가 더 높은 반응성을 나타낸다는 사실을 알 수 있다[(55)].

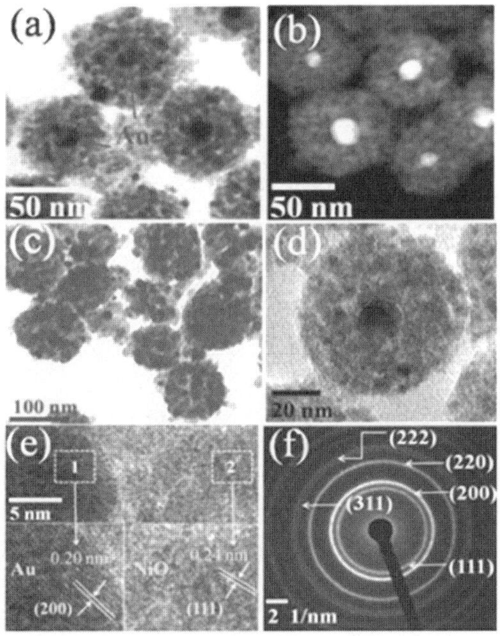


〈그림 7.4.24〉 (a, b, d) Au@NiO 코어-쉘 나노입자, (c) pure NiO 나노입자의 TEM 이미지, (e) Au 코어와 NiO 쉘의 lattice distance 및 (f) Au@NiO 나노입자의 diffraction pattern

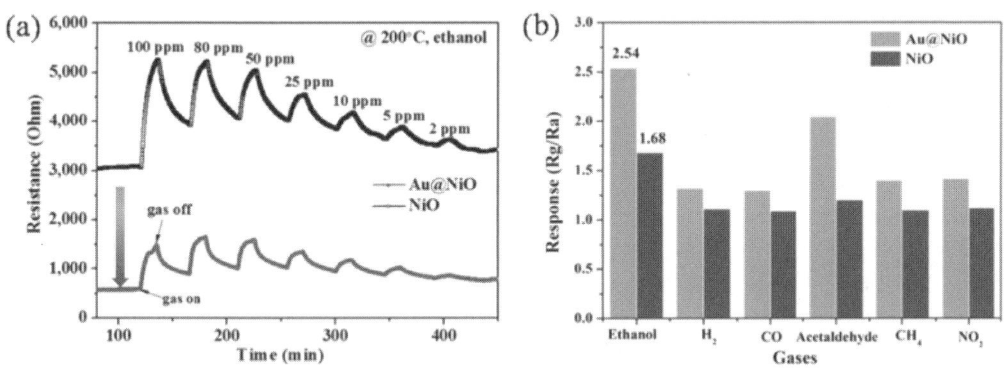


〈그림 7.4.25〉 Au@NiO 코어-쉘 나노입자의 (a) 에탄올 가스 농도별 전기저항변화와 (b) 여러 가지 가스에 대한 반응성

〈그림 7.4.26〉에는 Au@NiO 코어-쉘 나노입자의 구조와 에너지밴드 구조도를 이용하여 에탄올($C_2H_5OH$) 가스에 대한 반응 메카니즘을 설명한다. 〈그림 7.4.28〉 (a)는 Au@NiO 코어-쉘 나노입자의 에탄올 가스 도입 전후의 전자와

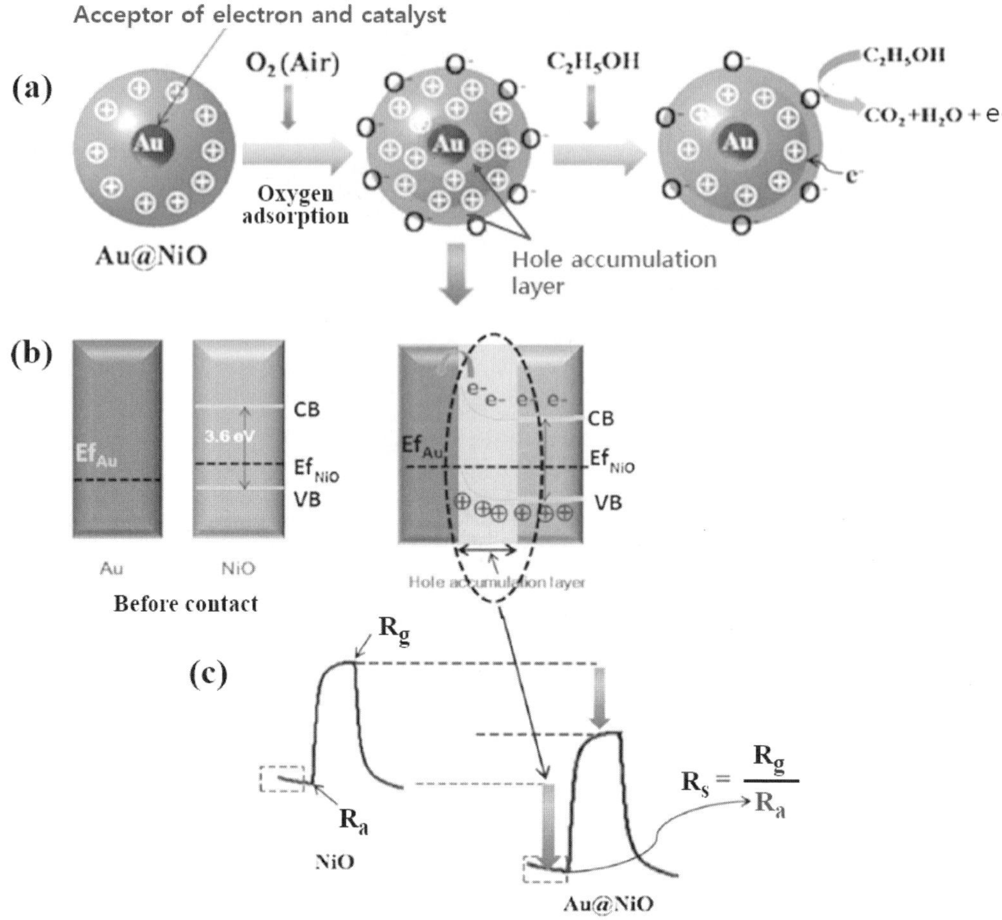


〈그림 7.4.26〉 Au@NiO 코어-쉘 나노입자의 에탄올($C_2H_5OH$) 반응 메카니즘

정공의 변화 상태를 보여주고 있다. Au@NiO 나노입자의 NiO 쉘은 p-형 반도체이기 때문에 정공(hole)이 전하의 주 캐리어인데, 고온 상태에서 공기에 노출되게 되면 표면에 산소가 흡착되고 이 산소는 NiO 쉘 내부의 전하 부 캐리어인 전자(electron)를 포획하여 산소이온($O^-$)을 형성하기 때문에 NiO 쉘 바깥쪽은 상대적으로 정공의 수가 증가한다. 더욱이 Au 코어가 전자의 포획자이기 때문에 NiO 쉘 안쪽도 더 많이 정공이 축적되는 층이 형성된다. 이렇게 정공이 축적되는 층을 hole accumulation layer(HAL)로 표기하였다. Au@NiO 나노입자

의 NiO 쉘 내부에는 바깥쪽과 안쪽에 두 개의 HAL 층을 가지고 있는데, 이러한 전자와 정공의 존재(밀도) 상태를 반영하여 〈그림 7.4.28〉 (b)에 Au와 NiO 이외에 중간층(HAL)을 삽입하여 3층 구조로 에너지밴드 구조를 도식화하였고, 이 HAL 층의 존재로 Au@NiO 나노입자의 초기저항 $R_{air}$ 값은 NiO와 비교하여 현저히 감소하게 된다(〈그림 7.4.28〉 (c) 참조). 이 상태에서 에탄올 가스가 도입되면 표면에 흡착된 많은 산소이온과 반응하여 전자가 생성되고 이 전자가 NiO 쉘 층에 되돌려져 전기저항 $R_{gas}$ 값이 상승한다. 이 $R_{gas}$ 값도 NiO 나노입자 센서보다 Au@NiO 코어-쉘 나노입자 센서에서 더 낮아지는데, $R_{air}$ 값의 감소 폭이 $R_{gas}$ 값의 감소폭보다 더 크기 때문에 Au@NiO 코어-쉘 나노입자 센서가 더 높은 반응성($R_s$)을 나타내는 것이다.

이상에서 기술한 바와 같이, 다양한 metal@MOS 코어-쉘 구조 나노콜로이드는 반도체식 가스센서의 반응성 및 선택성을 향상하는데 잠재력이 높은 가스 감지 소재라고 할 수 있다.

Nanoscale colloid chemistry

나노콜로이드 화학

# [참고문헌]

## [제1장]

(1) G. Adilbish, J.W. Kim, H.G. Lee, Y.T. Yu. 2013. “Effect of the deposition time on the electrocatalytic activity of Pt/C catalyst electrodes prepared by pulsed electrophoresis deposition method”. Int. J. Hydrogen Energy. 38: 3606-3613.

(2) https://www.youtube.com/watch?v=xCkn1YU8r3Q

(3) R. Zsigmondy. 1889. “Zur erkenntniss des kolloid gold”. Elektochem 4: 546-549.

(4) H.B. Weiser. 1933. “Inorganic colloid chemistry”. Willy, New York. No.1: 21-57.

(5) N. Toshima, T. Takahashi, H. Hirai. 1988. “Polymerized micelle-protected platinum clusters. Preparation and application to catalyst for visible light-induced hydrogen generation”. J. Macromol. Sci. Part A. 25: 669-686.

(6) M. Brust, et al. 1994. “Synthesis of thiol derivatised gold nanoparticles in a two phase liquid/liquid system”. J Chem. Soc. Chem. Commun: 801-802.

(7) K. Dick, T. Dhanasekaran, Z. Zhang, D. Meisel. 2002. “Size-dependent melting of silica-encapsulated gold nanoparticles”. J. Am. Chem. Soc. 124: 2312-2317.

## [제2장]

(1) https://www.dataphysics-instruments.com/Downloads/Surface-Tensions- Energies.pdf

(2) https://md-scientific.dk/en/vare/osmomat-070-vapor-pressure- osmometer-2/

(3) https://www.biochempeg.com/article/122.html

(4) K. Ueno, V.Mizeikis, S. Juodkazis, K. Sasaki, H. Misawa. 2005. “Optical Properties of Nanoengineered Gold Blocks”. Opt. Lett. 30: 2158-2160.

(5) M. Kanehara, H.Koike, T. Yoshinaga, T. Teranishi. 2009. “Indium tin oxide nanoparticles with compositionally tunable surface plasmon resonance frequencies in the near-IR region”. J. Am. Chem. Soc. 131: 17736-17737.

(6) H.X. Xu, J. Aizpurua, M. Kall, P. Apell. 2000. "Electromagnetic contributions to single-molecule sensitivity in surface-enhanced Raman scattering". Phys. Rev. E. 62: 4318-4324.

## [제3장]

(1) W.B. Russel, D.A. Saville, W.R. Schowalter. 1989. "Colloidal dispersions". Cambridge University Press.

(2) A.V. Delgado. 2000. "Electrokinetics and electrophoresis. Dekker". New York.

(3) J. Lyklema. 2005. "Fundamentals of interface and colloid science". Volume IV, Chapter 3. Elsevier.

(4) A. Spasic, J.P. Hsu. 2006. "Finely dispersed particles: Micro-, nano-, atto-engineering". CRC Press.

(5) J.N. Israelachvili. 2011. "Intermolecular and surface forces", Thirdth edn. Elsevier.

(6) B.V. Derjaguin, L. Landau. 1941. "Acta physicochim USSR". Academy of Sciences of the USSR.

(7) E.J.W. Verwey, J.T.G. Overbeek. 1999. "Theory of the stability of lyophobic colloids". Dover Publication.

## [제4장]

(1) 분체공학회, 粉体の生成, 2005. 일간공업신문사.

(2) V.K. Lamer, R.H. Dinegar. 1950. "Theory, production and mechanism of formation of monodispersed hydrosols". J. Am. Chem. Soc. 72: 4847-4854.

(3) D.W. Bahnemann, C. Kormann, M.R. Hoffmann. 1987. "Preparation and characterization of quantum size zinc oxide: a detailed spectroscopic study". J. Phys. Chem. 91: 3789-3798.

(4) D.V. Talapin, S. Houbold, A.L. Rogach. A Kornowski, M. hasse, H Wreller. 2001. "A novel organometallic synthesis of highly luminescent CdTe nanocrystals". J. Phys. Chem. B105: 2260-2263.

(5) C.B. Murray, D.J. Norris, M.G. Bawendi. 1993. "Synthesis and characterization of nearly monodisperse CdE (E = Sulfur, Selenium, Tellurium) semiconductor nanocrystallites". J. Am. Chem. Soc. 115: 8706-8715.

(6) J. Rodriguez-Fernandez, J. Perez-Juste. F.J.G. de Abajo, L.M. Liz-Marzan. 2006. "Seeded growth of submicron Au colloids with quadrupole plasmon resonance modes". Langmuir 22: 7007-7010.

(7) M.P. Pileni. 2007. "Control of the size and shape of inorganic nanocrystals at various scales from nano to macrodomains". J. Phys. Chem. C111: 9019-9038.

(8) T. Nakanishi, B. Ohtani, K. Uosaki. 1998. "Fabrication and characterization of CdS nanoparticle mono- and multilayers on a self-assembled monolayer of alkanedithiols on gold". J. Phys Chem. B102: 1571-1577.

(9) R.W.J. Scott, O.M. Wilson, R.M. Crooks. 2005. "Synthesis, characterization, and applications of dendrimer-encapsulated nanoparticles". J. Phys. Chem. B109: 692-704.

(10) A. Eychmueller, L. Katsikas, H. Weller. 1990. "Photochemistry of semiconductor colloids. 35. Size separation of colloidal cadmium sulfide by gel electrophoresis". Langmuir 6: 1605-1608.

(11) C.H. Fischer, J. Lilie, H. Weller, L. Katsikas, A. Henglein. 1989. "Photochemistry of colloidal semiconductors 29. Fractionation of CdS sols of small particles by exclusion chromatography". Ber. Bunsen-Ges. Phys. Chem. 93: 61-64.

(12) H.Matsumoto, T. Sakata, H. Mori, H. Yoneyama. 1996. "Preparation of monodisperse CdS nanocrystals by size selective photocorrosion". J. Phys. Chem. 100: 13781-13785.

(13) Y. Xia, Y. Xiong, B. Lim, S.E. Skrabalak. 2009. "Shape-controlled synthesis of metal nanocrystals: simple chemistry meets complex physics?". Angew. Chem. Int. Ed. 48: 60-103.

(14) C. Lofton, W. Sigmund. 2005. "Mechanisms controlling crystals habits of gold and silver colloids", Adv. Func. Mater. 15: 1197-1208.

(15) B. Wiley, Y.G. Sun, B. Mayers, Y.N. Xia. 2005. "Shape-controlled synthesis of metal nanostructures: The case of silver". Chem. Euro. J. 11: 454-463.

(16) L. Manna, E.C. Scher, A.P. Alivisatos. 2002. "Shape control of colloidal semiconductor nanocrystals". J. Cluster Sci. 13: 521-532.

(17) X.G. Peng. 2003. "Mechanisms for the shape-control and shape-evolution of colloidal semiconductor nanocrystals". Adv. Mater. 15: 459-463.

(18) Y.W. Jun, J.H. Lee, J.S, Choi, J. Cheon. 2005. "Symmetry-controlled colloidal nanocrystals: Nonhydrolytic chemical synthesis and shape determining parameters". J. Phys. Chem. B109:14795-14806.

(19) H. Liu, A.P. Alivisatos. 2004. "Preparation of Asymmetric nanostructures through site selective modification of tetrapod". Nano Lett. 4: 2397-2401.

(20) J.E. Halpert, V.J. Porter, J.R. Zimmer, M.G. Bawendi. 2006. "Synthesis of CdSe/CdTe nanobarbells". J. Am. Chem. Soc. 128: 12590-12591.

(21) Y.W. Lee, M. Kim, Z.H. Kim, S.W. Han. 2009. "One-step synthesis of Au@Pd core-shell nanooctahedron". J. Am. Chem. Soc. 131: 17036-17037.

(22) A. Fukuoka, Y. Sakamoto, S. Guan, S. lnagaki, N. Sugimoto, Y.Fukushima, K. Hirahara , S. Iijima, M.Ichikawa. 2001. "Novel templating synthesis of necklace-shaped mono- and bimetallic nanowires in hybrid organic-inorganic mesoporous material". J. Am. Chem. Soc. 123: 3373-3374.

(23) S.R. Nicewamer-Pena, R.G. Freeman, B.D. Reiss, L. He, D.J. Pena, I.D. Walton, R. Cromer, C.D. Keating, M.J. Natan. 2001. "Submicrometer metallic barcodes". Science. 294: 137-141.

(24) F.R. Fan, D.Y. Liu, Y.F. Wu, S. Duan, Z.X. Xie, Z.Y. Jiang, Z.Q. Tian. 2008. "Epitaxial growth of heterogeneous metal nanocrystals: From gold nano-octahedra to palladium and silver nanocubes". J. Am. Chem. Soc. 130: 6949-6951.

(25) P.Z. Cozzoli, L. Manna. 2005. "Asymmetric nanoparticles: Tips on growing nanocrystals". Nat. Mater. 4: 801-802.

(26) T.Teranishi, M. Saruyama, M. Kanehara. 2009. "Synthesis and structure-specific

functions of patchy nanoparticles". Chem. Lett. 38: 194-199.

(27) J. Li, X. Li, H.J. Zhai, L.S. Wang. 2003. "$Au_{20}$: A tetrahedral cluster". Science. 299: 864-867.

(28) A. Lechtken, et al. 2007. "$AU_{34}$-: A chiral gold cluster?". Angew. Chem. Int. Ed. 46: 2944-2948.

(29) Y. Negishi, K. Nobusada, T. Tsukuda. 2005. "Glutathione-protected gold clusters revisited: bridging the gap between gold(I)-thiolate complexes and thiolate protected gold nanocrystals". J. Am. Chem. Soc. 127: 5261-5270.

(30) Y. Shichibu, Y. Negishi, T. Tsukuda, T. Teranishi. 2005. "Large-scale synthesis of thiolated $Au_{25}$ clusters via ligand exchange reactions of phosphine-stabilized $Au_{11}$ clusters". J. Am. Chem. Soc. 127: 13464-13465.

(31) Y. Negishi, N.K. Chaki, Y. Shichibu, R.L. Whetten, T. Tsukuda. 2007. "Origin of magic stability of thiolated gold clusters: A case study on $Au_{25}(SC_6H_{13})_{18}$". J. Am. Chem. Soc. 129: 11322-11323.

(32) M.W. Heaven, A. Dass, P.S. White, K.M. Holt, R.W. Murray. 2008. "Crystal structure of the gold nanoparticle $[N(C_8H_{17})_4]$ $[Au_{25}(SCH_2CH_2Ph)_{18}]$". J. Am. Chem. Soc. 130: 3754-3755.

(33) H.Tsunoyama, N. Ichikuni, T. Tsukuda. 2008. "Microfuluidic synthesis and catalytic application of pvp-stabilized, ~1 nm gold clusters". Langmuir 24: 11327-11330.

(34) T.V. Tran, M.J. Ahemad, D.S. Kim, T.D. Le, V. Dao, Y.T. Yu. 2023. "Ultra high response for hydrogen gas on $Pd\text{-}Au_{gr\text{-}alloy}$@ZnO core-shell nanoparticles with Pd-Au gradient composition alloy core" Mater. Today Nano 21: 100292.

(35) L.M. LizMarzan, M. Giersig, P. Mulvaney. 1996. "Synthesis of nanosized gold-silica core-shell particles". Langmuir 12: 4329-4335.

(36) M.J. Ahemad, Y.T. Yu. 2019. "Investigating the mechanism of uniform Ag@$SiO_2$ core-shell nanostructures synthesis by a one-pot sol–gel method". J. Sol-Gel Sci. Technol. 96: 679–689.

(37) K. Kamata, Y. Lu, Y.N. Xia. 2003. "Synthesis and characterization of monodis

persed core-shell spherical colloids with movable cores". J. Am. Chem. Soc. 125: 2384-2385.

(38) Y.D. Yin, R.M. Rioux, C.K. Erdonmez, S. Hughes, G.A. Somoijai, A.P. Alivisatos. 2004. "Formation of hollow nanocrystals through the nanoscale kirkendall effect". Science 304: 711-714.

(39) M.Giersig, L.M. LizMarzan, T. Ung, D.S. Su, P. Mulvaney. 1997. "Chemistry of nanosized silica-coated metal particles-EM-study". Ber Bunsen-Ges. Phys. Chem. 101: 1617-1620.

(40) Y.G. Sun, B. Wiley, Z.Y. Li, Y.N. Xia. 2004. "Synthesis and optical properties of nanorattles and multiple-walled nanoshells/nanotubes made of metal alloys". J. Am. Chem. Soc. 126, pp.9399-9406.

(41) T. Torimoto, J.P. Reyes, K. Iwasaki, B. Pal, T. Shibayama, K. Sugawara, H. Takahashi, B. Ohtan. 2003. "Preparation of novel silica-cadmium sulfide composite nanoparticles having adjustable void space by size-selective photoetching". J. Am. Chem. Soc. 125: 316-317.

### [제5장]

(1) T. Teranishi, A. Sugawara, T. Shimizu, M. Miyake. 2002. "Planar array of 1D gold nanoparticles on ridge-and-valley structured carbon". J. Am. Chem. Soc. 124: 4210-4211.

(2) A.Y. Koyfman, G. Braun, S. Magonov, A. Chworos, N.O. Reich, L. Jaeger. 2002. "Controlled spacing of cationic gold nanoparticles by nanocrown RNA". J. Am. Chem. Soc. 127: 11886-11887.

(3) M. Li, H. Schnablegger. S. Mann. 1999. "Coupled synthesis and self-assembly of nanoparticles to give structures with controlled organization". Nature 402: 393-395.

(4) M. Yamada, Z. Shen, M. Miyake. 2006. "Self-assembly of discotic liquid crystalline molecule-modified gold nanoparticles: control of 1D and hexagonal ordering induced by solvent polarity". Chem, Commun: 2569-2571.

(5) M. Yamada. 2009. "Synthesis of organic shell-inorganic core hybrid nanoparticles by wet process and investigation of their advanced functions". Bull. Chem. Soc. Jpn. 82: 152-170.

(6) G.A. DeVries, et al. 2007. "Divalent metal nanoparticles". Science 315: 358-361.

(7) C.J. Kiely, et al. 1998. "Spontaneous ordering of bimodal ensembles of nanoscopic gold clusters". Nature. 396: 444-446.

(8) M. Maillard, et al. 2000. "Rings and hexagons made of nanocrystals: a marangoni effect". J. Phys. Chem. B104: 11871-11877.

(9) M. Kanehara, et al. 2003. "Formation of low-symmetric 2D superlattices of gold nanoparticles through surface modification by acid-base interaction". J. Am. Chem. Sdc. 125; 8708-8709.

(10) K. Kimura. 2009. "Regulation of interparticle interaction of metallic nanoparticles dispersible in Water: dispersion, controlled assembly, and formation of particle crystals". Chem. Lett. 38: 754-761.

(11) C. Desvaux, et al. 2005. "Multi millimetre-large superlattices of air-stable iron-cobalt nanoparticles". Nat. Mater. 4: 750-753.

## [제6장]

(1) D.V. Dao, T.T.D. Nguyen, H.Y. Song, J.K. Yang, T.W. Kim, Y.T. Yu, I.H. Lee. 2018. "Ionic liquid-assisted preparation of Ag-$CeO_2$ nanocomposites and their improved photocataytic activity". Mater. Des. 159: 186-194.

(2) M. Saruyama, Y.G. So, K. Kimoto, S.Taguchi, Y. Kanomitsu, T. Teranishi. 2011. "Spontaneous formation of wurtzite CdS/Zincblende-CdTe heterodimers through a partial anion exchange reaction". J. Am. Chem. Soc. 133: 17598-17601

(3) D.V. Dao, G. Adilbish, T.D. Le, T.T.D. Nguyen, I.H. Lee, Y.T. Yu. 2019. "Au@$CeO_2$ nanoparticles supported Pt/C electrocatalyst to improve the removal of CO in methanol oxidation reaction". J. Catal. 377: 589-599.

(4) M. Moglianetti et al. 2014. "Scanning tunneling microscopy and small angle neutron scattering study of mixed monolayer protected gold nanoparticles in organic sol-

vents". Chem. Sci. 5: 1232–1240

(5) I. Torchinsky, N. Amdursky, A. Inberg, G. Rosenman. 2010. "Electron-induced adhesion and patterning of gold nanoparticles". Appl. Phys. Lett. 96: 093106(1-3).

(6) B.D. Cullity, S.R. Stock. 2011. "Element of X-ray Diffraction". Pearson Education Korea.

(7) J.A. Mccleverty, T.J. Meyer. 2003. "Comprehensive coordination chemistry II" Elsevier. 159-169.

(8) B. Huang, M. Wang, C. Wu, L. Guan. 2021. "Highly dispersive metal atoms anchored on carbon matrix obtained by direct rapid pyrolysis of metal complexes". CCS Chem. 3: 3473–3484.

(9) C.H.M. Oversteeg, H.Q. Doan F.M.F. Groot, T. Cuk. 2017. "In situ X-ray absorption spectroscopy of transition metal based water oxidation catalysts". Chem. Soc. Rev. 46: 102-125.

(10) 박주현, 2009. "NEXAFS를 이용한 유기고분자 분석". Poly. Sci. Techn. 20: 54-59.

(11) X. Liu, T.C. Weng. 2016. "Synchrotron-based x-ray absorption spectroscopy for energy materials". MRS Bull. 41: 466-472.

(12) T.D. Le, M.J. Ahemad, D.S. Kim, B.H. Lee, G.J. Oh, G.S. Sin, L.R. Nagappagari, V. Dao, T.V. Tran, Y.T. Yu. 2023. "Synergistic effect of Pt-Ni dual single-atoms and alloy nanoparticles as a high-efficiency electrocatalyst to minimize Pt utilization at cathode in polymer electrolyte membrane fuel cells". J. Colloid Interface Sci. 634: 930-939.

(13) M. J. Ahemad, Y.T. Yu. 2020. "Investigating the mechanism of uniform Ag@$SiO_2$ core-shell nanostructures synthesis by a one-pot sol–gel method" J. Sol-Gel Sci. Technol. 96: 679-689.

(14) Y.T. Yu, P. Dutta. 2011. "Synthesis of Au/$SnO_2$ core–shell structure nanoparticles by a microwave-assisted method and their optical properties". J. Solid State Chem. 184: 321-316

(15) J.H. Yun, K,C. Kim, Y.T. Yu, J.K. Yang, A.Y. Polyakov, I.H. Lee. 2017. "Ag/$SiO_2$

nanoparticle-based plasmonic enhancement of light output in nanohole-patterned InGaN/GaN blue light-emitting diodes". Jap. J. Appl, Phys. 56: 100305(1-4).

## [제7장]

(1) G.A. Somoijai, J.Y. Park. 2008. "Colloid science of metal nanoparticle catalysts in 2D and 3D structures. challenges of nucleation, growth, composition, particle shape, size control and their influence on activity and selectivity". Top. Catal. 49: 126-135.

(2) J.N. Kuhn, W.Y. Huang, C.K. Tsung, Y.W. Zhang, G.A. Somoijai. 2008. "Structure sensitivity of carbon-nitrogen ring opening: Impact of platinum particle size from below 1 to 5 nm upon pyrrole hydrogenation product selectivity over monodisperse platinum nanoparticles loaded onto mesoporous silica". J. Am. Chem. Soc. 130: 14026-14027.

(3) C.K. Tsung, J.N. Kuhn, W.Y. Huang, C. Aliaga, L. I. Hung, G.A. Somoijai, P.D. Yang. 2009. "Sub-10 nm platinum nanocrystals with size and shape control: catalytic study for ethylene and pyrrole hydrogenation". J. Am. Chem. Soc. 131: 5816-5822.

(4) M. Haruta. 2003. "When Gold Is Not Noble: Catalysis by nanoparticles". Chem. Record. 3: 75-87.

(5) S. Ladas, H. Poppa, M. Boudart. 1981. "The adosprption and catalytic-oxidation of carbon-monoxide on evaporated palladium particles". Surf. Sci. 102: 151-171.

(6) S.H. Oh, C.C. Eickel. 1991. "Influence of metal-particle size and support on the catialytic properties of supported rhodium: CO-$O_2$ and CO-NO reactions". J. Catal. 128: 526-536.

(7) H. Tsunoyama, N. Ichikuni, H. Sakurai, T. Tsukuda. 2009. "Effect of Electronic Structures of Au Clusters Stabilized by Poly(N-vinyl-2-pyrrolidone) on Aerobic Oxidation Catalysis". J. Am. Chem. Soc. 131: 7086-7093.

(8) T. Tsukuda. 2012. "Toward an atomic-level understanding of size-specific properties of protected and stabilized gold clusters". Bull. Chem. Soc. Jpn. 85: 151-168.

(9) Y.M. Liu. H. Tsunoyama, T. Akita, S.H.Xie, T. Tsukuda. 2011. "Aerobic oxidation

of cyclohexane catalyzed by size-controlled au clusters on hydroxyapatite: size effect in the sub-2 nm regime". ACS Catal. 1: 2-6.

(10) N. Toshima, T. Yonezawa, K. Kushihashi. 1993. "Polymer-protected palladium platinum bimetallic clusters - preparation, catalytic properties and structureal consideration". J. Chem. Soc. Farad. Trans. 89: 2537-2543.

(11) R.W.J. Scott, O.M. Wilson, S.K. Oh, E.A. Kenik, R.M. Crooks. 2004. "Bimetallic palladium-gold dendrimer-encapsulated catalysts". J. Am. Chem. Soc. 126: 15583-15591.

(12) P. Lu, N. Toshima. 2000. "Catalysis of polymer-protected Ni/Pd bimetallic nanoclusters for hydrogenation of nitrobenzene derivatives". Bull. Chem. Soc. Jpn. 73: 751-758.

(13) H. Zhang, M. Haba, M. Okumura, T. Akita, S. Hashimoto, N. Toshima. 2013. "Novel formation of Ag/Au bimetallic nanoparticles by physical mixture of monometallic nanoparticles in dispersions and their application to catalysts for aerobic glucose oxidation". Langmuir. 29: 10330-10339.

(14) H.J. Zhang, T. Watanabe, M. Okumura, M. Haruta, N. Toshima. 2012. "Catalytically highly active top gold atom on palladium nanocluster". Nat. Mater. 11: 49-52.

(15) M. Hirano, K. Enokida, K.-i. Okazaki, S. Kuwabata, H. Yoshida, T. Torimoto. 2013. "Composition-dependent electrocatalytic activity of AuPd alloy nanoparticles prepared via simultaneous sputter deposition into an ionic liquid". Phys. Chem. Chem. Phys. 15: 7286-7294.

(16) S. Ikeda, S. Ishino, T. Harada, N. Okamoto, T. Sakata, H. Mori, S. Kuwabata, T. Torimoto, M. Matsumura. 2006. "Ligand-free platinum nanoparticles Encapsulated in a hollow porous carbon shell as a highly active heterogeneous hydrogenation catalyst". Angew. Chem. Inter. Ed. 45: 7063-7066.

(17) S.H. Joo, J.Y. Park, C.K. Tsung, Y. Yamada, P.D. Yang, G.A. Somoijai. 2009. "Thermally stable Pt/ mesoporous silica core-shell nanocatalysts for high temperature reactions". Nat. Mater. 8: 126-131.

(18) K. Maeda, K. Teramura, D.L. Lu, N. Saito, Y. Inoue, K. Domen. 2006. "Noblemetal/

$Cr_2O_3$ Core/Shell nanoparticles as a cocatalyst for photocatalytic overall water splitting". Angew. Chem. Inter. Ed. 45: 7806-7809.

(19) T. TIkeda, A.K. Xiong, T. Yoshinaga, K. Maeda, K. Domen, T. Teranishi. 2013. "Polyol synthesis of size-controlled Rh nanoparticles and their application to photocatalytic overall water splitting under visible light". J. Physi. Chem. C117: 2467-2473.

(20) C.L. Haynes, R.P. Van Duyne. 2001. "Nanosphere Lithography: A versatile nanofabrication tool for studies of size-dependent nanoparticle optics". J. Phys. Chem. B105: 5599-5611.

(21) Y. Sawai, B. Takimoto, H. Nabika, K. Ajito, K. Murakoshi. 2007. "Observation of a small number of molecules at a metal nanogap arrayed on a solid surface using surface-enhanced Raman scattering". J. Am. Chem. Soc. 129: 1658-1662.

(22) J.J. Storhoff, R. Elghanian, R.C. Mucic, C.A. Mirkin, R.L. Letsinger. 1998. "One-pot colorimetric differentiation of polynucleotides with single base imperfections using gold nanoparticle probes". J. Am. Chem. Soc. 120: 1959-1964.

(23) P. Anger, P. Bharadwaj, L. Novotny. 2006. "Enhancement and quenching of single-molecule fluorescence". Phys. Rev. Lett. 96: 113002.

(24) T. Akiyama, M. Nakada, N. Terasaki, S. Yamada. 2006. "Photocurrent enhancement in a porphyrin-gold nanoparticle nanostructure assisted by localized plasmon excitation". Chem. Commun. 395-397.

(25) T. Torimoto, H. Horibe, T. Kameyama, K. Okazaki, S. Ikeda, M. Matsumura A. Ishikawa, H.Ishihara. 2011. "Plasmon-enhanced photocatalytic activity of cadmium sulfide nanoparticle immobilized on silica-coated gold particles". J. Phys. Chem. Lett. 2: 2057-2062.

(26) Y.Tian, T. latsuma. 2005. "Mechanisms and applications of plasmon-induced charge separation at $TiO_2$ films loaded with gold nanoparticles". J. Am. Chem. Soc. 127: 7632-7637.

(27) N. Sakai, Y. Fujiwara, Y. Takahashi, T. Tatsuma. 2009. "Plasmon-resonancebased generation of cathodic photocurrent at electrodeposited gold nanoparticles coated

with $TiO_2$ films". ChemPhysChem. 10: 766-769.

(28) Y. Nishijima, K. Ueno, Y. Kotake, K. Murakoshi, H. Inoue, H. Misawa. 2012. "Near-infrared plasmon-assisted water oxidation". J. Phys. Chem. Lett. 3: 1248-1252.

(29) E. Kowalska, O.O.P. Mahaney, R. Abe, B.Ohtani. 2010. "Visible-light-induced photocatalysis through surface plasmon excitation of gold on titania surfaces". Phys. Chem. Chem. Phys. 12: 2344-2355.

(30) S.W. Kim, M.J. Kang. 2012. "Research trends in synthesis of quantum dots". Polym. Sci. Techn. 23: 493-498.

(31) R.J.D. Miller, G.L. McLendon, A.J. Nozik, W. Schmickler, F. Willig, 1995. "Surface electron transfer processes". Wiley-VCH.

(32) T. Rajh, O.I. Micic, A.J. Nozik. 1993. "Synthesis and characterization of surface-modified colloidal cadmium telluride quantum dots". J. Phys. Chem. 97: 11999-12003.

(33) M. Miyake, T. Torimoto, T. Sakata, H. Mori, H. Yoneyama. 1999. "Photoelectrochemical characterization of nearly monodisperse cds nanoparticlesimmobilized gold electrodes". Langmuir. 15: 1503-1507.

(34) M. Kuno, J.K. Lee, B.O. Dabbousi, E.V. Mikulec, M.G. Bawendi. 1997. "The band edge luminescence of surface modified cdse nanocrystallites: probing the luminescing state". J. Chem. Phys. 106: 9869-9882.

(35) B.O. Dabbousi, J. RodriguezViejo, F.V. Mikulec, J.R. Heine, H. Mattoussi, R. Ober, K.F. Jensen, M.G. Bawendi. 1997. "(CdSe)ZnS core-shell quantum dots: Synthesis and characterization of a size series of highly luminescent nanocrystallites". J. Phys. Chem. B101: 9463-9475.

(36) D.V. Talapin, J.S. Lee, M.V. Kovalenko, E.V. Shevchenko. 2010. "Prospects of colloidal nanocrystals for electronic and optoelectronic applications". Chem. Rev. 110: 389-458.

(37) T. Torimoto, S. Ogawa, T. Adachi, T. Kameyama, K. Okazak, T. Shibayama,

A. Kudo, S. Kuwabata. 2010. “Remarkable photoluminescence enhancement of $ZnS\text{-}AgInS_2$ solid solution nanoparticles by post-synthesis treatment”. Chem. Commun. 2082-2084.

(38) W.C.W. Chan, D.J. Maxwell. X.H. Gao, R.E. Bailey, M.Y. Han, S.M.L. Nie. 2002. “Luminescent quantum dots for multiplexed biological detection and imaging”. Curr. Opin. Biotechnol. 13: 40-46.

(39) C.Y. Zhang, H.C. Yeh, M.T. Kuroki, T.H. Wang. 2005. “Single-quantum-dot based DNA nanosensor”, Nat. Mater. 4: 826-831.

(40) G. Li, J. Zhai, J. Guo, Q. Li, C.F. Wang, S. Chen. 2022. “Microfluidic fluorescent platform for rapid and visual detection of veterinary drugs”. RSC Adv. 12: 8485-8491.

(41) T. Torimoto, S.Y. Murakami, M. Sakuraoka, K. Iwasaki, K.I. Okazaki, T. Shibayama, B. Ohtani. 2006. “Photochemical fine-tuning of luminescent color of cadmium selenide nanoparticles: Fabricating a single-source multicolor luminophore”. J. Phys. Chem. B110: 13314-13318.

(42) P.O. Anikeeva, J.E. Halpert, M.G. Bawendi, V. Bulovic. 2009. “Quantum Dot Light-Emitting Devices with electroluminescence tunable over the entire visible spectrum”. Nano Lett. 9: 2532-2536.

(43) J.B. Gao, J.M. Luther, O.E. Semonin, R.J. , Ellingson, A.J. Nozik, M.C. Beard. 2011. “Quantum dot size dependent J-V characteristics in heterojunction ZnO/PbS quantum dot solar cells”. Nano Lett. 11: 1002-1008.

(44) P.K. Santra, P.V. Kamat. 2012. “Mn-doped quantum dot sensitized solar cells: a strategy to boost efficiency over 5%”. J. Am. Chem. Soc. 134: 2508-2511.

(45) A.G. Pattantyus-Abraham, I.J. Kramer, A.R. Barkhouse, X.H. Wang, G. Konstantatos, R. Debnath, L. Levina, I. Raabe, M.K. Nazeeruddin, M. Gratzel, E.H. Sargent. 2010. “Depleted-heterojunction colloidal quantum dot solar cells”. ACS Nano. 4: 3374-3380.

(46) W.U. Huynh, J.J. Dittmer, A.P. Alivisatos. 2002. “Hybrid nanorod-polymer solar cells”. Science. 295: 2425-2427.

(47) R.P. Andres, et al. 1996. "Coulomb staircase at room temperature in a self assembled molecular nanostructure". Science. 272: 1323-1325.

(48) K. Uchida. 2003. "Nanoelectronics and Information Technology (ed. Waser, R.)". 427-443, Wiley-VCH.

(49) H. zhang, et al. 2005. "Tunneling resistance evaluations of double-barrier tunneling structures, including an alkanethiol-protected au nanoparticles". Phys. Rev. B72: 205441.

(50) M. Sakamoto, et al. 2012. "Platonic hexahedron composed of six organic faces with an inscribed au cluster". J. Am. Chem. Soc. 134: 816-819.

(51) Y.T. Yu, P. Dutta. 2011. "Examination of Au/$SnO_2$ core-shell architecture nanoparticle for low temperature gas sensing applications". Sens. Actuators, B. 157: 444–449.

(52) H.M. Song, B.S. Chon, S.H. Jeon, P.R. Rai, Y.T. Yu, P.K. Dutta. 2015. "Synthesis of Au@$SnO_2$ coreeshell nanoparticles with controllable shell thickness and their CO sensing properties". Mater. Chem. Phys. 166: 87-94.

(53) M.J. Ahemad, T.D. Le, D.S. Kim, Y.T. Yu. 2022. "Bimetallic $AgAu_{alloy}$@ZnO core-shell nanoparticles for ultra-high detection of ethanol: Potential impact of alloy composition on sensing performance". Sens. Actuators, B. 359: 131595.

(54) P. Rai, R. Khan, S. Raj, S.M. Majhi, K.K. Park, Y.T. Yu, I.H. Lee, P.K. Sekhar. 2014. "Au@$Cu_2O$ core–shell nanoparticles as chemiresistors for gas sensor applications: effect of potential barrier modulation on the sensing performance". Nanoscale. 6: 581-588.

(55) S.M. Majhi, G.K. Naik, H.J. Lee, H.G. Song, C.R. Lee Lee, I.H. Lee, Y.T. Yu. 2018. "Au@NiO core-shell nanoparticles as a p-type gas sensor: Novel synthesis, characterization, and their gas sensing properties with sensing mechanism". Sens. Actuators, B. 268: 223–231.

# [색인]

ㄱ

가역응집(reversible aggregation) ········ 113
격자면 간격(lattice spacing) ··············· 206
결정핵(crystal nucleus) ························ 121
결합에너지(binding energy) ················ 227
계면(interface) ······································· 47
계면동전현상(electrokinetic phenomenon) ························································ 69
계면자유에너지(interface free energy) ························································ 125
계면전하(interfacial charge) ·················· 62
계면활성제(surfactant) ···················· 56, 57
과포화(supersaturation) ······················· 121
광발광(photoluminescence; PL) ·········· 237
광역X선흡수미세구조(EXAFS) ··········· 218
광증감(photosensitization) ··················· 280
구조둔감반응(structure insensitive reaction) ························································ 247
구조민감반응(structure sensitive reaction) ························································ 247
국부표면플라즈몬공명(LSPR) ·· 44, 97, 269
금 콜로이드(gold colloid) ···················· 42
금속@산화물(metal@MOS) ················ 329
금속산화물반도체(metal oxide semi conductor: MOS) ······························· 328

ㄴ

나노콜로이드(nanocolloid) ············ 25, 35

ㄷ

단분산 입자(monodispersed particle) ··· 124
단전자 트랜지스터 (single electron transister: SET) ····· 317
덴드리머(dendrimer) ·················· 132, 177
동적광산란법 (dynamic light scattering: DLS) ····· 212
등전점(iso-electric point) ······················ 63
디바이-쉬어러 환(Debye-Scherrer ring) ························································ 217
디엘브이오(DLVO) ······················ 41, 113

ㄹ

라메르 도표(LaMer diagram) ············ 123
랭뮤어(Langmuir) ································ 75
랭뮤어-블로짓 법 (Langmuir-Blodgett method) ··········· 201
레시틴(lecithin) ···························· 32, 91
레일리(Rayleigh) ·························· 38, 76
리포좀(liposome) ··································· 91

ㅁ

매니퓰레이션법(manipulation method) ························································ 202
메조포러스 실리카(mesoporous silica) ···· ························································ 132
미셀(micelle) ········································· 81
반데르왈스 인력(van der Waals) ······· 107

ㅂ

반도체 나노콜로이드
(semiconductor nanocolloid) ············ 282
반도체식 가스센서
(semiconductor based gas sensors) · 325
발광디바이스(photoluminescence device)
························································ 304
배위자 효과(ligand effect) ·················· 258
베시클(vesicle) ······································ 92
분말 X선 회절
(powder X-ray diffraction: XRD) ··· 214
분산(dispersion) ·································· 107
분산매(disperse medium) ······················ 26
분산질(dispersoid) ································ 26
브래그 회절조건
(Bragg's diffraction condition) ········ 214
비가역 응집(irreversible aggregation) ·· 113
비누(soap) ············································ 60
비표면적(specific surface area) ············ 47

ㅅ

사이즈 선택적 광에칭법
(size-selective photo-etching) ·········· 136
사이즈 선택적 침전법
(size-selective precipitation) ············ 135
생체분자마커(biomarker) ····················· 301
서스펜션(suspension) ···························· 27
소수성기(hydrophobic group) ··············· 57
쉬어러 식(Scherrer equation) ·············· 215
스턴전위(Stern potential) ······················ 68
시간분해형광(Time-Resolved
Photoluminescence: TRPL) ·············· 240
실리카겔(silica gel) ······························ 72

ㅆ

씨앗결정(seed) ···································· 120

ㅇ

안정화제(stabilizing agent) ················· 126
양자사이즈 효과(quantum size effect)
························································ 282
양자사이즈 효과
(quantum size effect: QSE) ·············· 44
양자점(quantum dot, QD) ·········· 282, 285
양자점 태양전지(quantum dot solar cell)
························································ 308
에멀션(emulsion, 유탁액) ····················· 32
에어로졸(aerosol) ································· 29
엑스선광전자분광법(XPS) ·················· 226
엑스선흡수계수
(X-ary absorption coefficient) ········· 218
엑스선흡수끝단구조(XANES) ············ 221
엑스선흡수단(X-ary absorption edge)
························································ 219
엘비 막(LB membrane) ······················ 201
엘-에스 커플링(L-S coupling) ············ 229
역미셀(reverse micelle) ························ 88
오스트왈드 숙성(Ostwald ripening) ··· 128
원자간력현미경
(atomic force microscope: AFM) ··· 211
유도결합플라즈마
(inductively coupled plasma) ·········· 232
융점강하(melting point depression) ······ 50
응집(aggregation) ······························· 107
응집속도(aggregation rate) ················· 113

이동집적(convective assembly) ·········· 193
인광(phosphorescence) ······················· 237
인력과 척력(attractive & repulsive force) ······················· 107
임계계면전위(ciritical interface potential) ······················· 117
임계미셀농도(critical micellar concentration; CMC) ······················· 82
임계응집농도(critical aggregation concentration) ······················· 115
임계핵(critical nucleus) ······················· 122
입경제어(particle size control) ·········· 128
입체 효과(steric effect) ······················· 259

ㅈ

자기집적(self-assembly) ······················· 193
자외-가시광선 분광광도계 (UV-vis. spectrophotometer) ·········· 233
전기영동(electrophoresis) ······················· 69
전기영동법(electrophoresis) ················ 133
전기이중층(electric double layer) ······················· 40, 42, 66
전자회절선(electron diffraction: ED) · 216
전자기장증강효과(elctromagnetic field enhancement effect) ······················· 44
절대양자효율(absolute quantum yield) ···· ······················· 242
접촉각(contact angle) ······················· 49
정전기적(electrostatic) ······················· 110
젖음성(wettability) ······················· 49
제타전위(zeta potential) ················ 66, 70
졸과 겔(sol and gel) ······················· 27
주사터널현미경(scanning tunneling microscope: STM) ······················· 210
주사투과형 전자현미경(scanning TEM; STEM) ······················· 208
주사프로브현미경(scanning probe microscope: SPM) ······················· 209
중공 나노콜로이드(hollow nanocolloid) ······················· 188
지오라이트(zeolite) ······················· 132

ㅊ

초격자(superlattice) ······················· 193
촉매활성(catalystic activity) ··············· 245
친달현상(Tyndall effect) ··············· 30, 38
친수성기(hydrophilic group) ··············· 57

ㅋ

캔틸레버(cantilever) ······················· 212
코어-쉘 구조 나노입자(core-shell structure nanoparticle) ············ 178, 329
콘택 모드(contact mode) ··················· 212
콜로이드(colloid) ······················· 26
크로마토그래피(chromatography) ········· 78
클러스터(cluster) ······················· 172

ㅌ

탄소/폼바 막(carbon/formvar film) ····· 206
탈플로톤화(deprotonation) ··················· 63
태핑 모드(tapping mode) ··················· 212
터널 전류(tunnel current) ··················· 210
턴오버 빈도(turnover frequency, TOF) ······················· 247

투과전자현미경
(transmission electron microscope; TEM) ........ 205

ㅍ

포텐셜 곡선(potential curve) ........ 111
폼(form) ........ 27
표면개질제(surface modifier) ........ 127
표면관능기(surface functional groups) ........ 63
표면장력(surface tension) ........ 53
표면증강라만산란(SERS) ........ 270
표면플라즈몬분극(surface plasmon polarization; SPP) ........ 96
플로톤화(protonation, protonization) .... 63

ㅎ

합금 나노콜로이드
(alloy nanocolloid) ........ 168, 178
합성세제(synthetic detergent) ........ 61
핵생성과 성장(nucleation & growth) ........ 120
헤테로 응집(hetero-aggregation) ........ 116
헤테로 접합(hetero-junction) ...... 150, 171
형광(fluorescence) ........ 237
형광분광광도계
(fluorescence spectrophotometer) ..... 238
형광수명측정(fluorescence lifetime measurement) ........ 240
형광스펙트럼(fluorescence spectrum) · 239
호모 응집(homo-aggregation) ........ 116
홈프레이(Homfray) ........ 75
활성탄(activated carbon) ........ 72
횡모세관력(lateral capillary assembly) ........ 193
흡광스펙트럼(absorbance spectrum) ··· 239
흡착, 흡착제(adsoption, adsorbent) ...... 72
흡착등온선(adsorption isotherm) ........ 77

## 저자약력

유연태(柳然太, Yu, Yeon-Tae)

〈학력〉
- 전북대학교 금속공학과 졸업(공학학사)
- 전북대학교 대학원 금속공학전공 졸업(공학석사)
- 일본 Tohoku 대학 금속공학과 졸업(공학박사)

〈경력〉
- 한국표준과학연구소 박사후연구원
- 한국지질자원연구원 선임연구원
- 한남대학교 기계공학과 시간강사
- 한밭대학교 재료공학과 시간강사
- 호주 Melboune Univ. 방문교수
- 미국 Ohio State Univ. 방문교수
- 캐나다 Simon Fraser Univ. 방문교수
- 한국세라믹학회 편집위원
- 한국센서학회 부회장, 감사
- (현)한국센서학회 이사, 편집위원
- (현)전북대학교 정보소재공학과 교수


# 나노콜로이드 화학


**지은이** 유연태
**펴낸이** 김동원
**펴낸곳** 전북대학교출판문화원

**초판 1쇄 인쇄** 2023. 01. 20.
**초판 1쇄 발행** 2023. 01. 26.

**전북대학교출판문화원** 전라북도 전주시 완산구 어진길 32 (풍남동2가)
**전화** (063) 219-5319~22
**FAX** (063) 219-5323
**출판등록** 2012년 8월 20일 제465-2012-000021호





**값 28,000원**

**ISBN** 979-11-6372-188-8 (93570)